零基础学开关电源控制

混合式数字与全数字电源控制实战

李政道　编著

北京航空航天大学出版社
BEIHANG UNIVERSITY PRESS

内容简介

本书专注于补偿控制器理论与计算并实现完整控制环路设计过程，以 Buck 转换器为主要论述基础，内容包括开关电源基础理论与数字控制概论、仿真与验证、混合式数字电源设计、全数字电源设计及延伸应用等。

本书可供设计电源的电子工程技术人员阅读参考。

图书在版编目（CIP）数据

混合式数字与全数字电源控制实战/李政道编著

. --北京 ：北京航空航天大学出版社，2024.3

ISBN 978-7-5124-4237-5

Ⅰ. ①混… Ⅱ. ①李… Ⅲ. ①电源控制器 Ⅳ.

①TN91

中国国家版本馆 CIP 数据核字（2023）第 232572 号

混合式数字与全数字电源控制实战

李政道 编著

责任编辑 胡晓柏 张 楠

*

北京航空航天大学出版社出版发行

北京市海淀区学院路 37 号(邮编 100191) https://www.buaapress.com.cn

发行部电话：(010)82317024 传真：(010)82328026

读者信箱：emsbook@buaacm.com.cn 邮购电话：(010) 82316936

天津画中画印刷有限公司印装 各地书店经销

*

开本：710×1 000 1/16 印张：24 字数：406 千字

2024 年 3 月第 1 版 2024 年 3 月第 1 次印刷 印数：2 000 册

ISBN 978-7-5124-4237-5 定价：120.00 元

推荐序一

提笔写下此序的同时，一晃眼与作者相识已十二年之久，期间经济大环境充斥着各种不平稳的氛围，全球半导体行业景气度更是面临各种严峻的挑战。无论是科技发展门槛的提高还是竞争对手的增多，都实实在在地挑战着每家公司，甚至于挑战着每个人、每个正在开发的案子。所幸新兴的产业机会并未因此磨灭，逆势萌芽发展比比皆是，而在落地生根过程中，必然存在高度不确定性，因此，积极掌握机会并灵活应对，必然能求得制胜之道。有趣的是人们总是不满于现状，持续不断地寻求着更便利的生活、更优质的产品体验、更高速的网络存取等，这些都离不开一个核心重要的模块：可靠的电源模块。

随着科技发展，全球用电量大幅上升。根据研究报道指出，2017 年间，全球 Data Centers 消耗约 416 Terawatt (兆瓦)。这是相当惊人的数字，印证着一个有趣的网络小品：当人们在网络上搜寻一杯某种口味的咖啡时，其耗掉的电量说不定能煮一杯咖啡呢?

科技的发展已经跟网络发展密不可分，未来人们使用网络流量只会日益增加。根据研究预估，每四年全球 Data Centers 耗电量将有两倍增长幅度。因此，每 1%的电源效率改善都变得无比重要，关乎着市场经济与地球资源间的平衡。

然而对于电源系统不仅要求效率必须提升，可靠度更需要提升！电源如同人体的心脏，失去了心脏就失去了动力的来源，大脑形同虚设，再好的 AI 处理能力都只能荒废于无。再加上轻薄短小也是人们习惯追求的极致体验，缩小电源空间又是另一大课题。

作者致力于开发电源产品多年，如不断电系统 UPS、Smart PDU、高瓦数电动载具充电器、高瓦数 Solar Inverter 等。尤其是数字电源领域，作者深知数字控制的技巧，喜爱研读最新电源技术并改良实现，教学相长之下，获得更多成长与学习机会，更理解电源工程师真正的需求。此书从基础原理至仿真验证，再通过实验章节做真实比对验证，这样的电源书是他的理想，相信也是电源工程师所日夜期盼的。

Microchip 前大中华区总经理

傅承豐

推荐序二

当我知道政道兄要出书时，第一个想法就是一本“武功秘籍”要现世了，那些还在电源设计走冤枉路的人总算是看到一线曙光了。自己年轻时读到有关安培、高斯、法拉第、马克士威尔、特斯拉等与电相关的故事，虽然觉得有趣但毕竟没有实际摸过，等念书时又被一堆考试牵着鼻子走，就算开始接触电子电机的课目，学校教的总是观念多理论深，和现实业界看到的应用总觉得差很大。像是一个出世名模般美丽恒久、永远不老、不用补妆，光看一个简单的电容，对教科书来说就是 C 而且还是完美电容，却不知道电容产生的 ESL、ESR、高低温、高低频等的效应。

这本书从理论到实践深入浅出，尤其是对如何运用半数字到全数字的实例及在 PIC®及 dsPIC®平台上面的开发，把许多复杂艰深的 BUCK 观念用范例和程序带着读者一步一步地走进这个无远弗届的电源世界。如果您刚开始接触电源设计，这是一本正本清源的向导书，引导着您找到您要的目标；如果您已经接触过电源设计，这是一本让您快速增强功力的宝典。在这个信息爆炸充斥各种似是而非的网络分享都无法解决您真正的困扰的时代，一本打通电源设计“任督二脉”的作品对有心从事这类工作的研发人员来说无疑是方便法门。

电是人类文明向前大幅迈进的力量，数字化则提供了更灵活优化的控制方式，大部分的人是享受着这样的进程而不自知。政道兄对电源控制的理解对上过他的手作课或研讨会的学员都是说为什么不能早点认识这位讲师，而他在公司对客户的训练课程也永远是“最快额满，下次请早”。很多中国大陆的粉丝更是收看他个人的网络开放频道。通过这本书您会看到一个对电了然于胸的人的理解，虽不至于字字血泪，但绝对是字字珠玑。

韩愈在《师说》里面写着“师者，所以传道、受业、解惑也”，如同政道兄的名字，电源设计的救赎之道就在这本书里。

有幸能为这样优秀的著作写序，真的是狗尾续貂，厚颜了。也期盼下一本书赶紧出来，造福更多有心想在电源设计精进的工程师。

Microchip 台湾区总经理

馮思顥

前 言

笔者真正学习数字开关式电源转换器是从就读研究所才开始的，起步并非很早，因此更多的过程是不断地自学、请教前辈与亲手实际验证，不断地充实理论基础与实践经历，心中更备感数字电源的深奥与有趣之处。

转眼间已经 19 年之久，一些特别的念头也渐渐在心里头萌芽：

是否写一本书？一本学习数字电源转换器的书？

一本从基础理论至实践探讨的书，让初学者可以有本参考书，从头到尾学习一遍的实践参考书？

因此更进一步做了一番整理与探究，发现一个有趣的共同需求、一个有深度的共同难题：数字电源是明显趋势，但如何设计与验证？

有没有可以直接照图施工的学习法呢？让入门门槛得以降低的自主学习的好方法呢？

坊间已有为数不少的数字电源相关书籍，网络上也有着许许多多的参考文献，但这些资料对工程师的学习过程而言（包含笔者的自学过程），往往相对片段或是过于着墨单一理论，造成实践上的断层与学习不连续，使得时常看起来很简单，却无法有效地进阶到下一阶段，容易引起学习顿挫而放弃。

感谢此期间分享点子与想法的电源好朋友们，大约历经一年的内容构思与资料收集，于 2020 如此特别一年的农历新年开始撰写，选择《混合式数字与全数字电源控制实战》为人生第一本书的主题，并于 2020 年底前完成著作。

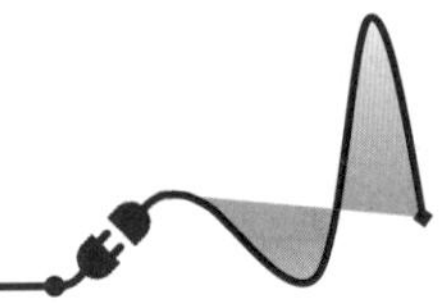

本书专注于补偿控制器理论与计算并实现完整控制环路设计过程，并且书中处处藏有设计小技巧或经验，可让读者避开一些坑洞，顺利开发电源。本书以Buck 转换器为主要论述基础，因为 Buck 尤其适合作为入门架构，已被广泛使用与延伸，包含半桥、全桥、推挽式等；其补偿控制器原理皆相同，DC/AC Inverter亦为 Buck 延伸架构。

第 1 章为开关式电源基础理论与数字控制概论：介绍基本 Buck 转换器与其延伸架构，并包含控制模式推导，延伸至控制模式与相应补偿器设计。

第 2 章为仿真的实际操作基础：通过仿真的方式，验证基本理论，也能验证基本设计想法与规格。

第 3 章为混合式数字电源的实际设计：以一步步细节的方式，让读者不至于缺少任何一个细节而中断或失败。

第 4 章则进入更复杂的全数字电源控制设计：同一套控制理论贯穿每一章，体验其中的务实感并成为数字电源的一员！

第 5 章为延伸应用：说明如何套用本书内容于更多的实际案例中。

虽说知易行难，但实际上知难行亦难，借此机会我想感谢这一路上支持我的家人，让我假日与晚上的时间都用于此书的撰写与相关实验上；感谢 Microchip 领导的支持，尤其感谢前大中华区总经理 E.H. Chen 与台湾区总经理 Daniel Ma 的支持；感谢同为电源团队之组员 Young Kuang 与 Luke Jiang 的协助，利用假日时间无私协助校稿。谢谢所有支持这本书的每一个人，谢谢你们。

作者

图书资源

符号查询

符号	意义	单位
η	效率	%
ΔV_{OR}	输出电压纹波	V
ΔV_{CESR}	电容等效串联电阻分量之输出电压纹波	V
ΔV_{CESL}	电容等效串联电感分量之输出电压纹波	V
ΔV_{CO}	电容分量之输出电压纹波	V
Φ_{ZOH}	ZOH 造成的相位损失	o （度）
Φ_{Delay}	控制环路延迟相位损失	o （度）
B_{Sat}	饱和磁通密度	Gauss
C_O	输出电容量	F
C_{SC}	斜率补偿电容	F
C_{HOLD}	ADC 采样电容	F
D	占空比	%
DCR_L	电感直流电阻	Ω
f_{PWM} 或 F_{PWM}	开关频率	Hz
F_N	奈奎斯特频率	Hz
F_C	交越频率，带宽	Hz
F_0 或 F_{P_0}	原点极点频率	Hz
F_{HPF}	高频极点频率	Hz
f_{LC} 或 F_{LC}	LC 谐振频率	Hz
F_{C_ESR}	电容等效串联电阻零点频率	Hz
F_S	ADC 采样频率	Hz
G.M.	Gain Margin 增益裕量	dB
$G_{FB}(s)$	反馈线路传递函数	

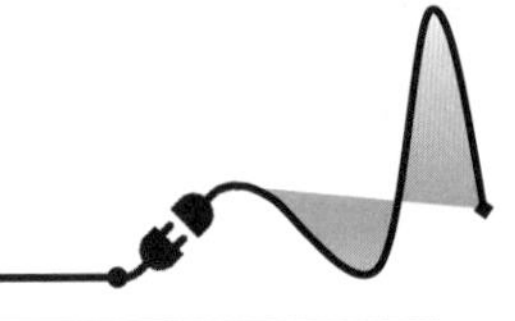

$G_{Plant}(s)$	Plant 传递函数	
$G_{PWM}(s)$	PWM 增益传递函数	
$G_{VO}(s)$	峰值电流模式 Plant 传递函数	
$H_{Comp}(s)$	补偿控制器传递函数	
i_L 或 I_L	电感电流	A
I_O	电源输出电流	A
I_{BIAS}	OPA 输入偏置电流	A
i_{SW}	开关电流	A
K_{FB}	反馈线路增益	
K_{ADC}	ADC 模块增益	
K_{PWM}	PWM 模块增益	
K_{iL}	电感电流反馈增益	
K_{UC}	微控制器转换比例增益	
P.M.	Phase Margin 相位裕量	o （度）
P_{AC}	开关总交流损失	W
P_{SRLoss}	同步整流开关导通损耗	W
P_{VFLoss}	二极管顺向压降功率损失	W
$R_{DS(ON)}$	开关导通电阻	Ω
R_{Load}	负载电阻	Ω
R_{CESR}	电容等效串联电阻	Ω
R_{LDCR}	电感之直流电阻	Ω
R_{SC}	斜率补偿电阻	Ω
R_{IC}	IC 内部连接线之电阻	Ω
R_{SS}	ADC 采样开关的等效电阻	Ω
S_r	电感电流上升斜率	A/μs
S_f	电感电流下降斜率	A/μs
S_c	斜率补偿之斜率	A/μs

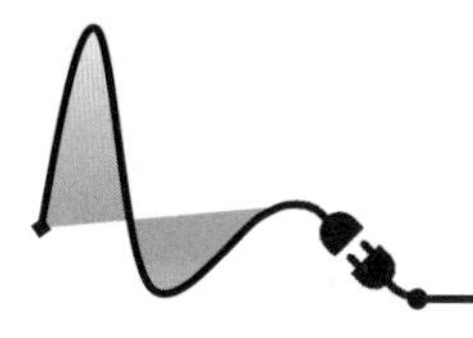

T_{ON}或 DT	开关导通时间	s
T_{OFF}	开关截止时间	s
T_{PWM}	开关切换周期	s
$T_{Latency}$	总采样及环路计算延迟时间	s
$T_{OL}(s)$	开回路传递函数	
V_S或V_{in}	输入电压	V
V_O或V_{out}	输出电压	V
V_L	电感电压	V
V_N	开关节点电压	V
V_F	二极管顺向压降	V
V_G	开关驱动信号电压	V
V_{Ramp}	三角锯齿波信号电压	V
V_{REF}	电压环路参考电压	V
V_{Err}	环路信号差量	V或Counts
V_{Comp}	补偿控制器输出	V或Counts
V_{C_PP}	斜率补偿之峰对峰电压	V
ω_C	交越角频率	rad/s
ω_o 或 ω_{P_0}	原点极点角频率	rad/s
ω_{HPF}	高频角频率	rad/s
ω_{Z_ESR}	电容等效串联电阻零点角频率	rad/s
ω_{LC}	LC 谐振角频率	rad/s
ω_{Z_LC}	零点角频率（消除 LC 谐振角频率）	rad/s
ω_{P_ESR}	极点角频率（消除 ESR 零点角频率）	rad/s
ω_{P_HFP}	高频极点角频率	rad/s
I_C	流经输出电容之电流	

参考软硬件

计算机软件与参考版本：

✧ MPLAB® Mindi™ Analog Simulator Rev.8.2o

https://www.microchip.com/mplab/mplab-mindi

✧ MPLAB® X Integrated Development Environment (IDE) v5.35

https://www.microchip.com/mplab/mplab-x-ide

✧ MPLAB® XC Compilers

https://www.microchip.com/mplab/compilers
XC8 v2.3 & XC16 v1.61

✧ MPLAB® Code Configurator v3.95.0

https://www.microchip.com/mplab/mplab-code-configurator

✧ Digital Compensator Design Tool Rev.1.0.2

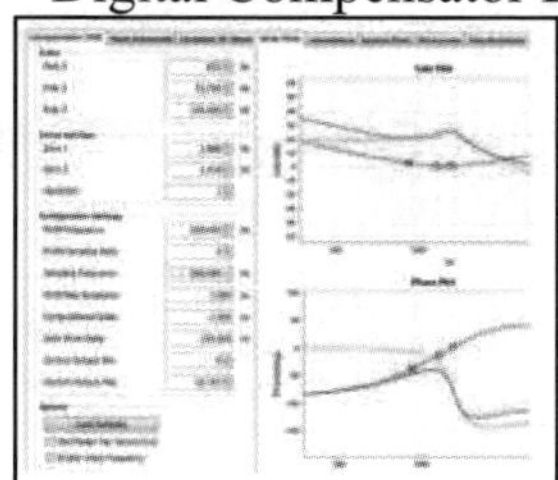

https://www.microchip.com/DevelopmentTools/ProductDetails/DCDT

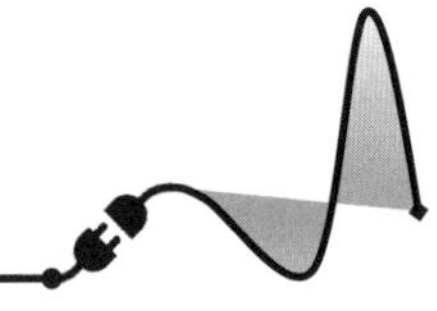

✧ SMPS Power Library v1.4.0

https://www.microchip.com/mplab/mplab-code-configurator

✧ PowerSmart™-Digital Control Library Designer Rev. 0.9.12.645

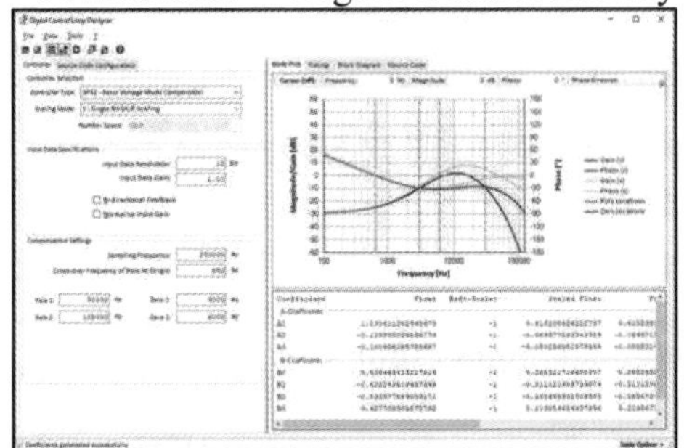

https://microchipdeveloper.com/pwr3201:digital-control-loop-designer-software-development-k

✧ Bode Analyzer Suite 3.23

https://www.omicron-lab.com/downloads/vector-network-analysis/bode-100/

测量设备：

✧ Vector Network Analyzer - Bode 100

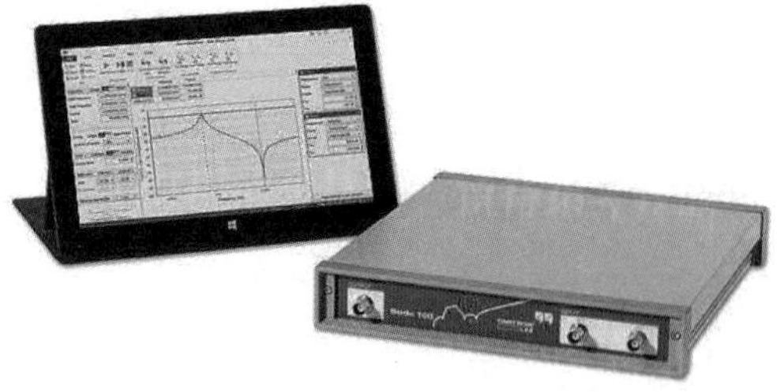

https://www.omicron-lab.com/products/vector-network-analysis/bode-100/

目　录

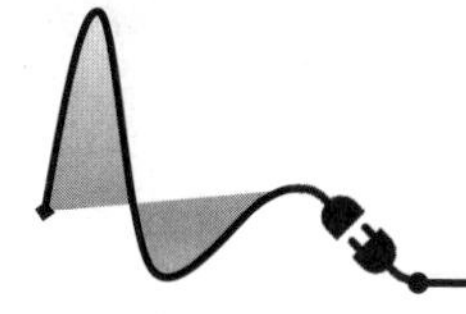

第1章 开关电源基本原理

此章主要以 Buck 转换器介绍开关电源基础理论与其控制模式，并说明稳定性的基础分析与验证，并且尽量简化数学计算过程，依序完成设计控制环路的繁杂计算，其中包含电压模式与峰值电流模式的设计过程。

1.1 BUCK CONVERTER 简介

Buck Converter（或称“Buck 转换器”“降压转换器”），顾名思义用以将输入电压转换成相对低的输出电压。

在说明降压转换器之前，不妨先回到一个简单的问题，降压过程需要什么？如图 1.1.1 所示传统线性电压调节器，图 1.1.1(a)的输入与输出端之间其实就是 R_1 与 R_2 之间的分电压关系。调节 R_1 上的电压降 V_{R1}，即可得到所需要的输出电压 V_{out}。 V_{out} 及效率计算请参考下式：

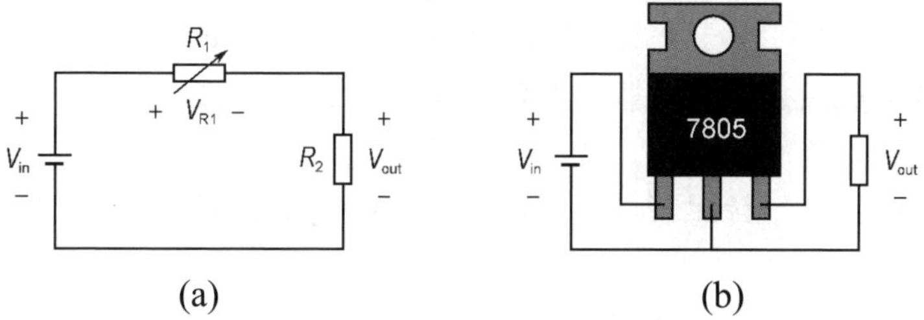

图 1.1.1　传统线性电压调节器

$$V_{out}=V_{in}\times\frac{R_2}{R_1+R_2} \tag{1.1.1}$$

$$\eta=\frac{R_2}{R_1+R_2}=\frac{V_{out}}{V_{in}} \tag{1.1.2}$$

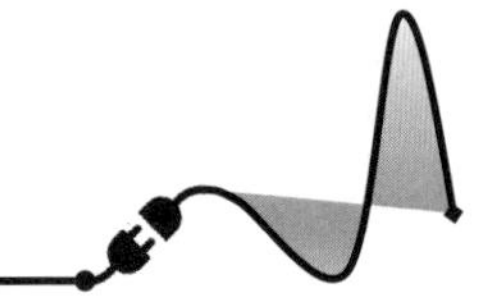

图 1.1.1(b)引用常见的 7805 线性电源稳压器作为参考。假设输入 10V，输出稳压在 5V，根据式(1.1.2)计算效率得知约 50%。同时可以理解很重要的一点，输出功率越大，消耗在线性稳压器的功率损耗也同时等比例变大，并且以热能的方式呈现在线性稳压器上，进而导致线性稳压器极容易产生高温；若散热不良，很可能因此烧毁或造成电源系统不稳定。这也限制了线性电源稳压器往大功率的发展。

聪明的人类开始思考：有没有高效率的降压转换器？例如加个如图 1.1.2 所示的开关呢？

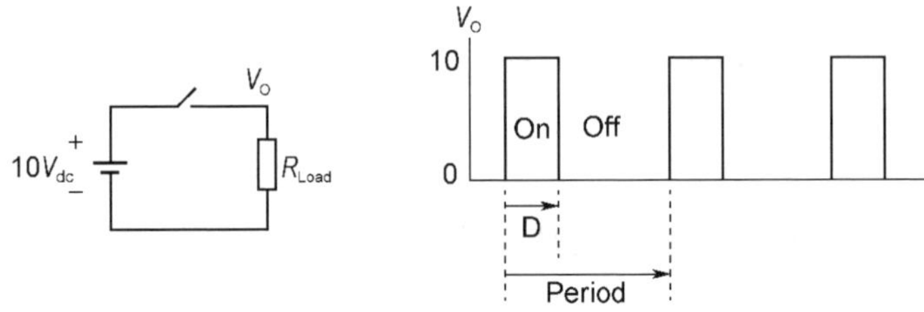

图 1.1.2　开关式降压转换器演进(1)

假设此转换器是一个理想转换器，开关与电线本身不存在任何损耗。图 1.1.2 可以观察到，当开关闭合时，输入电压 $10V_{dc}$ 落在 R_{Load} 两端，当开关开路时，输入电压 $10V_{dc}$ 与 R_{Load} 断开，亦即 R_{Load} 两端电压恢复成 0V。那么当占空比等于 50%时，R_{Load} 上的平均电压等于 $10\times0.5V_{dc}=5V_{dc}$。

于是乎达到 7805 稳压 $5V_{dc}$ 的功能，并且没有损耗，太棒了！但事实真是如此？显然不是，R_{Load} 两端的电压只是平均 5V，并非平稳的直流电压。这样的脉波式电压并非一般负载所需要的，我们需要继续改进以得到“平稳的”直流电压 5V。

聪明的人类继续思考：既然需要稳定的电压，那么加个如图 1.1.3 所示的电容滤波呢？

图 1.1.3 的 R_{Load} 并联了一个电容(或称输出电容)，原本的脉动的直流电压得以经由此电容的滤波效果而转变成了理想的，“平稳的”直流电压 5V。

于是乎可以高喊太棒了！但同样的疑问，事实真是如此？

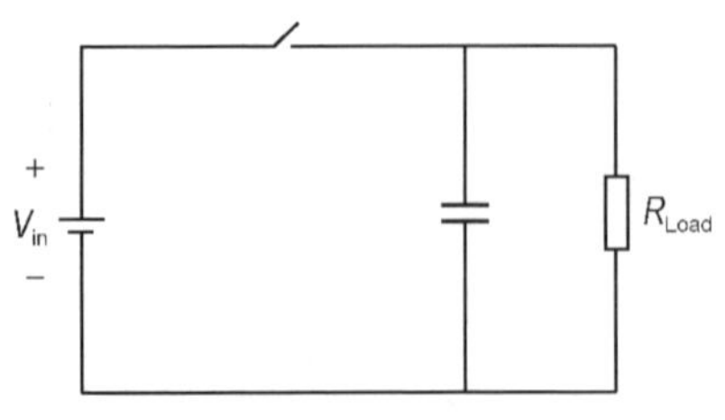

图 1.1.3　开关式降压转换器演进(2)

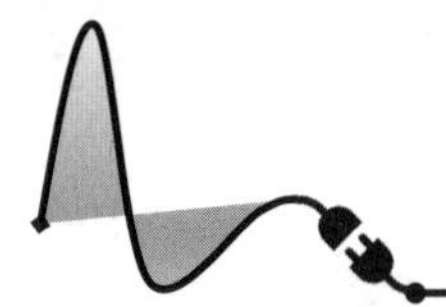

须知道，一般电容本身内部等效串联电阻相当小，此节假设为 0Ω。那么可以想象，当脉动的直流电压对电容充电时，充电电流近乎无穷大，解决了脉动的直流电压，却产生了近乎无穷大的脉冲电流，开关很难在这充电过程中幸免于难。而开关因此烧毁了，还怎么能继续转换电压呢？

聪明的人类坚决继续思考：既然问题出在脉冲充电电流，那么多加一个如图 1.1.4 所示的电感缓和充电电流呢？

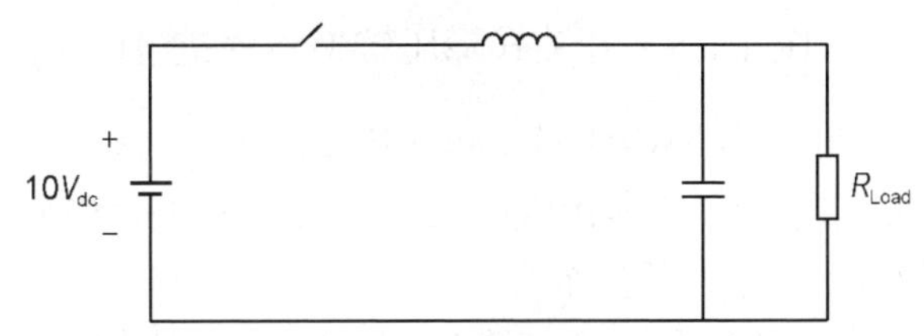

图 1.1.4 开关式降压转换器演进(3)

终于可以高喊太棒了吗？脉冲充电电流因为电感的介入而得到缓解，还会有问题？

思考这个问题的答案之前，回顾一下电感的特性即可求得答案。当开关闭合时，电流开始流经电感，进而对电容充电；而电感因为本身磁性导体的存在，当电流流经电感时，同时将能量暂时储存于电感中。并且根据楞次定律（Lenz's law）的影响，电流流进电感的端点极性为正，电流流出电感的端点极性为负。当开关开路时，电感等效上如同一个恒定电流源，进入放电状态，此时电感的电压极性相反，电流流出电感的端点极性为正，继续提供电流给负载与电容。

然而此时开关是开路的状态，电感是一个电流源并且正在释放能量，却没有环路让电流持续流动。众所周知，理想的电压源不允许短路，理想的电流源不允许开路，除非想要有修理不完的电路板，此时电感电流源被强制开路，会发生什么事呢？

结果显而易见，能量会自己找出路径释放，图 1.1.4 的结果是开关上发生很高的电压尖峰，释放电感所储存的能量。此电压尖峰最终可能高于开关本身的额定电压，致使开关烧毁，结果解决了脉冲电流，却引入了电压尖峰，开关还是烧毁，无以持续工作。

继续思考：既然最终问题是因电感电流无法连续而衍生电压尖峰，那么多加一个 Diode（二极管）让电感电流可以连续，如图 1.1.5 所示呢？

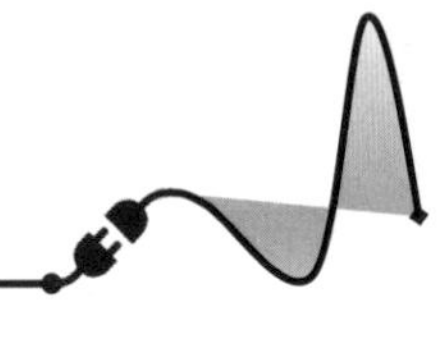

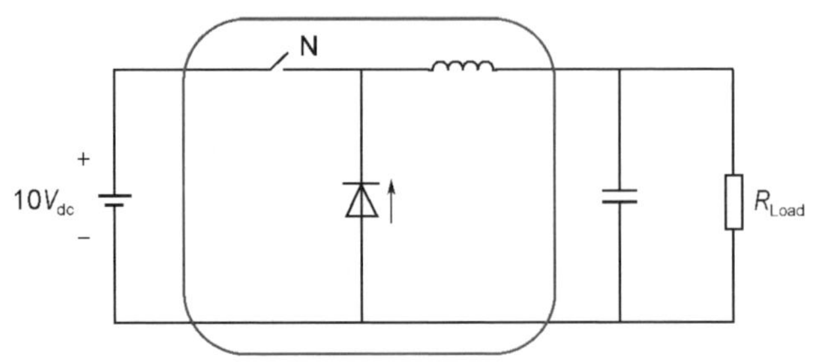

图 1.1.5　开关式降压转换器演进(4)

图 1.1.5 就是最基本 Switched-mode Buck Converter（开关式降压转换器），包含开关式电源最基本构成的三大元件：**开关**，**电感**，**二极管**。图 1.1.5 上的 N 节点，通称为开关节点。

让我们一起来快速回顾一下演进过程，一开始因为需要效率高，所以使用了开关；接着加入电容让输出电压得以平稳，再使用电感让电容充电电流得以平滑；最后加上二极管，让电感电流得以连续，避免产生开关尖峰烧毁开关，进而完成 Buck Converter 的基本需求。

当然人类的创意不仅于此，此节仅通过简单的引述方式让读者对 Buck 有最基本的认识，以利后面章节的继续推进。

1.2 BUCK CONVERTER 基本工作原理与常见延伸架构

图 1.1.5 中 Buck Converter 的电感与电容的功能，广义而言可以看成一个低通滤波器。在开关节点 N 的波形是正脉动的直流电压，经过电感与电容组合而成的低通滤波器，过滤掉开关切换的频率后，将平均电压输出到 R_{Load} 上。更细节的工作原理分析请参考图 1.2.1。

➢ 高边开关（MOSFET）导通“ON”的时候

- 电感 L 流过电流 i_L，电感处于积蓄能量状态；
- 低边二极管处于截止状态；
- 此时电感电流 i_L 由下式表示。

$$i_L = \frac{V_s - V_o}{L} \times T_{ON} \tag{1.2.1}$$

➢ 高边开关（MOSFET）截止“OFF”的时候

- 积蓄于电感的能量通过低边二极管继续流动；

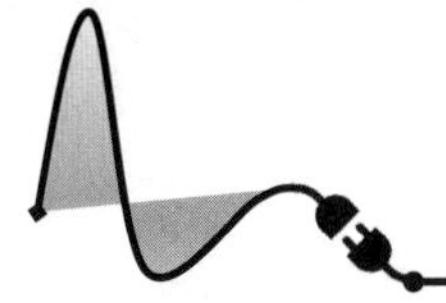

- 低边二极管处于导通状态；
- 此时电感电流 i_L 由下式表示。

$$\boldsymbol{i_L = \frac{V_L}{L} \times T_{OFF}} \quad (1.2.2)$$

从图 1.2.1 我们可以了解几个要点，首先 V_N 开关节点电压是脉波 PWM（Pulse Width Modulation）电压，i_L 电感电流平均值是由输出电流 i_O 所决定，V_L 电感电压有正有负，范围落在（V_S-V_O）与（-V_O）之间，而 i_{SW} 开关电流则是非连续的，输出电流是连续的（假设进入连续导通模式 (Continuous Conduction Mode，CCM），后面会提到）。

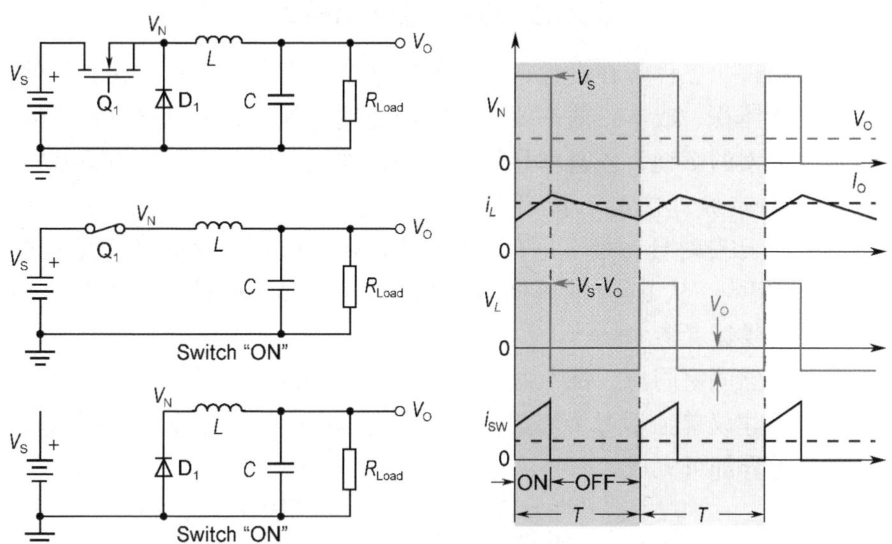

图 1.2.1 Buck Converter 基本工作原理

其中一个要点“i_L 电感电流平均值是由输出电流 I_O 所决定”，换言之，当输出电流 I_O 缩小到“等于”连续导通模式下的平均电流时，此时称为临界导通模式(Boundary Conduction Mode，BCM)。当输出电流 I_O 缩小到“小于”连续导通模式下的平均电流时，此时称为不连续导通模式(Discontinue Conduction Mode，DCM)。

假设 V_S、V_O、f_{PWM}、L 电感量等等皆固定不变，式(1.2.3)说明此时电感的电流纹波等于（V_L / L），为一定固定值。

$$\Delta \boldsymbol{i_L} = \frac{\boldsymbol{V_L}}{\boldsymbol{L}} \times \Delta t \approx \boldsymbol{Constant} \quad (1.2.3)$$

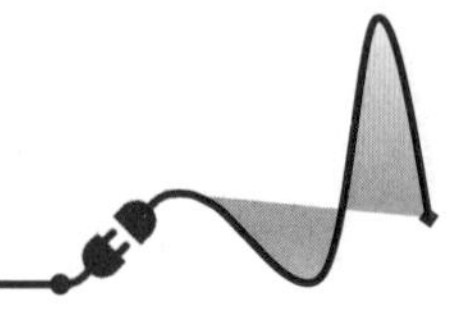

配合图 1.2.2 可观察到，随着 I_O 由无载到满载，电感有着三种模式的变化：DCM -> BCM -> CCM。

当然从满载到无载刚好相反：CCM -> BCM -> DCM。

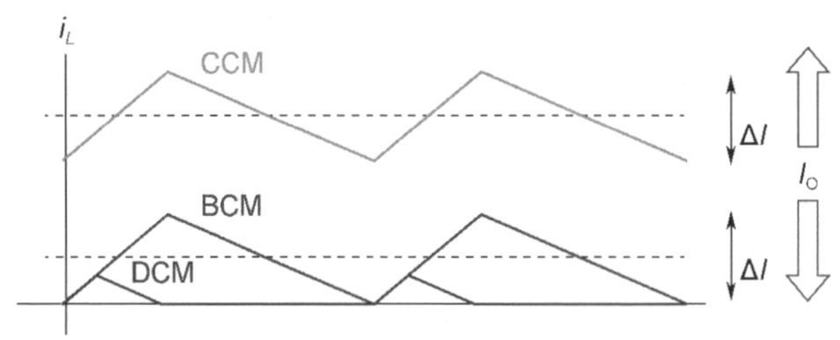

图 1.2.2 电感电流导通模式

一般而言，工程师在设计电源转换器之初，需要仔细地考虑各种外在因素，包含体积、成本、效率要求、响应速度等等，其中电感电流导通模式对这些因素的影响，占有举足轻重的关键地位。后面小节将讨论基本差别。了解基本原理之后，读者是否想：电源架构何其多，光是学一个Buck架构，耗费时日，是不是有那么一点跟不上时代的挫折感？其实别小看了 Buck 架构，从 Buck 所延伸出来的架构非常多，而且广泛使用，下面列几个例子供读者参考。

另外既然同宗同源，那么基本的控制器设计概念也是一样的。从学习的角度，不建议单独学习个别架构，其实可以同时广泛地学习共同的知识，并知道其差异即可大成。

《庄子》："吾生也有涯，而知也无涯。以有涯随无涯，殆已。"是吧！每当笔者倾向钻牛角尖时，都会想起师父曾经用这段话提醒，互勉之。

说到延伸的架构，其实就是改变某些条件以达到某些目的，所以不妨试想其根本目的是什么呢？

简单的逻辑推论，所以前面说到的 Buck Converter 有什么限制？需要被改变？

Buck Converter 基本限制如下：

➢ **输入与输出没有隔离**

电气隔离对于很多应用是相当重要的考虑，甚至是法规的要求，有没有办法隔离？

➢ **输出电压只能低于输入电压**

若某些应用，输入电压的范围可能包含低于输出电压的范围，怎么办？

➢ 属于 DC/DC 转换

若某些应用需要 DC/AC 转换，可改？

首先隔离问题可使用隔离变压器，因此聪明的人类就想：那么“Buck Converter+变压器”如何？

在图 1.2.3 中，将(a)Buck Converter 加上一颗隔离变压器变成(b)，还是由那三个关键元件 Q_1、D_1及 L 所组成。

(a)与(b)中的 LC，主要都是将输入 PWM 电压滤波成直流，差别是(a)的开关节点直接连接到电源输入与开关，(b)的开关节点通过变压器连接到电源输入与开关（D_2仅是用来整流，不允许逆电流），因此唯一差别在于变压器产生的比例变化而已，成了新的架构，称为正激式 Forward Converter。

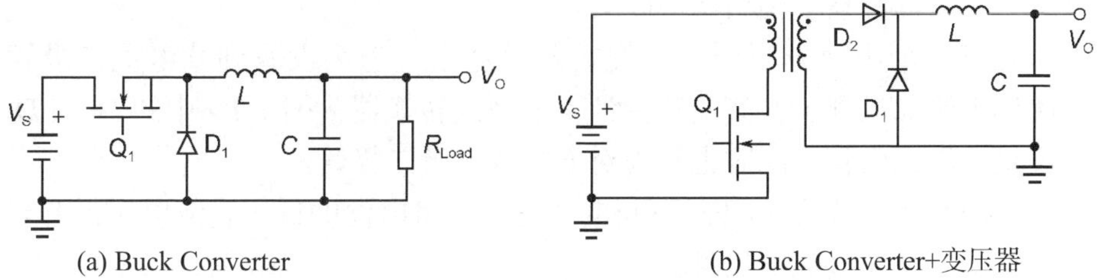

(a) Buck Converter　　(b) Buck Converter+变压器

图 1.2.3　正激式 Forward Converter

另外，为了方便对照(a)图，笔者于(b)线路中，忽略钳位线路。

换言之，增加变压器后，对于一个控制环路而言，仅仅是增加一个直流增益，分析上，仅需要将原输入电压 V_S乘上此直流增益即可（假设将一次侧换算到二次侧做控制环路分析）。

因此第一个限制相对容易解决，只要加入隔离变压器即可，那么第二个限制呢？输出电压只能低于输入电压，该怎么办？

同样举个实际例子，典型的 UPS 不断电系统需要将电池的低压直流电压提升到一定程度的高压直流电压，并且动态响应要好、功率要大、变压器的磁利用率要高，常见的 UPS 都会选用推挽式 Push-Pull Converter，如图 1.2.4 所示。

是不是似曾相识？对比正激式转换器，两者其实很相似，好像把两个正激式转换器并联在一起，两个开关不能同时导通。

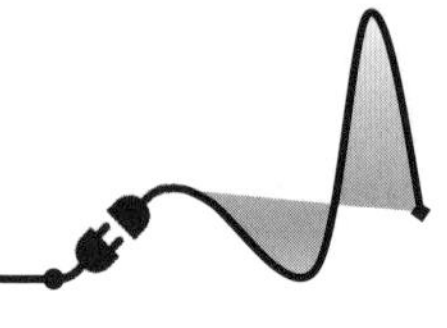

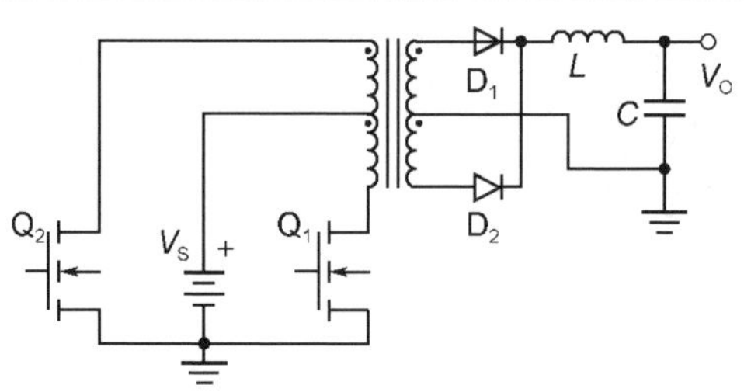

图 1.2.4 推挽式 Push-Pull Converter

前面所提到的正激式转换器，其主变压器的主要工作电流基本上只有正方向电流（当 Q_1 导通时，通过主变压器对外输出功率），当 Q_1 截止时，主变压器不再输出功率。

而推挽式转换器多了“一组正激式转换器”，当 Q_1 截止时，换 Q_2 导通，“继续”通过主变压器对外输出功率，主变压器的工作电流变成有正有负，大大提升整个输出功率能力。

还有一个小地方不同，推挽式转换器中，怎么没看到续电流二极管（或称飞轮二极管）？其实转变到了推挽式转换器，图 1.2.4 中的 D_1 与 D_2，不仅是整流二极管，同时也互为对方的续电流二极管。

但问题还没解决，UPS 不断电系统需要将电池的低压直流电压提升到一定程度的高压直流电压呀！？

是的，与此同时，变压器的匝数比（或称匝数比）便是决定输出电压范围的关键，通过变压器的匝数比，输入电压的电压范围不再局限于必须高于输出电压，甚至设计规格可以做到输出电压处于输入电压范围的中间（牺牲转换效率与加大元件的承受应力）。

又例如需要较大输出功率的高压转低压的 DC/DC 转换器，人们继续对降压型转换器做变形，以解除更多封印，例如半桥直流转换器（图 1.2.5）与全桥直流转换器（图 1.2.6）。

所以降压型转换器只能输出电压低于输入电压吗?

广义而言，有了隔离变压器后，答案是否定的，可以变形成输出电压可升可降的电源转换器。

观察半桥（图 1.2.5）与全桥转换器（图 1.2.6），输出都摆放了 D_1 与 D_2 整流二极管（互为续电流二极管），既然称为“整流”二极管，那么若然将之移除，会变成交流输出？刚好变成交流转换器?

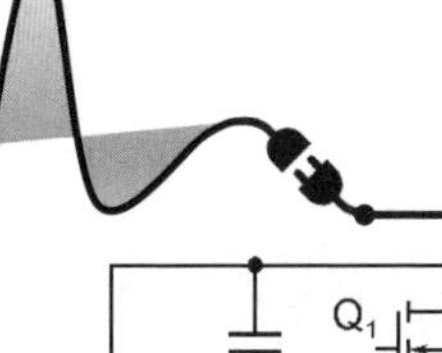

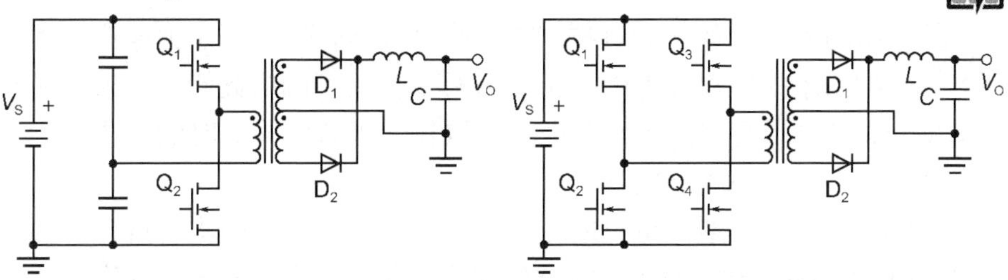

图 1.2.5　半桥直流转换器　　　图 1.2.6　全桥直流转换器

> 直流转换器变形成交流转换器后，因为交流转换器意味着输出电压不应存在直流分量，或者必须抑制到一程度的微小范围内，因此输出电容不再是电解电容，并且电容值通常很小，常见几 μF~数十 μF 不等（与功率大小有关），这会关系到后面章节所提到的输出电容等效串联电阻 ESR，与其产生的零点。这个零点通常相对变得很高频，所以有时工程师不使用极点与其对消，直接忽略这个零点，将对消的极点用于他处。

是的，就是这么巧，交流转换器还是属于降压型转换器的一员，后面章节谈到的补偿控制器计算、*LC* 计算、控制模式等等，都适用以上谈到的架构，或者更多降压型转换器演变而来的架构也适用。半桥直流转换器（图 1.2.5），可以变成半桥交流转换器（图 1.2.7）。全桥直流转换器（图 1.2.6），可以变成全桥交流转换器（图 1.2.8）。

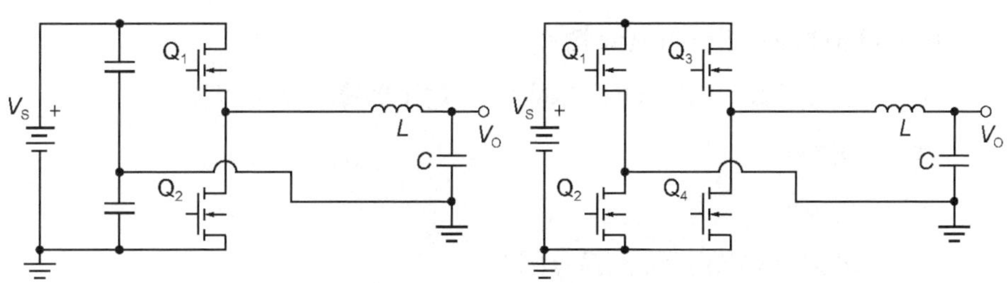

图 1.2.7　半桥交流转换器　　　图 1.2.8　全桥交流转换器

1.3 同步整流

前两节所提到的 Buck Converter 中都存在一个二极管，如图 1.3.1(a)中的二极管。还记得目的？答：用来让电感电流得以连续，避免产生开关尖峰而烧毁开关！

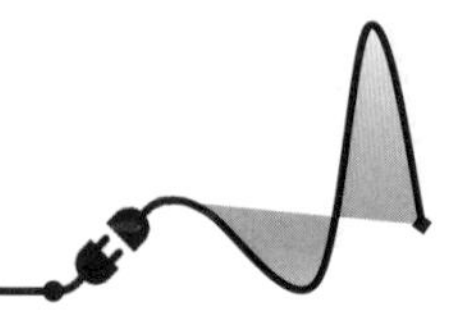

但聪明的人类发现一个问题，二极管的顺向电压 V_F 对于大电流应用而言，产生的功率损耗很大（$P_{VFLoss} = I_o \times V_F$）。为了解决此问题，人类又开始动脑筋，若选择低导通电阻的开关来取代二极管，导通时的电压降比二极管低相当多，效率就能提升，可行乎？

是的，这样的改造是可行的，并且有个专有名词“同步整流”。如图 1.3.1(b)所示，D_1 二极管被 Q_2 MOSFET 所取代，对于导通损耗的影响可以简单计算得知，假设 $I_O = 10A$，二极管顺向导通电压 $V_F = 0.7V$，MOSFET $R_{DS(ON)}$ 导通电阻 $= 0.005\Omega$。$P_{VFLoss} = I_o \times V_F = 7W$，而 $P_{SRLoss} = I_o^2 \times R_{DS(ON)} = 10^2 \times 0.005W = 0.5W$，结果是不是显而易见呢？有趣的问题是效率差异这么大，为何坊间常见的 Buck 转换器并没有全部使用同步整流方式？这牵涉一个基本逻辑问题，但凡事物利弊之间并没有绝对的答案，因为优点与缺点往往同时存在一个个体中，在选择所需之前，必须先了解“选项”之间的差异与优缺点，才能做出适当的选择。

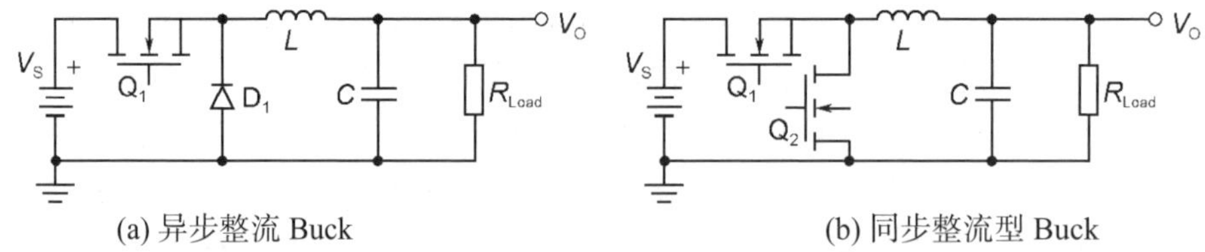

(a) 异步整流 Buck　　(b) 同步整流型 Buck

图 1.3.1　异步整流 Buck 与同步整流型 Buck

- 异步整流 Buck Converter 特点
  - 二极管顺向电压降基本固定，对于效率影响极大；
  - 效率差；
  - 成本低；
  - 常见于高输出电压的应用。
- 同步整流型 Buck Converter 特点
  - MOSFET 具有相对较低的电压降；
  - 高效率；
  - 需要额外的 SR MOSFET 与其驱动线路；
  - 增加成本。

表 1.3.1 非连续与连续模式 Buck Converter 比较表。

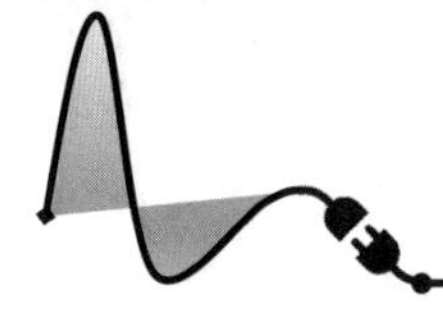

表 1.3.1 非连续与连续模式 Buck Converter 比较表

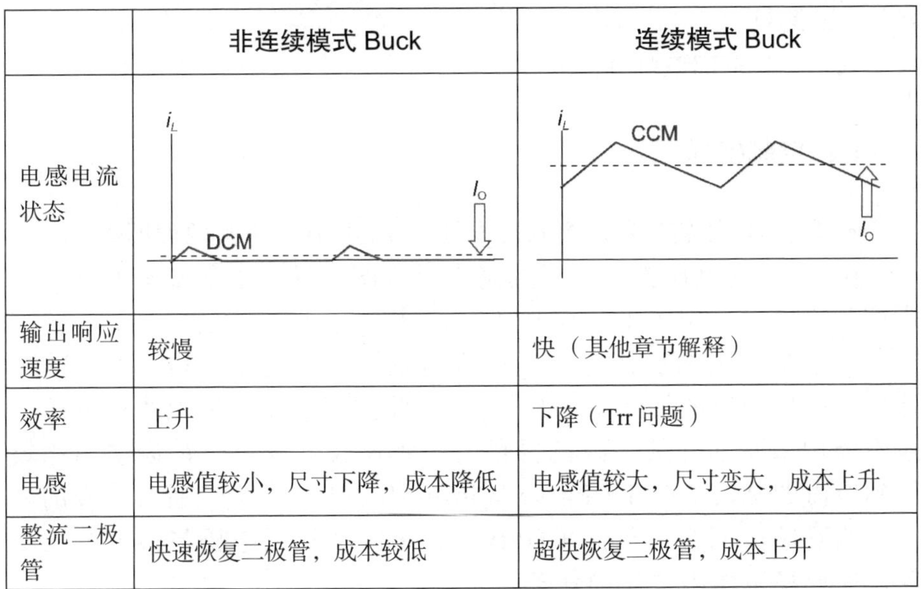

	非连续模式 Buck	连续模式 Buck
电感电流状态	i_L DCM I_O	i_L CCM I_O
输出响应速度	较慢	快（其他章节解释）
效率	上升	下降（Trr 问题）
电感	电感值较小，尺寸下降，成本降低	电感值较大，尺寸变大，成本上升
整流二极管	快速恢复二极管，成本较低	超快恢复二极管，成本上升

然而还有一个常见的问题，当连续导通模式下，Q_1 开关导通瞬间，于整流二极管的反向恢复时间（Trr）中流过反向电流，进而因反向电流而产生损耗。因此若电源需要操作在连续导通模式时，需要特别注意二极管的选择，反向恢复时间需要尽可能地选择越小越好。

同理，当使用同步整流时，由于 Q_1 与 Q_2 最根本的要求是绝对不能同时导通，因此两开关 ON/OFF 之间存在一小段 Deadtime 时间，此时电感电流通过 SR MOSFET 的本体二极管（Body Diode）进行续流，但此本体二极管的反向恢复时间（Trr）通常非常大，导致开关损耗上升，间接降低了 SR 提高效率的能力，同时也加剧 EMI 干扰，因此必要时，还是得需要一个快速二极管并联在 SR MOSFET 旁，或是使用 RC 缓冲器(Snubber)。

再次参考图 1.3.1(a)，其整体关键的损耗在于：

- MOSFET Q_1
  - Turn-ON 开关损耗；
  - 导通损耗。
- 电感 L
  - $I_L{}^2$ x DCR_L 损失；

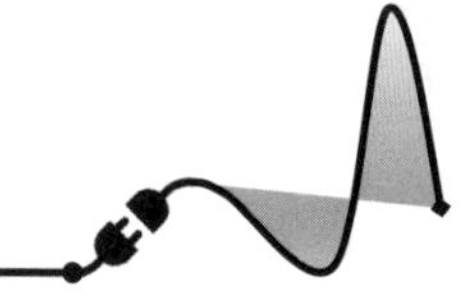

- 铁心损失（铁损，Iron Loss，或称 Core Loss）。

➢ 二极管 D

- 顺向压降导通损耗。

1.4 控制模式

典型定频降压转换器之控制模式可区分为电压与电流两种模式。

图 1.4.1 为电压控制模式的基本示意图，显示了最基本的电压模式控制概念。只用了单一控制环路，首先输出电压经由 $G_{FB}(s)$转移到控制信号等级的反馈电压，接着与默认参考电压（V_{REF}）相减并计算，得出相应的控制量（V_{Comp}）。此控制量属于模拟线性电压，还不能用来驱动开关，因此再藉由后级比较器与一个锯齿波相比较，得到所需的脉波 PWM（Pulse Width Modulation）。通过这样的一个控制环路去调节占空比（Duty），最终让反馈电压与参考电压相等，完成稳定输出电压的任务。

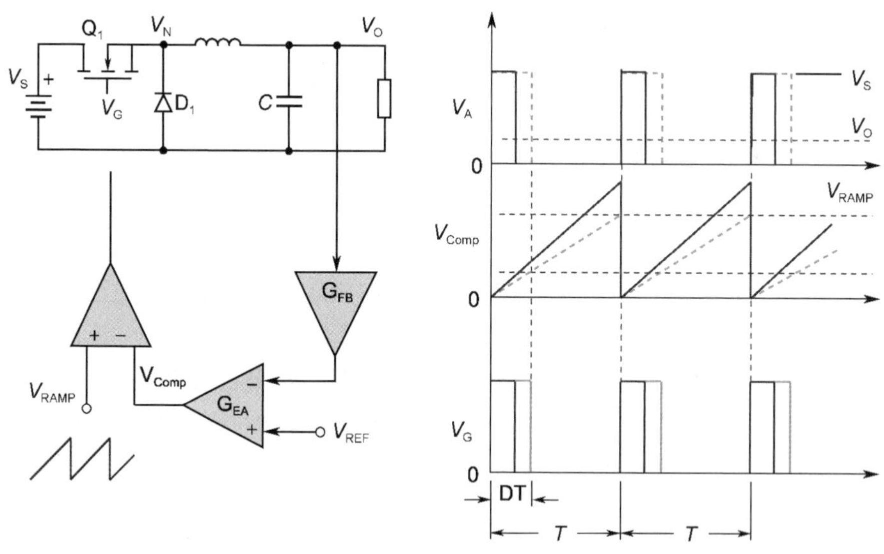

图 1.4.1 电压控制模式

图 1.4.2 为电流控制模式的基本示意图，同样显示了最基本的电流模式控制概念。但电流控制模式使用了两个控制环路，分成电压外环路与电

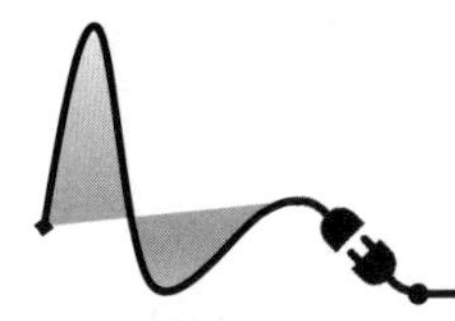

流内环路。首先电压外环路与电压控制模式一样，输出电压经由 $G_{FB}(s)$转移到控制信号等级的反馈电压，接着与默认参考电压（V_{REF}）相减并计算，得出相应的控制量（V_{Comp}），而相异处从此处开始。V_{Comp} 在电压控制模式中，就是占空比的意思，只是需要通过与锯齿波相比较，得到所需的脉波 PWM。但 V_{Comp} 在电流控制模式中，并不再是占空比的意义，而是变成下一个环路（内环路）的控制参考值，亦即电流控制环路（内环路）的电流参考值。再藉由后级比较器与电感“峰值”电流相比较，得到所需的脉波 PWM（Pulse Width Modulation），通过这样的一个控制环路去调节占空比（Duty），最终让反馈电压与参考电压相等，完成稳定输出电压的任务。

> 由于只有单一控制环路，因而此控制环路的受控体（Plant）就同时包含了一个电感与一个电容，亦即此受控体是一个包含了两个极点的二阶系统。所以控制环路就必须具备两个零点相对应，也是为何常见电压模式的控制环使用所谓 Type-III（3P2Z）作为典型控制器，2Z 是两个零点的意思。

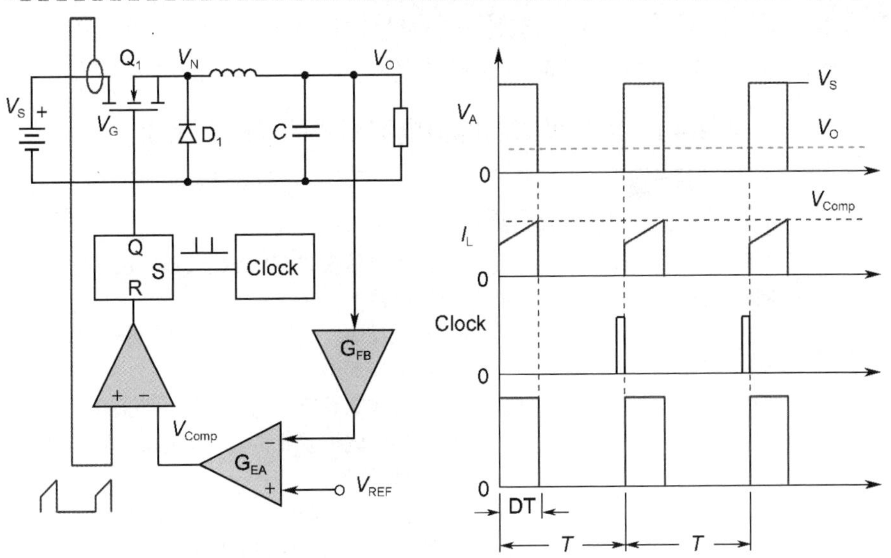

图 1.4.2　电流控制模式

电流控制模式又可以区分成两种：平均电流模式与峰值电流模式。

两种电流模式的基本分界线在于电感电流的反馈信号，以怎样的形式

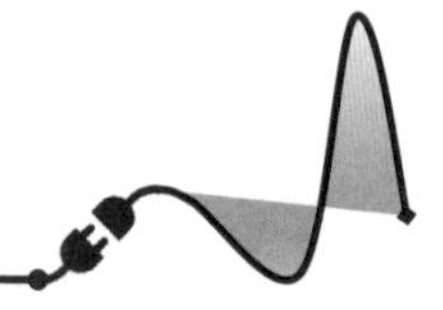

进入电流控制环路？控制器就需要相应配合使用不同的控制参数。峰值电流控制法（参考图 1.4.2），顾名思义，此时 V_{Comp} 是“峰值”电流参考值，而电感电流就需以“峰值”电流的形式进入控制环，与 V_{Comp} “比较”，并完成控制环，算是相当简单且低成本的方式。

> 电流控制模式最关键的不同点在于将受控体（Plant），从一个二阶系统，拆分成内环路控制电感电流，外环路控制电容电压，成了两个一阶系统。而一阶系统只需一个零点相对应，也是为何常见电流模式的控制环使用所谓 Type-II（2P1Z）作为典型控制器，1Z 是一个零点的意思。当然若需要更大的相位裕量，Type-III 还是需要被考虑使用。

而平均电流控制法，此时 V_{Comp} 是“平均”电流参考值，电感电流就需以“平均”电流的形式进入控制环，与 V_{Comp} “相减后计算得占空比”，并完成控制环。所以相较于峰值电流控制法，平均电流控制法较为复杂且较高成本，需要增加一个运算放大器或其他方式，获得电感电流实时的平均值，然后需要一个运算放大器做误差放大与计算，再与一个锯齿波相比较后得到最终的脉波 PWM，才是一个完整的闭回路电流控制环路。

比较一下电压模式与峰值电流模式的优缺点，如表 1.4.1 所列。

表 1.4.1 电压模式与峰值电流模式的优缺点比较

	电压模式	峰值电流模式
优点	✓ 单一控制环路，易于分析与设计 ✓ 抗噪声能力高	✓ 属于电压模式的改良 ✓ 沿用电压模式 PWM 比较器，用来比较电感电流 ✓ 电流反馈线路简单可靠，并且同时具备了过电流保护 ✓ 一阶控制系统，相位补偿环路简单 ✓ 直接电流控制使得输出电感器的影响被降至最低 ✓ 直接电流控制使得均流控制变的相对简单很多，适用于输出并联应用 ✓ 极高的输入电压变化的相应响应能力 ✓ 特别适合控制含右半平面零点的电源

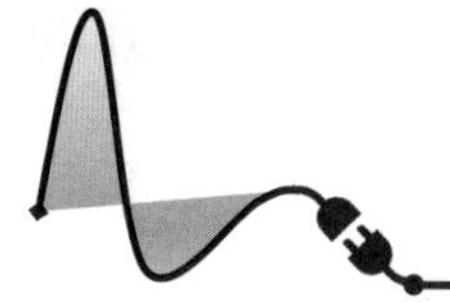

续表 1.4.1

	电压模式	峰值电流模式
缺点	✓ 二阶控制系统，相位补偿环路复杂 ✓ 负载的任何变化都必须等输出变化才知道，然后再由控制环路来控制与修正，这意味着较慢的响应速度 ✓ 开回路增益会随着输入电压的变化而改变，使得补偿更趋于复杂化	✓ 双控制环路，分析较为复杂 ✓ 抗噪声能力要求高 ✓ 占空比超过 50%时，需要斜率补偿 ✓ 功率级中的谐振可能引入控制环路

特别值得一提的一点，电压模式调节占空比，必须等到输出电压有所变化时，才能检测到差异，才得以施加控制。那么我们假设一个场景如下：一个 Buck Converter，其输入电压 10V，输出电压 5V，假设占空比约 50%稳定控制中。当输入电压突然从 10V 变成 20V，那么会发生什么事?

➢ 电压模式

输入电压变成 20V 之初，输出电压尚未改变（有所延迟），电压控制环路并无法有效检测到此变化，因此占空比并不会改变，直到输出电压飙升，电压控制环路才发现并反应，最后得以控制并回到稳定的 5V 状态。

➢ 电流模式

输入电压变成 20V 之初，输出电压同样尚未改变（有所延迟），电压控制环路并无法有效检测到此变化，因此占空比并不会改变？不不不！这是电流模式的一个优点，以 Buck Converter 为例，还记得前面提到Δi_L=ΔV_L/L。电流模式亦即 i_L受到控制而形同一个电流源，此时由于负载并没有改变，电流参考命令也没改变，因此 i_L 并不需要被改变，而片面改变 V_S 电压至 20V，电流回路会自动调整占空比并介入抑制 i_L 的变化，提前反应输入电压的变化，速度够快得话，输出电压甚至几乎不受影响。

一般而言，电压模式与电流模式的选择上，有几个方向可以用来作为基本考虑点：

➢ 电压模式

- 相对宽的输入电压与输出负载变化范围；
- 电感电流斜率过于平缓，不适合电流模式时；
- 高功率与高噪声场用；

- 多输出电压应用（相互之间的调节能力）。

➢ 电流模式

- 相应输入电压变化，需要更快的响应速度；
- 固定开关频率下，需要最快的动态响应；
- 电源输出是一个电流源；
- 电源模块间的均流控制；
- 变压器磁通平衡控制；
- 较少零件的低成本应用（峰值电流模式）。

1.5 BUCK CONVERTER 功率级设计参考

前几节简单介绍了 Buck Converter 基本概念与控制模式。接下来此节将计算功率级的基本参数。但本书仅探讨 Buck Converter，至于 Boost Converter、PFC、LLC 等其他架构，将在其他书籍继续讨论。

1.5.1 PWM 开关频率选择

Buck Converter 转换器之输出电压 $V_O=V_s\,(T_{ON}\,/\,T_{PWM})$，可以看出 V_O 与开关导通时间和开关频率息息相关。然而设计一个转换器的时候，我们都知道开关频率越高，Buck Converter 的输出滤波元件 L 与 C 的体积可以相应缩小。而有趣的问题是，提高开关频率一定能缩小整个转换器的整体体积吗？其实不尽然，式(1.5.1)中电路中开关总交流损耗 P_{AC} 可以看出，交流损耗与开关切换周期 T_{PWM} 成反比。开关频率越高，开关损失越大，这部分的效率相对下降。

T_{Cross} 为切换瞬间的电压与电流交迭时间。

$$P_{AC}=2\times V_s\times I_O\times\frac{T_{Cross}}{T_{PWM}}\qquad(1.5.1)$$

若再加上续流二极管反向恢复时间 T_{rr} 的影响，连续电流工作模式下，T_{rr} 恢复期间，二极管需要承受瞬间逆向漏电流 × 逆向电压，产生的损耗极大，并且伴随着开关频率提高后，同样时间内，发生 T_{rr} 情况的次数相对增加，这部分的效率亦相对下降。

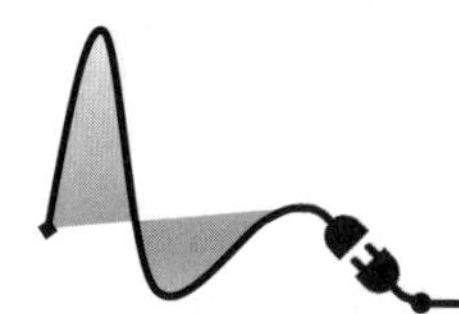

损耗的增加，相对的，为了解决因效率变差产生的热能，很可能需要更大体积的散热器，所以开关频率越高，并不一定意味着总体的体积必然缩小，这之间存在着折中选择的问题，印证着电源设计的一句名言“处处都是折中选择的艺术”。

另外提高开关频率也会影响电磁兼容性 EMC(Electromagnetic Compatibility)的测试结果，尤其是开关频率处于其测试频率范围内。所以不少工程师刻意选择低于测试频率范围的开关频率，例如常见于 PFC(Power Factor Correction) 功率因数校正转换器。

然而材料科技还是持续发展中，更高速的开关与二极管有助于高效能电源转换器，因此越来越多的 Buck Converter 模块电源的开关频率高达 MHz 等级，功率密度更是高的令人惊艳。

再者超高功率密度的电源转换器开发，其开发期间光是频率、架构、元件的选择之间往往是牵一发动全身，甚是挑战也是有趣。

1.5.2 输出滤波电感计算

承如前面章节所提，Buck Converter 中的输出电感与电容可以看作一组输出低通滤波器，所以计算控制环路时，就当作一般低通滤波器来分析处理。

Buck Converter（见图 1.5.2）中，I_L的电流斜波的中心点就等于输出电流 I_O 的平均电流值。当 I_O 持续下降至 ΔI 的一半，电感电流纹波的最低点正好等于零，处于 BCM 电流模式，亦即电感所储存的能量释放到零。如果 I_O 再继续下降，电感即进入不连续电流工作模式。

电感进入不连续电流工作模式后，受控体 Plant 传递函数会发生很大的变化，因此需注意开环路波特图在 DCM 与 CCM 是不一样的。简单而言，V_O 的计算相关式（见式(1.5.2) ~ (1.5.4)），CCM 模式下，V_O 只跟占空比有关系，跟输出电流没有关联。当进入 DCM 模式时，假设电感量 L 固定，PWM 频率也固定，此时为了让 V_O 维持固定，占空比 D 需要随着输出 R_{Load} 改变而调整，换言之，占空比 D 需要随着输出电流 I_O 改变而调整。也因为 D 需要跟着改变，需要持续调整来维持 V_O 维持固定，因此瞬时响应变差。若有些应用需要高速瞬时响应，CCM 是一个很常用的选项之一。

$$D=\frac{T_{ON}}{T_{PWM}} \tag{1.5.2}$$

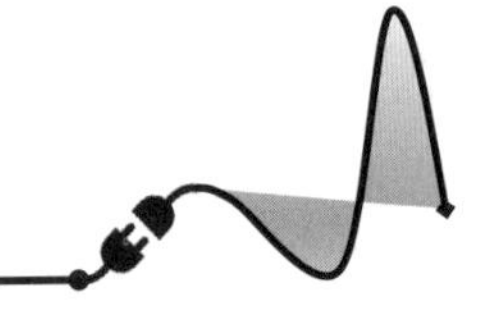

$$V_O = V_S \times D \quad (CCM) \cdots\cdots \quad (1.5.3)$$

$$V_O = \frac{V_S \times 2D}{D + \sqrt{D^2 + (\frac{8 \times L}{R_{Load} \times T_{PWM}})}} \quad (DCM) \cdots\cdots \quad (1.5.4)$$

当 I_L 等于零时，有一个有趣的现象，亦可由此判断是否进入 DCM。当 I_L=0 时，开关节点电压 V_N 等于 V_O，因此产生衰减振荡现象（或称振铃现象），如图 1.5.1 所示，其振荡频率于电感 L 与等效寄生电容（由开关节点往开关 Q_1 与二极管 D_1 方向看过去的等效寄生电容）所决定。

换言之，ΔI 是相当重要的一个规格，计算电感前需要先决定 ΔI，通常 ΔI 越大，电感越便宜，但是输出纹波变大；通常 ΔI 越小越贵，因为需要更大的感量，连带可能需要更高品值的磁芯材质。

ΔI 的典型设计值是 20%。

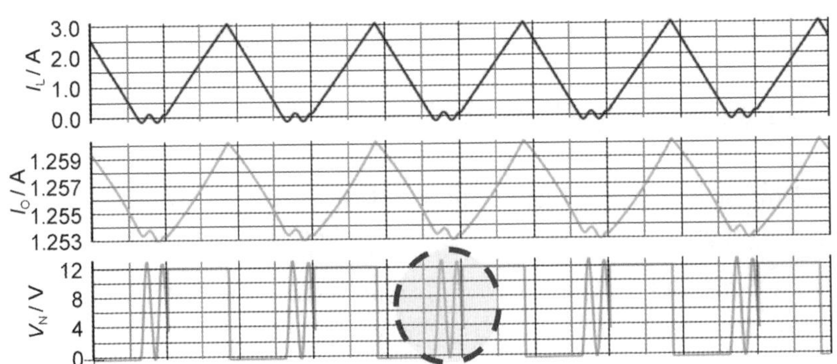

图 1.5.1　开关节点振铃现象(DCM)

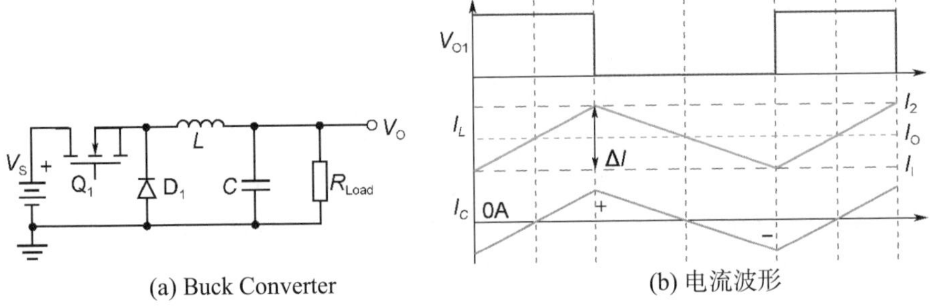

(a) Buck Converter　　(b) 电流波形

图 1.5.2　Buck Converter 电流波形

参考图 1.5.2，ΔI 定义如下：

$$\Delta I = 0.2 \times I_O = (I_2 - I_1) = \frac{V_L \times T_{ON}}{L} = \frac{(V_S - V_O) \times T_{ON}}{L} \quad (1.5.5)$$

最小 CCM $I_{O(Min_CCM)}$计算：

$$I_{O(Min\_CCM)} = \frac{\Delta I}{2} = \frac{(I_2 - I_1)}{2} = 0.1 \times I_O \quad (1.5.6)$$

目前已假设规格：

V_S=8~18V　　V_O=5V　　F_{PWM}=350kHz　　$\Delta I_{L\%}$=20%

计算得：

$I_{O(Max)}$ = 1A & $I_{O(Min\_CCM)}$ = 0.1A

假设开关没有电压降，并且 L 与 I_O 为定值，又：

$$L = \frac{(V_S - V_O) \times T_{ON}}{\Delta I_L} = \frac{(V_S - V_O) \times T_{ON}}{0.2 \times I_O} \quad (1.5.7)$$

$$T_{ON} = \frac{V_O \times T_{PWM}}{V_S} \quad (1.5.8)$$

$$L = \frac{(V_S - V_O) \times T_{ON}}{\Delta I_L} = \frac{(V_S - V_O) \times V_O \times T_{PWM}}{V_S \times 0.2 \times I_O} \quad (1.5.9)$$

得到 V_S 和 L 电感值计算如表 1.5.1 所列。

表 1.5.1　V_S 和 L 电感值计算

	$V_{S(Min)}$ 8V	$V_{S(Max)}$ 18V
L/μH	26.79	51.59

取 $V_{S(Max)}$情况下，至少需要 51.59μH，查询一般供货商的典型值，可以选用 L=56μH。

此书主要专注在控制环路的实现，所以电感实际硬件的设计部分，就不在此阐述。

电感的设计除了计算感量，还需要确保“至少”110%输出电流，还不会发生磁饱和现象。甚至需要考虑电感量与饱和磁通密度 B_{Sat}，会随着温度与电流等有所改变，需要保留更大裕量。另外，若能维持在 CCM，较小的电感量对于系统响应速度是有帮助的，并且配合应用或成本需求，ΔI 设计超过 20%也是很常见的。

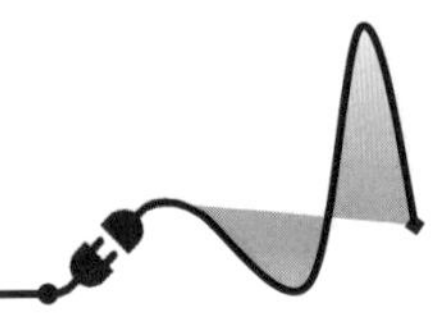

1.5.3 输出电容选择与输出电压纹波计算

一个典型的 DC/DC 转换器，输出电压纹波 ΔV_{OR} 大小也是一个相当重要的技术指标。

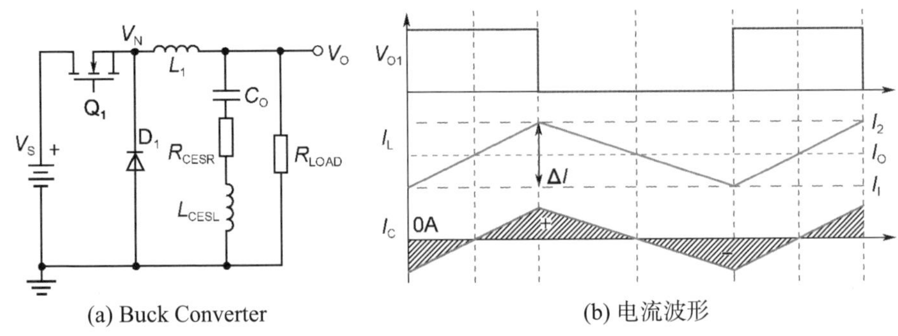

(a) Buck Converter (b) 电流波形

图 1.5.3 电容等效电路

计算输出电压纹波大小之前，需要先理解，图 1.5.3(b)中的 I_L 流经 C_O 时产生 I_C 流进与流出 C_O，此电流 I_C 对图 1.5.3(a)中 C_O 进行充放电，进而在 C_O、R_{CESR} 以及 L_{CESL} 产生不同的电压纹波，把三个电压纹波（ΔV_{CESR}、ΔV_{CESL}、ΔV_{CO}）加起来就是总输出电压纹波 ΔV_{OR}。

由于 R_{CESR} 产生的电压纹波占了较大比例的输出电压纹波，所以估算 ΔV_{OR} 并选择输出电容时，必须先询问电容供货商查得 R_{CESR}。

然而一般情况下，$\Delta V_{CESR} >> \Delta V_{CO} >> \Delta V_{CESL}$，因此很多实际案例都会只计算 ΔV_{CESR}，直接忽略 ΔV_{CESL} 与 ΔV_{CO}。不过实际应用上，还是建议考虑 ΔV_{CO} 是否足以影响 ΔV_{OR}。而 ΔV_{CESL} 则一般是 F_{PWM} 相当高频时才需要考虑，尤其高于 500kHz 以上，不过通常还是很小，所以本书直接忽略。

再经 $R_{CESR} \times C_O$ 乘积值（此为常数，建议询问实际供货商以获得更实际的参考值，一般为：$50\sim80 \times 10^{-6}\,\Omega\,\mathrm{F}$）反算合理输出电容量。

目前假设之规格：

V_S=8~18V　　F_{PWM}＝350kHz　　$\Delta I_L\%$＝20%　　$I_{O(Max)} = 1\text{A}$

$I_{O(Min\_CCM)} = 0.1\text{A}$　　$L_1 = 56\mu\text{H}$　　$\Delta V_{OR} = 50\text{mV}$

得计算：

$$R_{CESR}=\frac{\Delta V_{OR}}{\Delta I_{L\%}\times I_{O(Max)}} \tag{1.5.10}$$

$$R_{CESR}=\frac{0.05V}{0.2\times 1A}=0.25\Omega \tag{1.5.11}$$

$$C_O=\frac{50\times 10^{-6}}{R_{CESR}} \tag{1.5.12}$$

$$C_O=\frac{50\times 10^{-6}}{0.25}=200\mu F \tag{1.5.13}$$

经此换算过程得知，R_{CESR}需小于 0.25Ω，C_O需大于 200μF。假设 C_O就选择 200μF，那么接下来就可以继续计算电压纹波 ΔV_{CO}。

参考图 1.5.3(b)中的 I_C，其中可以区分为+/–电流两部分，我们先来计算正电流产生的电压纹波 ΔV_{CO+}。

$$\Delta V=\frac{\Delta Q}{C}=\frac{I\times \Delta t}{C} \tag{1.5.14}$$

其中：

I代入正电流的平均电流，即 $I=[(\Delta I_{L\%}\times I_{O(Max)})/2]/2=0.05A$。

Δt 意思是正电流的时间，从图 1.5.3 中可以看出刚好半周的时间，以 350kHz 为例:

$\Delta t=(1/350kHz)/2=1.43\mu s$

$$\Delta V_{CO+}=\frac{0.05\times 1.43e^{-6}}{200e^{-6}}=0.3575mV \tag{1.5.15}$$

加上负电流半周后，$\Delta V_{CO}=2\times\Delta V_{CO+}=0.715mV$。

$\Delta V_{CO}/(\Delta V_{OR}+\Delta V_{CO})\times 100\%=1.41\%$

此例而言，1.41%是否足够低则决定了 ΔV_{CO}是否应该被考虑。

当然一般常规，会选择更大的 C_O并选择更小的 R_{CESR}，ΔV_{CO}就更微乎其微。笔者的建议是，越来越多案例要求更小的输出电压纹波 ΔV_{OR}，反复计算修正还是必要的过程。

1.6 电压模式 BUCK CONVERTER 控制器设计

1.6.1 传递函数

图 1.6.1 表示一个单输入输出 SISO 系统，其中 $H(s)$即为其系统传递函数，$X(s)$为系统的单一输入，$Y(s)$为系统的单一输出。

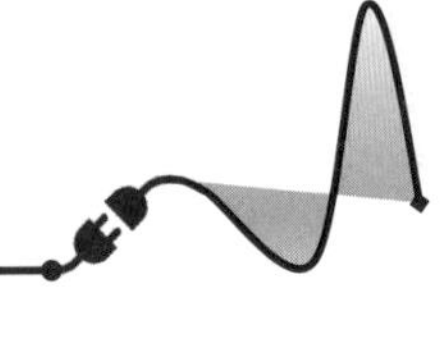

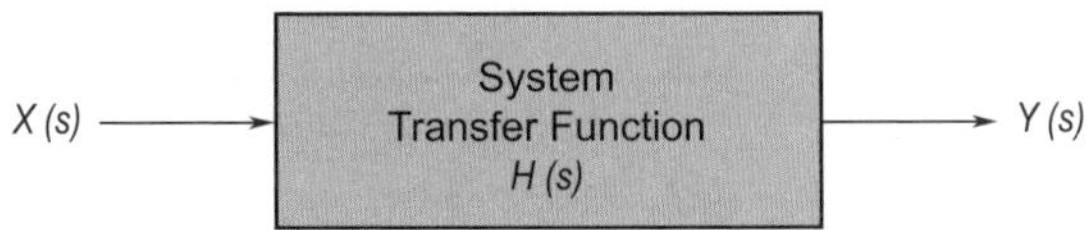

图 1.6.1　系统传递函数 H(s)

其数学表示式如下：

$$\boldsymbol{Y}(\boldsymbol{s}) = \boldsymbol{H}(\boldsymbol{s})\,\boldsymbol{X}(\boldsymbol{s}) \qquad (1.6.1)$$

$$\boldsymbol{H}(\boldsymbol{s}) = \frac{\boldsymbol{Y}(\boldsymbol{s})}{\boldsymbol{X}(\boldsymbol{s})} \qquad (1.6.2)$$

对照式(1.6.2)，对于使 $H(s)$=0 的根，亦即 $Y(s_{\mathrm{Zero}})$=0 的根，被称为“零点”。而使 $H(s)=\infty$（无穷大）的根，亦即 $X(s_{\mathrm{Pole}})$=0 的根，被称为“极点”。

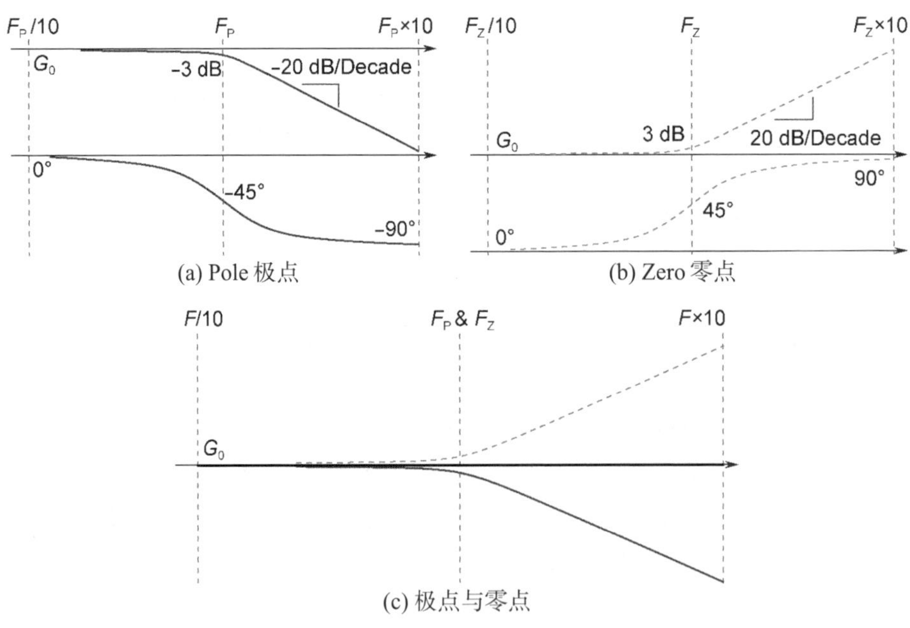

(a) Pole 极点　(b) Zero 零点

(c) 极点与零点

图 1.6.2　极点与零点频率响应图

图 1.6.2(a)显示单一 Pole 极点于频域的响应，假设极点频率为 F_{P}。首先看增益部分，于增益-3dB（开始减 3dB 时）的频率，便是 F_{P}，经过此频率后，增益以每十倍频-20dB 的斜率往下递减。接下来看相位的部分，于（$F_{\mathrm{P}}/10$）的频率点开始，相位开始递减，于 F_{P} 的频率点时，会刚好是

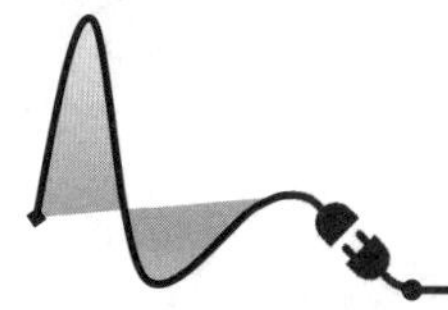

减少 45°，接着继续递减，直到（$F_P\times10$）的频率点时，达到最大的减少量（或称相移量），减少 90°。

图 1.6.2(b)显示单一 Zero 零点于频域的响应，假设零点频率为 F_Z。首先一样先看增益部分，于增益 3dB（开始增加 3dB 时）的频率，便是 F_Z，经过此频率后，增益以每十倍频 20dB 的斜率往上递增。接下来看相位的部分，于（$F_Z/10$）的频率点开始，相位开始递增，于 F_Z 的频率点时，会刚好是增加 45°，接着继续递增，直到（$F_Z\times10$）的频率点时，达到最大的增加量（或称相移量），增加 90°。

从上述分析结果可以看出极点与零点的频率响应特性刚好相反，图 1.6.2(c)显示当放置一个极点与一个零点在同一频率时，两者可以完全抵消。

此特性很重要，建议读者熟记，后面章节谈论控制器设计时，皆是以这些原理作为基础，将整体系统的传递函数“调整”成我们想要的模样。

在系统之中放置一个 Pole 极点，意味着对系统的某个频段减少增益，增加相位延迟现象。而在系统之中放置一个 Zero 零点，意味着对系统的某个频段增加增益，减少相位延迟现象。

1.6.2 BUCK CONVERTER 开回路稳定条件

图 1.6.3 为一简单 Buck Converter 系统方块图，首先将 V_O 以负反馈方式反馈回控制器，并且 $V_{Err}=V_{Ref}-V_O$，其中补偿器 Compensator 取得实时的 V_{Err} 后，计算出相应的 V_{Comp}（为一线性连续信号），接着通过 PWM 产生器将 V_{Comp} 转变成 PWM 脉波形式（为一数字非连续信号），进而控制 Buck Converter 功率级，调节输出电压 V_O。

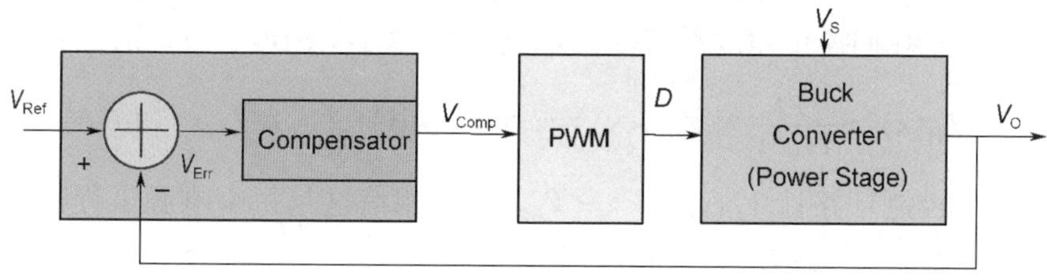

图 1.6.3 Buck Converter 系统方块图

整个环路是一个闭回路控制系统，我们将各区块的传递函数符号加入图 1.6.4 中供参考如下：

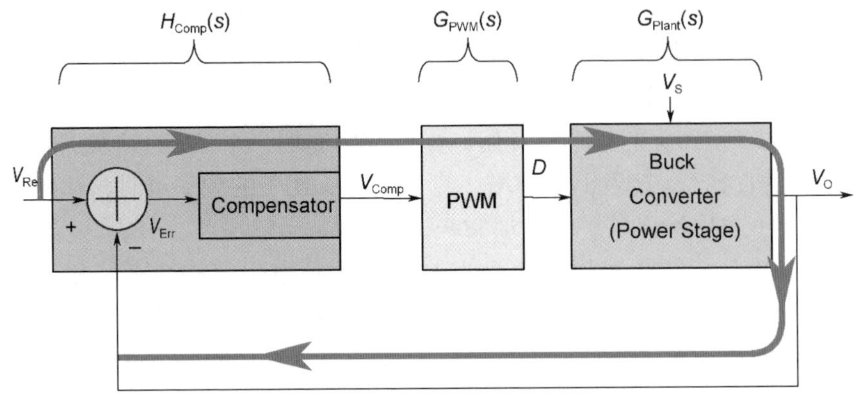

图 1.6.4　Buck Converter 传递函数图

从 $H_{Comp}(s)$的“＋输入”到“–反馈”两点，看进去的开回路传递函数为 $T_{OL}(s)$：

$$\boldsymbol{T_{OL}(s) = H_{Comp}(s) \times G_{PWM}(s) \times G_{Plant}(s)} \quad (1.6.3)$$

闭回路计算式：

$$\boldsymbol{V_O(s) = \frac{T_{OL}(s)}{1+T_{OL}(s)} \times V_{Ref}(s)} \quad (1.6.4)$$

从式(1.6.4)可以做简单的控制稳定性分析，假设 $T_{OL}(s)$趋近于∞：

$$\boldsymbol{V_O(s) = \frac{\infty}{1+\infty} \times V_{Ref}(s) = 1 \times V_{Ref}(s)} \quad (1.6.5)$$

整个控制环路让 $V_O(s) = V_{Ref}(s)$，完成一个控制环路最终的目的，输出等于参考命令。整个系统处于可控制且稳定状态。

接下来我们换个角度看式(1.6.6)，假设，$T_{OL}(s)$趋近于-1，那么：

$$\boldsymbol{V_O(s) = \frac{-1}{1+(-1)} \times V_{Ref}(s) = \infty \times V_{Ref}(S)} \quad (1.6.6)$$

整个控制环路让 $V_O(s) = \infty \times V_{Ref}(s)$，相信这是每个电源工程师的噩梦，最不想碰到的情况，$V_O(s)$完全失去控制，这个系统处于不可控且发散的状态。

因此所谓系统稳定性的判断，这里给出一个最基本的判断机制：

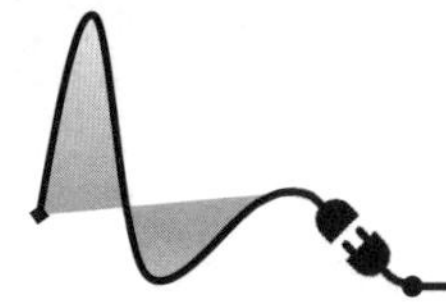

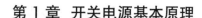

$T_{OL}(s)$ 不能等于-1

若不等于-1，但接近-1 呢？这问题区分为“-”和“1”两个部分。

“-”可以看做 180° 相位差，而“1”可以看做增益（比例）。

聪明的读者已经联想到，探讨系统稳定时，为何常听到下面两个参数：

- P.M. (Phase Margin，相位裕量)：
  增益 0dB 时，相位与 -180° 的差量，必须至少有 45° 的裕量。
- G.M. (Gain Margin，增益裕量)：
  相位 -180° 时，增益与 0dB 的差量，一般最好有 10dB 的裕量。

系统要发散，两个条件都必须成立：增益为 1(=0dB)，相差 180°(=-180°)。若只有一个条件成立，系统只会因外在扰动而振荡不稳定，但系统最终还是会趋于稳定，不会发散，系统不至于崩溃。

因此 P.M.意思是增益等于 0dB 的条件已经成立，为避免发散或崩溃，必须确保相位不是-180°，大于 45° 是基本的设计准则。

G.M.意思是相位等于 -180° 的条件已经成立，为避免发散或崩溃，必须确保增益不是 0dB，差距 10dB 是常用的设计法则。（有些应用需要更大的 G.M.，因此此值并非固定。）

1.6.3 系统响应速度

电源工程师时常面临一个问题：系统响应速度！

因为此速度间接或直接影响很多电源指标，例如：负载调整率，包含输出过冲或跌落的幅值以及恢复时间的长短。其中两个关键设计参数占有举足轻重之地：P.M.与 F_C（交越频率，亦即系统带宽）。

此章节目的在于简单说明 P.M.、F_C 与系统响应速度，但也想提醒读者，不应过度迷失在极大化提高 P.M.与 F_C 来加速系统响应速度。切记，很多事实证明，我们实际生存的世界，并非完美，把更多因素加进来以后，会发现，一味使用单一方式对系统响应速度加速，反而可能使系统变得不可靠。例如对“未知”负载的应变是否会发散？又例如对噪声的反应是否过于敏感？这都是工程师应该全面考虑的。

言归正传，我们用最基本的时域系统阶跃响应分析系统响应速度的影响参数，如图 1.6.5 所示。

假设一个阶跃响应测试，要求系统输出达到某个电压值，不同的 F_C

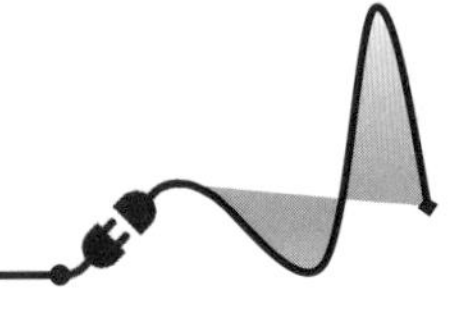

系统带宽如何产生相应不同的响应速度？

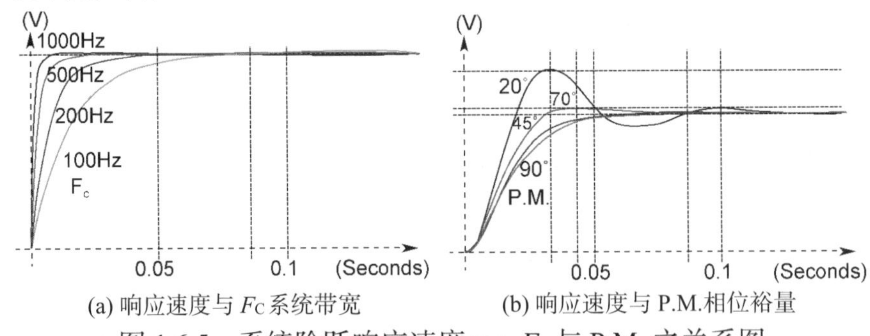

(a) 响应速度与 F_C 系统带宽　　(b) 响应速度与 P.M.相位裕量

图 1.6.5　系统阶跃响应速度 v.s. F_C 与 P.M. 之关系图

参考图 1.6.5(a)仿真图，可以看出 F_C 频率越高(100Hz ~ 1000Hz)，系统输出达到设定目标的时间就可以缩短，亦即提高追随系统命令的速度可以通过提高 F_C 频率来完成。

然而 F_C 频率最高也是有个极限，先假设排除外在限制条件因素，基本上 F_C 合理的最高频率应当是（F_{PWM} / 10），也就是开关频率的 1/10。

此频率越高，系统响应速度越快，但也可能引发几个设计上的麻烦，衍生其他设计难度问题，须多加注意防范：

➢ **系统处于越高频时，相位落后越严重。**

因此 F_C 频率越高，P.M.相对越低，对于后面章节提到数字电源控制环路，无疑是很大的挑战。

➢ **F_C 频率越高，对于中高频段噪声的反应显得多余。**

可能使系统产生不必要的振荡，产品的可靠度检验变得烦琐。

➢ **控制系统在计算时，通常假设输入阻抗为零，输出为纯电阻。**

假设外部容抗与感抗应远小于电源转换器本身，然而实际应用例如充电器输出容抗问题或是 PFC 输入阻抗问题，高 F_C 搭配较低的 P.M.，很容易导致系统振荡，甚至发散。

> 对于模拟控制电源而言，F_C 合理的最高频率应当是（F_{PWM} / 10），也就是开关频率的 1 / 10。但对于数字控制电源而言，由于需要 ADC（模拟数字转换器）采样而衍生的奈奎斯特频率（F_N: Nyquist frequency）影响，笔者建议 F_C 较佳的最高频率应当是（F_{PWM} / 20），设计条件允许的情况下，最高频率应当是（F_{PWM} / 15）。

接着我们同样假设一个阶跃响应测试，要求系统输出达到某个电压值，观察不同的 P.M.相位裕量如何产生相应不同的响应速度？

参考图 1.6.5(b)仿真图，可以看出当 P.M.越大（20° ~ 90°）时，系统输出达到设定目标的过程中，系统的振荡现象得以放缓，进而受到抑制，亦即解决系统振荡可以通过提高 P.M.来完成。

当（0°< P.M. < 45°）时，系统会有短暂振荡，持续时间随着 P.M.越小而越增长，并且通常其的振荡幅度会因此超出产品规格，不能采用。故如同前面章节所提，最少需要满足 45°以上。

但聪明如你是不是也同时观察到另一个现象？虽然 90°的时候，系统不存在振荡现象，但系统响应速度也同时受到压抑，系统反应变得缓慢。因此，较佳的选择应落在（45° < P.M. < 70°）之间，这是理论值。但同时我们也需要考虑生产时所带来的元件误差问题，因此笔者习惯优先考虑（50° < P.M. < 70°）之间。50° 可以有更高的响应能力，70° 可以有效减缓特殊条件下的振荡现象，提高系统可靠度。

1.6.4 开回路传递函数 $T_{OL}(s)$

参考图 1.6.4，于 1.6.2 小节中提到，$T_{OL}(s)$ 不能等于-1 是最根本的控制原则，所以图 1.6.4 虽是个闭回路控制系统，但我们只需要确保开回路传递函数 $T_{OL}(s)$的 P.M.与 G.M.符合稳定条件即可。

换言之，根据 P.M.与 G.M.稳定条件，我们即可先“预设”$T_{OL}(s)$应该是长什么样子，不是吗？

接续式(1.6.3)，得下列方程式：

$$\boldsymbol{H_{Comp}(s)=\frac{T_{OL}(s)}{G_{PWM}(s)\times G_{Plant}(s)}} \quad (1.6.7)$$

$H_{Comp}(s)$补偿控制器传递函数便是本书的重点之处，也是我们所需要求得的函数。

当 $T_{OL}(s)$根据“预设”而成为已知的答案，接着取得系统中的 $G_{Plant}(s)$与 $G_{PWM}(s)$，即可反算出我们所需要的补偿器传递函数，亦即完成整个环路的控制参数。

此节目标即为探讨理想的 $T_{OL}(s)$，那么基本上，一个理想的 $T_{OL}(s)$至少应该具备哪些条件呢？

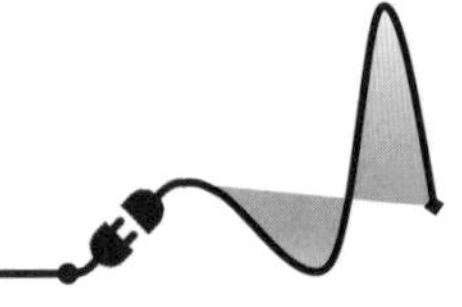

- G.M.最好有 10dB 以上。
- P.M.必须 45° 以上。
- P.M.最好可调整，以便微调响应速度与系统敏感度。
- 别忘了还有一件很重要的任务：最终输出电压与参考电压的误差必须尽可能很小！

换句话说，最终 $T_{OL}(s)$ 呈现出来的理想波特图，需要符合以上条件。

接下来，我们便来一一探讨如何符合以上条件。

反着来看，针对“最终输出电压与参考电压的误差必须尽可能达到很小”的需求，聪明的人类很快想到一个可行办法，假如通过 $H_{Comp}(s)$的控制，$T_{OL}(s)$最终是一个积分器如何？

一个典型的 OPA 积分器，参考图 1.6.6(a)所示。图 1.6.6(b)简单呈现OPA 积分器的增益波特图。当频率近乎零时，增益可近乎无穷大。

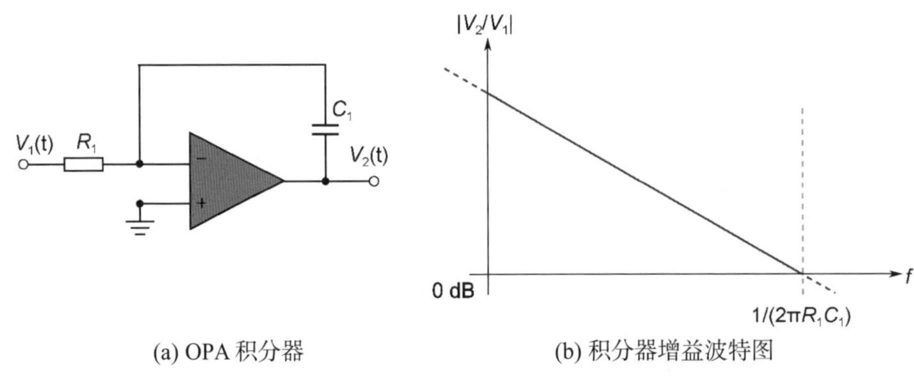

(a) OPA 积分器　　(b) 积分器增益波特图

图 1.6.6　OPA 积分器与增益波特图

这意味着，直流稳态时，一点小小的误差都可以被放大并累加，控制系统就能根据这个放大后的误差去调整控制量。然而常有工程师对“无穷大”一词产生疑惑，放大这么多倍，输出还能受到控制？不是发散了？

关键在于，对一个电源控制系统而言，被放大的是系统输入的相对差值=(V_{Ref} - V_O)，当此差值因放大而受到控制，最终还是会反向趋近于 0，而对 0 放大无穷大倍还是等于 0，又有何妨呢？您说是吧。

频率低于 $1/(2\pi R_1C_1)$之前，整体增益都是正的，也就是输入信号被放大的意思。直到频率等于 $1/(2\pi R_1C_1)$时，增益等于 0dB，也就是一倍的意思。再之后，当频率高于 $1/(2\pi R_1C_1)$，增益为负，输出信号开始缩小（或称衰减），频率越高，衰减更多。假设 $T_{OL}(s)$最终就是一个积分器，以图 1.6.7 同时显示出增益与相位。

此时 $T_{OL}(s)$传递函数为：

$$T_{OL}(s) = \frac{\omega_0}{s} \tag{1.6.8}$$

增益分析如同前面所说明，扰动频率高于 F_C 之前，系统输入的相对差值=(V_{Ref} -V_O)都会被放大并控制，符合理想 $T_{OL}(s)$ 的几个条件之一：

- 最终输出电压与参考电压的误差必须尽可能很小。

那么此时 G.M.与 P.M.多少呢？

图 1.6.7 中的 P.M.为 ∣-180° -（-90°）∣=90°

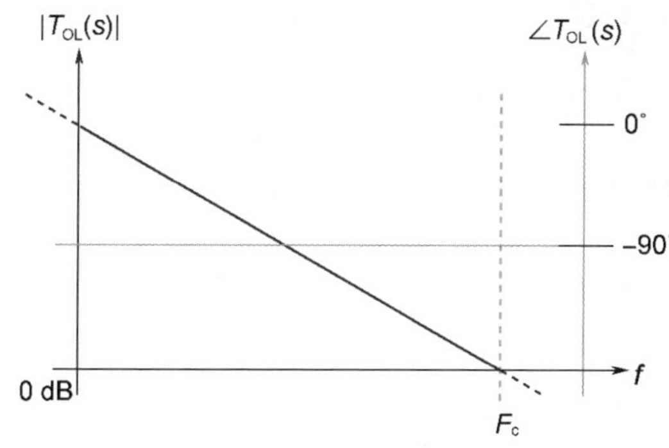

图 1.6.7　$T_{OL}(s)$积分器

G.M.则是无法直接得知，因为系统并没有发生-180° 的位置，当然这是理想状况，实际状况下，系统在高频处最终会发生 -180° 的情况，此处暂时不讨论，至少 G.M.可以肯定是足够的，又符合了下列两个条件：

- G.M.最好有 10dB 以上。
- P.M.必须 45° 以上。

接下来的问题便是，如何符合最后一个条件：

- P.M.最好可调整，以便微调响应速度与系统敏感度。

假设 P.M.设计目标是 70°，那么我们就需要想办法在 F_C频率点，使其相位能够多“延迟”（90°-70°）= 20°。还记得 1.6.1 小节我们简单探讨了极零点的定义与特性？简单复习一下：在系统之中放置一个极点，意味着对系统的某个频段减少增益，增加相位延迟现象。而在系统之中放置一个零点，意味着对系统的某个频段增加增益，减少相位延迟现象。

您是否联想到什么了呢？是的！既然需要延迟相位，在 $T_{OL}(s)$中，除了积分器，那就再加上一个极点如何？结果如图 1.6.8 所示。

于系统中摆放一个高频极点（F_{HFP}: High Frequency Pole）后，其相位于$(F_{HFP}/10)$开始产生衰减，递减幅度是每十倍频衰减 45°。其相位于$(F_{HFP}\times 10)$的时候衰减 90°，整体相位落后至 180°。

当 F_{HFP}摆放适宜时，增益曲线经过 F_C频率时，恰好再衰减 20°，即可得到想要的 P.M.设计目标＝70°。G.M.也可以从图 1.6.8 中快速得知，并且符合设计规范。此时 $T_{OL}(s)$已经符合前面所列的几个条件，成为一个理想的 $T_{OL}(s)$，其传递函数为：

$$T_{OL}(s)=\frac{\omega_0}{s}\times\frac{1}{1+\frac{s}{\omega_{HFP}}} \quad (1.6.9)$$

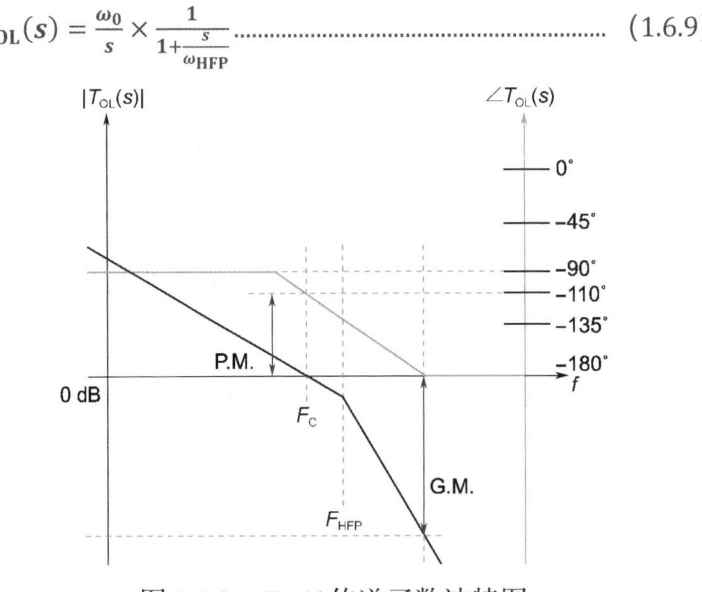

图 1.6.8　$T_{OL}(s)$传递函数波特图

从式(1.6.9)可以看出，一个理想的 $T_{OL}(s)$，其实就是包含着两个极点（ω_0，ω_{HFP}）的传递函数。

接下来我们可以计算几个重要频率，首先换算带宽 ω_C：

$$\omega_C=2\pi F_C \quad (1.6.10)$$

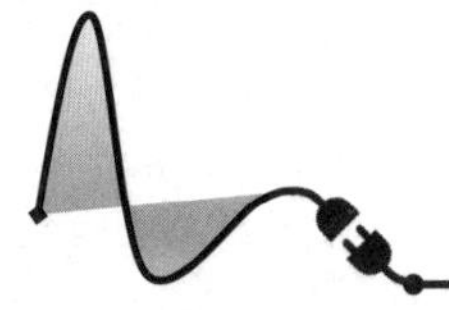

顺着计算 ω_{HFP}：(其中 -110°部分，可根据实际应用作调整。)

$$\omega_{HFP} = -\frac{\omega_C}{\tan(-110°-(-90°))} = -\frac{\omega_C}{\tan(-20°)} \quad (1.6.11)$$

最后求得 ω_0，也就是一开始放置的积分器频率。

$$\omega_0 = \omega_C \times \sqrt{1 + (\frac{\omega_C}{\omega_{HFP}})^2} \quad (1.6.12)$$

至此，我们已经求得理想的开回路传递函数 $T_{OL}(s)$。

1.6.5 PWM 增益传递函数 $G_{PWM}(s)$

从图 1.6.9 可以看出，PWM 增益传递函数 $G_{PWM}(s)$基本上就是将补偿器的线性电压输出转变为 PWM 占空比的输出比例。

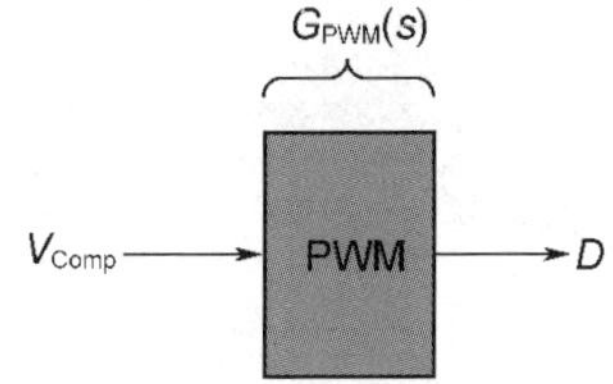

图 1.6.9 PWM 增益传递函数 $G_{PWM}(s)$

图 1.6.10(a)中，V_{Comp} 来自补偿器的线性电压输出，V_G 为最后的 PWM 占空比输出。此 PWM 模块由几个重要区块组成：

- **比较器**：

  通过比较器，比较锯齿波与 V_{Comp} 两输入信号，产生相应的脉波，但此时还不能称为 PWM。

- **锯齿波产生器**：

  产生锯齿波供比较器参考用。

- **SR 锁存器（SR Latch）**：

  比较器输出于状态临界处容易出现高频反复切换现象，需要此 SR 锁存器限制“逐周期 Cycle By Cycle”，而 SR 锁存器的输出即可用于 PWM 输出 V_G。

- **Clock 频率**：

  同时作为 SR 锁存器的设置信号与锯齿波产生器的重置信号，进而

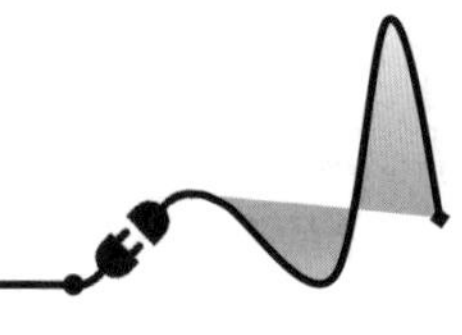

控制 PWM 频率。

原理往往就是这么朴实无华，且枯燥 。

那么问题又来了，所以 PWM 增益传递函数 $G_{PWM}(s)$是什么？

参考图 1.6.10(b)，锯齿波产生器的电压范围为：0~V_{Ramp}。

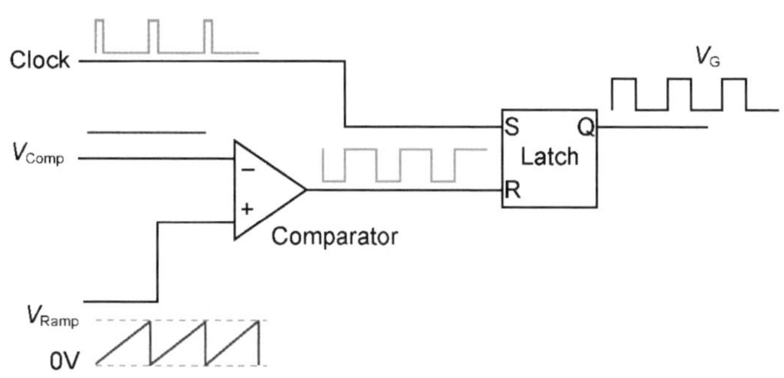

(a) PWM 模块

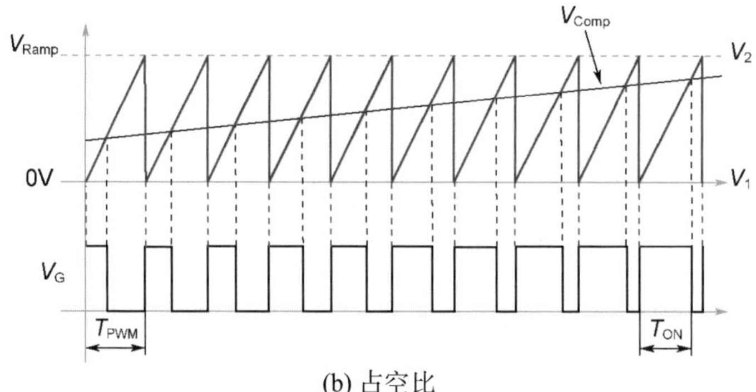

(b) 占空比

图 1.6.10　PWM 模块与频率图

我们可以更广义地假设为：V_1~V_2。此例子中 V_1=0V，V_2= V_{Ramp}。

V_{Comp} 的电压范围也必须被限制在 V_1~V_2 之间才有意义，同时也代表着占空比的范围 0%~100%之间。

当 V_{Comp} 等于 V_1 时，对应占空比等于 0%，当 V_{Comp} 爬升至 V_2 时，对应占空比等于 100%。

可得 $G_{PWM}(s)$如下式：

$$G_{PWM}(s) = \frac{(100\% - 0\%)}{(V_2 - V_1)} = \frac{1}{V_{Ramp}} \qquad (1.6.13)$$

至此，我们已经理解何谓 $G_{PWM}(s)$，并求得其传递函数。

1.6.6 Plant 传递函数 $G_{Plant}(s)$

图 1.6.11 说明了 Plant 传递函数 $G_{Plant}(s)$输入与输出信号，输入信号为占空比，输出信号为输出电压。广义而言，可以说是“Control-To-Output：控制量对输出”传递函数。

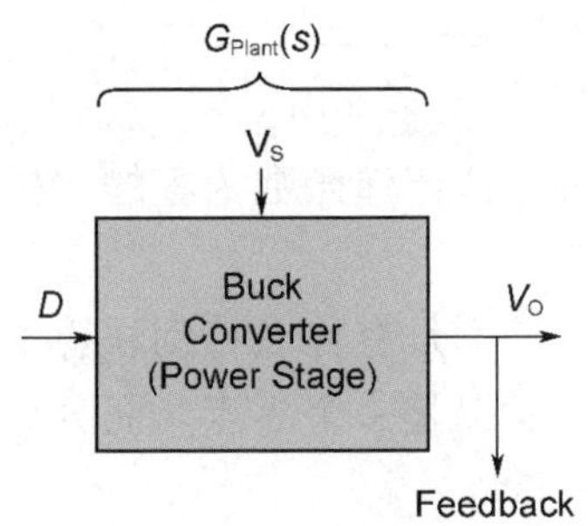

图 1.6.11　Plant 传递函数 $G_{Plant}(s)$

图 1.6.12(a)显示 Plant 传递函数 $G_{Plant}(s)$的电路图，其中电感包含了 L_1 与电感本身的直流电阻 R_{LDCR}，电容包含了 C_O 与电容本身的等效串联电阻 R_{CESR}，输出假设为一个纯电阻性负载 R_{LOAD}。

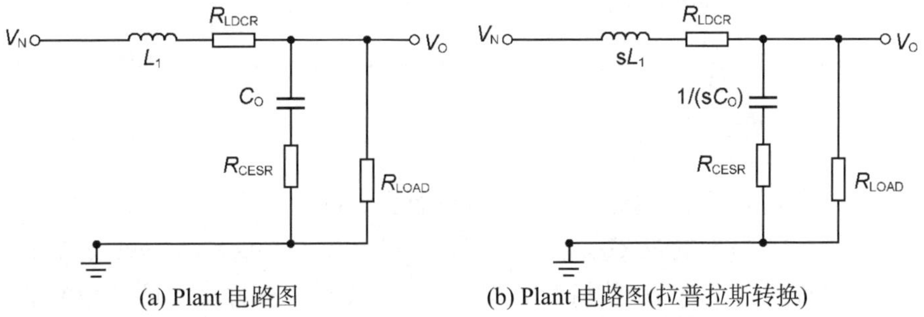

(a) Plant 电路图　　(b) Plant 电路图(拉普拉斯转换)

图 1.6.12　Plant 电路图与拉普拉斯转换

对电感与电容取拉普拉斯（Laplace）转换后，可得图 1.6.12(b)。

经过拉普拉斯转换后，电感 L_1变成感抗 sL_1，电容 C_O变成容抗 $1/(sC_O)$，电阻则不变。电路分析起来就相当轻松了，无论电阻或感抗或容抗，都能当作一般电阻来看待，V_O 与 V_N 的关系式就变得简单明了，简单的电阻串并联分压定律就能开始解析。而 V_O 与 V_N 的关系式就是本节所需要推导的 Plant 传递函数 $G_{Plant}(s)$。V_O 与 V_N 的关系式如下：

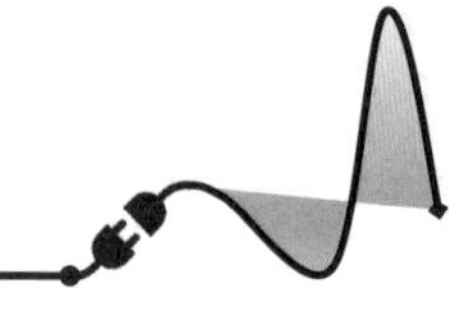

$$V_O(s)=\frac{R_{LOAD}//\left(R_{CESR}+\frac{1}{s\times C_O}\right)}{s\times L_1+R_{LDCR}+R_{LOAD}//\left(R_{CESR}+\frac{1}{s\times C_O}\right)}\times V_N(s)\ \cdots\cdots\ (1.6.14)$$

其中（$R_{LDCR}<<R_{LOAD}$），因此计算时，通常是可以被忽略的。

得 Plant 传递函数 $G_{Plant}(s)$如下：

$$G_{Plant}(s)\approx\frac{(s\times R_{CESR}\times C_O)+1}{(s^2\times L_1\times C_O)+(s\times\frac{L_1}{R_{LOAD}})+1}\ \cdots\cdots\ (1.6.15)$$

还记得我们先前提过，让传递函数为零的“根”为零点，让传递函数为无穷大的“根”为极点吗?

再看一次式 1.6.15，是不是有什么特别联想了呢? 是的，分子的根为零点，因为是一阶函式，所以是一个零点。而分母的根为极点，因为是二阶函式，所以存在两个极点。

所以我们继续简化 $G_{Plant}(s)$式子如下：

$$G_{Plant}(s)\approx\frac{(s\times R_{CESR}\times C_O)+1}{(s^2\times L_1\times C_O)+(s\times\frac{L_1}{R_{LOAD}})+1}=\frac{\frac{s}{\omega_{Z\_ESR}}+1}{\left(\frac{s}{\omega_{LC}}\right)^2+\frac{1}{Q}\times\left(\frac{s}{\omega_{LC}}\right)+1}\ \cdots\ (1.6.16)$$

$$\omega_{Z\_ESR}=\frac{1}{R_{CESR}\times C_O}\ \cdots\cdots\ (1.6.17)$$

$$\omega_{LC}=\frac{1}{\sqrt{L_1\times C_O}}\ \cdots\cdots\ (1.6.18)$$

$$Q=\frac{R_{LOAD}}{\omega_{LC}\times L_1}\ \cdots\cdots\ (1.6.19)$$

Q 又称为阻尼比，从式(1.6.19)可以看出，Q 与负载 R_{LOAD} 成正比。

图 1.6.13 呈现的是 $G_{Plant}(s)$波特图，LC 元件在 Buck Converter 中的角色，前面提过，基本上可以看作一个 LC 滤波器，并且是个低通滤波器。因此其波特图可以看到，横轴频率低于 F_{LC} 的频段，增益都是固定的，除了 F_{LC} 频率点附近，这点稍后讨论，而高于 F_{LC} 的频段，则增益开始衰减，并且是以每十倍频减少 40dB 的斜率下降，这是因为单一个极点所产生的衰减斜率是（-20dB/Decade），两个极点所产生的衰减斜率会迭加成（-40dB/Decade）。

而后因为输出电容本身的等效串联电阻 R_{CESR} 所衍生的零点，其频率为 F_{C_ESR}，经过此频率点后，一个零点可以跟一个极点对消，因此两个极点被一个零点消去一个极点，剩下的一个极点让增益衰减速度回到

（-20dB/Decade）。相位的部分，一开始为 0°，经过两个极点时，相位开始趋近-180°，因为一个极点会造成系统落后 90°，两个极点便是落后 180°。然而到达-180°前，由于一个 R_{CESR} 的零点介入，所以高频段最后剩下一个极点，因此最终相位是落后 90°。然而上述增益与相位的说明，似乎缺少了什么？对的，少了两个关键讯息：

- *LC* 低通滤波器，增益为何不是 0dB？不只滤波，还兼放大？
- F_{LC} 频率点的增益，为何凸起？

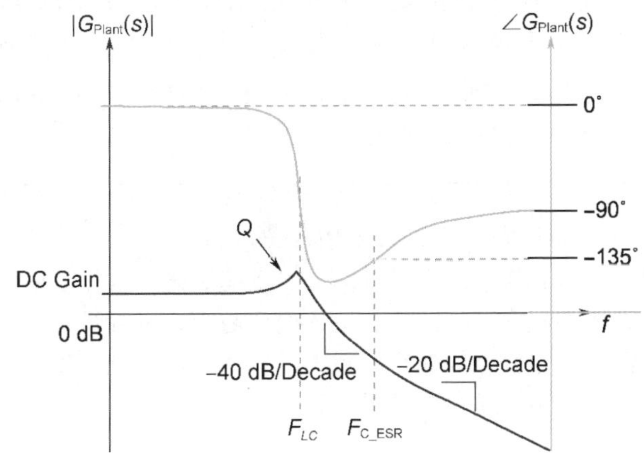

图 1.6.13 $G_{Plant}(s)$波特图

针对第一个疑问：*LC* 低通滤波器，其初始与低频增益为何不是 0dB？

一个正常的 *LC* 低通滤波器，低频增益当然是 0dB 才对，但注意看图 1.6.12(a)，$G_{Plant}(s)$传递函数还包含了输入值 V_N。

> $G_{Plant}(s)$中的零点其实就是电容与其等效串联电阻所产生的零点。而其中的两个极点，则是由 *LC* 滤波器本身所产生，是两个频率重叠的双极点。由于是双极点，因此若为电压控制模式下，设计补偿器时，需选用 Type 3 以上的控制器，因为需要两个以上的零点，用来对消双极点，才能确保 P.M.足够。

比对图 1.6.11 与图 1.6.12，假设 Buck Converter 的开关是一个理想的开关元件，不存在任何压降损失，那么当开关导通时，V_N 等于 V_S。当开关截止时，V_N 等于 0V。

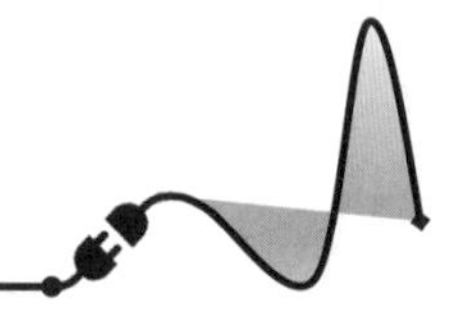

换言之，前面求解 $G_{PWM}(s)$时，提到 V_1~V_2 对应着输出占空比 0%~100%，亦即对应着 V_N 等于 0V~V_S 的平均值，只是这地方是个开关节点，因此电压只有两种状态：0V 与 V_S。

V_N本身存在一个直流增益（DC Gain），其公式如下：

$$\text{DC Gain} = 20\log_{10}\left(\frac{V_S}{V_2 - V_1}\right) \quad (1.6.20)$$

从式 1.6.20 中可以看出，此直流增益的存在，引来了一个麻烦，当输入电压改变时，此直流增益正比于输入电压，造成系统增益改变。试想：当输入电压变高，增益曲线往上升，带宽变大，但相位并没有改变，造成 P.M.下降或甚至不足，致使系统不稳定问题。当输入电压变低，增益曲线往下降，带宽变小，系统响应变差。

当输入电压不是固定值，有个输入范围时，计算时该选择哪个电压值？此时可以这么思考：哪个条件对于系统稳定是“最差”的情况下？输入电压越高，增益越大，换言之，输入电压越高，因为带宽一直跟着被提高，影响了系统稳定性，问题更严重，而输入电压变低，仅是响应速度变慢，不至于使系统不稳定或者发散。显而易见，计算时需要以最高输入电压作为计算基础。

关于输入电压对于带宽的影响，还是有方法可以解决的，这在后面混合式数字与全数字控制的章节（3.3.3 与 4.2.5）会提到：自适应增益控制（AGC：Adaptive Gain Control）。

简单来说，便是系统需要测量输入电压，并根据实际的输入电压，反向调整控制器增益，使得整体系统增益维持不变。

此方法不分模拟或数字控制环路，都可以使用，并且对于一些对带宽要求很精准的应用，或是对于输入范围很大的应用，特别有意义。

针对第二个疑问：F_{LC}频率点的增益，为何凸起？

原因来自于阻尼比：$Q = \frac{R_{LOAD}}{\omega_{LC} \times L_1}$（同式(1.6.19)），阻尼比与负载阻值 R_{LOAD}有很大的关联性，其关系为正比。

请注意，有个小地方容易混淆，R_{LOAD} 越小＝负载电流越大（功率输出越大），R_{LOAD}越大＝负载电流越小（功率输出越小）。

仔细观察图 1.6.14 中阻尼比对 $G_{Plant}(s)$的影响。上图中，随着 R_{LOAD}变

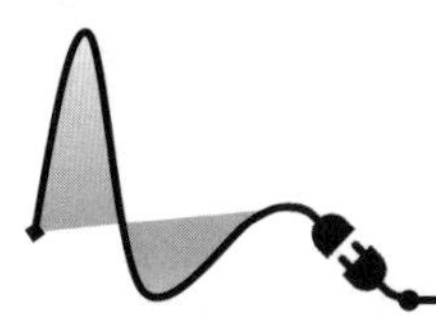

大（负载电流越小），Q 跟着提高，使得 F_{LC} 频率处增益尖峰变的更高，与此同时的下方相位图，相位变化速度变得更快。相位变化过快，更重要的是相位掉得更深，容易造成临界不稳定状况。

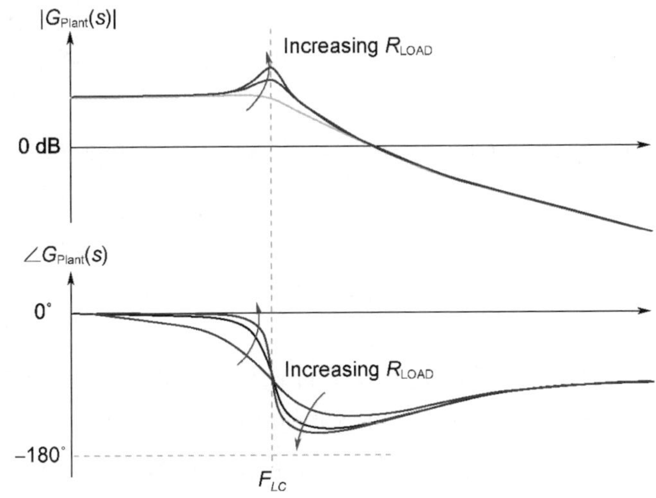

图 1.6.14　阻尼比对 $G_{\text{Plant}}(s)$的影响

因此过大的 Q 值，有时会让 P.M.难以修正到理想范围，选择 Q 值时，需要多加留意。

以上，我们已经理解 $G_{\text{Plant}}(s)$的特性，并求得其传递函数。

1.6.7 补偿控制器传递函数 $H_{\text{Comp}}(s)$

还记得式(1.6.7)吗？$H_{\text{Comp}}(s)=\frac{T_{\text{OL}}(S)}{G_{\text{PWM}}(S)\times G_{\text{Plant}}(S)}$。

补偿控制器传递函数 $H_{\text{Comp}}(s)$的计算便是基于式(1.6.7)，承接前面三个小节，我们依序得到了：

- 理想的开回路传递函数 $T_{\text{OL}}(s)$：$T_{\text{OL}}(s)=\frac{\omega_0}{s}\times\frac{1}{1+\frac{s}{\omega_{\text{HFP}}}}$。
- 开关 PWM 传递函数 $G_{\text{PWM}}(s)$：$G_{\text{PWM}}(s)=\frac{(100\%-0\%)}{(V_2-V_1)}=\frac{1}{V_{\text{Ramp}}}$。

➢ LC 滤波器传递函数 $G_{Plant}(s)$：$G_{\mathrm{Plant}}(s)=\dfrac{\frac{s}{\omega_{\mathrm{Z\_ESR}}}+1}{\left(\frac{s}{\omega_{LC}}\right)^2+\frac{1}{Q}\times\left(\frac{s}{\omega_{LC}}\right)+1}$。

未包含输入电压，即未包含 DC Gain，参考式子 1.6.20。

有了以上三个传递函数，接下来就能开始推导补偿控制器传递函数 $H_{Comp}(s)$了！

基本上只要整理三个传递函数$\dfrac{T_{\mathrm{OL}}(S)}{G_{\mathrm{PWM}}(S)\times G_{\mathrm{Plant}}(S)}$，就能得到 $H_{Comp}(s)$。

对于喜欢玩数学方程式的读者，不妨直接推导试试。

笔者接下来用物理的推理方式解释，能同时结合数学推导与物理推理，也是人生一大乐趣，不是吗？当然结果必须是一样的。

首先回想一下 $T_{OL}(s)$的意义是什么？别忘了，就是理想的开回路传递函数，意思是最终系统所需要呈现的传递函数，并且“其余都是不需要的”。因此，保持这一个原则，事情就能变得简单又明了：将不需要的极零点消除掉！其中，$G_{PWM}(s)$仅包含了增益量，并没有包含任何极零点，故不在极零点对消掉的考虑对象内。$G_{Plant}(s)$则包含了一个零点与两个极点。如图 1.6.15 所示，$G_{Plant}(s)$的一个零点与两个极点并非理想的开回路传递函数 $T_{OL}(s)$所需要的极零点，因此 $H_{Comp}(s)$将需要提供一个极点与两个零点来跟 $G_{Plant}(s)$对消，并且 $H_{Comp}(s)$还将需要 $T_{OL}(s)$需要的两个极点：F_0与 F_{HFP}。

依此类推，将 $H_{Comp}(s)$波特图合并图 1.6.15，得图 1.6.16。

同一频率直线上的极零点可以直接对消，由 $H_{Comp}(s)$左而右为：

➢ F_0 极点：产生带宽 F_C 所需的原点处极点。

➢ F_{LC} 双零点：对消 $G_{Plant}(s)$中的 LC 双极点。

➢ F_{HFP} 极点：调整系统 P.M.所需的高频极点。

➢ F_{C_ESR} 极点：对消 $G_{Plant}(s)$中电容等效串联电阻的零点。

总结一下 $H_{Comp}(s)$，一共包含了 3 个极点与 2 个零点，一般称为三型控制器，或称 Type-3 控制器，其中的 3 指的是极点数量，并且零点需要比极点少一个。依此类推，近期兴起的 Type-4 则是 4 个极点与 3 个零点。总结 $H_{Comp}(s)$的增益曲线波特图如图 1.6.17 所示。

据此，我们已经用简单的推理方式求得 $H_{Comp}(s)$中所有的极零点。

假如读者是喜欢数学推导模式，亦可以直接推算出下式：

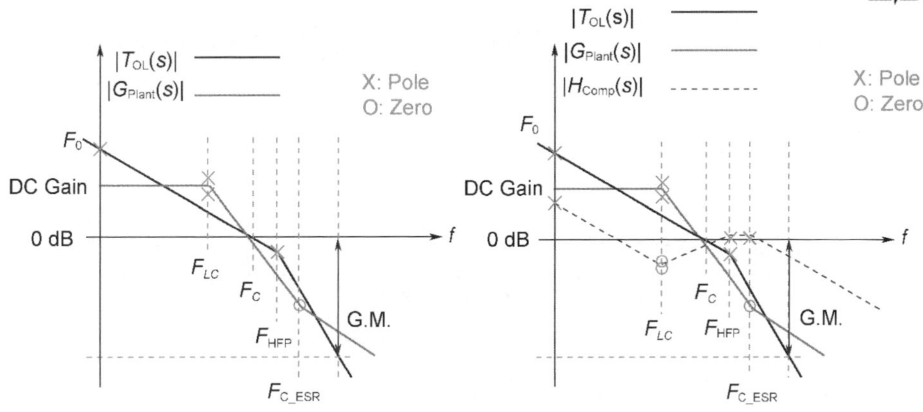

图 1.6.15 $T_{OL}(s)$ 和 $G_{Plant}(s)$　　　图 1.6.16 系统各区块波特图

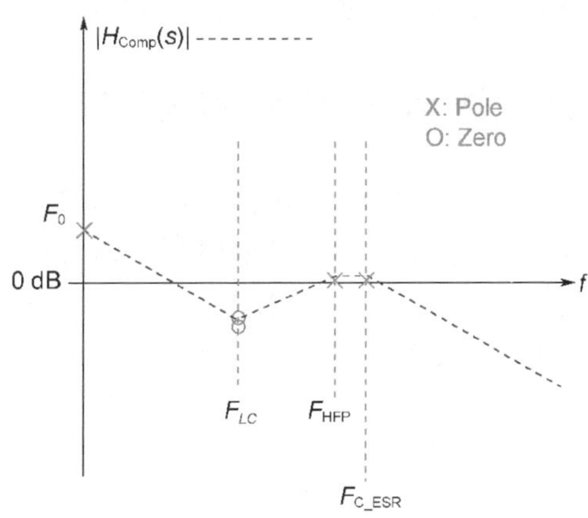

图 1.6.17 补偿控制器 $H_{Comp}(s)$增益曲线波特图

$$H_{Comp}(s)=\frac{\frac{\omega_0}{s}\times\frac{1}{1+\frac{s}{\omega_{P\_HFP}}}}{\frac{1}{V_{Ramp}}\times\left[V_S\times\frac{1+\frac{s}{\omega_{P\_ESR}}}{1+\frac{1}{Q}\times\left(\frac{s}{\omega_{Z\_LC}}\right)+\left(\frac{s}{\omega_{Z\_LC}}\right)^2}\right]}\qquad(1.6.21)$$

接着整理一下式子，可得下式：

$$H_{Comp}(s)=\frac{\omega_{P\_0}}{s}\times\frac{1+\frac{1}{Q}\times\left(\frac{s}{\omega_{Z\_LC}}\right)+\left(\frac{s}{\omega_{Z\_LC}}\right)^2}{\left(1+\frac{s}{\omega_{P\_ESR}}\right)\times\left(1+\frac{s}{\omega_{P\_HFP}}\right)}\qquad(1.6.22)$$

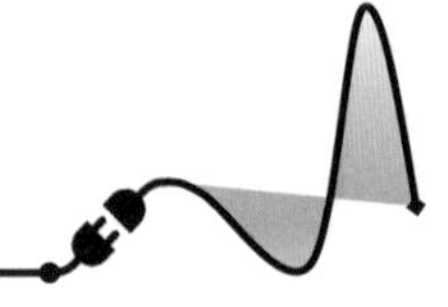

$$\omega_{P\_0}=\frac{V_{Ramp}\times\omega_0}{V_S}=\frac{V_{Ramp}}{V_S}\times\omega_C\times\sqrt{1+(\frac{\omega_C}{\omega_{P\_HFP}})^2} \quad\text{......}\quad (1.6.23)$$

最后可以整理出下式：

$$H_{Comp}(s)=\frac{\omega_{P_0}}{s}\times\frac{\left(1+\frac{s}{\omega_{Z_{LC}}}\right)\times\left(1+\frac{s}{\omega_{Z_{LC}}}\right)}{\left(1+\frac{s}{\omega_{P_{ESR}}}\right)\times\left(1+\frac{s}{\omega_{P_{HFP}}}\right)}=\frac{\omega_{P\_0}}{s}\times\frac{\left(1+\frac{s}{\omega_{Z1}}\right)\times\left(1+\frac{s}{\omega_{Z2}}\right)}{\left(1+\frac{s}{\omega_{P1}}\right)\times\left(1+\frac{s}{\omega_{P2}}\right)}$$

.... (1.6.24)

到了式(1.6.24)，是不是很眼熟呢？

数一下 s 的数量，分子 2 个零点，分母 3 个极点！是不是刚好就是我们稍早前直接用推论的方式找到的三型控制器呢？

1.6.8 电压控制模式补偿控制线路参数与计算

接下来就剩下最后一个烦琐的步骤：反复计算与微调补偿控制线路参数，也就是需要计算出图 1.6.18 中所有的电阻与电容值。所谓微调的意思，是因为计算的结果很可能在厂商的电阻电容产品列表上找不到，需要折中取相近值。将 Type-3 (三型)传递函数 $H_{Comp}(s)$ 代入电阻电容。

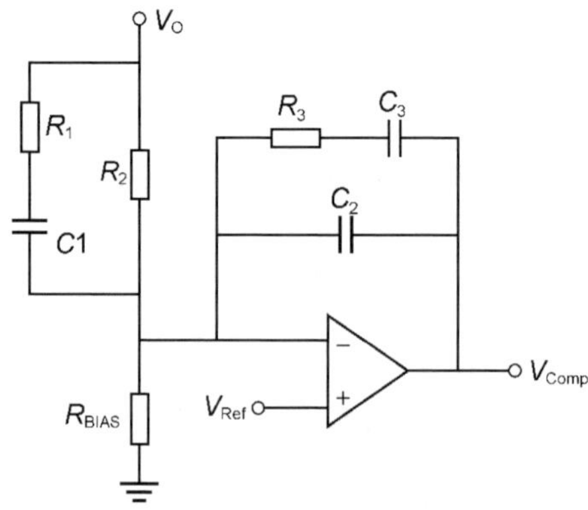

图 1.6.18　Type-3 (三型)模拟 OPA 控制器

$$H_{Comp}(s)=\frac{V_{Comp}}{V_O}=-\frac{1}{s\times R_2\times(C_2+C_3)}\times\frac{1+s\times R_3\times C_3}{1+s\times R_1\times C_1}\times\frac{1+s\times(R_1+R_2)\times C_1}{1+s\times R_3\times\frac{C_2\times C_3}{C_2+C_3}}$$

.... (1.6.25)

比对式(1.6.24)与式(1.6.25)，即：

$$\omega_{P\_0}=\frac{1}{R_2\times(C_2+C_3)} \quad (1.6.26)$$

$$\omega_{Z1}=\frac{1}{R_3\times C_3} \quad (1.6.27)$$

$$\omega_{Z2}=\frac{1}{(R_1+R_2)\times C_1} \quad (1.6.28)$$

$$\omega_{P1}=\frac{1}{R_1\times C_1} \quad (1.6.29)$$

$$\omega_{P2}=\frac{1}{R_3\times\frac{C_2\times C_3}{C_2+C_3}} \quad (1.6.30)$$

很清楚可以区分出补偿控制线路参数与各极零点的关系，但同时也出现一个问题，各极零点之间有耦合关系。假如调整单一个电阻或电容，会发现所影响的并非单一个极点或单一个零点。这也表示最终计算结果，极零点也必然会发生位移，而并非完全理想的 $T_{OL}(s)$。单一 OPA 的控制器，Type-3 已是极限。若需要 Type-4 或是更高的控制器，或是需要精准的极零点控制，便需要选择数字的控制方式了。有了以上式子，接下来进行计算电阻电容值，以下的计算顺序供读者参考，计算顺序有一定方法，若随意挑选计算，容易因上述耦合关系而计算不出来。一般先计算 R_{BIAS}，并且需考虑 OPA 的输入偏置电流 I_{BIAS}，I_{BIAS} 典型值约 100μA，得：

$$R_{BIAS}=\frac{V_{Ref}}{I_{BIAS}} \quad (1.6.31)$$

有了 R_{BIAS}，一个简单的分电压计算，就能轻松反算 R_2：

$$R_2=R_{BIAS}\times\frac{V_O-V_{Ref}}{V_{Ref}} \quad (1.6.32)$$

输出分电压电阻计算后，接下来便依序计算 R_1、C_1、C_2、C_3、R_3：

$$R_1=R_2\times\frac{f_{Z2}}{f_{P1}-f_{Z2}} \quad (1.6.33)$$

$$C_1=\frac{1}{2\times\pi\times f_{P1}\times R_1} \quad (1.6.34)$$

$$C_2=\frac{f_{Z1}}{2\times\pi\times f_{P\_0}\times f_{P2}\times R_2} \quad (1.6.35)$$

$$C_3=\frac{1}{2\times\pi\times f_{P\_0}\times R_2}-C_2 \quad (1.6.36)$$

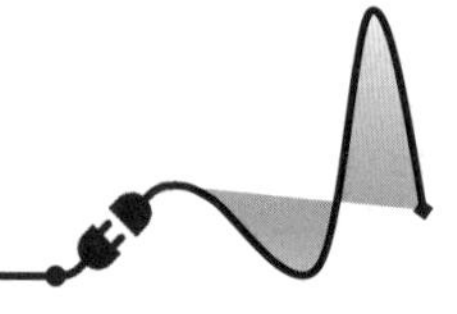

$$R_3 = \frac{1}{2\times\pi\times f_{Z1}\times C_3} \qquad (1.6.37)$$

计算到了这一个步骤，基本上已经完成整个电压模式 Buck Converter 控制环路之计算，接下来可以通过仿真或是实际动手实验，验证计算是否正确。

若参考电压 V_{Ref} 直接等于输出电压 V_{O}，R_{BIAS} 可以不需要使用，R_2 可直接选用一个典型常用电阻即可，例如 10kΩ。

1.7 峰值电流模式 BUCK CONVERTER 控制器设计

读者可回顾 1.4 节，该节简单介绍与解释电压模式与电流模式的差异与优缺点，而 1.6 节主要是探讨电压模式 Buck Converter 的控制器设计，其仅需要一个控制环，而由于只有单一控制环，因此需要 Type-3（三型）补偿控制器控制一个 *LC* 二阶系统。

此 1.7 节探讨峰值电流模式 Buck Converter 的控制器设计，参考图 1.7.1 峰值电流模式 Buck Converter 方块图。

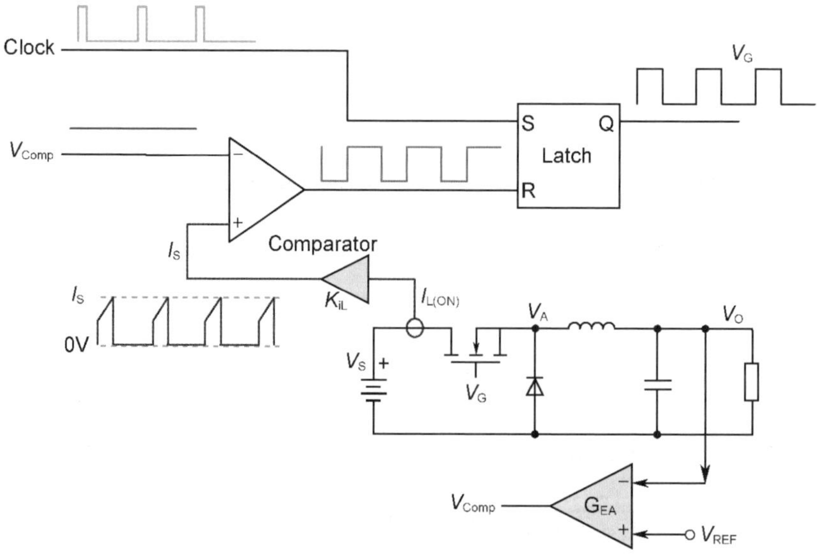

图 1.7.1　峰值电流模式 Buck Converter 方块图

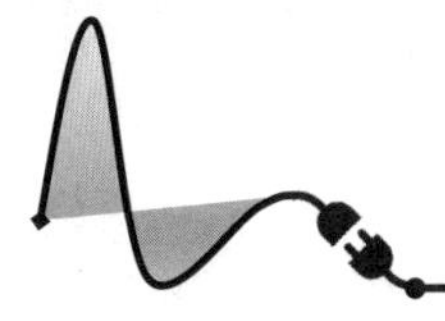

此方块图包含了两个环路：

➢ **外环路（电压控制环路）**

此外环路类似于电压模式下的电压控制环路。先穿越时空，回到电压模式下，V_{COMP} 于比较器与“锯齿波”比较，而后产生占空比，换言之，V_{COMP} 意义上就是“占空比”，直接控制电源输出。

而峰值电流模式下，V_{COMP} 于比较器与“电感储能电流”做比较，而后同样产生占空比，但有一点非常不一样，此时 V_{COMP} 意义上变成了“电感电流参考命令 $I_{L(REF)}$”，真正决定“占空比”大小的，是电感电流的反馈信号，也就是电感电流本身，通过电流环路直接决定占空比，不再是电压环路直接决定占空比。

➢ **内环路（电感电流控制环路）**

此内环路将 V_{COMP}（亦即 $I_{L(REF)}$）与“电感储能电流”做比较，而后产生占空比，直接控制电源输出。

从以上的说明，更白话文一点，读者可以这么理解，内环路（电感电流控制环路）负责稳定电感电流，也就是控制对象就是一颗电感而已，不包含电容（一阶系统），此时电感形同一个纯电流源；外环路（电压控制环路）负责稳定电容电压，也就是控制对象是一个可调电流源与一颗电容，不直接包含电感（亦如同一阶系统），此时电容形同一个纯电压源。

其中电感电流的爬升斜率正比于输入电压 V_S，因此输入电压改变时，直接影响占空比，即快速地对输入电压的响应，因此峰值电流模式，特别适合用在相对输入变化严苛的应用，能极快消除输入电压变化而衍生的瞬时响应。简化峰值电流控制模式如图 1.7.2 所示。

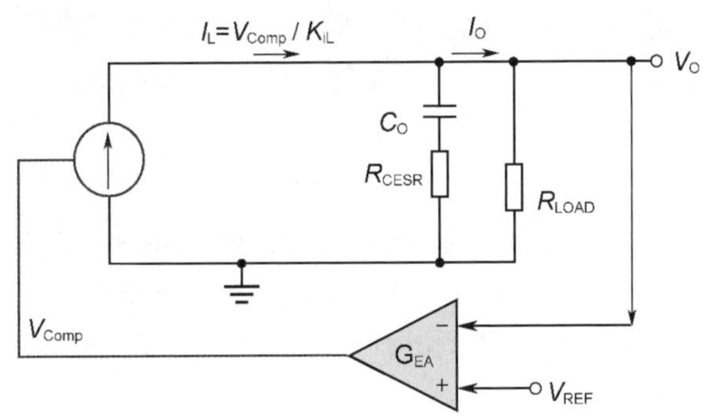

图 1.7.2 峰值电流模式 Buck Converter 等效电路图

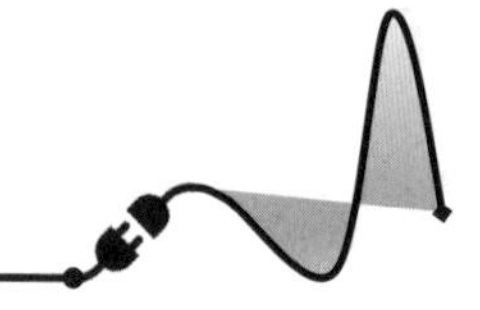

1.7.1 斜率补偿

谈到峰值电流模式控制法，就需要先了解一个特有的振荡问题：次谐波振荡。并且针对次谐波振荡问题，解决方法便是导入斜率补偿。此节将探讨其原因与解决方案。

参考图 1.7.3，当 I_L 等于 V_{Comp}（$=I_{REF}$）时，PWM 开关信号关闭（降至 0V），直到新的周期开始，PWM 开关信号再次输出驱动信号。

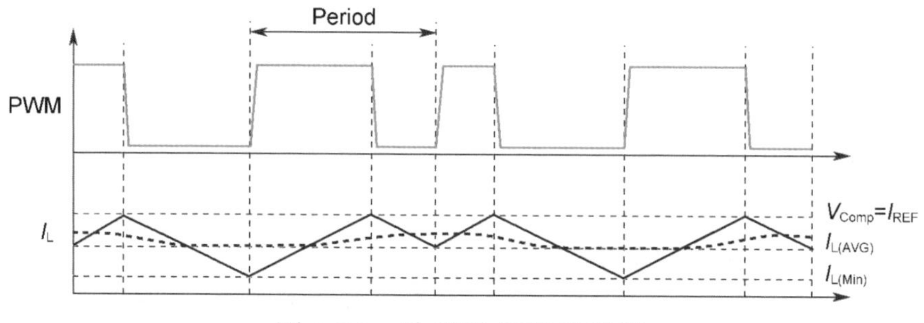

图 1.7.3　次谐波振荡示意图

假设 V_{Comp} 并无改变的情况下，I_L 持续顶到 V_{Comp} 后关闭 PWM，周而复始，直到占空比大于 50%时，系统会开始出现如图 1.7.3 所示之不稳定现象，此不稳定现象被广泛称为次谐波振荡。

其明显表征为 PWM 占空比开始呈现一大一小的状态，并且无法停止，直到“某条件”的到来，后面再讨论“某条件”是什么。

当次谐波振荡发生时，I_L 频率转变成 F_{PWM} 的一半（一大一小 PWM 组合成另一个频率），$I_{L(AVG)}$平均值不再是稳定值，延伸此现象，电容上的电压纹波主要就是与 I_L 成正比，因此输出电压会多出此频率的电压纹波，此电压纹波频率是 F_{PWM} 的一半，并且无法用控制的方法解决，严重影响输出电压的质量。

> 实际案例中常见 PWM 占空比尚未到达 50%，但却发现次谐波振荡已经开始？这是由于实际案例中，电感电流经过电流反馈电路后，发生失真的现象，导致谐波振荡的发生时间点提前至占空比 50%之前，甚至是 40%也是有可能的。

那么所谓“某条件”到底是什么呢？

当系统稳定时，每一周期内的电感电流 I_L，其起始值与结束时的电流值会保持一致，如图 1.7.4(a)所示。

此时占空比 D：

$$D = \frac{S_f}{S_r + S_f} \quad (1.7.1)$$

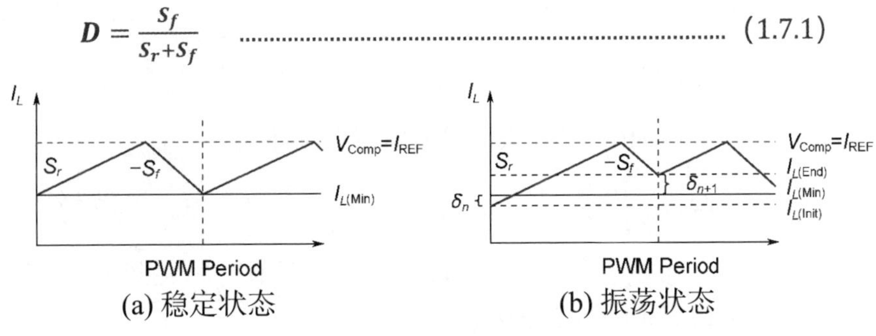

(a) 稳定状态　　(b) 振荡状态

图 1.7.4　次谐波振荡条件

当电感电流 I_L 结束时的电流值“大于”起始值时，系统开始振荡，并且无法收敛，如图 1.7.4(b)所示。其中，$I_{L(Min)}$指系统静态稳定时，电感最小电流，参考图 1.7.4(a)。

而 $\delta_{(n)}$则定义为 $I_{L(Min)}$减电感初始电流 $I_{L(Init)}$，即：参考图 1.7.4(b)。

$$\delta_{(n)} = I_{L(Min)} - I_{L(Init)} \quad (1.7.2)$$

而 $\delta_{(n+1)}$则定义为电感最终电流 $I_{L(End)}$减 $I_{L(Min)}$，即：参考图 1.7.4(b)

$$\delta_{(n+1)} = I_{L(End)} - I_{L(Min)} \quad (1.7.3)$$

所以振荡产生的条件便是：

- 单一 PWM 周期内，当发生 $\delta_{(n+1)}$“大于” $\delta_{(n)}$时，系统开始振荡，其关系式如下：

$$\delta_n = -\delta_{(n+1)} \frac{S_f}{S_r} \quad (1.7.4)$$

其中电感电流上升斜率为 S_r，电感电流下降斜率为 S_f，当系统于 V_{Comp}上加入一个负斜率补偿，使系统趋于稳定，得图 1.7.5。

系统引入的斜率补偿斜率定义为 S_c。

引入此 S_c 斜率后，静态稳定条件下，占空比 D 的计算不变，参考式 1.7.1。但振荡状态下的 $\delta_{(n)}$需修正为：

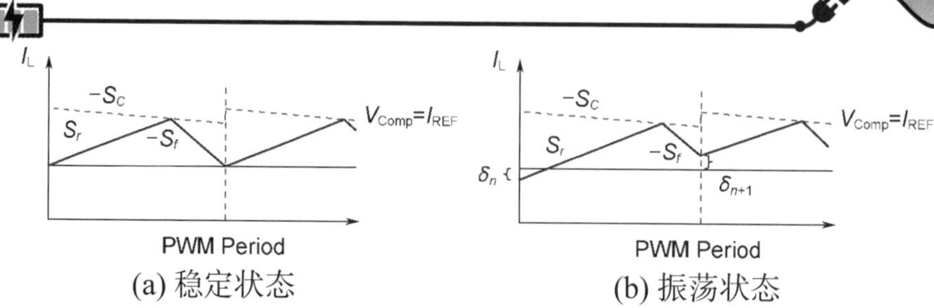

(a) 稳定状态　　　　(b) 振荡状态

图 1.7.5　次谐波振荡与斜率补偿

$$\boldsymbol{\delta_n = -\delta_{(n+1)}\frac{S_f - S_c}{S_r + S_c}} \quad (1.7.5)$$

而条件既为 $\delta_{(n+1)}$“大于” $\delta_{(n)}$时系统才会振荡，那么也就说，从式(1.7.5)归纳出的稳定条件可表示为：

$$\boldsymbol{\frac{S_f - S_c}{S_r + S_c} < 1} \quad (1.7.6)$$

加入斜率补偿后，系统稳定下的占空比为 D_M，则 S_c的稳定条件为：

$$\boldsymbol{D_M = \frac{S_f}{S_r + S_f}} \quad (1.7.7)$$

$$\boldsymbol{S_c > \frac{S_f(2\times D_M - 1)}{2\times D_M}} \quad (1.7.8)$$

至此，我们就能通过此条件（式(1.7.8)），反算便能得知，斜率补偿 S_c的实际数值大小需要多大，才能让系统恢复稳定状态。

注意一点，式(1.7.8)只针对 Buck 架构，若使用其他架构，例如 Boost、SEPIC 等，需要参考式(1.7.9)。

$$\boldsymbol{S_c > \frac{S_r(2\times D_M - 1)}{2\times(1 - D_M)}} \quad (1.7.9)$$

聪明的你，是否也想到一个有趣的问题?

于 V_{Comp} 加上一个负斜率解决次谐波振荡问题，那么是否可以反过来，于反馈信号上加上一个正斜率信号，同样达到 S_c的稳定条件，可行吗?

答案是肯定的，可行，并且可实现!

参考图 1.7.6，斜率补偿的引入位置，有两个地方可供设计者依据实际状况而选择，一者置于 V_{Comp} 的位置上，加上“负”斜率补偿，V_{Comp} 变成非直线的反锯齿波；另一位置可以置于反馈位置上，加上“正”斜率补偿，使电感电流斜率加大，两种方法都可以于同样的占空比下，关闭 PWM 输

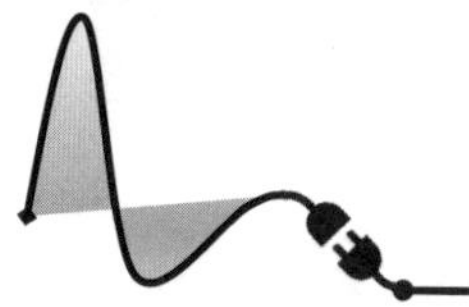

出，达到稳定系统的目的。

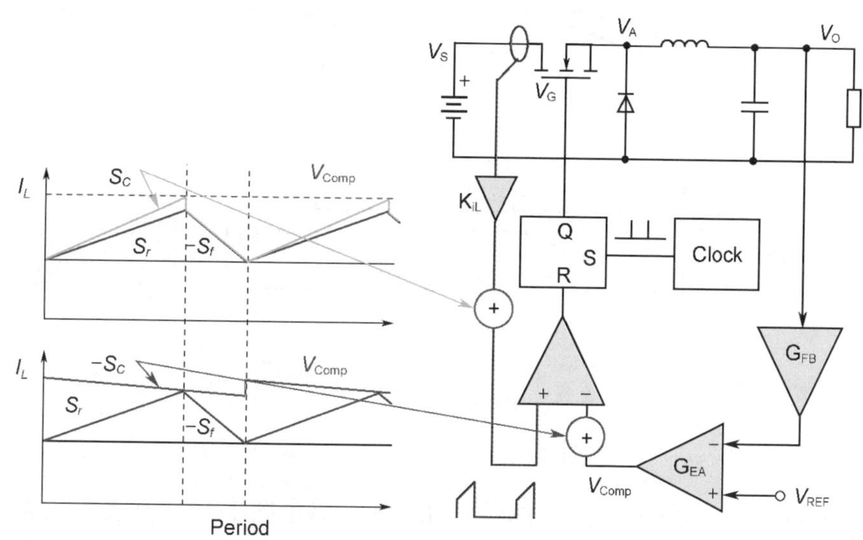

图 1.7.6 斜率补偿引入位置

所以实际案例中，斜率补偿并非一定是负斜率或正斜率，主要根据设计者放置的位置所决定，千万别死背一种哦！

常见计算补偿斜率还有两种方法：

- 引入一个斜率补偿，使得谐振峰值的 Q 可以减少至 1。
- 引入一个斜率补偿，并其斜率为电感电流下降斜率的 50%，这也是当前最常被选用的简便方法。

第二个方法相当简单实用，亦因为简单，于此就不再赘述。

此处引用 Ridley 博士相关论文研究结论，有兴趣验证的读者，请自行查询 Ridley 博士的相关论文与文献。

第一个方法值得推敲推敲，适合验算斜率是否合理。

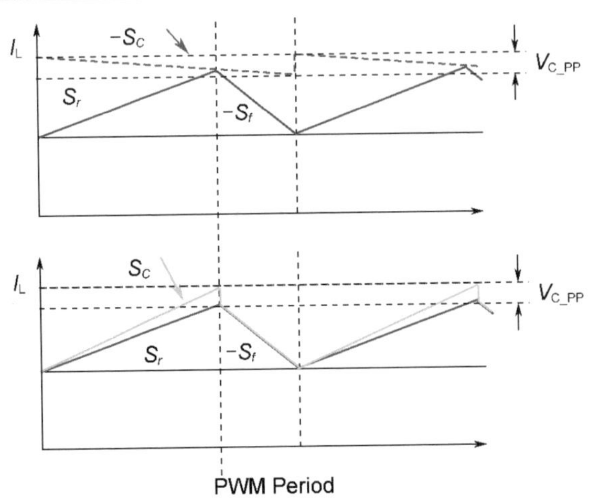

图 1.7.7　斜率补偿 V_{C_PP}

假设 V_{C_PP} 为斜率补偿 S_c 的峰对峰电压，参考图 1.7.7，其表示式为：

$$V_{C\_PP}=-\frac{(0.18-D)\times K_{iL}\times T_{PWM}\times V_s\times n^2}{L} \quad (1.7.10)$$

其中：

K_{iL} 为电感电流反馈增益，假设使用比流器方式，其匝数比为 1∶100，比流器的输出电阻为 20Ω，则 K_{iL} 为 20/100 = 0.2。

T_{PWM} 为 PWM 周期时间，假设为 1/350kHz。

V_S 为输入电压，假设为 8V。

n 为架构本身主变压器的匝数比，假设非隔离，没有变压器，n=1。

L 为架构主电感，假设为 56μH。

D 为占空比，假设输出为 5V，D 约为 62.5%。

得 V_{C_PP}：

$$V_{C\_PP}=-\frac{(0.18-D)\times K_{iL}\times T_{PWM}\times V_S\times n^2}{L}=36.33\text{mV}$$

一般建议增加设计裕量 2~2.5 倍，因此建议 V_{C_PP} 约 90mV。

假设于电感电流反馈信号上加上“正”斜率补偿，使电感电流斜率加大，如图 1.7.8 所示。

图 1.7.8 是一种最典型的补偿线路方式，只需要一颗二极管，以及一组 RC 充电线路。二极管是用来快速放电，RC 则是利用 PWM 驱动电压对 RC 充电，进而产生一个 RC 充电上升斜率电压，此上升斜率电压将原本的

电流反馈信号垫高，其充电 RC 常数的换算公式为：

$$V_{\mathrm{C\_PP}} = V_O\left(1 - \mathrm{e}^{-\frac{T_{\mathrm{PWM}}}{R_{\mathrm{SC}}\times C_{\mathrm{SC}}}}\right) \quad (1.7.11)$$

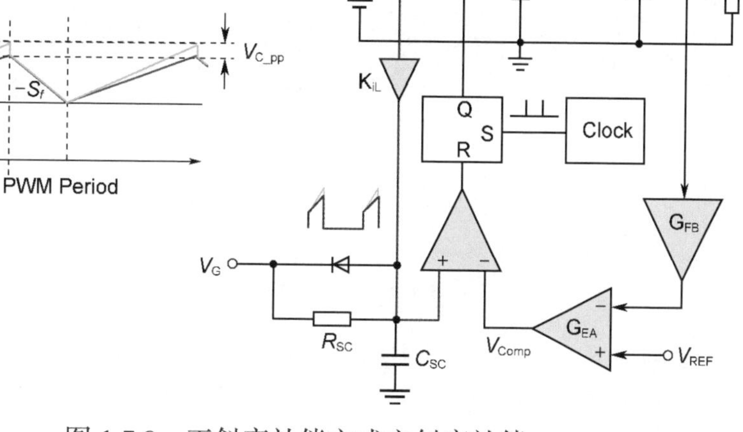

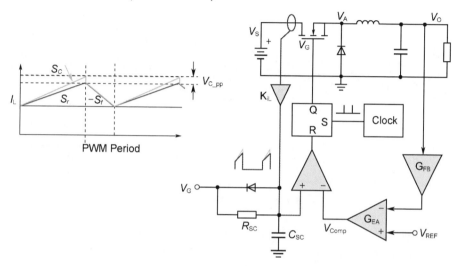

图 1.7.8 正斜率补偿方式之斜率补偿

R_{SC}建议至少产生 100μA 的电流以上，假设驱动电压为 5V，建议：$R_{\mathrm{SC}} \leqslant$ 5V/100μA，取 4.99kΩ。

移动式(1.7.11)可得 C_{SC}的计算公式为：

$$C_{\mathrm{SC}} \leqslant \frac{-T_{\mathrm{PWM}}}{R_{\mathrm{SC}}\times \ln\left(1-\frac{V_{\mathrm{C\_PP}}}{V_{\mathrm{O}}}\right)} \quad (1.7.12)$$

代入求解，可得 C_{SC}约需 ≤ 31.24nF，可取常见的 27nF。

此时是否有个疑问？补偿有效很容易验证，但补偿的设计裕量怎么验证是否足够？

这是个很有趣的问题，笔者见过不少案例，加入斜率补偿后，发现系统不振荡，然后工程师就认定设计结束了，殊不知：怎么知道是不是只有一台不振荡？还是可以量产一百万台都没问题？

我们可以用波特图来做最后的验证，图 1.7.9 中有两种曲线，虚线指 Plant 但不含斜率补偿控制，实线部分则是同样的 Plant 且包含斜率补偿控制。此例假设 F_{PWM} 为 PWM 开关频率等于 350kHz，于图中可以找到奈奎斯特频率 F_{N}：

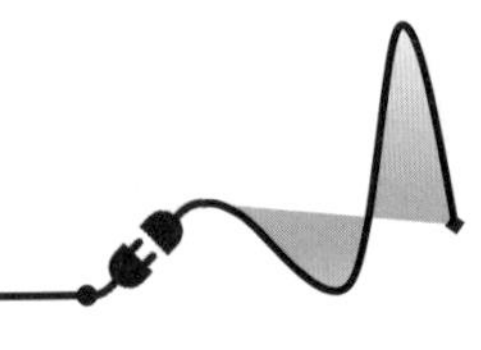

$F_N=F_{PWM}/2=175kHz$

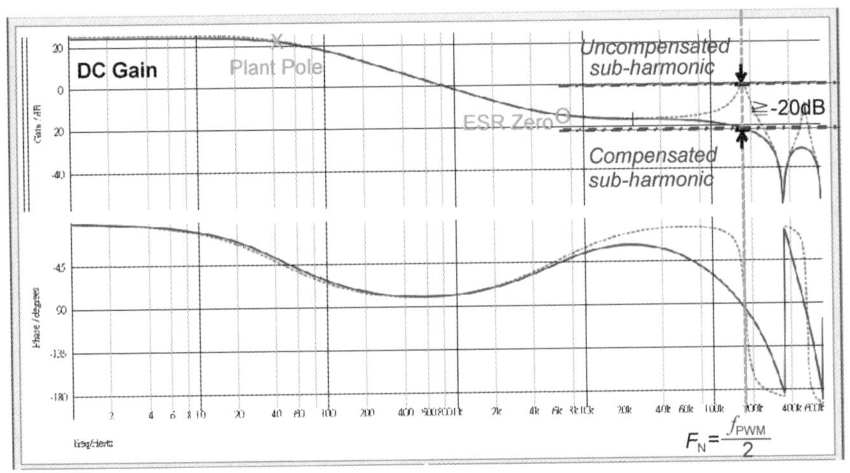

图 1.7.9　斜率补偿波特图

此频率下，若未做斜率补偿，增益将有机会回到 0dB，造成系统振荡，而振荡频率就是 F_N，也就是 $F_{PWM}/2$，是不是跟前面说到的频率互相呼应呢？问题都是一样的，解释方式可以有很多种。较佳的情况下，建议读者测量波特图，并且确认 F_N 频率点，其增益是否靠近 0dB，即可判断斜率补偿是否成功，或者裕量是否足够。

建议设计裕量可以预留-10dB ~ -20dB。

在此还需注意一点，使用比较器会面临一个问题，动作速度快，反之就是对于信号相当敏感，当开关导通的瞬间，由于线路上寄生电感等影响，电感电流信号的上升起始点往往同时存在不小的电压尖波，容易使得比较器误动作。此时就需要用到具有前沿消隐（或称上升边缘遮蔽等：Leading-Edge Blanking）的功能的芯片，能快速解决此方面的问题，如图 1.7.10 所示。

1.7.2 峰值电流模式 Plant 传递函数 $G_{VO}(s)$

于前一节的图 1.7.9 中可以看到其中包含三个特殊频率点：

- Plant 自带的一个极点。
- 电容等效串联电阻之零点。
- 峰值电流模式下的 F_N 频率点。

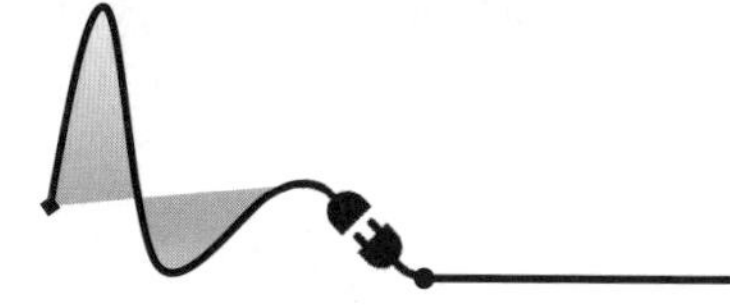

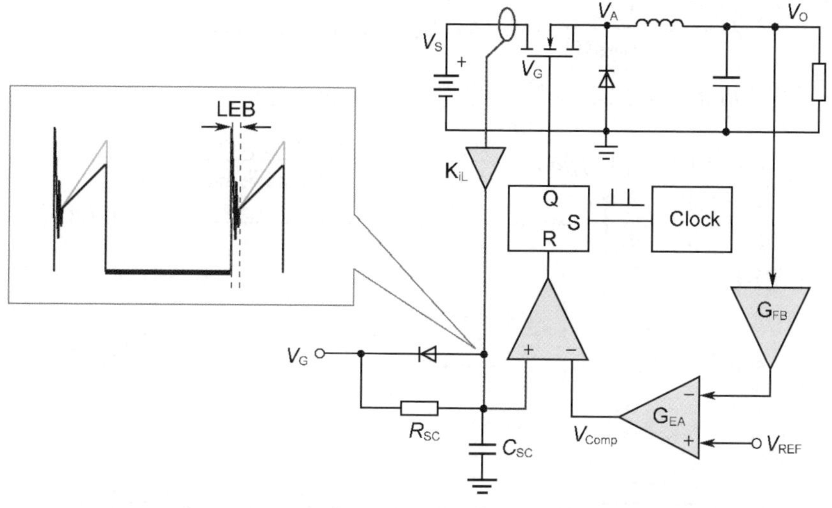

图 1.7.10 前沿消隐（Leading-Edge Blanking）

第三项已经于前一节讨论过了，接下来探讨一下电压环路看到的Plant长什么样子？如同电压控制模式一样，有了 Plant 数学模型，求得控制补偿控制器就易如反掌了。

参考图 1.7.11，输出电压 V_O 可由下式计算得到：

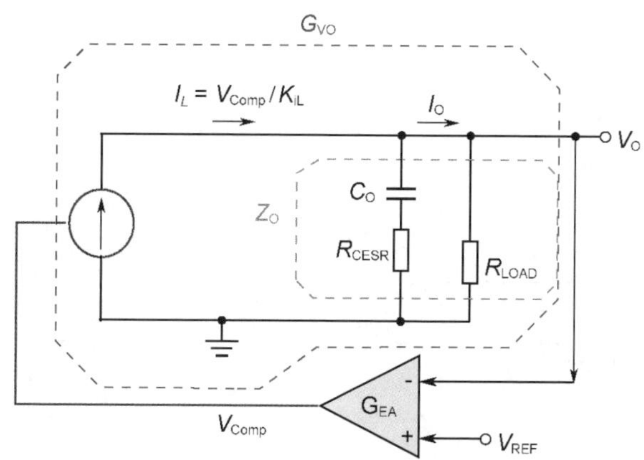

图 1.7.11 输出电压控制特性 G_{VO}

$$V_O(s) = V_{Comp}(s) \times Z_O(s)/K_{iL} \quad (1.7.13)$$

因此输出电压控制传递函数 $G_{VO}(s)$为：

$$G_{VO}(s)=\frac{V_O(s)}{V_{Comp}(s)}=Z_O(s)/K_{iL} \quad\cdots\cdots\quad (1.7.14)$$

可得 Plant 的输出电压控制传递函数 $G_{VO}(s)$为：

$$G_{VO}(s)=Z_O(s)/K_{iL}=\frac{R_{LOAD}}{K_{iL}}\times\frac{1+s\times R_{CESR}\times C_O}{1+s\times(R_{CESR}+R_{LOAD})\times C_O} \quad\cdots\cdots\quad (1.7.15)$$

化简得：

$$G_{VO}(s)=G_0\times\frac{1+\frac{s}{\omega_Z}}{1+\frac{s}{\omega_P}} \quad\cdots\cdots\quad (1.7.16)$$

其中：

$$\omega_Z=\frac{1}{R_{CESR}\times C_O} \quad\cdots\cdots\quad (1.7.17)$$

$$\omega_P=\frac{1}{(R_{CESR}+R_{LOAD})\times C_O}\approx\frac{1}{R_{LOAD}\times C_O} \quad\cdots\cdots\quad (1.7.18)$$

此两频率 ω_P、ω_Z，即为 Plant 传递函数 $G_{VO}(s)$自带的一个极点 F_P 与一个零点 F_Z，如图 1.7.12 所示。

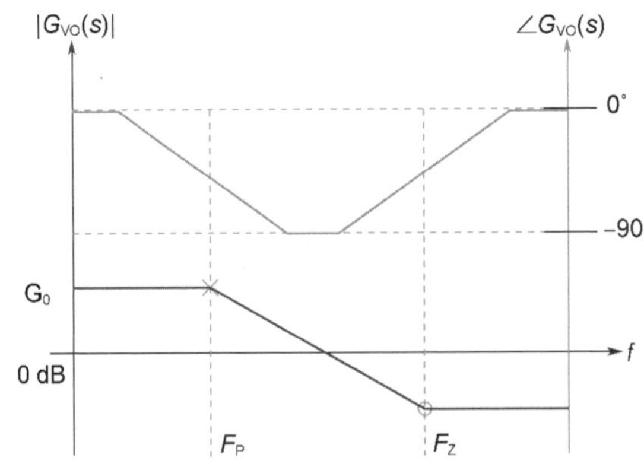

图 1.7.12　峰值电流模式 Plant 传递函数 $G_{VO}(s)$

1.7.3 峰值电流模式补偿控制器传递函数 $H_{Comp}(s)$

从 Plant 传递函数 $G_{VO}(s)$可以看出是一个单极点系统，因此补偿控制器只需一个零点与其对消即可，所以多数选择二型（Type-2）补偿控制器，

包含两个极点一个零点。

若读者需要更高的相位裕量，可选用三型（Type-3）补偿控制器，包含三个极点两个零点。峰值电流模式补偿控制器一般还是选用二型补偿控制器，本书也以二型（Type-2）补偿控制器为设计范例。

如同电压控制模式时的推导过程，首先需要知道系统开回路的设计目标，即系统开回路增益(Open Loop Gain) $T_{OL}(s)$：

$$T_{OL}(s) = H_{Comp}(s) \times G_{VO}(s) \quad (1.7.19)$$

前面已经求得 $G_{VO}(s)$，只要再确认系统开回路增益 $T_{OL}(s)$，即可求得补偿控制器传递函数 $H_{Comp}(s)$：

$$H_{Comp}(s) = \frac{T_{OL}(S)}{G_{VO}(S)} \quad (1.7.20)$$

参考图 1.7.13，将理想的 $T_{OL}(s)$加入图中，其就是一个简单积分器，单一个极点，没有零点，并且这个极点也同时是决定带宽的关键。

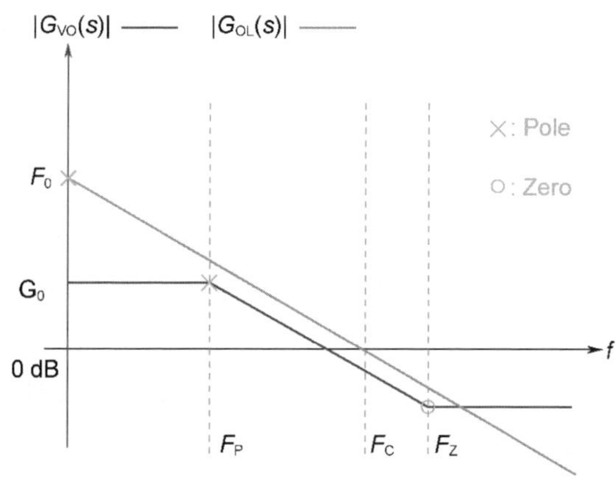

图 1.7.13　$T_{OL}(s)$积分器

图 1.7.14(a)中，理想的 $T_{OL}(s)$，并不存在 F_P 与 F_Z，所以我们需要一个补偿控制器与 Plant 传递函数中的 F_P 与 F_Z 对消，让 $T_{OL}(s)$仅剩下一个 F_0。根据这样的对消想法，参考图 1.7.14(b)，补偿控制器传递函数中，便需要包含：

- 原点极点 F_0：决定直流增益（DC Gain）与系统带宽 F_C
- 零点 F_{Z1}：对消 Plant 传递函数中低频的极点 F_P

➢ 极点 F_{P1}：对消 Plant 传递函数中电容 ESR 的零点 F_Z

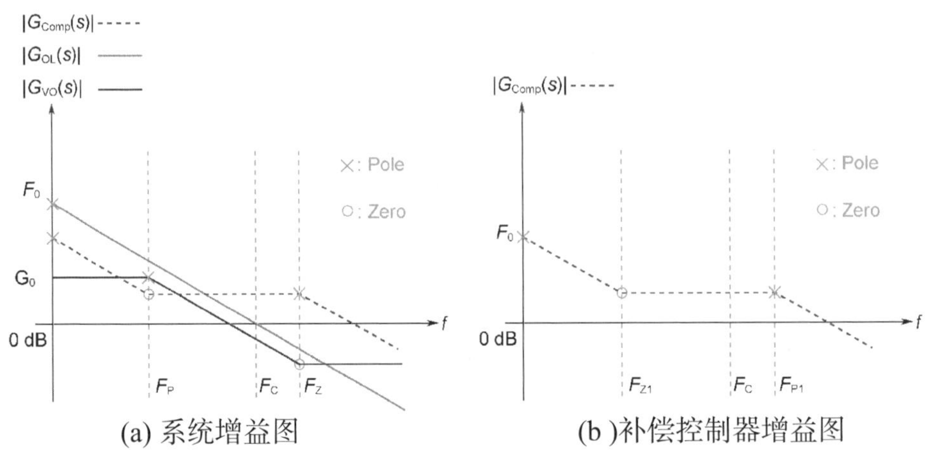

(a) 系统增益图　　(b)补偿控制器增益图

图 1.7.14　增益曲线图

一共是两个极点，一个零点。

在此，提供一个通用的快速设计顺序参考：（注意这个通则通常可以得到 70~75° 的 P.M.，但是仅指模拟控制，不包含数字控制导致的相位损失，并且也不包含奈奎斯特频率导致的二次相位损失，因而此方法较不适合需要精准 P.M.的场合。）

> 此处同样引用 Ridley 博士相关论文研究结论，有兴趣验证的读者，请自行查询 Ridley 博士的相关论文与文献。

➢ 步骤 1：设置系统带宽 F_C

通常模拟最大是 F_{PWM} 的 1/10，而数字控制环路则建议最大频率是 F_{PWM} 的 1/20。

➢ 步骤 2：补偿控制器的零点 F_{Z1}

可设置于 Plant 传递函数中低频的极点 F_P，即：

$$\omega_P = \frac{1}{R_{LOAD} \times C_O} \tag{1.7.21}$$

$$F_{Z1} = F_P = \frac{1}{2 \times \pi \times R_{LOAD} \times C_O} \tag{1.7.22}$$

另一个建议是可以放置于 F_C 的 1/5，据此 P.M.可以有所提升：

$$F_{Z1} = \frac{F_C}{5} \quad \cdots\cdots (1.7.23)$$

➢ 步骤 3：补偿控制器的极点 F_{P1}

可设置于 Plant 传递函数中电容 ESR 的零点 F_Z，即：

$$\omega_Z = \frac{1}{R_{CESR} \times C_O} \quad \cdots\cdots (1.7.24)$$

$$F_{P1} = F_Z = \frac{1}{2 \times \pi \times R_{CESR} \times C_O} \quad \cdots\cdots (1.7.25)$$

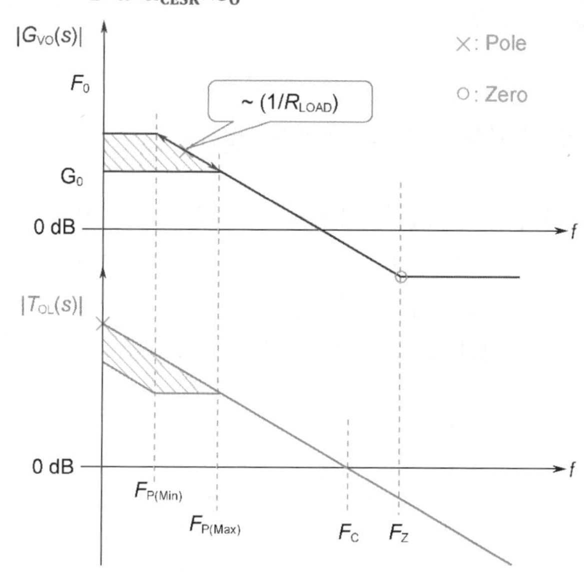

图 1.7.15　非固定的 F_P

➢ 步骤 4：补偿控制器的原点极点 F_0

$$F_0 = \frac{1.23\, F_C\, K_{iL}\, (L + 0.32\, R_{LOAD}\, T_{PWM}) \sqrt{1 - 4\, F_C^2\, T_{PWM}^2 + 16\, F_C^4\, T_{PWM}^4} \sqrt{1 + \frac{39.48\, C_O^2\, F_C^2\, L^2\, R_{LOAD}^2}{(L + 0.32\, R_{LOAD}\, T_{PWM})^2}}}{2\, \pi\, L\, R_{LOAD}} \quad \cdots\cdots (1.7.26)$$

➢ 步骤 5：斜率补偿设计（参考 1.7.1 小节）

以上 5 个步骤，用以协助读者快速完成一般降压转换器的峰值电流控制补偿器。

另外，由于$F_{Z1} = F_P = \frac{1}{2 \times \pi \times R_{LOAD} \times C_O}$，$F_P$ 与 R_{LOAD} 成反比，所以当负

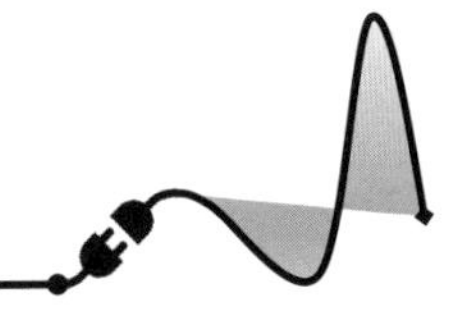

载变动时，会使着系统低频增益跟着变动，负载最重（R_{LOAD} 最小时），F_P 达到最高 $F_{P(Max)}$；反之，负载最轻（R_{LOAD} 最大时），F_P 达到最低 $F_{P(Min)}$。所以参考图 1.7.15 时会发现实际状况下，系统低频的增益是一个区域范围，实际位置主要由 R_{LOAD} 决定。

> 虽然系统低频的增益是一个区域范围，并且由 R_{LOAD} 决定，但带宽 F_C 不应跟着变动，须保持固定，因此注意设计的时候，区域范围的频率范围不应该包含带宽 F_C。

1.7.4 峰值电流控制模式补偿控制线路参数与计算

参考图 1.7.14(b)，再次快速回顾一下 $H_{Comp}(s)$ 的传递函数包含的两个极点（F_0 与 F_{P1}）与一个零点（F_{Z1}），并且于上一小节已经了解如何计算得三个频率，接下来又是最后一个烦琐的步骤：反复计算与微调补偿控制线路参数，也就是需要计算出图 1.7.16 中所有的电阻与电容值。

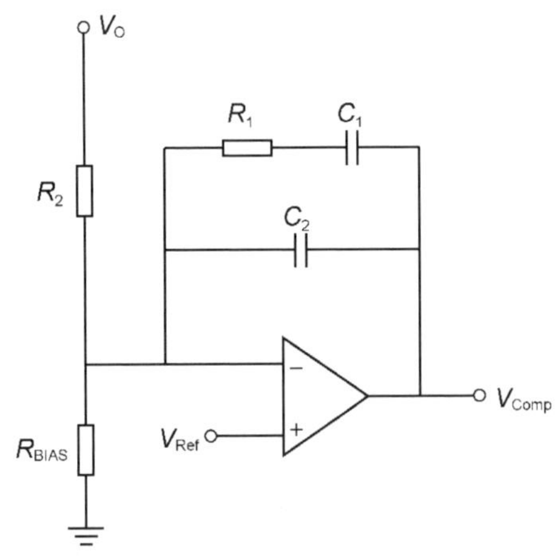

图 1.7.16　Type-2 (二型)模拟 OPA 控制器

所谓微调的意思，是因为计算的结果很可能在厂商的电阻电容产品列表上找不到，需要折中取相近值。图 1.7.16 是一个典型的 Type-2 (二型)模拟 OPA 控制器线路，其传递函数可表示为：

$$H_{\text{Comp}}(s)=\frac{V_{\text{Comp}}}{V_{\text{O}}}=-\frac{\frac{1}{s\times(C_1+C_2)}\times\frac{1+s\times R_1\times C_1}{1+s\times R_1\times\frac{C_1\times C_2}{C_1+C_2}}}{R_2}\quad(1.7.27)$$

$$H_{\text{Comp}}(s)=-\frac{1}{s\times R_2\times(C_1+C_2)}\times\frac{1+s\times R_1\times C_1}{1+s\times R_1\times\frac{C_1\times C_2}{C_1+C_2}}=-\frac{\omega_0}{s}\times\frac{1+\frac{s}{\omega_{Z1}}}{1+\frac{s}{\omega_{P1}}}\quad(1.7.28)$$

其中 ω_0 与 F_0(或 f_0):

$$\omega_0=2\times\pi\times f_0=\frac{1}{R_2\times(C_1+C_2)}\quad(1.7.29)$$

$$f_0=\frac{1}{2\times\pi\times R_2\times(C_1+C_2)}\quad(1.7.30)$$

其中 ω_{Z1} 与 F_{Z1}(或 f_{Z1}):

$$\omega_{Z1}=2\times\pi\times f_{Z1}=\frac{1}{R_1\times C_1}\quad(1.7.31)$$

$$f_{Z1}=\frac{1}{2\times\pi\times R_1\times C_1}\quad(1.7.32)$$

其中 ω_{P1} 与 F_{P1}(或 f_{P1}):

$$\omega_{P1}=2\times\pi\times f_{P1}=\frac{1}{R_1\times\frac{C_1\times C_2}{C_1+C_2}}\quad(1.7.33)$$

$$f_{P1}=\frac{1}{2\times\pi\times R_1\times\frac{C_1\times C_2}{C_1+C_2}}\quad(1.7.34)$$

有了以上换算公式，我们就可以开始计算 RC 值了！

一般先计算 R_{BIAS}，并且需考虑 OPA 的输入偏置电流 I_{BIAS}，I_{BIAS} 典型值约 100μA，得：

$$R_{\text{BIAS}}=\frac{V_{\text{Ref}}}{I_{\text{BIAS}}}\quad(1.7.35)$$

有了 R_{BIAS}，一个简单的分电压计算，就能轻松反算 R_2：

$$R_2=R_{\text{BIAS}}\times\frac{V_{\text{O}}-V_{\text{Ref}}}{V_{\text{Ref}}}\quad(1.7.36)$$

输出分电压电阻计算后，接下来便依序计算 C_2、C_1、R_1：

$$C_2=\frac{f_{Z1}}{2\times\pi\times f_0\times f_{P1}\times R_2}\quad(1.7.37)$$

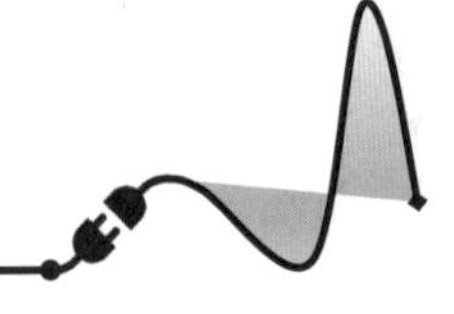

$$C_1 = \frac{1}{2\times\pi\times f_0\times R_2} - C_2 = \frac{1}{2\times\pi\times f_0\times R_2}\times\left(1-\frac{f_{Z1}}{f_{P1}}\right) \quad (1.7.38)$$

$$R_1 = \frac{1}{2\times\pi\times f_{Z1}\times C_1} \quad (1.7.39)$$

若参考电压 V_{REF} 直接等于输出电压 V_O，R_{BIAS} 可以不需要使用，R_2 可直接选用一个典型常用电阻即可，例如 10kΩ。

计算到了这一个步骤，基本上已经完成整个峰值电流模式 Buck Converter 控制环路之计算，接下来可以通过仿真或是实际动手实验，验证计算是否正确。

1.8 全数字电源控制

前面几节都是针对模拟控制方式作为设计基础，并且已经求得控制环所需的极点与零点。此节将针对前面的模拟计算结果，直接转换成数字的参数，利用数字的计算方式，完成同样的环路响应效果。在转换开始之前，笔者建议，读此节时，时时保持一个疑问：

数字与模拟的差异？

常听到很多全数字控制讨论说：根据理论算出模拟电源的补偿器极点与零点，然后通过 Z 转换变成数字的参数，再加上数字计算，打完收工！

过程是这样没错，但真有这么简单？为何结果往往不如预期？难道数字与模拟之间不只是 Z 转换？工程师尚未参透这之间的奥妙前（挑战前），这样想法并非对错问题，而是当设计面临挑战时，只能两手一摊而无所适从，视茫茫而发苍苍。

1.8.1 数字控制简介与差异

开始讨论数字控制的第一步，首先比较一下模拟电源与数字电源的方块图，从方块图中可以简单快速地理解差异。

图 1.8.1 主要比较电压控制模式下，基本的模拟电源控制方式与数字电源控制方式。左右图之间比较，可以看出基本控制流程是一致的，从反馈进补偿控制器，再经过 PWM 模块输出 PWM 波形至开关上。

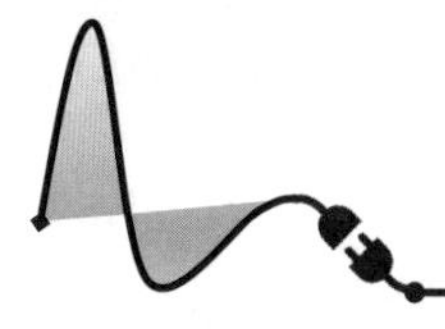

主要不一样的几点，整理如下：

➢ ADC（Analog-to-Digital Converter）模块

DSP（或称 MCU）无法直接计算模拟电压，需要先通过 ADC 转换反馈信号的数字量。此模块看似简单，但 ADC 有如一个控制器的眼睛去看世界，因此跟整个电源特性息息相关，并且有增益改变，后面有专门小节探讨其问题与改善方式。

➢ PWM 模块

同样都需要 PWM 模块，但数字 PWM 模块的特点在于并非通过实际比较器，而是一个数字计数器做比较，因此有分辨率的限制，并且有增益改变，后面有小节探讨其增益改变与修正。

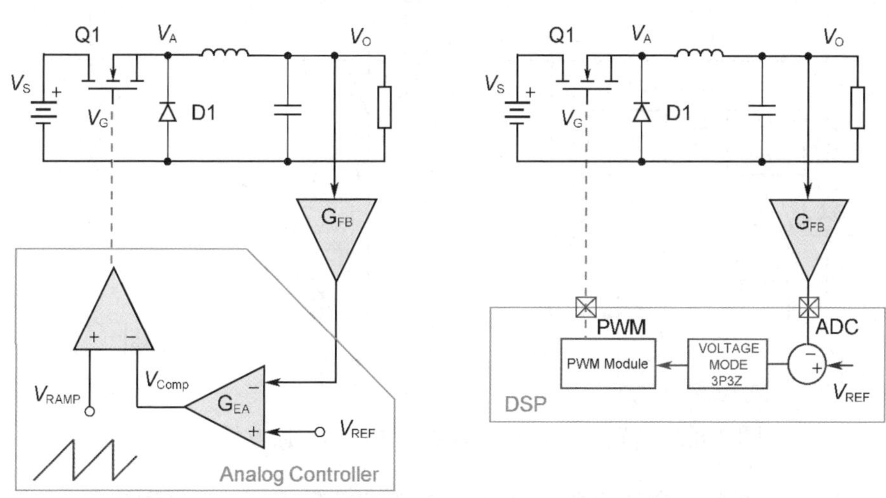

图 1.8.1 电压模式模拟与数字电源方块图对比

➢ 数字 3P3Z 补偿控制器

读者是否发现作者写错字了？电压模式不是应该是 Type-3（三型控制器）？应该是 3P2Z 呀！怎么多了一个 Z（零点）？其实是一样的，后面小节会提到，模拟补偿控制器转数字时，会需要经过 Z 转换。目前最常用的 Z 转换方法就属双线性转换（Bilinear Transform），会使得公式中多一个虚假的零点，实际测量不会出现，因此习惯上，模拟电源称 Type-3（三型）控制器，而数字控制称 3P3Z 控制器。

➢ 补偿控制计算时间

传统模拟电源是通过 OPA 计算与控制，其计算时间相对于数字控

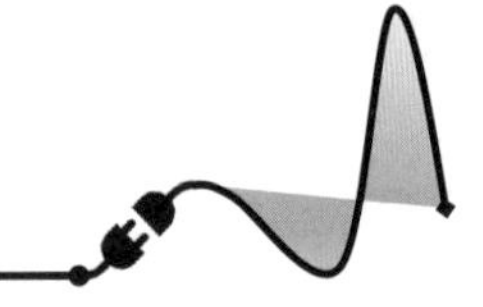

制计算时间而言，那可以说如同瞬间一般，但 DSP 只能按部就班，一步一脚印地计算并控制电源，这个时间差也是相异处，而且很麻烦！后面有小节探讨其造成的相位改变与如何改善。

图 1.8.2 主要比较峰值电流控制模式下，基本的模拟电源控制方式与数字电源控制方式。同样做左右图之间比较，可以看出基本控制流程也是一致的，从反馈进补偿控制器，再经过比较器比较补偿器输出与电感电流，而后输出 PWM 波形至开关上。

主要不一样的几点，整理如下：（部分内容与电压模式相同。）

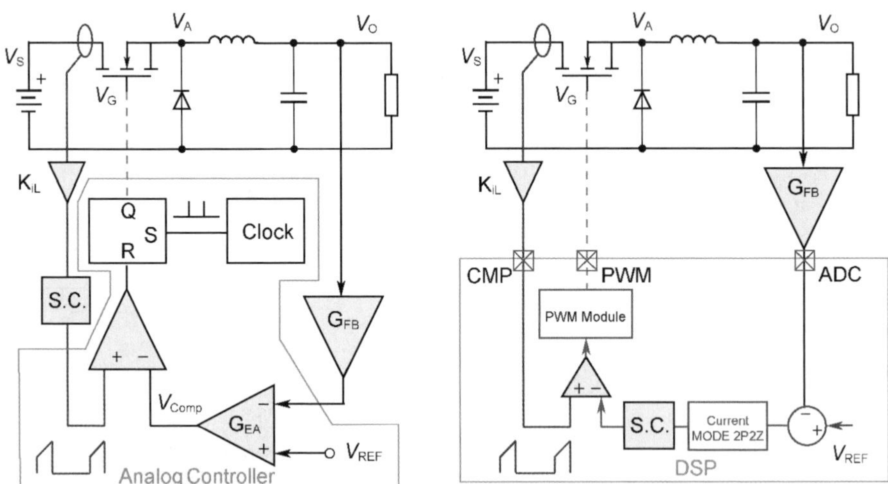

图 1.8.2　峰值电流模式模拟与数字电源方块图对比

➢ ADC（模拟数字转换器 Analog-to-Digital Converter）模块

DSP（或称 MCU）无法直接计算模拟电压，需要先通过 ADC 转换反馈信号的数字量。此模块看似简单，但 ADC 有如一个控制器的眼睛去看世界，因此跟整个电源特性息息相关，并且有增益改变，后面有专门小节探讨其问题与改善方式。

➢ PWM 模块

同样都需要 PWM 模块，但数字 PWM 模块的特点在于并非通过实际比较器，而是与一个数字计数器做比较，因此通常会有分辨率的限制，并且增益不同，后面有小节探讨其增益改变与修正。此处是峰值电流模式控制，使用实际比较器关闭数字计数器产生的 PWM，分辨率得以恢复模拟电源一般，不过实质上还是会受限于 DSP 内部频率的极限分辨率，影响程度与 PWM 频率有关。

➢ 数字 2P2Z 补偿控制器

读者是否发现作者写错字了？电流模式不是应该是 Type-2（二型控制器）？应该是 2P1Z 呀！怎么多了一个 Z（零点）？其实是一样的，后面小节会提到，模拟补偿控制器转数字时，会需要经过 Z 转换。目前最常用的 Z 转换方法就属双线性转换（Bilinear Transform），会使得公式中多一个虚假的零点，实际测量不会出现，因此习惯上，模拟电源称 Type-2（二型）控制器，而数字控制称 2P2Z 控制器。

➢ 补偿控制计算时间

传统模拟电源是通过 OPA 计算与控制，其计算时间相对于数字控制计算时间而言，那可以说如同瞬间一般，但 DSP 只能按部就班，一步一脚印地计算并控制电源，这个时间差也是相异处，而且很麻烦！后面有小节探讨其造成的相位改变与如何改善。

➢ 斜率补偿

一般模拟控制方式，相对简单也是最常见的做法，便是于电流反馈信号上，加上正斜率补偿信号，但其缺点是一旦设计后，电源工作期间无法变更斜率。而使用 DSP 则可以更弹性，Microchip 部分 PIC16 与 dsPIC33 内部整合了斜率补偿模块，可以直接串接于比较器参考值之前与补偿器输出之后，外部硬件不再需要硬件斜率补偿器，并且随时可以根据不同电感电流斜率做优化调整，优化电源动态响应速度之性能。

➢ 比较器

数字控制在峰值电流控制模式下，还是得借助实际比较器的帮忙，所以同样使用实际比较器，但注意模拟控制器与 DSP 时常供电电压不同，通常信号因此比例不同，所以整个电流环路增益 K_{iL} 可能因此不同。

➢ 前沿消隐（或称上升边缘遮蔽等：Leading-Edge Blanking）

由于比较器动作非常的快，因此相对也容易受到干扰而误动作，需

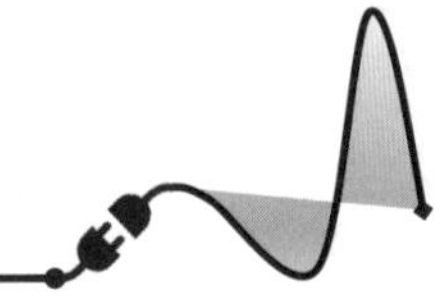

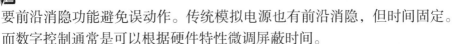

要前沿消隐功能避免误动作。传统模拟电源也有前沿消隐，但时间固定。而数字控制通常是可以根据硬件特性微调屏蔽时间。

1.8.2 K_{UC}微控制器转换比例增益

前一小节常提到：全数字电源增益改变，到底增益发生什么变化?

这里先定义模拟控制转换成数字控制后的增益变化为 K_{UC}。K_{UC} 的观念极为重要，接下来我们一起来按部就班剖析 K_{UC} 的由来。再次引用图 1.8.1，并加上一点点信号范围作为批注，成了新图 1.8.3。

此为电压控制模式，左图为模拟控制方式，右图为数字控制方式。

其中 G_A为从 V_O到模拟控制 IC 引脚前的分压电阻比例，此比例我们假设为 1。

其中 G_D为从 V_O到数字控制 DSP 引脚前的分压电阻比例，根据实际状况有所不同，我们姑且也先假设为 1。

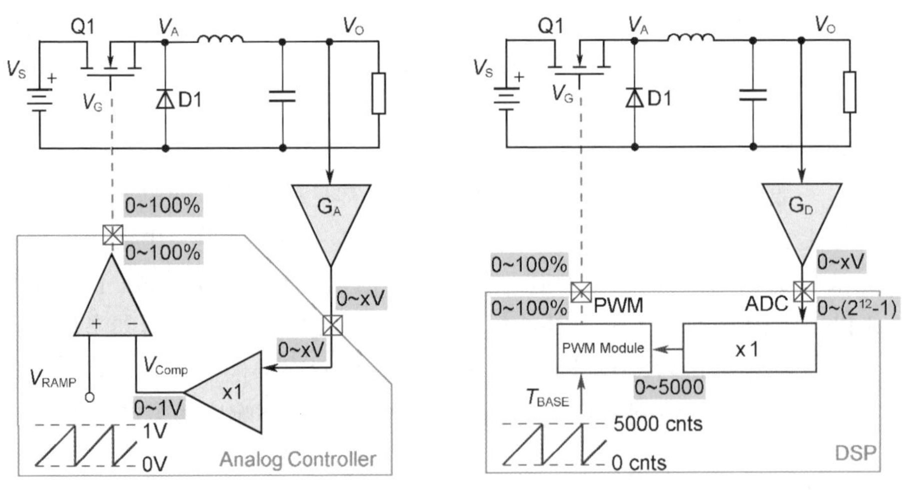

图 1.8.3　电压模式模拟与数字电源方块图对比

先分析左边模拟控制方块图，为了方便分析比较，我们连补偿控制器都修改成单纯短路（倍率为 1，不含极点与零点的补偿控制器）。

由于 G_A=1，补偿器 $H_{CompA}(s)$=1，那么从 V_O开始到 V_{Comp}的倍率皆为 1。

并且假设 V_{REF}=1，V_{RAMP}范围为 0~1V（与 PWM 频率没有关联）。

所以 V_O=0V 时，V_{RAMP}=V_{REF} − 0=1V，输出占空比=100%。

然而 V_O=1V 时，V_{RAMP}=V_{REF} − 1=0V，输出占空比=0%。

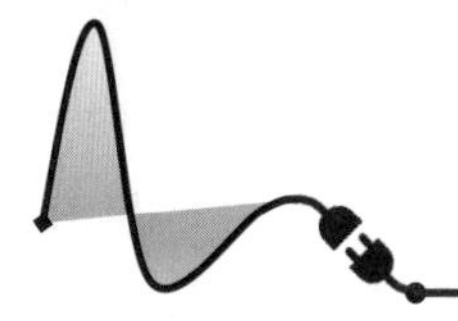

换言之，V_O=0~1V，对应之输出占空比=0~100%

接下来分析右边的数字控制方块图，模拟补偿器 $H_{CompA}(s)$=1 转换到数字补偿器 $H_{CompA}(z)$=1，一样没变，因为不带任何极点与零点。

同样从 V_O 输出开始分析，由于 G_D=1，ADC 输入为 0~xV 的范围，过了 ADC 之后呢？

假设使用 12 位分辨率的 ADC，ADC 参考电压为 3.3V，K_{ADC} 转换公式为：

$$\boldsymbol{K_{\text{ADC}}} = \frac{2^{\text{ADC Resolution}}-1}{\text{ADC Reference Voltage}} = \frac{4095\ \text{counts}}{3.3\text{V}} \tag{1.8.1}$$

所以 V_O 输出到 V_{Comp} 间，存在 K_{ADC} 的增益变化。

然而数字控制没有所谓 V_{RAMP}，需要一个定时器 T_{BASE}，产生所需的基础频率，假设 PWM 为 200kHz，其 DSP 的 PWM 分辨率为 1ns，可得（1/200kH）/1ns = 5000 counts。

所以定时器 T_{BASE} 是一个固定每 1ns 就累加 1，直到 5000 后重置，如此反复成一个频率 200kHz，范围 0~5000 counts 的数字锯齿波。

当数字 PWM 输入为 0 count 时，输出占空比=0%。

当数字 PWM 输入为 5000 counts 时，输出占空比=100%。

可以得出数字 PWM 的 K_{PWM} 增益为：

$$\boldsymbol{K_{\text{PWM}}} = \frac{1}{\text{PWM Period Counts}} = \frac{1}{5000} \tag{1.8.2}$$

模拟的开回路例子显示，V_O=0~1V，对应之输出占空比=0~100%。

数字的开回路例子显示，V_O=0~1V，对应之输出占空比=0~$V_O \times K_{ADC} \times K_{PWM} \times 100\%$。

对应之输出占空比变成了 0~24.82%。

这就是 K_{UC} 的由来，由于数字控制器使用不同的模块方式，虽然控制原理相同，但转换过程中会产生不同倍率的现象，这些不同倍率的现象需要整理出来，并且计算出整体增益变化，接着反算出 K_{UC}。换言之，K_{UC} 之目的就是用来抵消这些衍生而来的增益，让系统整体开回路增益不管模拟或数字都是一样的。那么完整的 K_{UC} 怎么算呢？

刚刚的推论，我们前面也先假设 G_D 为 1，但实际状况通常不会为 1，这里定义一个新参数 K_{FB}，意思是反馈电压的分压比例：

$$K_{FB}=\frac{G_D}{G_A} \quad (1.8.3)$$

事实上，前面章节计算电压模式模拟控制器时，都是假设 G_A=1。

这样的好处是计算简单，并且转换成数字时，很容易得 $K_{FB}=G_D/G_A=G_D$。

可得电压模式下，电压环路的微控制器转换比例增益 K_{UC} 为：

$$K_{UC}={}^{1}\!/\!_{(K_{FB}\times K_{ADC}\times K_{PWM})} \quad (1.8.4)$$

之后将 K_{UC} 乘进数字补偿器中，即可抵消数字控制的衍生增益，系统整体开回路增益不管模拟或数字都恢复为一致。

电压模式有此增益，其他模式同样会有，以下探讨峰值电流模式下电压环路的 K_{UC} 增益。

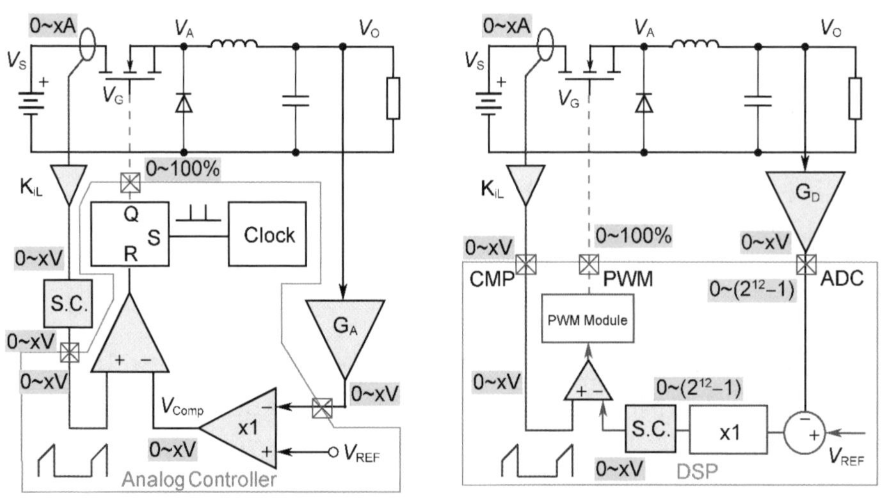

图 1.8.4　峰值电流模式模拟与数字电源方块图对比

于图 1.8.4（峰值电流模式模拟与数字电源方块图）中加上信号的变化批注，可以看到右边数字控制方式的方块图中，反馈信号由模拟电压值变成数字数值，再通过斜率补偿区块变回模拟电压值，最后通过比较器峰值电流控制变成电流值。

其中斜率补偿区块其实包含两个功能：

➢ DAC（数字模拟转换器 Digital-to-Analog Converter）：

将数字补偿器计算出的数字数值转换成模拟电压，后方比较器才得以接着作比较，DAC 转换过程会额外产生一个倍率增益。

➢ 负斜率补偿

DAC转换成模拟电压的同时，在信号上叠加一个负斜率补偿电压信号，输出含斜率补偿的 V_{Comp} 信号给后方比较器。

为了方便读者理解，笔者对电流环路简化，得简化后的图 1.8.5。

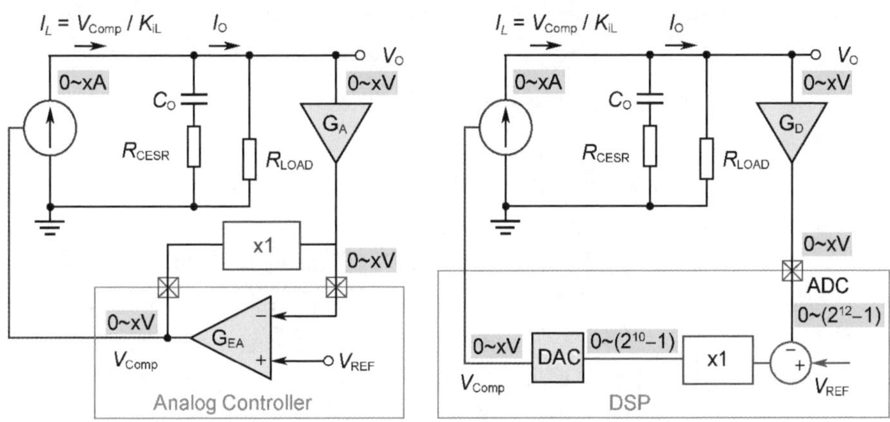

图 1.8.5　峰值电流模式模拟与数字电源方块图对比（简化）

前面章节计算峰值电流模式模拟控制器时，同样假设 G_A=1。

这样的好处是计算简单，并且转换成数字时，很容易计算得 $K_{FB}=G_D/G_A=G_D$。

比较图 1.8.5 左右不同之处时，为求方便分析，假设 G_A=1，并且斜率补偿不影响计算 K_{UC}，先忽略斜率补偿。补偿器的增益也不在 K_{UC} 的计算范围内，因此图 1.8.5 左右两边的补偿器同样假设为不含极点与零点的 1 倍增益补偿器。

先分析左边类比控制方块图，所以 V_O=0V 时，假设 V_{REF}=1V，$V_{Comp}=V_{REF}-0V=1V$，$I_L=V_{Comp}/K_{iL}=1/K_{iL}$。

假设 V_O=1V 时，$V_{Comp}=V_{REF}-1V=0V$，$I_L=1/K_{iL}=0$。

换言之，V_O=0~1V，对应之电感电流=0~ $1/K_{iL}$。

接下来分析右边的数字控制方块图，模拟补偿器 $H_{CompA}(s)$=1 转换到数

字补偿器 $H_{CompA}(z)$=1，一样没变，因为不带任何极点与零点。

同样从 V_O=0~1V 输出开始分析，假设 G_D=1，ADC 输入则同为 0~1V 的范围，过了 ADC 之后呢？

注意，以上计算忽略另一个增益问题：数值饱和限制。

例如 ADC 输出最大理论值为 $2^{12}-1=4095$，补偿控制器的输出最大值假设同样 12 位数，就会同为 4095，而 DAC（假设使用 10bits DAC）输入最大理论值为 $2^{10}-1=1023$。

将补偿控制器的输出（0~4095）直接填入 DAC，会发生什么事？明显增益大于 1。

然而补偿控制通常是 15 位（16bits DSP），将 0~32767 填入 DAC，增益多少？

最佳的做法是需要于计算过程中做位数转换，例如 32767 等于补偿器的最大值，1023 等于 DAC 的最大值，所以补偿器要填写 DAC 前，应乘上 1023/32767，确保增益维持 1。若不做这样的修正（于实际案例中，可以很需要缩短计算时间，或是其他理由），就必须知道原先模拟推导的增益可能有偏移的现象，若差异过大就需要考虑另外手动修正。

假设使用 12 位分辨率的 ADC，ADC 参考电压为 3.3V，K_{ADC}转换公式为：

$$K_{ADC}=\frac{2^{\text{ADC Resolution}}-1}{\text{ADC Reference Voltage}}=\frac{4095\text{ counts}}{3.3V}\cdots\cdots \quad (1.8.5)$$

所以 V_O 到补偿器输出（DAC 之前）之间，存在 K_{ADC} 的增益变化。接着经过 DAC 转换成模拟电压 V_{Comp}，而 DAC 存在另一个增益变化 K_{DAC}：

$$K_{DAC}=\frac{\text{DAC Reference Voltage}}{2^{\text{DAC Resolution}}-1}=\frac{3.3}{2^{10}-1}=\frac{3.3}{1023}\cdots\cdots \quad (1.8.6)$$

其中假设 DAC 分辨率是 10 位，并且参考电压是 3.3V。

模拟的开回路例子显示，V_O=0~1V，对应之电感电流=0~1/K_{iL}。

数字的开回路例子显示，V_O=0~1V，对应之电感电流=0~1/$K_{iL}\times K_{ADC}\times K_{DAC}$。

刚刚的推论，我们前面先假设 G_D 为 1，但实际状况通常不会为 1，所以同样的需要修正反馈电压的分压比例 K_{FB} 增益：

$$K_{FB}=\frac{G_D}{G_A} \quad\cdots\cdots (1.8.7)$$

整体数字的开回路例子重新表示：

V_O=0~1V，对应之电感电流=0 ~1/ $K_{iL}\times K_{FB}\times K_{ADC}\times K_{DAC}$。

可得峰值电流模式下，电压环路的微控制器转换比例增益 K_{UC} 为：

$$K_{UC}=\frac{1}{(K_{FB}\times K_{ADC}\times K_{DAC})} \quad\cdots\cdots (1.8.8)$$

之后将 K_{UC} 乘进数字补偿器中，即可抵消数字控制的衍生增益，系统整体开回路增益不管模拟或数字都恢复为一致的。

1.8.3 ADC 对于控制环路之影响

所有的控制系统都有输入与输出，一个典型固定输出电压型的 Buck Converter，其控制系统的输入就是输出电压的反馈信号误差量，输出电压进 DSP 计算之前需要 ADC 模块的协助，转换成数字数值，才能与参考值相减以求得反馈信号误差量，其中衍生的增益已经于上一节讨论过，这一节要讨论的是 ADC 对于控制环路之影响。

图 1.8.6 为例子，为 Microchip dsPIC33CK 系列 ADC 模块的线路图（参考 Microchip 文件 DS70005213G P.46）。

图中可以清楚看到从 ADC 引脚往芯片内部看进去，首先算是寄生电容 C_{PIN}，此电容通常不大，并且跟封装外型有关。接着通常会有钳位二极管，限制引脚的最高与最低电压，并联的电流源是指漏电流，注意漏电流符号是正负，因此也可能反向往上。再接下去两个串联电阻，其中 R_{IC} 是指 IC 内部连接线之电阻，R_{SS} 是指采样开关的等效电阻。最后才连接到采样电容 C_{HOLD}。

一个完整的 ADC 转换周期包含三个步骤，依序为：

➢ ADC 通道配置切换

此时采样开关保持 OFF 状态，MCU 内部进行 ADC 通道配置切换，准备进行采样，但尚未采样。

➢ ADC 通道采样

此时采样开关保持 ON 状态，同时 ANx 引脚上的电压对 C_{HOLD} 充电或放电，假设时间充足，最终 C_{HOLD} 的电压会等于 ANx 引脚上的电压。

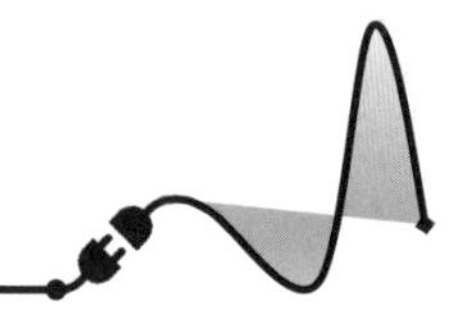

> ADC 通道转换

此时采样开关保持 OFF 状态，C_{HOLD}维持电压不变，ADC 模块开始将 C_{HOLD}电压转换成数字数值，转换完成后，一次 ADC 采样与转换即算完成。

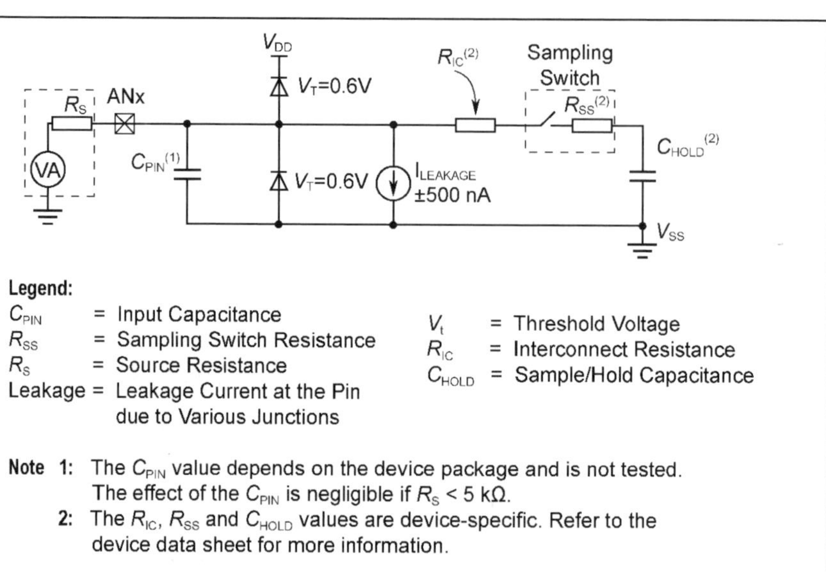

图 1.8.6　12-Bit ADC Analog Input Model

（参考 Microchip 文件 DS70005213G P.46）

漏电流虽然很小，但是 ADC 引脚上若使用一个极大阻值的电阻接地，有可能因而产生一定的直流偏电压。若该直流偏电压达一定程度，间接可能导致程序误判而有所误动作。因此，尤其是高温使用场合下，应注意漏电流参数，注意互相搭配的电阻值裕量，避免误动作发生的可能性。

然而关于 ADC 通道采样，看似再普通不过的一件小事，往往就是这一句话而有点困难：“假设时间充足！”

众所周知，电容充电（式(1.8.9)）与放电（式(1.8.10)）公式如下：

$$\boldsymbol{V_{\mathrm{CHOLD}}(t) = VA \times \left(1 - \mathrm{e}^{\left(\frac{-t}{R\times C}\right)}\right)} \qquad (1.8.9)$$

$$V_{\text{CHOLD}}(t) = VA \times \mathrm{e}^{\left(\frac{-t}{R \times C}\right)} \quad \text{(1.8.10)}$$

其中 $R = R_S + R_{IC} + R_{SS}$，$C = C_{HOLD}$。

当充放电时间不足时，便会发生采样电压偏离实际电压，造成系统误判等衍生的问题。因此采样时间的设置是相当重要的一个大前提，设置过短的采样时间，很难保证系统可靠度。换言之，系统最小的采样时间，就是 R（$= R_S + R_{IC} + R_{SS}$）需要达到最小值，而 C_{HOLD} 通常假设是固定的。

然而相对于 R_S，R_{IC} 与 R_{SS} 算是很小且固定，因此可以假设为定值，所以整个充放电时间常数主要受制于 R_S 的大小。或许读者会想，有什么关系，一次没充放平衡，下次量电压差距已经缩短，接下来就很快可以平衡了，这样的想法有个漏洞，若有很多 ADC 引脚等着被转换呢？回顾上面提到 ADC 三个主要步骤的第一个：ADC 通道配置切换。

因为 ADC 模块数量有限，通常需要在多个通道间切换使用，多个通道共享同一个 ADC 采样模块，如图 1.8.7 所示。假设单纯只在这两个通道间切换，若 R_S 过大，但采样时间却过短，那么 C_{HOLD} 上的电压永远无法有效等于真正应该被转换的电压。这有另一个专有名词解释这现象：串扰（Crosstalk）。原本不相关的两 AD 通道，因为共享 C_{HOLD}，导致两者之间互相干扰，有些人称为残影现象，意指同一种现象。更甚之，若 R_S 过大，甚至可以在 AN 引脚上，测量到近似 C_{HOLD} 的瞬间电压。

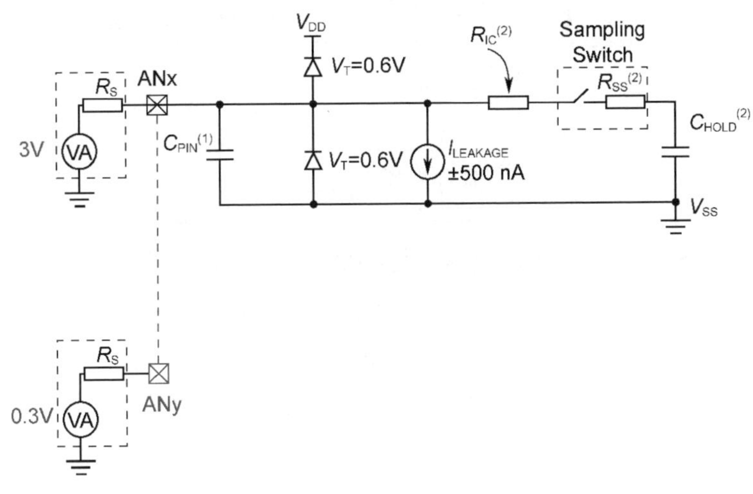

图 1.8.7　多通道采样

控制环路最注重“实时性”，所以需要很高速的 ADC 转换怎么办？

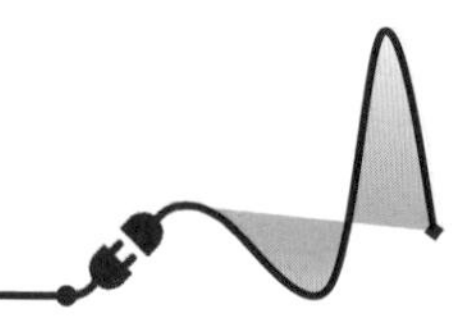
缓不济急啊！

所以有些 MCU 的 ADC 提供专用（Dedicated ADC Core）ADC 核心给比较重要的通道，而共享（Shared ADC Core）ADC 核心给次要的通道。如图 1.8.8 所示。使用专用信道时，对于 ADC 速度才有办法提升到模块本身极致的速度。

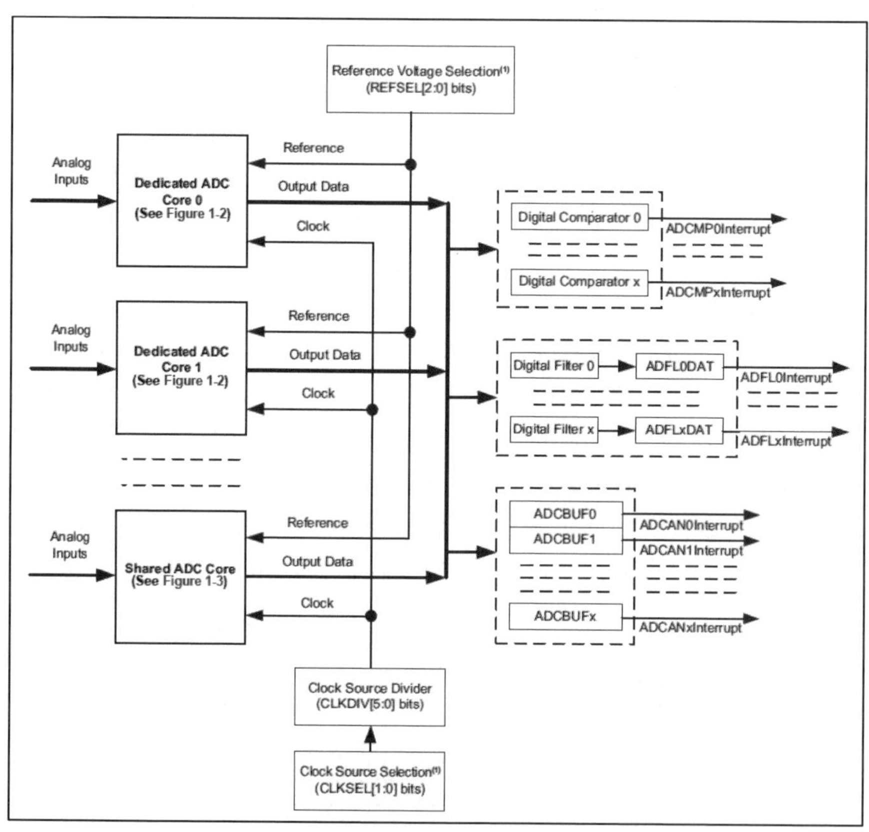

图 1.8.8　12-Bit High-Speed, Multiple SARs ADC Block Diagram

（参考 Microchip 文件 DS70005213G P.3）

假设每次 ADC 采样的间隔时间固定为 T_S。

参考图 1.8.9，纵轴表示电压，横轴表示次数。实线曲线表示实际信号，长柱形线条为 ADC 一次采样与转换值，又称为零阶保持（Zero-Order Hold）简称 ZOH。

图中还有一条虚线曲线，长得跟实际信号一样，但总是落后 $T_S/2$ 的时间。这一条虚线曲线是指MCU经过ADC将实际信号采样与转换后，MCU所看到的“实际信号”，MCU 并不知道落后 $T_S/2$ 的时间，这会在控制环路中造成一个很麻烦的困扰。

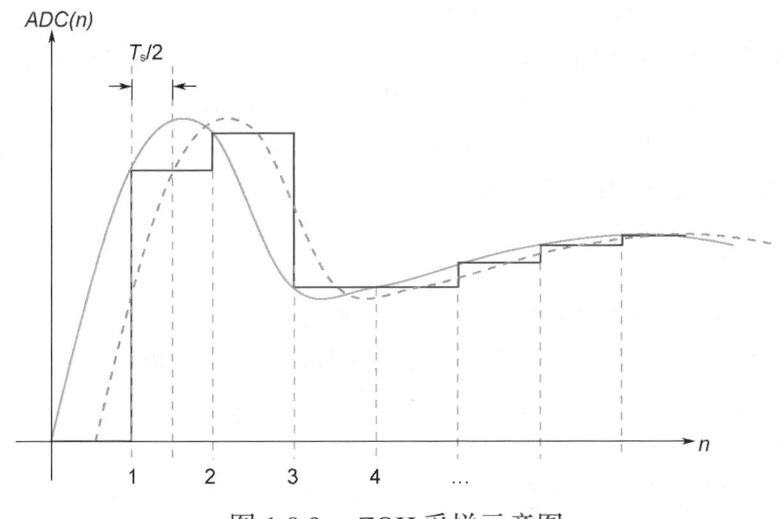

图 1.8.9　ZOH 采样示意图

还记得前面章节推算补偿控制器时，提到相位裕量 P.M.？是的，这里所说的困扰就是 P.M.会因为使用 ADC 而自然折损 Φ_{ZOH}，公式如下：

$$\boldsymbol{\phi_{ZOH} = 360° \times F_C \times T_S} \div 2 \qquad (1.8.11)$$

假设系统带宽 F_C 为 10kHz，T_S 为 1/350kHz，则：

$$\boldsymbol{\phi_{ZOH} = 360° \times \frac{10kHz}{350kHz}} \div 2 \approx \boldsymbol{5.14°} \qquad (1.8.12)$$

意思是说，于模拟世界下设计的补偿控制器，转到数字的世界后，其相位裕量 P.M.会因为使用 ADC 而自然折损 5.14°。换言之，若模拟设计时，相位裕量P.M.未达50.14° （45° +5.14° =50.14° ），那么系统转到数字控制后，会从一个稳定系统变成非稳定系统。

从式(1.8.11)来分析，这是一个物理上的自然限制，改善方式只能缩小系统带宽 F_C 与采样间隔时间 T_S，从而缩小自然折损的相位裕量 Φ_{ZOH}。

而 T_S 最小就是 T_{PWM}，也就是 PWM 周期时间，因此加大 PWM 频率，能有效改善相位裕量 P.M.。

再者就是 P.M.与 F_C 之间的取舍了，因此通常数字补偿器的 F_C 的最大

值为 $F_{PWM}/20$（当 $T_S = T_{PWM}$），若 T_S 不等于 T_{PWM}，则数字补偿器的 F_C 的最大值为（$1/T_S$）/20。

读者此时心中应该有个很大的问号，为何模拟电源通常 F_C 的最大值为 $F_{PWM}/10$，怎么数字就是除以 20?

这需要从奈奎斯特（Nyquist）频率 F_N 说起，而且这个频率从现在开始将与我们形影不离，时不时会出现虐一下我们的设计结果。

当一个数字控制系统的采样频率 F_S（$=1/T_S$）决定之后，奈奎斯特频率 F_N 也同时会被决定，其关系式如下：

$$F_N = \frac{F_S}{2} \qquad (1.8.13)$$

奈奎斯特频率 F_N 影响了什么？为何如此关键?

笔者多年前教课起，时常习惯鼓励学员，于设计多极点与多零点的数字控制器之前，不妨先练习设计一个单极点低通滤波器，其中几个原因值得读者推敲一下：

- 单极点相对简单，适合验证基本数字化理论基础与程序编写能力
- 单极点之低通滤波器理论基础，容易找到对应的实际硬件参考

  例如 RC 滤波器，非常方便获得并测量实际 RC 滤波器的波特图做比较验证
- 将一个简单的模拟 RC 滤波器转变成数字 RC 滤波器

  （单极点滤波器），结果一致的同时，就表示学员已经具备基础模拟转数字的能力，其中包含 K_{UC} 计算与应用!
- 越简单的东西越容易看出差异

  从单个极点数字化过程，可以看出奈奎斯特频率 F_N 影响了什么?

假设有个 RC 低通滤波器，其 R_1=68kΩ，C_1=4.7nF，如图 1.8.10 所示。

于 RC 滤波器前加入一个交流信号源，并通过 R_1 两端测量输入与输出之间的关系，就是 RC 滤波器的波特图测量方式。关于 Mindi 细节，请参考第 2 章实作部分。

此 RC 滤波器的传递函数可以表达如下：

$$H_{RC}(s) = \frac{1}{1+(s \times R_1 \times C_1)} \qquad (1.8.14)$$

其中极点频率为：

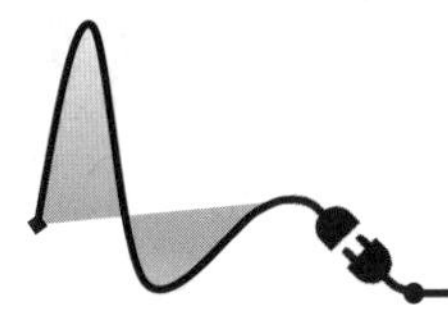

$$f_{P\_RC}=\frac{1}{2\pi\times R_1\times C_1}=498\text{Hz} \quad (1.8.15)$$

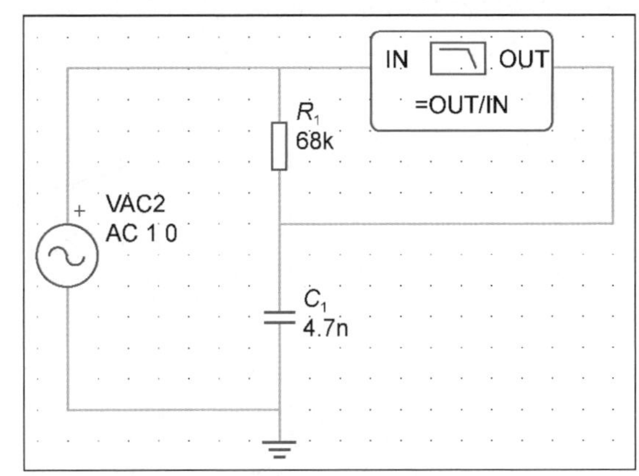

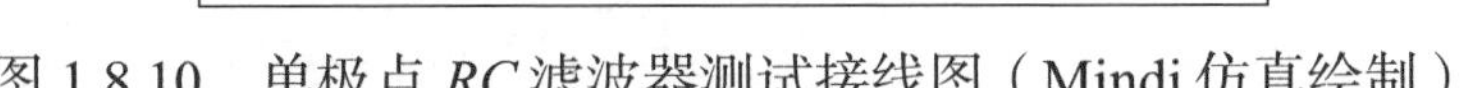

图 1.8.10 单极点 *RC* 滤波器测试接线图（Mindi 仿真绘制）

还没实验之前，已经知道实验结果如下：

- 此低通滤波器的增益曲线，应于频率 498Hz 之前，维持 0dB
- 频率等于 498Hz 时，增益应为 –3dB
- 频率等于 498Hz 时，相位应为 –45°
- 过了频率 498Hz 之后，增益曲线以–20dB/Decade 的斜率下降
- 高频处，相位最终落后 –90°

参考仿真结果如图 1.8.11 所示，完全符合 *RC* 滤波的特性。事实上，直接使用波特图设备去测量实际 *RC* 低通滤波器，结果也会是一样的。比较有趣的是转成数字低通滤波器，长什么样子呢？对 $H_{RC}(s)$做 Z 转换（后面小节解释如何转换），得 $H_{\mathrm{RC}}(z)$：

$$H_{RC}(z)=\frac{B_0+B_1\times Z^{-1}}{1+A_1\times Z^{-1}} \quad (1.8.16)$$

（式(1.8.16)中 A_{X}，B_{X}，Z^{-1}等等，所表达的意义于后面小节解释。）

数字滤波器的输入就是 ADC 引脚输入，输出使用 DAC（Digital-to-Analog Converter 数字模拟转换器）输出模拟电压到 DAC 引脚上，信号从 ADC 模块进入，经过式(1.8.16)的计算，结果填写入 DAC，于 DAC 引脚上获得最终滤波器输出结果。

因此测量 R1 两侧可得模拟 *RC* 低通滤波器的波特图，而测量 ADC 与

DAC 两引脚可得数字低通滤波器的波特图，结果如图 1.8.12 所示。

检查一下，是否还是符合模拟 *RC* 低通滤波器的特性？

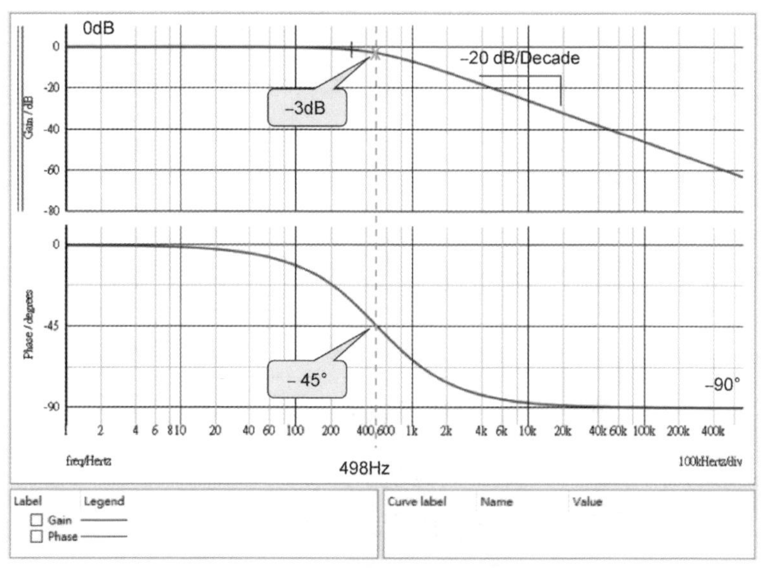

图 1.8.11　低通滤波器模拟结果

- 此低通滤波器的增益曲线，应于频率 498Hz 之前，维持 0dB

  结果：符合！
- 频率等于 498Hz 时，增益应为 -3dB

  结果：符合！
- 频率等于 498Hz 时，相位应约为 -45°

  结果：符合！
- 过了频率 498Hz 之后，增益曲线以-20dB/Decade 的斜率下降

  结果：一开始符合，但... 越是高频，斜率越掉越快？
- 高频处，相位最终落后 -90°

  结果：不符合！越是高频，相位越落后？

最后两点结果并不完全符合预期 *RC* 低通滤波器的特性，原因就来自于奈奎斯特频率 F_N 的影响！事实上奈奎斯特频率 F_N 所引起的问题，是当输入频率于奈奎斯特频率 F_N 时，相位会落后到-180°，其影响范围是（F_N/10）开始就加速落后，到 F_N 刚好是-180°。因此，从波特图可以很轻易地看出来，此图 1.8.12 的 F_N 就是 20kHz。至此读者可猜猜，为何是

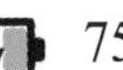

20kHz?

是的，是因为 F_S=40kHz（两倍频的关系）。

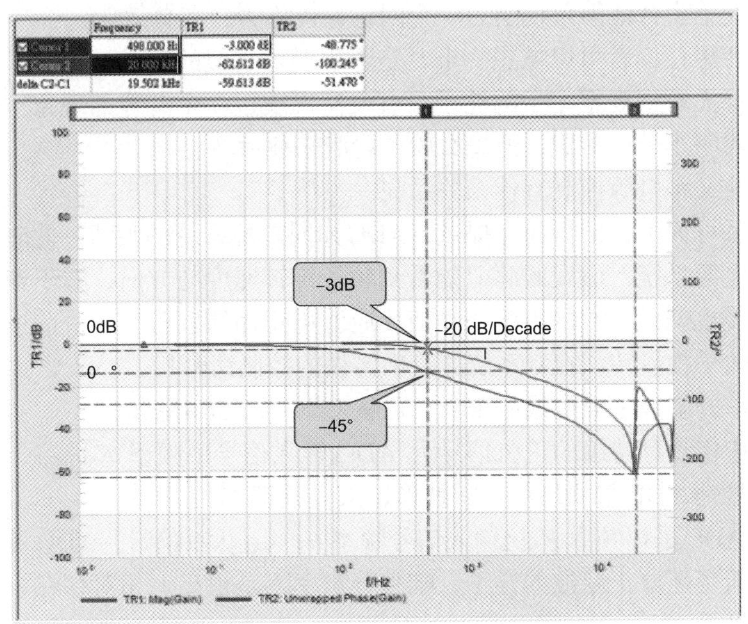

图 1.8.12　数字单极点低通滤波器

笔者刻意降低 ADC 采样频率 F_S，让读者可以感受到一件重要的事，当 ADC 采样频率变低时，系统会因为采样定律奈奎斯特频率 F_N 的缘故，“提早”落后到-180°，同时也就影响到了相位裕量 P.M.，这样读者是否明白了呢？所以合理的设计，采样频率 F_S 应当要远离系统带宽 F_C 十倍频以上，以避免更大的相位裕量损失。也因此，数字控制系统的最大带宽限制应当是（F_N/10），也就是：

$$F_{C\_Max(Digital)}=\frac{F_N}{10}=\frac{F_S}{20} \quad\cdots\cdots\cdots\cdots\cdots\cdots \quad (1.8.17)$$

依理论而言，系统带宽低于（F_S/20）是相对容易设计所需的相位裕量，而当系统带宽大于等于（F_S/15）时，已经处于极限范围，将非常难设计出足够的相位裕量。

然而 Murphy's Law 告诉我们，越不想发生的事越会发生！此时屋漏偏逢连夜雨，奈奎斯特频率 F_N 不仅影响相位裕量，还有一项非常重要却常被电源工程师所忽略的问题，导致系统输出发生振荡，却找不出原因。

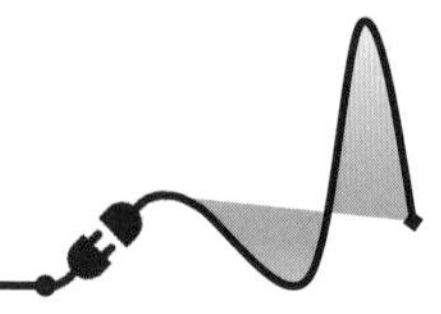

被忽略的关键原因是因为绝大多数的电源工程师是硬件背景，学习过程中以模拟世界为主，殊不知数字控制器有其他限制，而“不小心”忽略了，因此笔者特地简单说明另一个问题，被称为：混叠效应。

笔者想让读者可以试想一下，是否也遇过类似的问题？每个人或多或少应该都无聊到观察车子的轮子，有没有发现过一个有趣的现象？咦，真奇怪！明明车子往前跑，但怎么轮子看起来往后转？

而这又跟电源控制有什么关系呢？

关系可大了，记得前文提过，ADC 如同电源系统的眼睛，此时车子如同一个电源系统，假设眼睛只能看到轮子旋转速度与方向，看不到车子，控制系统也就是我们的大脑该做何反应？可想而知，若车子往前进，但眼睛看到轮子往后转，控制系统会给出错误的控制命令！

简单的解释是混叠效应现象，可从下图 1.8.13(a)说起。

其中连续且持续的正弦信号为 ADC 输入信号，频率 F_{SIGNAL}，而区段正弦信号是 ADC 采样后的数字波形，采样频率 F_S。

当 ADC 采样频率 F_S 比输入信号频率 F_{SIGNAL} 大 9 倍时，ADC 基本上已经可以清楚还原正弦波的样子，唯独分辨率不是很高，相对存在一些误差，但还能接受。

随着 F_S 下降或 F_{SIGNAL} 上升（相对关系），直到 $F_N \approx F_{SIGNAL}$ 时，参考图 1.8.13(b)。ADC 采样后的波形，上下开始隐含着低频的包络线（Envelope），如同采样到另一个低频信号，此信号会进入控制系统。

接着继续让 F_S 下降或 F_{SIGNAL} 上升（相对关系），直到 $F_S \approx (F_{SIGNAL}/2)$ 时，参考图 1.8.13(c)。ADC 采样后的波形，上下出现相当明显的低频包络线（Envelope），此低频信号不仅低频且明显，振幅还相当大，此信号同样会进入控制系统。

我们重新整理一下这样的关系，如图 1.8.14 所示，可发现，当输入信号的频率高于 ADC 采样的奈奎斯特频率时，会在低于奈奎斯特频率的某频率点，映射出另一个叠影频率，输入信号的频率“越是高于”奈奎斯特频率，所映射出的叠影频率就“越低”。

此低频信号会造成一个“闹鬼”现象，因为该低频其实是假的，实际输入信号并不存在这个频率，但经过 ADC 之后，产生了这个低频信号，补偿控制将无从分辨真假，只能乖乖地试着消除它，导致系统输出反而因此无端跑出一个低频振荡问题。

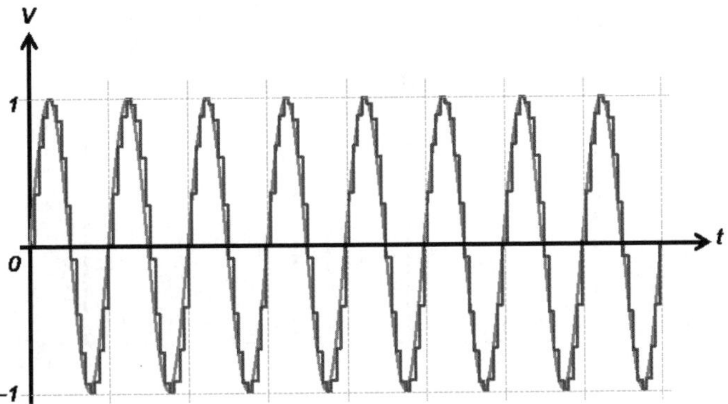

(a) $F_S \approx 9x\ F_{SIGNAL}$

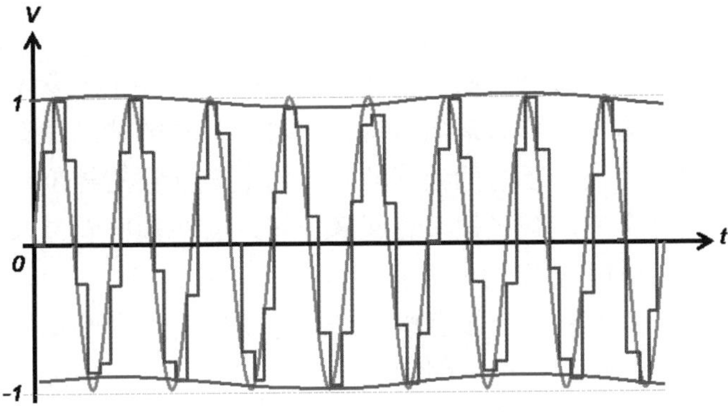

(b) $(F_S/2)=F_N \approx F_{SIGNAL}$

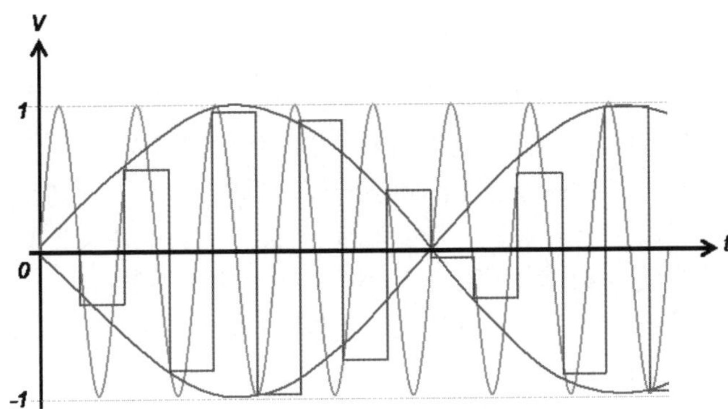

(c) $F_S \approx F_{SIGNAL}/2$

图 1.8.13　输入信号频率与 ADC 采样频率之关系

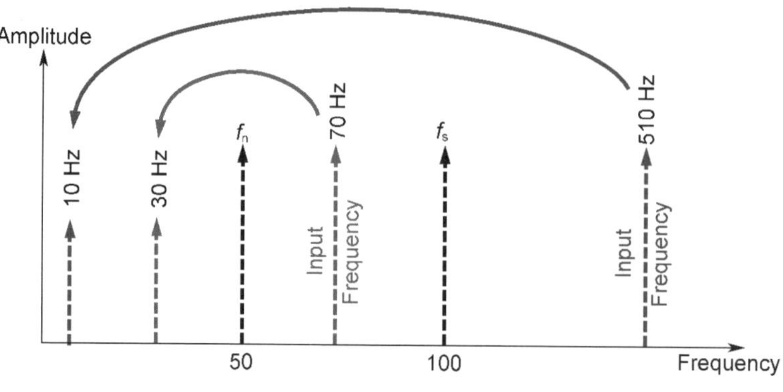

图 1.8.14　混叠效应示意图

有没有很好奇，所以眼睛看轮子，到底怎么回事呢？

事实上轮子旋转就是一种频率，眼睛就是我们人体的一个模拟采样器，假设采样频率就是 100Hz（真实大概没这么高），那么随着轮子旋转频率越转越高，开始高于眼睛的奈奎斯特频率时，其实眼睛已经看不清高频，只看到轮子用一种很奇怪的低频旋转着，加上该低频的相位与眼睛延迟的关系，进而交互影响，有些频率看起来正转，有些频率看起来成了反转，就是这么简单。所以该怎么解决呢？

那简单呀，能不能写个数字滤波器，将高频过滤掉呢？

这是一种很正常的推论，但却无法解决问题，因为关键是眼睛看到后，大脑才去做滤波的动作，因果关系已经存在，眼睛只能看到果（低频信号），而无法辨别这个果是混叠效应而来的果，还是本来就存在的因，若是本来就存在，被过滤掉反而不正确。

另一常见的问题：*RC* 低通滤波器的搭配值应该多少？

这是个非常有趣的问题，搭配值需要特别注意一点，*RC* 低通滤波器的 *C* 电容值应当远大于 C_{HOLD}，才能确保对 C_{HOLD} 充放电期间，不影响 ADC 引脚电压（假设与 ADC 引脚之间的串联电阻非常的小）。

C 决定了之后，F_N 是设计者应当已知的频率，那么反算出 *R* 就是易如反掌之事了，您说是吧？

笔者习惯 ADC 引脚上的电容，至少大于（$C_{HOLD} \times 100$）以上。

既然数字滤波器并无法解决问题，那就把 F_S 上升到远高于 F_{SIGNAL}，就好了呀！是的没错，最好的办法就是 $F_S >> F_{SIGNAL}$，但现实中，系统采样频率是受到限制的。

所以笔者的习惯做法是，信号进 ADC 前，不应存在高于 F_N 的频率信号，换言之，ADC 引脚前，应当存在一个低通滤波器（通常使用 RC 低通滤波器即可），过滤高于 F_N 的频率信号，减轻混迭效应影响。

1.8.4 Z 转换与控制环路计算

信号进入 ADC 引脚后，经过 ADC 模块转换为数字数值，并且参考图 1.8.9，还记得 ADC 模块还包含一个特性：零阶保持（Zero-Order Hold）简称 ZOH。信号经过 ZOH 的转变之后，不再是连续的，每隔 T_S 的间隔时间才能再得到更新值，所以数字控制系统存在一个不同于连续时间轴的领域。连续时间轴通称为时域（Time-domain 或 t-domain），经过拉氏转换（Laplace Transform）转换至 S 领域（s-domain），再经过 Z 转换（Z Transform）将一连串离散的实数或复数信号，从时域转为复频域表示，称为 Z 域（Z-domain）。

一般常用的 Z 转换有三种方式：

➢ 前向欧拉法 Forward Euler Method

Forward Euler Method 非常简便，但其数值误差相当大，从图 1.8.15(a) 时域采样图可以看出，与实际值之间可能存在明显误差。

其 Z 转换式为：

$$S = \frac{Z-1}{T} \qquad \cdots\cdots (1.8.18)$$

一般反馈系统的环路增益变化时，系统极点的变化所绘制出来的图称为根轨迹图，也就是复数 S 域上画出在系统参数变化时，反馈系统闭回路极点的可能位置。其稳定理论告诉我们，开环增益从零变到无穷大时，如系统根轨迹图所示的根轨迹全部落在左半 S 域，其控制系统根所表示的系统是稳定的。

图 1.8.15(b)左边是原 S 域的根轨迹图，所有极点都在左半平面，属于一个稳定系统，经过前向欧拉法做 Z 转换，映射到 Z 域的结果于右图（奈奎斯特图）。根据奈奎斯特图稳定理论，映射的范围必须在单位圆中，系统才是稳定，但由于前向欧拉法做 Z 转换会失真，稳定系统映射到了单位

圆外，并非不稳定，而是无法再使用简单的单位圆分析法分析。

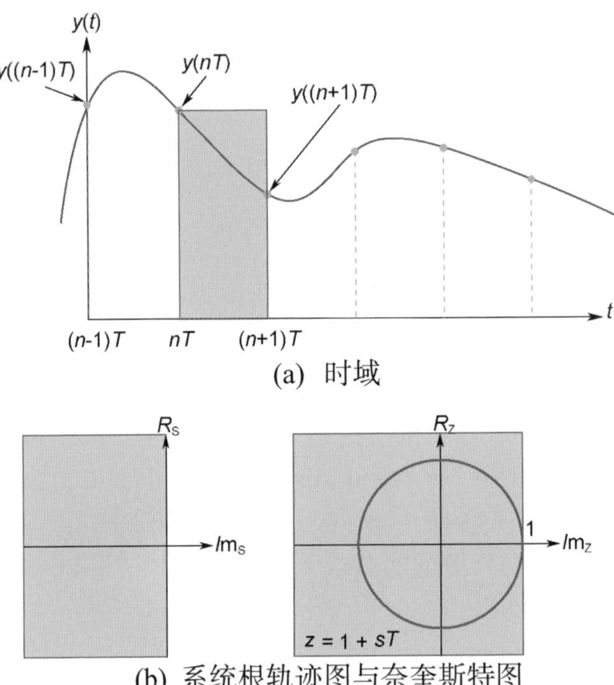

(a) 时域

(b) 系统根轨迹图与奈奎斯特图

图 1.8.15　前向欧拉法 Forward Euler Method

➢　后向欧拉法 Backward Euler Method

Backward Euler Method 也是非常简便，但其数值误差也是相当大，从图 1.8.16(a)时域采样图可以看出，与实际值之间可能存在明显误差。

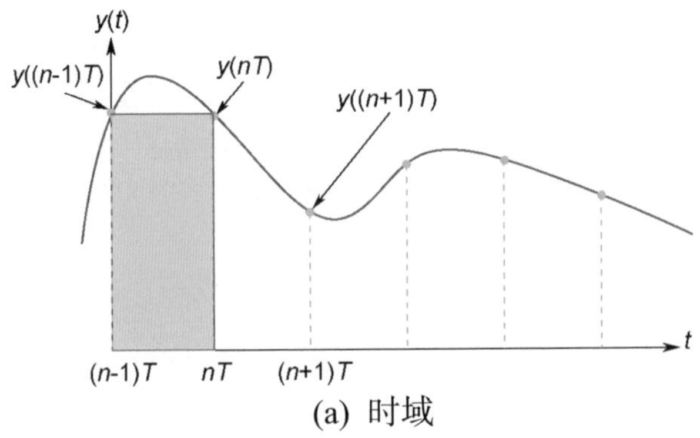

(a) 时域

图 1.8.16　后向欧拉法 Backward Euler Method

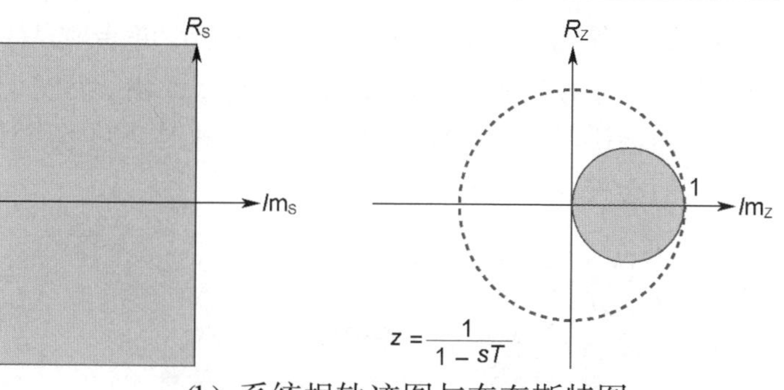

(b) 系统根轨迹图与奈奎斯特图

图 1.8.16　后向欧拉法 Backward Euler Method（续）

其 Z 转换式为：

$$S=\frac{1-Z^{-1}}{T} \quad \cdots\cdots (1.8.19)$$

图 1.8.16(b)左边是原 S 域的根轨迹轨图，所有极点都在左半平面，属于一个稳定系统，经过后向欧拉法做 Z 转换，映射到 Z 域的结果于右图（奈奎斯特图）。根据奈奎斯特图稳定理论，映射的范围必须在单位圆中，系统才是稳定，但由于后向欧拉法做 Z 转换会失真，稳定系统映射到了单位圆中更小的园，因而无法再使用简单的单位圆分析法分析。

➢ 梯形积分法 Trapezoidal Integration Method (或称 bilinear transformation 双线性变换法)

梯形积分法或称双线性变换法，不同于前面两个 Z 转换法，通过积分逼进真实值，因此误差最小，从图 1.8.17(a)时域采样图可以看出，与实际值之间的误差明显缩小。

其 Z 转换式为：

$$S=\frac{2\times(Z-1)}{T\times(Z+1)} \quad \cdots\cdots (1.8.20)$$

图 1.8.17(b)左边是原 S 域的根轨迹轨图，所有极点都在左半平面，属于一个稳定系统，经过梯形积分法做 Z 转换，映射到 Z 域的结果于右图（奈奎斯特图）。根据奈奎斯特图稳定理论，映射的范围必须在单位圆中，系统才是稳定，经过梯形积分法做 Z 转换后无失真，稳定系统映射到了单

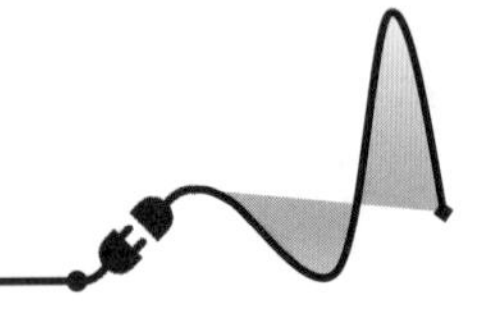

位圆上，从而可继续使用简单的单位圆分析法分析。笔者刚从学校毕业时，当时适用于电源的数字控制器之计算能力相当有限，由于计算时间冗长，影响稳定性（后面会说明），因此选择 Z 转换方式时必须考虑计算时效，因而选择较精简但会失真的前两种方法。

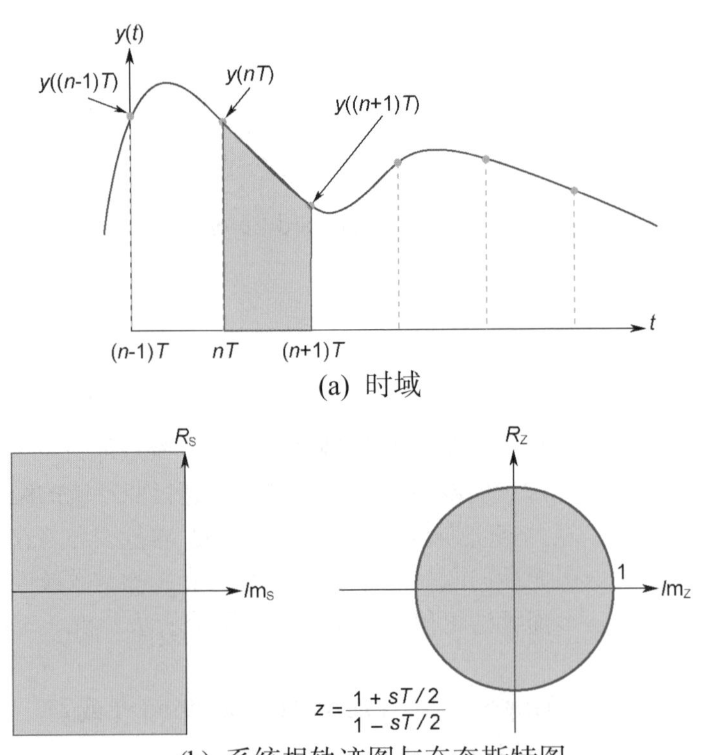

(a) 时域

(b) 系统根轨迹图与奈奎斯特图

图 1.8.17　梯形积分法 Trapezoidal Integration Method

拜科技发展所赐，现今工程师已经无此遗憾与困扰，数字控制器之计算能力大幅上升，以 Microchip dsPIC33 的 C 系列为例，ADC 采样到 3P3Z 计算完成，可于 600ns 内完成。所以读者大可放心地采用梯形积分法作为主 Z 转换的方式。当然凡事必有例外，若特殊情况需要缩短计算时间，那么前两种方式还是可行的。

ADC 将连续信号转成非连续的 Z 域，控制传递函数也需要转换到 Z 域，以电压模式为例，参考式(1.6.24)，模拟补偿控制转移器函数 $H_{Comp}(s)$ 如下：

$$H_{Comp}(s)=\frac{\omega_{P\_0}}{s}\times\frac{\left(1+\frac{s}{\omega_{Z\_LC}}\right)\times\left(1+\frac{s}{\omega_{Z\_LC}}\right)}{\left(1+\frac{s}{\omega_{P\_ESR}}\right)\times\left(1+\frac{s}{\omega_{P\_HFP}}\right)}=\frac{\omega_{P\_0}}{s}\times\frac{\left(1+\frac{s}{\omega_{Z1}}\right)\times\left(1+\frac{s}{\omega_{Z2}}\right)}{\left(1+\frac{s}{\omega_{P1}}\right)\times\left(1+\frac{s}{\omega_{P2}}\right)}$$

代入下方 Z 转换因子：

$$S=\frac{2}{T_S}\times\frac{(Z-1)}{(Z+1)}=\frac{2}{T_S}\times\frac{1-z^{-1}}{1+z^{-1}} \tag{1.8.21}$$

可以得到新的数字补偿控制器传递函数 $H_{Comp}(z)$如下：

$$H_{Comp}(z)=\frac{Y(z)}{X(z)}=\frac{B_3\times z^{-3}+B_2\times z^{-2}+B_1\times z^{-1}+B_0}{-A_3\times z^{-3}-A_2\times z^{-2}-A_1\times z^{-1}+1} \tag{1.8.22}$$

还记得前面提过，Type3（三型）控制器转成数字后，会多一个零点？从式(1.8.22)可以观察到，分子与分母都是三阶，所以各自存在三个根，而分母代表极点，分子代表零点，其中零点就是因此“多一个”，此零点不会呈现于波德图上，但毕竟数学式存在，因此数字系统习惯不称为 Type3（三型）控制器，而改称为 3P3Z 控制器。

其中式(1.8.22)的 A_k 与 B_k 等参数都是常数系数，后面会提到计算公式，暂时跳过，一般习惯定义 A_k 于分母，属于输出计算参数；习惯定义 B_k 于分子，属于输入计算参数。

而 z^{-k} 并不是一个数值，是运算符的概念，z 是指数字系统中的相对次数顺序关系，k 为顺序排序，例如 z^{-1} 指往前第一次的数值，z^{-2} 指往前第二次的数值，依此类推 z^{-k} 指往前第 k 次的数值。次数之间的间隔时间就是 T_S 采样时间。

这样的传递函数还需多一点点改变，变成 DSP 数字形式，也就是差分方程式，将式(1.8.22)左右交叉相乘，得差分方程式如式(1.8.23)所示：

$$Y(z)-A_3Y(z)z^{-3}-A_2Y(z)z^{-2}-A_1Y(z)z^{-1}=B_3X(z)z^{-3}+B_2X(z)z^{-2}+B_1X(z)z^{-1}+B_0X(z) \tag{1.8.23}$$

将 z^{-k} 融入式子中，例如 $Y(z)\times z^{-1}=Y(n-1)$，意思是往前第一次的 $Y(n)$

值。依此类推 $Y(z)\times z^{-k}=Y(n-k)$指往前第 k 次的 $Y(n)$数值，单独 $Y(n)$才是“当次”的数值。

更新差分方程式如下：

$$Y(n)-A_3Y(n-3)-A_2Y(n-2)-A_1Y(n-1)=$$
$$B_3X(n-3)+B_2X(n-2)+B_1X(n-1)+B_0X(n)\text{......}\quad(1.8.24)$$

然而数字补偿控制器传递函数 $H_{Comp}(z)$中，$Y(z)$是我们想要计算求得的答案，$X(z)$为控制器的输入，以电压模式 Buck Converter 为例，$Y(z)$即为 Duty 占空比，$X(z)$反馈误差。式(1.8.24)的 $Y(z)$留在左边，其余都移到右边，更新如下：

$$Y(n)=B_3X(n-3)+B_2X(n-2)+B_1X(n-1)+B_0X(n)+$$
$$A_3Y(n-3)+A_2Y(n-2)+A_1Y(n-1)\text{......}\quad(1.8.25)$$

简单口语翻译一下式(1.8.25)：

“本次输出 Duty 占空比=B_3X 往前第三次误差＋B_2X 往前第二次误差＋B_1X 前一次误差＋B_0X 本次误差＋A_3X 往前第三次输出占空比＋A_2X 往前第二次输出占空比＋A_1X 前一次输出占空比”

有此翻译文，应该已经很快抓到重点？

是的！整个数字控制环路要做的，就是这些而已，DSP 要做的计算就是每隔 T_S 时间进行采样读值 V_{O_ADC}，并计算误差 $X(n)=(V_{REF}-V_{O\_ADC})$，再代入式(1.8.25)，即可求得当次的输出 Duty 占空比。

以 Microchip SMPS Lib 为例，使用者可设定 dsPIC33 每隔 T_S时间进行采样读值，并于 ADC 转换完成后进入相应 ADC 中断，而进入 ADC 中断后，即可计算误差 $X(n)=(V_{REF}-V_{ADC})$，随后调用 Microchip 数字电源 SMPS Lib（第 4 章说明如何使用），Lib 的汇编语言子程序便执行图 1.8.18 的复合动作，完成整个差分方程式计算，求得 $Y(n)$。由于是使用汇编语言撰写，所以执行效率非常高，非常建议使用。

关于图 1.8.18 的复合动作有几个：

- 依序使用乘法与加法复合指令 MAC 七次，计算出 $Y(n)$
- 这次的 $X(n)$就是下一次的 $X(n-1)$，因此计算后，需要舍弃 $X(n-3)$，并需要递归搬移 $X(n)$、$X(n-1)$、$X(n-2)$至 $X(n-1)$、$X(n-2)$、X

$(n-3)$

- $Y(n)$需要被限制最大与最小范围，例如最大 Duty 与最小 Duty
- 这次的 $Y(n)$就是下一次的 $Y(n-1)$，因此计算后，需要舍弃 $Y(n-3)$，并需要递归搬移 $Y(n)$、$Y(n-1)$、$Y(n-2)$至 $Y(n-1)$、$Y(n-2)$、$Y(n-3)$

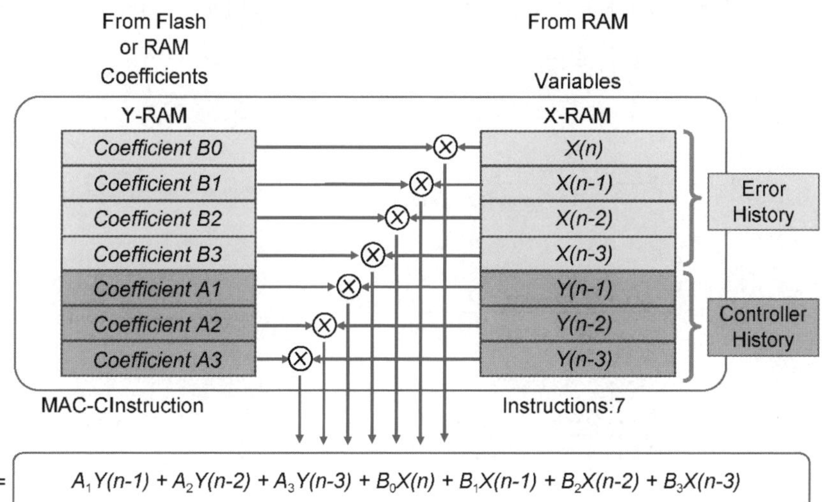

图 1.8.18　线性差分方程式计算

注意，其中 dsPIC33 Accumulator 可以是 40bits（超饱和功能），也可以是 32bits，由使用者决定。

笔者最爱这功能，因为 40bits 能解决饱和计算误差，以 16 位 Q15 为例（下一小节解释 Q15），最大值是 32767，当 32767+1000-1000 应该等于多少呢？一般 DSP 会计算出 31767，因为 32767+1000 还是等于 32767，这是不得已的，已经饱和了，无法再加上去，但这一加一减反而变小，造成最大 Duty 附近时可能因此震荡，尤其笔者开发 UPS 时感受特别深，最小值反之亦然。当使用超饱和功能，计算过程中允许暂存至 40bits，就能避免这样的问题。

整个控制环路计算还真的就是这么简单，随着极点与零点的增加与减少，仅仅是影响式子的长度变长或缩短，其中推算原理都是一样的，读者不妨自己试试推算 Type2(二型）补偿控制器呢！结果就是式(1.8.22)与式(1.8.25)中的 3 的相关项次消失（因为少一阶），结果如下：

$$H_{\mathrm{Comp\_2P2Z}}(z)=\frac{Y(z)}{X(z)}=\frac{B_2\times z^{-2}+B_1\times z^{-1}+B_0}{-A_2\times z^{-2}-A_1\times z^{-1}+1} \quad (1.8.26)$$

$$Y(n)=B_2X(n-2)+B_1X(n-1)+B_0X(n)+A_2Y(n-2)+A_1Y(n-1) \quad (1.8.27)$$

忘了一点，那 A_k 与 B_k 参数呢？其中的 A_k 与 B_k 分别为：

$$A_1=-\frac{[-12+T_S^2\omega_{P1}\omega_{P2}-2T_S(\omega_{P1}+\omega_{P2})]}{(2+T_S\omega_{P1})(2+T_S\omega_{P2})} \quad (1.8.28)$$

$$A_2=-\frac{[12+T_S^2\omega_{P1}\omega_{P2}-2T_S(\omega_{P1}+\omega_{P2})]}{(2+T_S\omega_{P1})(2+T_S\omega_{P2})} \quad (1.8.29)$$

$$A_3=\frac{(-2+T_S\omega_{P1})(-2+T_S\omega_{P2})}{(2+T_S\omega_{P1})(2+T_S\omega_{P2})} \quad (1.8.30)$$

$$B_0=\frac{[T_S\omega_{P0}\omega_{P1}\omega_{P2}(2+T_S\omega_{Z1})(2+T_S\omega_{Z2})]}{[2\omega_{Z1}\omega_{Z2}(2+T_S\omega_{P1})(2+T_S\omega_{P2})]} \quad (1.8.31)$$

$$B_1=\frac{\{T_S\omega_{P0}\omega_{P1}\omega_{P2}[-4+3T_S^2\omega_{Z1}\omega_{Z2}+2T_S(\omega_{Z1}+\omega_{Z2})]\}}{[2\omega_{Z1}\omega_{Z2}(2+T_S\omega_{P1})(2+T_S\omega_{P2})]} \quad (1.8.32)$$

$$B_2=\frac{\{T_S\omega_{P0}\omega_{P1}\omega_{P2}[-4+3T_S^2\omega_{Z1}\omega_{Z2}-2T_S(\omega_{Z1}+\omega_{Z2})]\}}{[2\omega_{Z1}\omega_{Z2}(2+T_S\omega_{P1})(2+T_S\omega_{P2})]} \quad (1.8.33)$$

$$B_3=\frac{[T_S\omega_{P0}\omega_{P1}\omega_{P2}(-2+T_S\omega_{Z1})(-2+T_S\omega_{Z2})]}{[2\omega_{Z1}\omega_{Z2}(2+T_S\omega_{P1})(2+T_S\omega_{P2})]} \quad (1.8.34)$$

是眼花缭乱还是心花怒放呢？别担心，第 4 章会说明如何套用 Microchip DCDT 工具，自动计算这些参数供使用者参考，如图 1.8.19 所示。

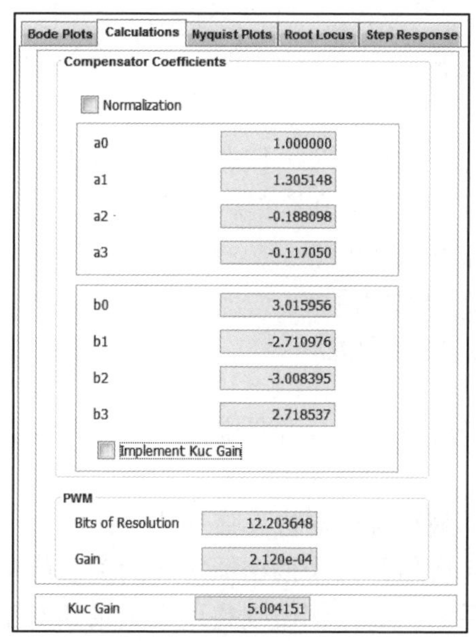

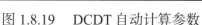

图 1.8.19　DCDT 自动计算参数

1.8.5 Q 格式

上一小节已经完整描述 DSP 的计算流程，但有个问题暂时被忽略，若使用定点运算器，那么浮点数的计算该如何处理？不太可能参数都刚好是整数，并且就算是整数，16 位都拿来表示整数，例如 8 等于 2 的 3 次方，浪费整整 13 位的分辨率，计算误差会非常大。

因此一般我们使用所谓 Q 格式的计算方式，这节仅是解释何谓 Q 格式以及计算的过程。实际应用时，现在的 DSP 本身与工具都可以做到自动搭配使用，工程师已经不用像笔者以前一样，自己得小心 Q 格式有没有错乱。理解 Q 格式之前，我们可以先理解计算过程的“相对值与绝对值”关系，举个例子，我们都知道 $V=I\times R$ 对吧，用实际例子来看，假设是 1A × 10Ω=10V，当 R 变成 0.1Ω，那么式子应变成 1A × 0.1Ω=0.1V。

此时我们假设几个基底值参数：

$V_{\text{Base}}=10\text{V}$

$I_{\text{Base}}=1\text{A}$

$R_{\text{Base}}=10\Omega$

1A × 10Ω=10V 可以修改成$(1\times I_{\text{Base}})\times(1\times R_{\text{Base}})=1\times V_{\text{Base}}$，所以当 R 变

成 0.1Ω，也就是缩小 0.01 倍，是不是刚好是$(1 \times I_{Base}) \times (0.01 \times R_{Base}) = 0.01 \times V_{Base}$。

为了更好理解，我们整理一下式子，$(I_Q \times I_{Base}) \times (R_Q \times R_{Base}) = V_Q \times V_{Base}$，其中两边恒等式关系保值不变，并且：

V_Q：相对于 V_{Base} 的比例值；

I_Q：相对于 I_{Base} 的比例值；

R_Q：相对于 R_{Base} 的比例值。

聪明的你是不是已经猜到笔者要说什么呢？再给个提示：

$I_Q \times R_Q = V_Q$

猜到了吗？多动脑有益于预防头脑变钝哦！

是的，事实上基底值是人为根据恒等式的关系所定义出来的固定值，也就是“绝对值关系”。而比例值则是用来记录相对于基底值的比例变化值，也就是“相对值关系”。既然绝对值是不变的（人为根据实际应用去定义基底值），那么计算过程根本不需要基底值，只要计算相对值即可。当我们知道电阻缩小 0.1 倍，电流不变，自然就知道电压会缩小 0.1 倍，不需要知道基底值是多少。当需要知道实际值时，再计算 $V_Q \times V_{Base} = V$，就能得知实际值啰！

继续猜猜，跟数字控制有什么关系？跟 Q 格式八竿子打不着呀！

咱们故事继续说下去，假设 ADC 有 12 位分辨率，而其参考电压为 3.3V，再假设输出电压 100V，经过电阻分压，到了 ADC 引脚电压为 1V，再经过 ADC 转换后，得到约数位数值 1241 counts。

> 有些读者可能有个疑问，补偿控制器是在模拟设计好的，使用的都是实际数值，到了数字却忽略实际数值，不会有比例问题？
>
> 这是个很棒的问题，再给个提示：K_{UC}。
>
> 笔者只有说计算过程忽略，并没有说数字控制器全然忽略，中间比例差异已经被 K_{UC} 修正了，还记得吗？忘了赶紧翻回 K_{UC} 计算章节回顾一下。

基本上 DSP 根本不知道 1241 代表什么，也不需要知道，因为输出电压跟此值就是存在一个固定比例（前面解释过等于 $K_{FB} \times K_{ADC}$），且 DSP

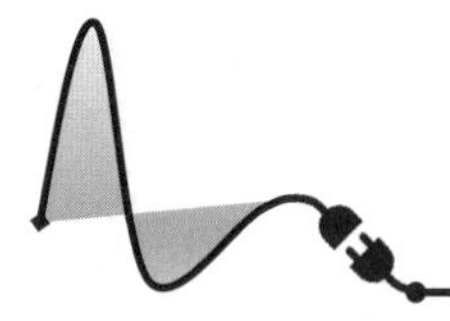

计算时根本不需要知道实际值是多少，只需要相对值即可。例如控制环路的 V_{REF} 数字值就是 1241 counts，DSP 只需要想办法与 1241 之间的误差尽可能快速缩小，DSP 需要知道 1241 代表什么？

所以数字控制环路的计算过程都是忽略基底绝对实际值，相关计算都是根据相对比例值。而此比例值就存在着浮点问题，Q 格式法就是用来解决比例值的浮点问题。

假设使用 16 位定点 DSP，亦即 DSP 能够用来表达数值大小的位是 16 位，由于需要扣掉一个位用来表达正负数，所以真正能够表达数值大小的位只有 15 位。

参考图 1.8.20，简单表示 Bit 0 ~ Bit 15，其中 Bit 15 用来表达正负数，称为符号位。图中的小数点位置介于 Bit 14 与 Bit 15 之间，所以所有的数值都是小于 1，并且表达有号数（或称有符号数）的格式是遵循 2 的补码格式（2's Complement Format）。

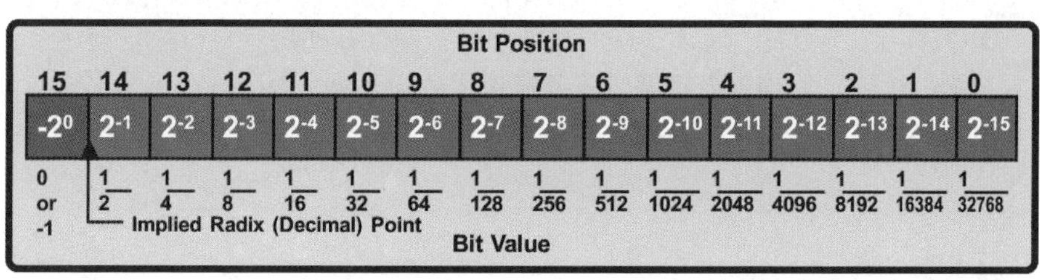

图 1.8.20　Q15 示意图

其中：

- 最小值：0×8000 = 0b1000 0000 0000 0000 = –1

  计算方式为：$1 \times -2^{15}+0 \times 2^{14}+0 \times 2^{13}+...+0 \times 2^{0} = -32768$。

  也就是最小值是 –32768，代表着 –1。

- 最大值：0×7FFF = 0.999969482422

  计算方式为：$0 \times -2^{15}+1 \times 2^{14}+1 \times 2^{13}+...+1 \times 2^{0} = 32767$。

  也就是最大值是 32767，代表着 0.999969482422。

  注意最大并非是 1。

- 数值 0 在 Q15 表示方式下还是 0，没有改变

  所以 Q 格式下，大于 0 就是正数，小于 0 就是负数，不会产生混淆

的状况。

所以 Q 格式表达的是数值的比例而不是真实数值，亦即不是表达绝对数值。关于 Q 格式表达的比例大小，算法可以参考上面计算方式。

有些读者可能这时又有疑问了：那基底值是多少呀？

这问题很容易回答，继续以输出电压为例，假设输出电压 100V 在 ADC 引脚上的电压是 1V，而 ADC 引脚的最大电压限制是 3.3V，那么相对于 3.3V 的 ADC 引脚电压，输出电压是 330V，那么输出电压 V_{Base} 不就是 330V？（不含 K_{FB} 与 K_{ADC} 比例。）

由于 330V 是最大的容许电压范围，所以此范围内的 Q 比例值就应该都是小于 1，刚好符合我们使用 Q15，15 个位全用来表示浮点的设计初衷。另外 Q15×Q15＝Q30，这样对于 32 位的累加器不方便，因为 32 位应该是 Q31，避免搞混小数点的位置，所以很多 DSP 支持自动进一位的功能，例如 dsPIC33 支持这样的功能，当执行 Q15×Q15 会等于(Q15×Q15) ×2^1=Q31。通常这样的功能并非强制性，使用者自行决定使用与否，反之，使用者需要随时注意是否开启或关闭，否则答案可是了相差一倍。

1.8.6 计算延迟影响

前面式(1.8.11)提及过：$\phi_{\text{ZOH}}=360°\times F_{\text{C}}\times T_{\text{S}}$，补偿控制器从模拟转到数字控制器后，因为 ADC 的缘故造成 P.M.相位裕量损失。

然而还有一个坏消息跟一个好消息还没公布：

➢ 坏消息：

相位裕量损失除了 Φ_{ZOH}，还有另一个称为 Φ_{Delay}：

$$\boldsymbol{\phi_{\text{Delay}}=360°\times F_{\text{C}}\times k\times T_{\text{S}}} \quad (1.8.35)$$

Φ_{Delay} 几乎跟 Φ_{ZOH} 一模一样，唯一多了一个 k 参数。

➢ 好消息：

上式(1.8.35)中的 k 参数最大为 1，最小为 0，所以最差情况 k=1，而最佳情况则 k=0。但千万别高兴太早，因为数字控制理论下，k “不可能”等于 0。

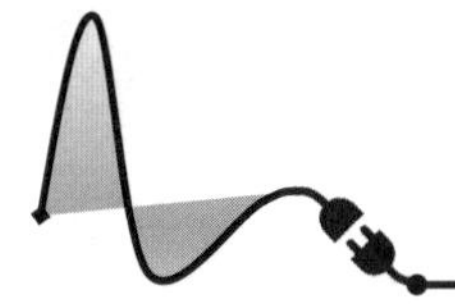

由于 Φ_{Delay} 几乎跟 Φ_{ZOH} 一模一样，所以除了 k 之外，能改善的方式可以参考 Φ_{ZOH}，本小节不再赘述，我们在此节讨论一下从 k 改善的可能性。

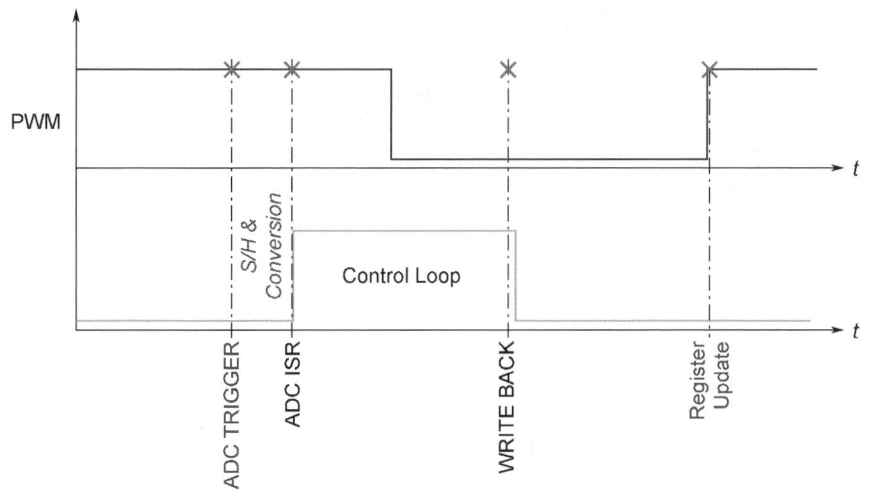

图 1.8.21 控制环路计算的时间点与长度

参考图 1.8.21，上下两个方波，上面为主 PWM 驱动波形示意图，下面为相对于 PWM 波形，控制环路计算的时间点与长度。

假设 PWM 占空比为 50%，首先固定于 1/2 On-Time 的位置进行 ADC 采样、保持与转换（S/H & Conversion）。当 ADC 完成转换后，进入 ADC 中断服务函数 ISR，接着便执行控制环路计算（例如 3P3Z 计算）。计算后，DSP 会更新占空比“缓存器”（注意，此时仅是更新缓存器，实际占空比尚未改变，因为此周期尚未结束），而后便退出 ADC 中断服务函数，直到下一周 PWM 的上升沿瞬间，PWM 模块开始输出新的占空比，完成一次完整的控制周期。

接着，假设所有的动作都不变，唯一改变 ADC 采样的时间点，移动并固定于 1/2 Off-Time 的位置，然后见证奇迹的时刻就到了！请看下面示意图 1.8.22。

频率于奈奎斯特频率时，相位一定对落于-180°，这个现象已经解释过，也无法改变，但改变 ADC 采样的位置可以明显观察到相位落于-180°的速度变缓，这对于 P.M.的改善效果显著。那么问题来啰，所以这一来一往 k 是多少？

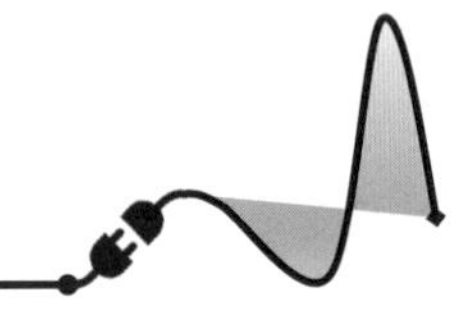

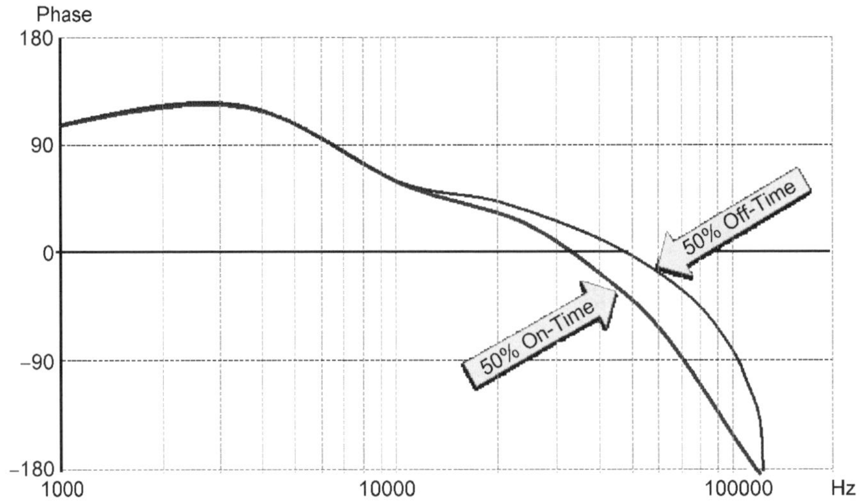

图 1.8.22　相位变化图

前面提过，k 参数最大为 1，将 ADC 采样的时间点“往左移动”，移动到“此次”PWM 上升沿的瞬间，此时 $k=1$。反之，将 ADC 采样的时间点“往右移动”，移动到“下一个”PWM 上升沿的瞬间，此时 $k=0$。$k=0$ 岂不是皆大欢喜？模拟电源计算速度非常之快，所以 k 可以假设为 0，所以模拟电源并没有这一项相位裕量损失，但数字控制不可能不需要计算时间，而且不短，所以 k 只能想办法缩小，但不可能为 0。

参考下式为 k 的计算公式：

$$\boldsymbol{k}=\frac{T_{\text{Latency}}}{\text{PWM Period}} \tag{1.8.36}$$

分母是 PWM Period（PWM 周期时间），是指每一个 PWM 都触发 ADC 采样 1 次，并且计算一次补偿环路计算。分子是从 ADC 被触发采样与转换开始计算，至下一次 PWM 上升沿为止。

假设补偿环路计算结束，并更新占空比缓存器后，刚好下一次 PWM 上升沿紧跟在后，这是最佳状况，那么整体延迟（Overall Latency）就如图 1.8.23 所示。

完整的数字延迟 T_{Latency} 包含 AD 采样到下一个 PWM 上升沿的时间，图 1.8.23 列出关键的时间影响，依序为：

➢　ADC 转换时间

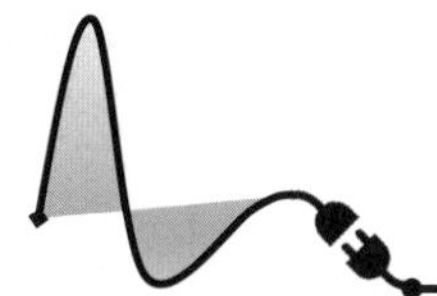

例如 Microchip dsPIC33EP 系列约 300ns，C 系列缩短到 250ns。

➢ 进入 ADC ISR 所需的切换时间

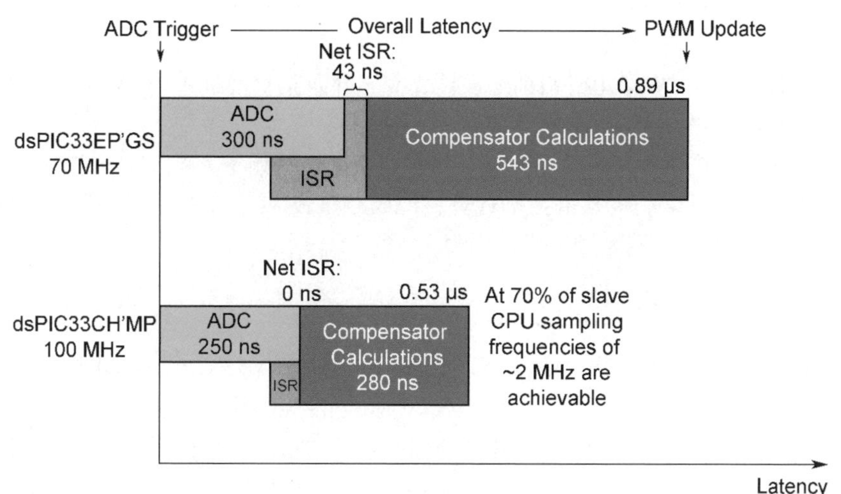

图 1.8.23 数位延迟 T_{Latency}

Microchip 部分 dsPIC33 可以做到 ADC 还在转换中，就已经提早触发中断，让 ADC 转换完成的瞬间刚好进入 ISR，又省了一些延迟时间，例如 Microchip dsPIC33EP 仅需 43ns，新的 C 系列缩短到 0ns。

➢ ISR 整体时间，包含两个时间：

- 进出 ISR 时，需要对重要工作缓存器做备份与恢复，相当耗时，Microchip 新的 dsPIC33 已经支持多重工作缓存器翻页功能，这个时间可以完全省略下来。
- 补偿控制器计算时间，这方面主要取决于 SMPS Lib 的精简程度与 DSP 的 MIPS。

以 3P3Z 为例，Microchip dsPIC33EP 仅需 543ns，新的 C 系列缩短到 280ns。

假设 PWM 200kHz，PWM 周期时间等于 5μs，假设使用 Microchip dsPIC33C 系列，k=0.57/5=0.114。

若 F_C=10kHz，T_S=5μs，可以算出：

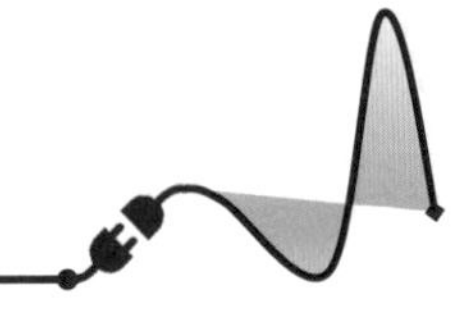

$$\boldsymbol{\phi}_{\mathbf{Delay}} = \mathbf{360}° \times 1e^4 \times 0.114 \times 5e^{-6} = 2.052°$$

仅损失 2.052°，是不是挺强大的？

若下一个 PWM 上升沿前还没计算完，导致整整慢了一个 PWM 周期多才更新占空比，会发生什么事？公式还适用吗？

还记得这些都来自一个重要的频率：奈奎斯特频率 F_N。

公式不变，一样是可正确计算，但因整整慢了一周才更新，奈奎斯特频率 F_N 已经不是这个频率了，因为 T_S 变慢了一半，F_N 也会变慢了一半。

第 4 章会带着读者一步步完成数字控制环路设计，在那之前，我们先看一下结果，感觉一下 Φ_{Delay} 与 Φ_{ZOH} 对系统的实际影响。

图 1.8.24 是笔者从另一块用于 Microchip Taiwan RTC 的电源实验板上所量到的波特图，图 1.8.25 是其区域放大图，此为电压模式 Buck Converter，其 PWM 频率 F_{PWM} 为 250kHz，T_S=1/250kHz=4μs，F_N=175kHz，其中：

（于负反馈系统环路上，量到 0° 就是-180°！第 2 章跑模拟时会举例说明。）

- Plant：通过 K_P 控制，可以实际量得 Plant 开回路增益
  （第四章将剧透如何达成。）
- 3P3Z：指 k=1 的情况下，整个系统的开回路增益
  P.M.剩下 47.555°。
- BW10K：微调系统带宽至 10kHz
  （一个很有用的小技巧，留待第 4 章剧透。）
- Shifted ADC：尽可能缩小 k，提升 P.M.
  - Context+Shift：将 ADC 的采样触发点往右移以外，更使用 Microchip dsPIC33 的特有多重工作缓存器功能，极大化缩小 k，大幅提升 P.M.。仔细观察相位图，还能验证一个现象，当 k 逐步缩小时，落后至-180° 的速度是趋缓的，最后 P.M.提升至 58.075°。

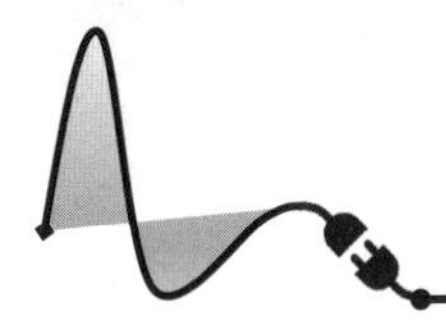

- 12V：指输入电压从 9V 提升至 12V，带宽从 10kHz 变成 12.595kHz，说明输入电压会直接影响系统增益与带宽，电压提升，带宽上升，P.M.会下降，此例的 P.M.因而下降至 56.848°。

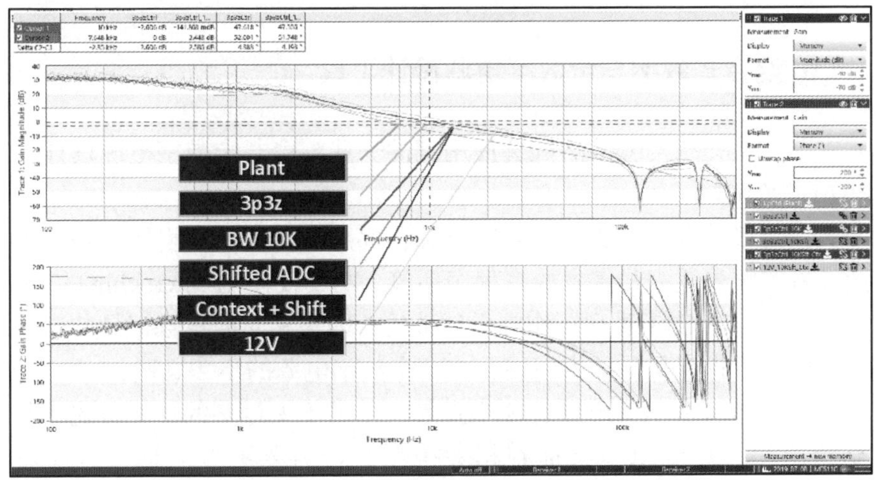

图 1.8.24　Gain & Phase v.s. Φ_{Delay} & Φ_{ZOH}

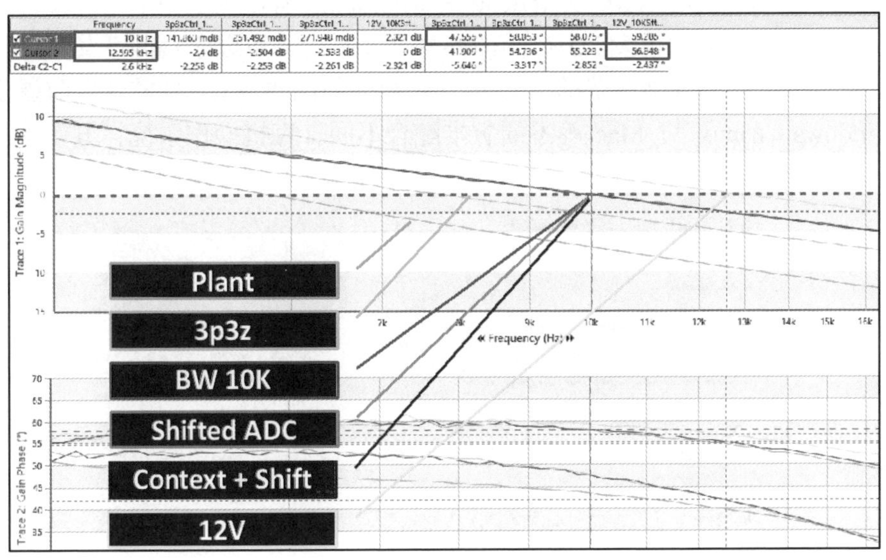

图 1.8.25　Gain & Phase v.s. Φ_{Delay} & Φ_{ZOH}（Zoom In）

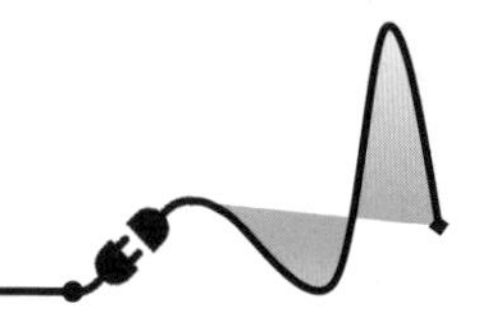

聪明如你，有没有发现一个问题？F_N不是应该固定在 175kHz，增益图看起来没错，但相位图怎么不固定，而且有些甚至更低频？

那是因为 3P3Z 中有个极点相对高频，并且 k 值太大，导致系统提早落后到-180°，并非 F_N的实际位置。

1.9 混合式数字与全数字电源设计工具

本节主要介绍与安装后续会使用到的一些混合与全数字电源设计工具 MPLAB® X IDE。

无论是设计混合电源或全数字电源，都离不开需要写程序的基本要求，因此读者需要先认识最基本的写程序环境。本书仅使用 Microchip 的 MCU（PIC16 与 dsPIC33 系列）作为设计范例，因为相对简单且工具共享，对于读者而言，肯定是最佳入门混合式与全数字电源的不二之选。

然而 MPLAB® X IDE 功能相当强大，本书不做过多的功能叙述，此节仅介绍用途，后续章节会提到相关操作，若需要更多信息，建议参加 Microchip 的各种培训活动。

简单而言，MPLAB® X IDE 就是 Microchip 所提供的一个全方位开发环境，适用于该公司 MCU 产品的共享开发平台，可以于官网下载其最新版本，此开发平台是免费的，参考下列网址与图 1.9.1。此平台目前提供 Windows、Linux 与 Mac 等不同版本配合不同计算机操作系统，方便跨平台开发。

Features | Downloads | Documentation | Debug Features

Title	Date Published	Size	D/L
Windows (x86/x64)			
MPLAB® X IDE v5.35 SHA-256: 57b6cecfcb1e7f4e41046602efaf120d3030178576518ab69403da03b0c58c63	2/28/2020	1.01 G	
MPLAB® X IDE Release Notes / User Guide v5.35	2/28/2020	10.86 MB	
Linux 32-Bit and Linux 64-Bit (Required 32-Bit Compatibility Libraries)			
MPLAB® X IDE v5.35 SHA-256: acd6a709ece1693500cee971357443ca6cf7d6131d73cbce71825339c0419c27	2/28/2020	958 MB	
MPLAB® X IDE Release Notes / User Guide v5.35	2/28/2020	10.86 MB	
Mac (10.X)			
MPLAB® X IDE v5.35 SHA-256: 0aa76c8bba9e99c601da9743c068289c63b70d0e060e74edb10099bf7ad2fa4e	2/28/2020	849.6 MB	
MPLAB® X IDE Release Notes / User Guide v5.35	2/28/2020	10.86 MB	

图 1.9.1　MPLAB® X IDE 下载

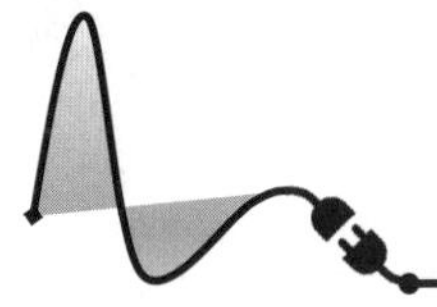

https://www.microchip.com/mplab/mplab-x-ide

安装后，第一次开启 MPLAB® X IDE，画面大致上应是类似图 1.9.2。若读者有申请 Microchip 免费账号，可以于此处登入，方便直接浏览或查询个人账号的一些信息，甚至是直接采购零件或是开发板。

基本使用手册可以参考“MPLAB® X IDE User's Guide”如下网址：

http://ww1.microchip.com/downloads/en/DeviceDoc/50002027E.pdf

里面具备完整的使用说明。

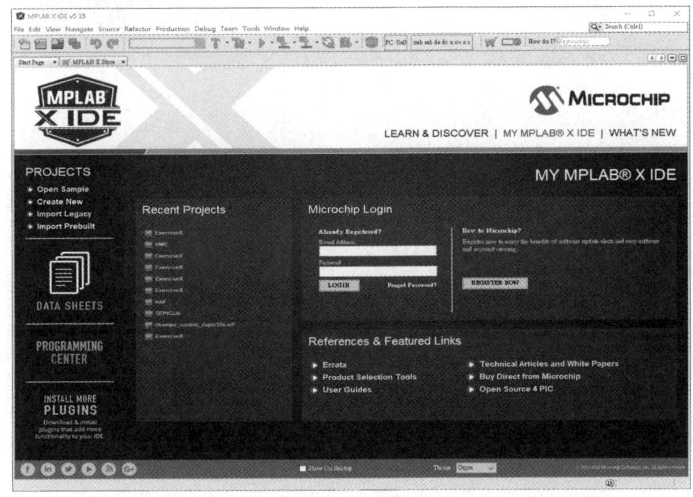

图 1.9.2 MPLAB® X IDE v5.35

1.9.1 MPLAB® XC COMPILERS

MPLAB® X IDE 主要提供一个开发环境，然而有环境还得有个工具将工程师的程序“翻译”成 MCU 能够理解的指令，这样 MCU 才能正确依照工程师的指令处理任务。

Microchip 根据不同的产品线提供不同的相应编译器（Compiler），通称 MPLAB® XC Compilers，参考下面官方网址与图 1.9.3：

https://www.microchip.com/mplab/compilers

并于网页下方可以找到相应的编译器后下载与安装，如图 1.9.4 所示。

同样的，编译器也有操作系统之分，目前提供 Windows、Linux 与 Mac 等不同版本配合不同计算机操作系统，方便跨平台开发。

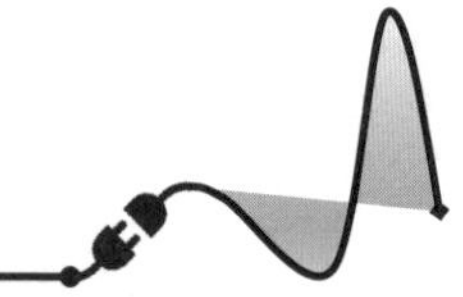

MPLAB® XC Compilers

Overview

Available as free, unrestricted-use downloads, our award-winning MPLAB® XC C Compilers are comprehensive solutions for your project's software development. Finding the right compiler to support your device is simple:

- MPLAB XC8 supports all 8-bit PIC® and AVR® microcontrollers (MCUs)
- MPLAB XC16 supports all 16-bit PIC MCUs and dsPIC® Digital Signal Controllers (DSCs)
- MPLAB XC32/32++ supports all 32-bit PIC and SAM MCUs and MPUs

Are you looking for code optimizations? Our free MPLAB XC C Compiler comes with the majority of the optimizations you need to reduce your code by up to 70% and increase efficiency. Specifically, the free compiler contains these optimizations:

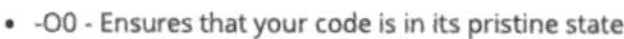

- -O0 - Ensures that your code is in its pristine state
- -O1 - Invokes all optimizations that won't affect debugging
- -O2 - Invokes a balanced set of speed and size optimizations

图 1.9.3　MPLAB® XC Compilers 介绍网页

本书所有完成的范例都是使用免费版本即可，若需优化程序或高端语法功能，读者需自行考虑是否使用付费版本。另外：

混合电源使用 PIC16 系列，因此需要安装 XC8 编译器。

全数字电源使用 dsPIC33 系列，因此需要安装 XC16 编译器。

MICROCHIP

Documentation and Documents　Compiler Download　Functional Safety Compiler Downloads　Compiler FAQs

Compilers

The MPLAB XC Compilers only support computers with processors designed with the Intel® 64 architecture.

Title	Date Published	Size
Windows (x86/x64)		
MPLAB® XC8 Compiler v2.31 SHA-256: 9648dda5737195091cb0aa0fba4d49709e1a98b59d81fe03ff87f6b1e77098de	10/30/2020	67.7 MB
MPLAB XC16 Compiler v1.60 SHA-256: 99f5232ea6bfc1290cfd0587d3e876590f291e47d923c759af22a28594fb77e5	8/14/2020	100.9 MB
MPLAB XC32/32++ Compiler v2.50 SHA-256: bc10feff1533b1cf798234538aba01eae864af1955ed4f5a9d15523d4a073594	9/21/2020	413.1 MB

图 1.9.4　MPLAB® XC Compilers 下载

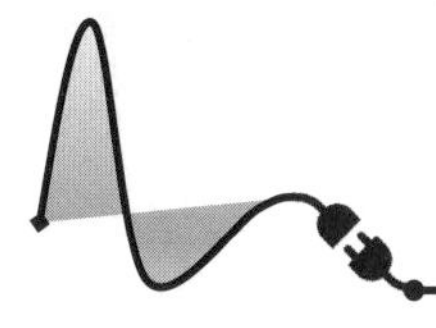

1.9.2 MPLAB® CODE CONFIGURATOR (MCC)

人们常说：万事开头难！这句话用在学习一颗不熟悉的 MCU 上，实在是最恰当不过了。上一小节 1.9.1 提到开发平台，本小节介绍编译器来翻译我们所写的程序，那么问题很快就来了，要写什么？尤其是不熟悉的 MCU 怎么下手？

Microchip 提供了一套工具称为“MPLAB® Code Configurator (MCC)”，此工具超棒的关键在于协助工程师快速建立一个有基本功能的项目程序，例如电源需要 ADC、PWM 等，只要通过 MCC 工具勾选，可快速完成整个基本程序架构与相关子程序，于后面动手实验的章节可以体验其强大之处。

此工具的安装可以通过网络下载，或是直接于 MPLAB® X IDE 直接寻找并安装（计算机需联网），单选“Tools”>“Plugins”（见图 1.9.5），调出 Plugins 相关工具的安装窗口，如图 1.9.6 所示。

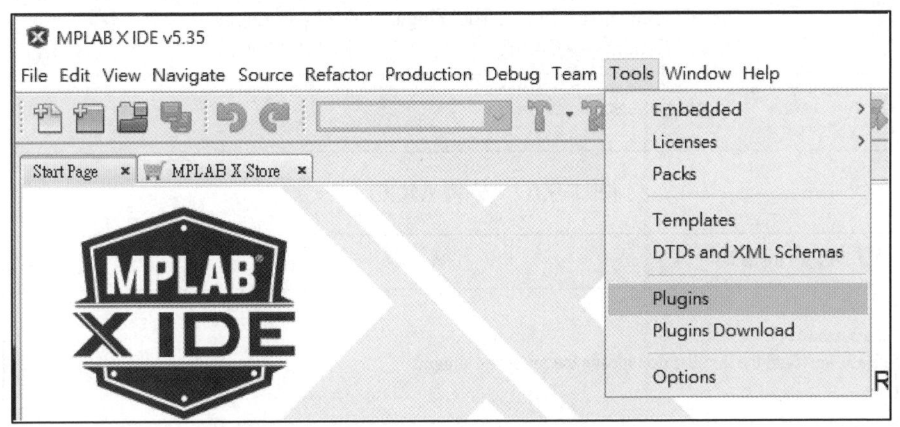

图 1.9.5 Plugins 安装路径

在图 1.9.6 中，单击“Available Plugins”后寻找“MPLAB® Code Configurator”并勾选。勾选后单击“Install”进行安装，由于需要联网下载安装，所以整个安装过程需要一些时间，如图 1.9.7 所示。

安装后，建议选择“Restart Now”重启 IDE，确保 MCC 能够顺畅运行。重启后，可以试着寻找：

Tools>Embedded>MPLAB® Code Configurator...，若能正确找到如图 1.9.8 所示界面，表示完成安装。

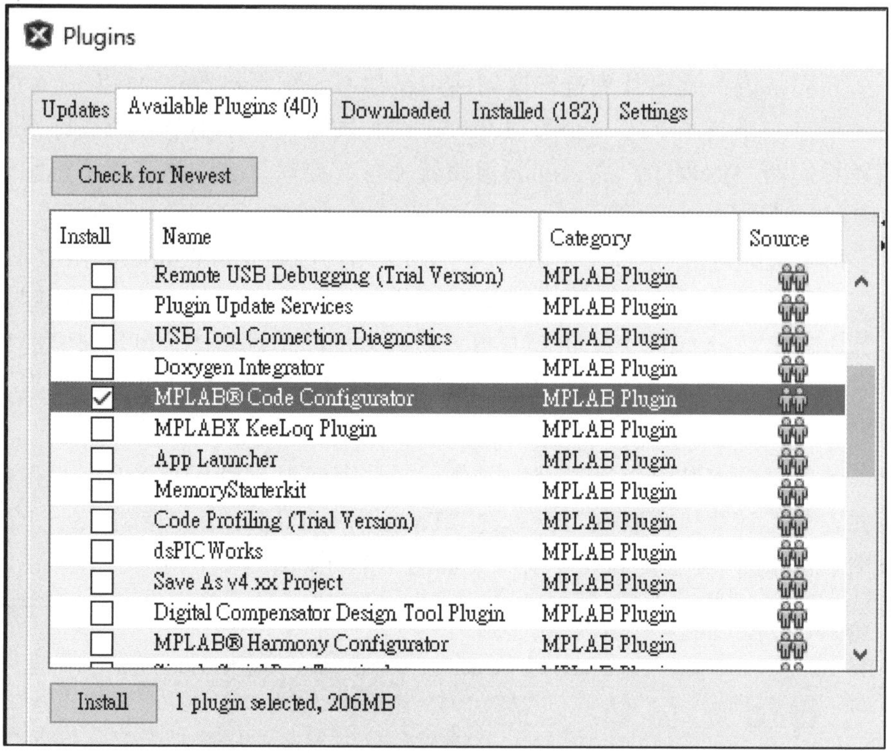

Plugins

Updates | Available Plugins (40) | Downloaded | Installed (182) | Settings

Check for Newest

Install	Name	Category	Source
☐	Remote USB Debugging (Trial Version)	MPLAB Plugin	
☐	Plugin Update Services	MPLAB Plugin	
☐	USB Tool Connection Diagnostics	MPLAB Plugin	
☐	Doxygen Integrator	MPLAB Plugin	
☑	MPLAB® Code Configurator	MPLAB Plugin	
☐	MPLABX KeeLoq Plugin	MPLAB Plugin	
☐	App Launcher	MPLAB Plugin	
☐	MemoryStarterkit	MPLAB Plugin	
☐	Code Profiling (Trial Version)	MPLAB Plugin	
☐	dsPICWorks	MPLAB Plugin	
☐	Save As v4.xx Project	MPLAB Plugin	
☐	Digital Compensator Design Tool Plugin	MPLAB Plugin	
☐	MPLAB® Harmony Configurator	MPLAB Plugin	

Install 1 plugin selected, 206MB

图 1.9.6　安装 MCC（一）

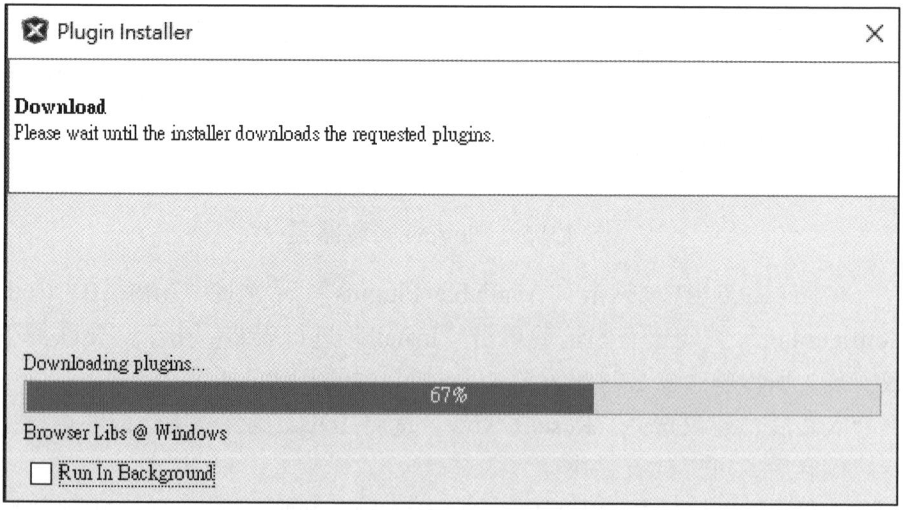

Plugin Installer

Download

Please wait until the installer downloads the requested plugins.

Downloading plugins...

67%

Browser Libs @ Windows

☐ Run In Background

图 1.9.7　安装 MCC（二）

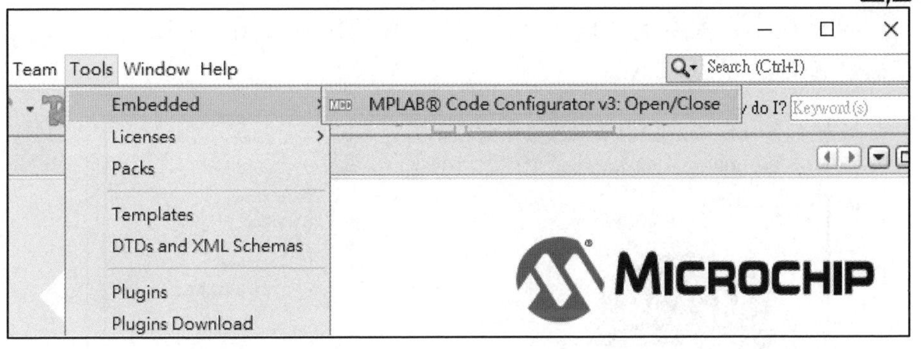

图 1.9.8 安装 MCC（三）

1.9.3 MCC SMPS POWER LIBRARY

上节提到的 MCC 工具非常强大，不仅如此，Microchip 另外提供一套 MCC的插件，属于MCC的上层套件，用更接近电源硬件的角度配置MCU。配置后该套件自动去设定 MCC，利用更贴近硬件规格的接口方式让用户进行设定，从而产生所需的应用程序，非常的便利与快速。

此套件主要是配合 PIC16 做混合式数字电源所用，不适用于 dsPIC33 做全数字电源。这个插件安装过程稍微不同，请到下面网址下载最新版：

https://www.microchip.com/mplab/mplab-code-configurator

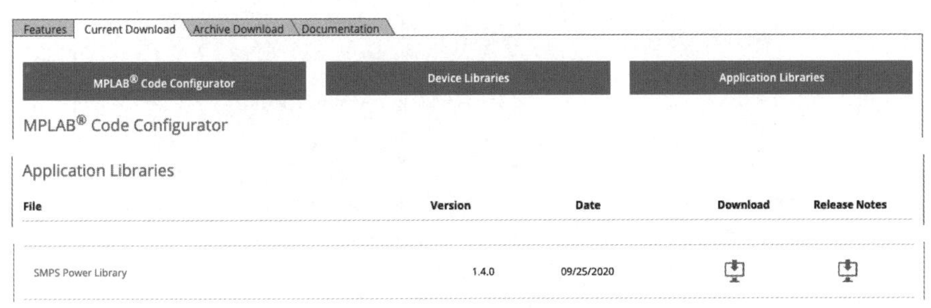

图 1.9.9 下载 MCC SMPS Power Library

下载后，于 IDE 上，选择 Tools>Options，调出 Options 窗口，如图 1.9.10 与图 1.9.11 所示。

Option 窗口中单击 Plugins（参考图 1.9.11），并单击“Install Library”，而后会出现文件选择窗口，请指向前面下载好的文件（例如：SMPSPowerLibrary-1.4.0.mc3lib）后安装。

文件很小，基本上就是几秒钟的事，接着出现如图 1.9.12 界面，表示已经正确安装完成！

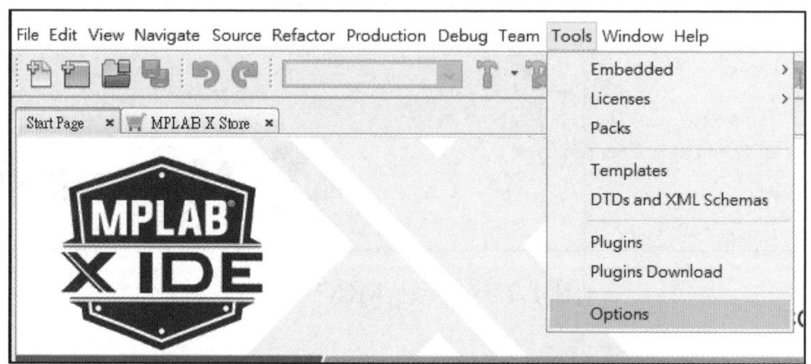

图 1.9.10　安装 MCC SMPS Power Library（一）

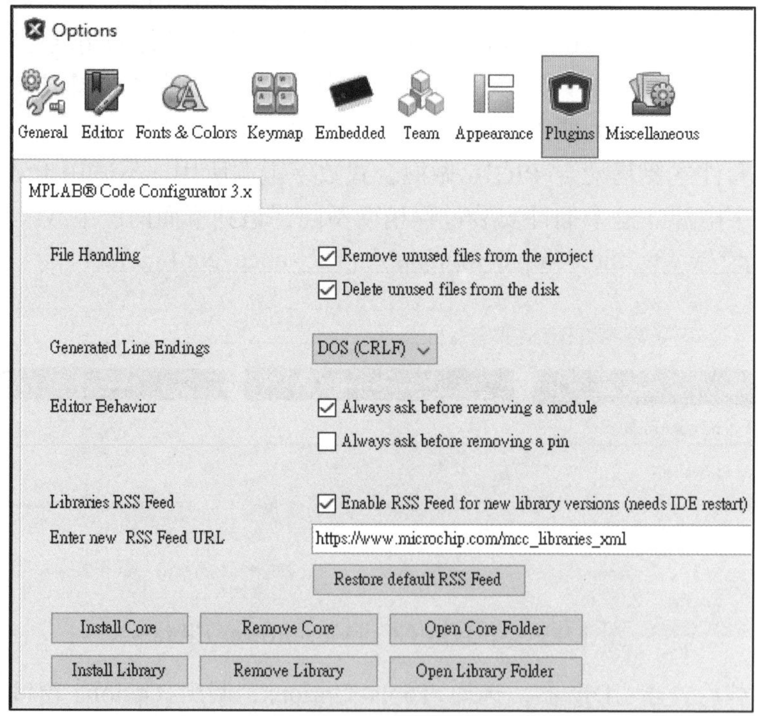

图 1.9.11　安装 MCC SMPS Power Library（二）

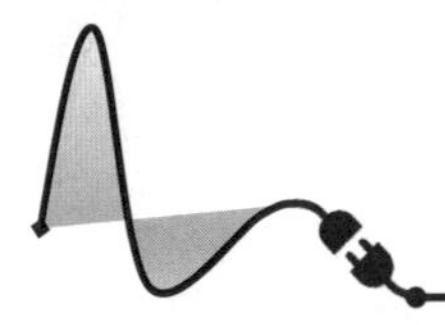

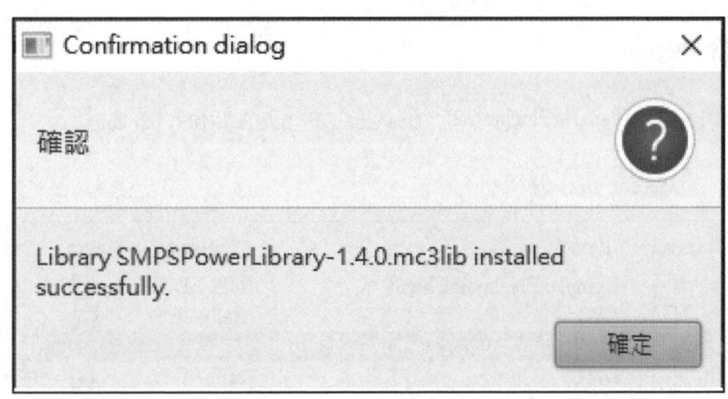

图 1.9.12 安装 MCC SMPS Power Library（三）

1.9.4 DIGITAL COMPENSATOR DESIGN TOOL (DCDT)

上一小节 MCC SMPS Power Library，是专门给工程师们快速完成一个混合电源设计项目的开发工具，那全数字电源该怎么办呢?

别担心，Microchip 同样提供“一套”很赞的开发工具，包含两个主要成员：

- Digital Compensator Design Tool (DCDT)：
  补偿器配置与仿真工具。
- SMPS Control Library：
  全数字补偿器汇编程序库。

DCDT 是用来调整与设计补偿器（可视化的界面），进而产生数字化参数的开发工具；SMPS Control Library 则是用于 dsPIC33 的全数字补偿器汇编程序库，将库导入应用程序中，并导入 DCDT 产生的参数，基本控制计算环路即可完成。

DCDT 安装方式类似 MCC，选择 Tools>Plugins 菜单项（如图 1.9.5），调出 Plugins 相关工具的安装界面，如图 1.9.13 所示。

图 1.9.13 中，单击“Available Plugins”标签后，选中 Digital Compensator Design Tool Plugin，并单击 Install 进行安装。

请注意，同样需要联网下载安装，所以请确认计算机是否保持联网状态。

由于文件不大，约 4MB，大约一分钟就可以看到安装完成的界面。同样建议选择“Restart Now”，重启 IDE，确保此工具能够顺畅运行。

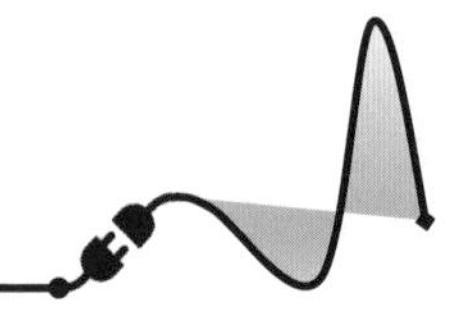

Plugins

Updates | Available Plugins (39) | Downloaded | Installed (183) | Settings

Check for Newest

Install	Name	Category	Source
☐	ComplexBreakpointPlugin	MPLAB Pl...	
☐	CVS	Netbeans P...	
☑	Digital Compensator Design Tool Plugin	MPLAB Pl...	
☐	DMCI	MPLAB Pl...	
☐	Doxygen Integrator	MPLAB Pl...	
☐	dsPIC Works	MPLAB Pl...	
☐	ECAN Bit Rate Calculator	MPLAB Pl...	
☐	ELFViewer	MPLAB Pl...	
☐	GPUTILS Toolchain	Tools	
☐	JIRA	Base IDE	
☐	MemoryStarterkit	MPLAB Pl...	

Install 1 plugin selected, 4MB

图 1.9.13 安装 DCDT（一）

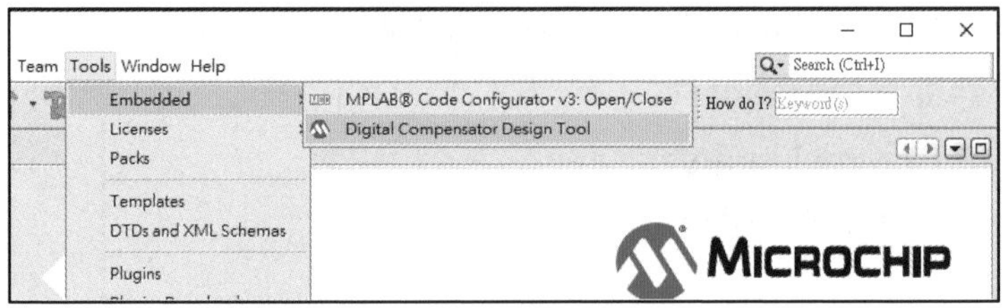

图 1.9.14 安装 DCDT（二）

重启后，可以试着寻找：

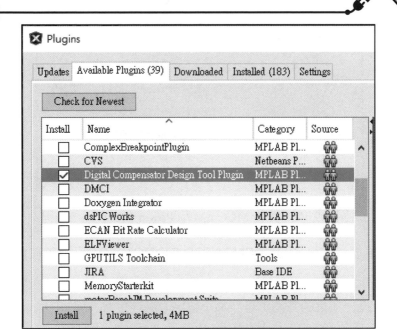

Tools>Embedded>Digital Compensator Design Tool，若能正确找到如图 1.9.14 所示界面，表示完成安装。

1.9.5 SMPS CONTROL LIBRARY

上一小节已经说明，此 SMPS Control Library 是属于全数字电源开发工具中的一环，其本身只是全数字补偿器汇编程序库，所以不需要安装，仅需上网下载后，于开发过程中，导入应用程序中即可。

请于下面网址下载，如图 1.9.15。

https://www.microchip.com/DevelopmentTools/ProductDetails/DCDT

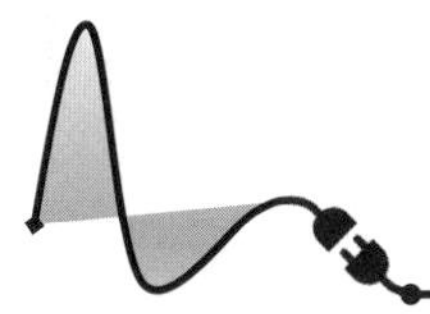

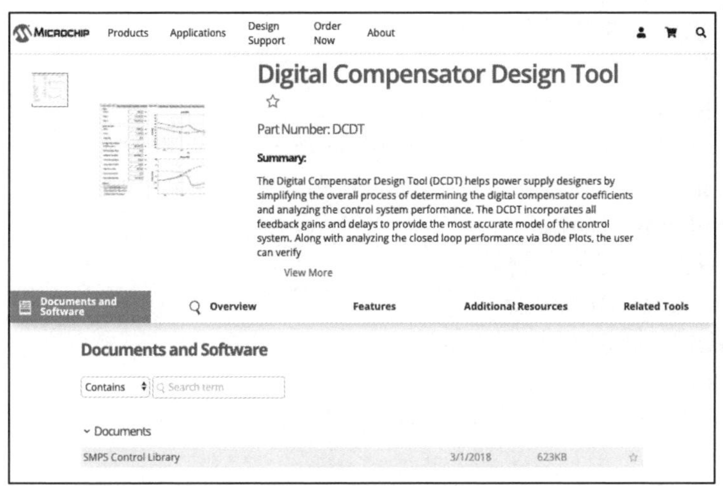

图 1.9.15　下载 SMPS Control Library

解压缩后，基本上可以看到汇编语言库的源代码。如何导入此库，之后实际操作的章节将进行更详细的说明。

1.10 波特图测量基本技巧

本书所实际测量的波特图都是采用 OMICRON Lab 所开发的向量网络分析仪（Vector Network Analyzer）- Bode 100。

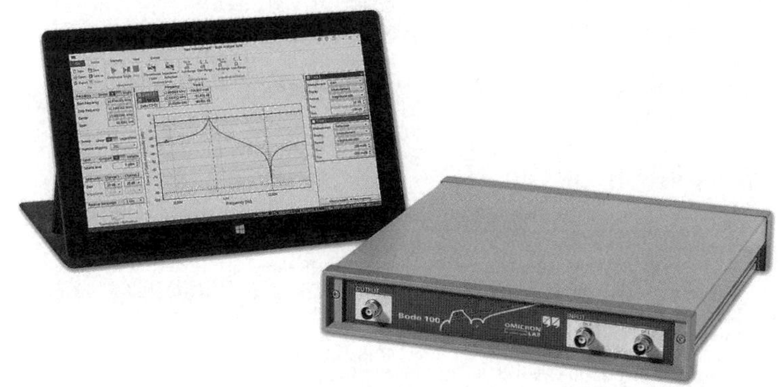

图 1.10.1　向量网络分析仪- Bode 100

一般测量电源波特图的设备，亦称为频率响应分析仪 FRA（Frequency Response Analyzer），此 Bode-100 的功能不仅是 FRA，还能

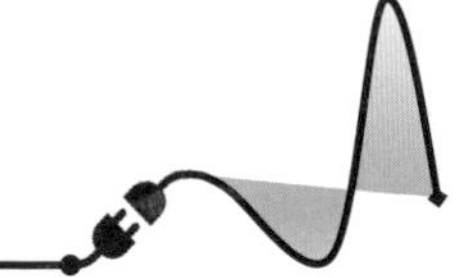

测量很多数据，基本功能包含：

- Frequency Response Analyzer
  若搭配更多配件，例如电压或电流注入变压器（Injection Transformer），还能做更多不同的频率响应测量，例如 PSRR、BCI。
- Gain/Phase Meter
  电源增益与相位测量。
- Impedance Analyzer
  典型实际 RLC 阻抗测量。
- Sine Wave Generator
  亦可当作大频率范围的正弦波产生器。

支持的测量范围涵括：1 Hz ~ 50 MHz。

详细规格参考如下：

1. Signal Source (OUTPUT)

Waveform	Sinusoidal
Frequency range	1 Hz to 50 MHz
Signal level range	-30 dBm to 13 dBm 0.007 V_{RMS} to 1 V_{RMS} (@ 50 Ω load)
Source level accuracy	± 0.3 dB (1 Hz to 1 MHz) ± 0.6 dB (1 MHz to 50 MHz)
Source level frequency response (flatness)	± 0.3 dB (typical, referring to 10 MHz)
Frequency accuracy after adjustment	± 2 ppm ± quantisation error (= 0.5 · step size)
Frequency stability	± 2 ppm (< 1 year after adjustment) ± 4 ppm (< 3 years after adjustment)
Frequency step size / resolution	0.00605 Hz (1 Hz to 100 Hz) 0.03632 Hz (100 Hz to 50 MHz)
Source impedance	50 Ω
Return loss (1 Hz to 50 MHz)	> 30 dB, > 35 dB (typical)
Spurious signals & harmonics	< -55 dBc (typical)
Connector type	BNC

2. Inputs (CH1, CH2)

Input impedance (software switchable)	**High**: 1 MΩ ± 2% || 40...55 pF **Low**: 50 Ω
Return loss @ 50 Ω input impedance	> 28 dB, > 35 dB typical (1 Hz to 50 MHz)
Receiver bandwidth - RBW (software selectable)	1 Hz, 3 Hz, 10 Hz, 30 Hz, 100 Hz, 300 Hz, 1 kHz, 3 kHz, 5 kHz
Noise floor (S21 measurement) RBW = 10 Hz, P_{SOURCE} = 13 dBm, Attenuator CH1: 20 dB, CH2: 0 dB	1 Hz to 10 kHz: -115 dB (typical) 10 kHz to 10 MHz: -125 dB (typical) 10 MHz to 50 MHz: -105 dB (typical)
Input attenuators (software selectable)	0 dB, 10 dB, 20 dB, 30 dB, 40 dB
Input sensitivity / range	100 mV_{RMS} full scale @ 0 dB input attenuator 10 V_{RMS} full scale @ 40 dB input attenuator
Input channels dynamic range	> 100 dB (@ 10 Hz RBW)
Gain error	< 0.1 dB (User-Range calibrated)
Phase error	< 0.5° (User-Range calibrated)
Connector type	BNC

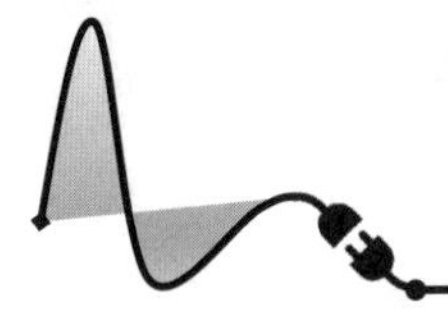

1.10.1 注入信号位置与测量

波特图的测量，主要是对系统注入一个低失真的弦波，然后观察系统两测量点间的相对增益与频率变化。然而相较于电源的功率等级，分析仪能注入的只是微小信号等级，因此一般是直接注入反馈路径上，如图1.10.2 所示。因为这个路径仅是小信号等级，分析仪能直接影响反馈信号（于原本的反馈信号上再叠加一个 AC 信号），与图中的 R_j 可以想象成一个理想电压源，叠加于原本的反馈信号上，经过 R_a 与 R_b 分压后，进入补偿控制器。

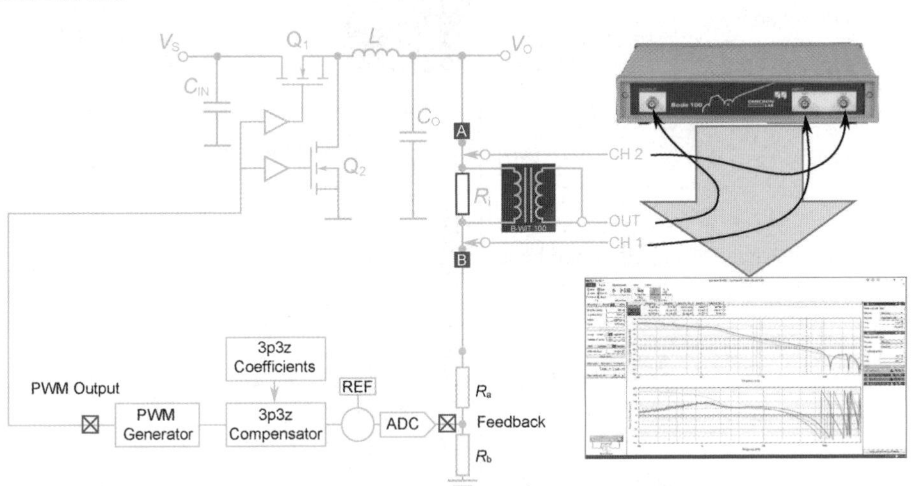

图 1.10.2 注入信号与测量示意图

Bode-100网络分析仪的输入与输出之间并没有隔离，并且注入信号的地与反馈信号的地并非相同，往往是需要隔离的，所以图中 Bode-100 与 R_j 之间，还需要一颗 1:1 隔离变压器。此变压器较为特殊，不仅隔离，频率范围也需要够宽，不能产生失真，造成测量误差。

其中 R_j 又称为注入电阻，其目的是让注入信号有个最基本电流，形成一个理想电压源的形式，此电阻通常为 10~50Ω。

假如遇上的是电流控制环路呢?

原理不变，第一步于待测的系统中找到反馈路径，第二步加上 R_j，第三步注入干扰信号，第四步放置两个相对测量点（CH1 & CH2），第五步分析 CH1 & CH2 之间的相对增益与相位差异结果是否正确。

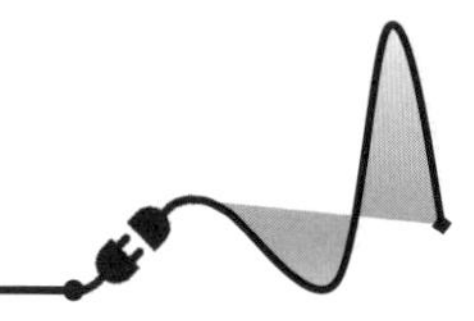

1.10.2 优化注入信号

整个测量过程就是反复注入信号与测量比较，因此注入信号扮演着相当重要的关键角色，注入信号的质量与大小会直接影响测量结果。换言之，有结果不代表正确，需要做点技巧性的确认。尤其是数字电源存在 ADC 分辨率限制，过小的信号甚至可能读不到，过大却会发生测量振荡，并且可能量到偏大的“假”带宽。

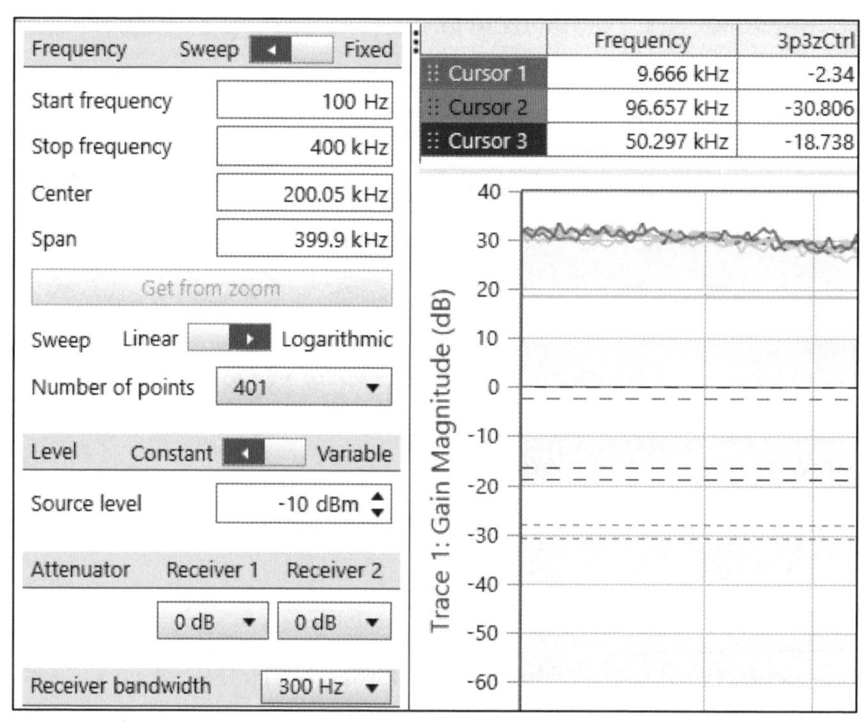

图 1.10.3　注入信号

图 1.10.3 提供一个简单的范例，波特图扫描频率从 100Hz 到 400kHz，“Number of points”是其扫描频率点数，“Receiver bandwidth”是扫描的带宽速度。此小节想探讨的是“Level”，也就是注入信号的增益大小设定。

其中有两个选项，我们个别探讨一下：

➢ “Constant” or “Variable”

此选项决定注入的信号是固定幅值还是随着不同频率范围而改变？

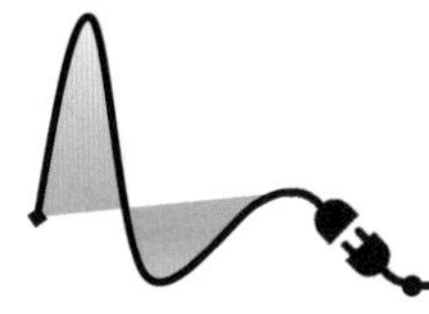

> “Source level” or “Shape level...”

Constant 对应到 Source level，设定注入信号的固定幅值。

Variable 对应到 Shape level，设定不同频率搭配不同幅值，如图 1.10.4 所示。图中例子，1kHz 以 13dBm，然后线性递减，10kHz 之后为 -10dBm。

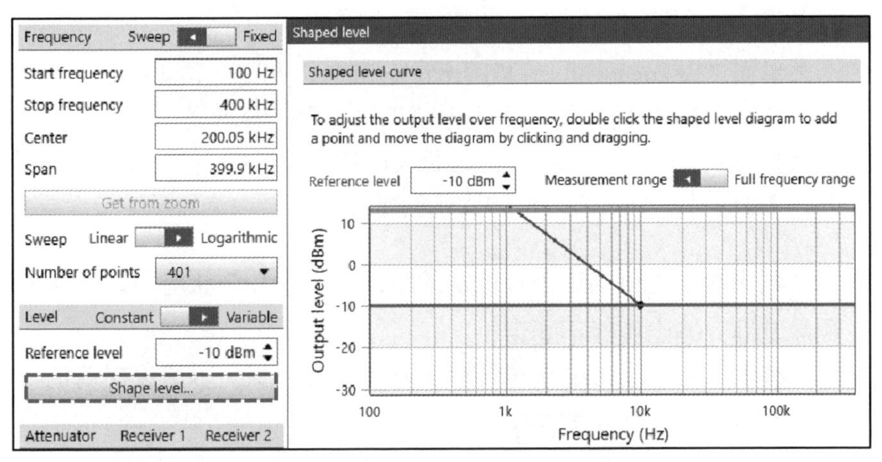

图 1.10.4 Shape level 范例

时常测量不同应用的波特图之工程师应该会发现，注入信号太大时，系统可能因为反馈信号饱和而不稳定振荡，或是系统反应过大造成 Plant 发生质变，或是带宽会因靠近反馈信号饱和而变动，而此变动是测量误差，等等原因，量到的并非真实带宽。所以这里出现一个问题：系统带宽测量正确吗？接着，使用者假设知道带宽不正确，缩小注入信号，带宽恢复稳定，但低频段很可能会振荡，无法判读，该如何是好？

笔者提供几个调整步骤供参考，依序：

> 一般先设定为“Constant”，Source level”设定注入信号的固定幅值

通常是 -30dBm ~ -20dBm。

> 逐渐加大注入信号，同时观察带宽频率与附近带宽的线性度

当带宽开始变大，或是线性度开始改变，就是注入信号已经接近最大临界值，设定值建议降低 10dBm ~ 15dBm 以上，或者直接降低设定值到带宽频率固定且线性度稳定即可（前面逐渐加大过程中，顺便纪录适

合的设定值）。

- 低设定值容易造成结果振荡，无法判读

  需要加大设定值。若无振荡现象，调整结束。若发生振荡现象，继续下一步。

- 若发生振荡现象，纪录下振荡的频率范围，例如 100Hz ~ 1kHz
- 将 Level 改为“Variable”

  并单击“Shape level...”调用出设定窗口，如图 1.10.4 所示，并逐步增加 100Hz ~ 1kHz 的幅值，直到振荡消失或是明显改善。

  有时候甚至切更多频段，例如 100Hz~500Hz 一个幅值，而 500Hz~1kHz 另一个幅值，藉此优化测量结果。

以上顺序通常能得到正确且稳定的结果，下列几个状况会影响测量：

- 测量过程，输出负载不固定

  负载电流通常会影响系统特性，调整参数过程，不建议变动负载。

- 测量过程，输入电压不固定

  输入电压相对于系统整体增益，当输入电压不固定时，测量到的振荡现象，也可能是系统增益变化中，所以调整参数过程，不建议变动输入电压。

- 输入来源之输出阻抗过大

  输出阻抗过大，意思是电源测量过程中，会因为注入信号的干扰而扰动，输入电流会跟着扰动，若输入来源之输出阻抗过大，与输入电流产生额外电压降，造成电源的输入端电压也有扰动，同上问题，系统增益跟着输入改变，此时需要暂时增加输入电容，去除与来源输出阻抗的耦合关系。

1.10.3 数字控制环路测量

回顾一下图 1.10.2，注入信号已经确定，那测量位置呢？

先从模拟测量分析比较容易，注入信号位置不变，保持在反馈路径上，而 CH1 与 CH2 决定测量结果是什么？（参考图 1.10.5。）

- CH1 量 B，CH2 量 A

  B-A 之间，是测量整个系统的开回路频率响应。

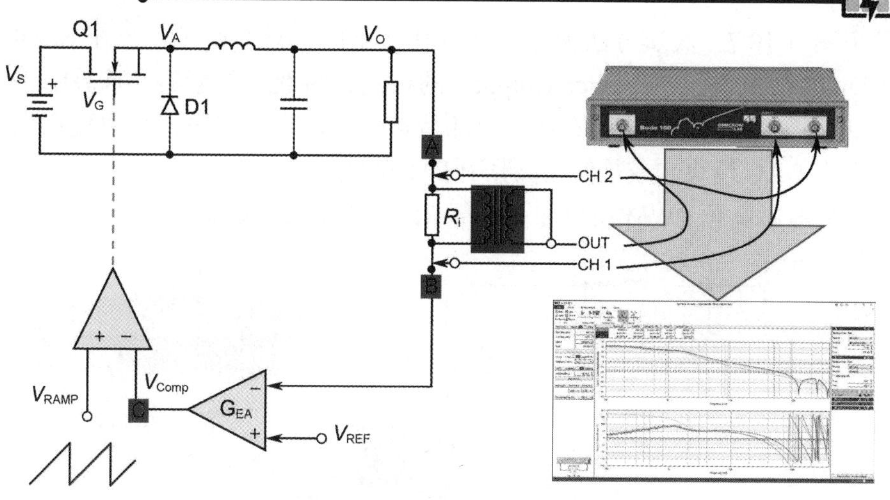

图 1.10.5 模拟电源波特图测量

- CH1 量 B，CH2 量 C

  B-C 之间，是单独测量补偿器频率响应。

- CH1 量 C，CH2 量 A

  C-A 之间，是单独测量 Plant 频率响应。

所以模拟测量频率响应相对简单，只要找对位置注入信号，然后理解 CH1 是输入点，CH2 是输出点。用户可以根据需求，配置 CH1 与 CH2 测量位置，就可以量到 CH1 与 CH2 之间的相对增益与相位的频率响应。

然而数字却遇上麻烦！

参考图 1.10.6，先想想，似乎少了什么？

对比图 1.10.5 与图 1.10.6，测量点从模拟测量有 A-B-C 三点，到了数字变成剩下 A-B 两点，导致电源工程师面临一个大困难，唯一能测量的频率响应，剩下测量整个系统的开回路频率响应。

- CH1 量 B，CH2 量 A (参考图 1.10.6)

  B-A 之间，是测量整个系统的开回路频率响应。

这可怎么办呢？笔者好歹也收过几次好人卡，算是好人一枚，好人做到底 ☺ 关键问题来自于 CH1 或 CH2 无法直接“插”进 DSP 取得测量点 C，而既然问题在此，解法就同样于此。

解铃还须系铃人，DSP 产生的限制，就需要 DSP 帮忙解除这个限制，

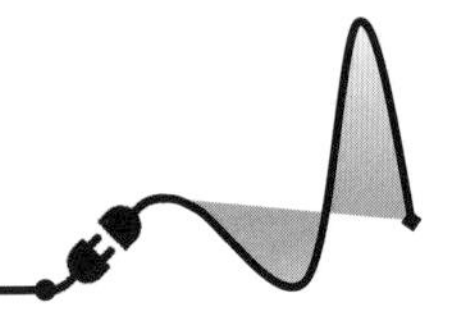

参考图 1.10.7。其实方法说穿了就没什么难度，只要通过一个 DACOUT（Digital-Analog-Converter Output）的机制，将数字补偿器的计算结果输出到引脚上，就能凭空制造出一个测量点C。至于DACOUT可以使用内部的真实DAC模块，或是使用高频PWM模块加上外部*RC*滤波器也可以，但需要考虑高频PWM模块加上外部*RC*滤波器的带宽能力。

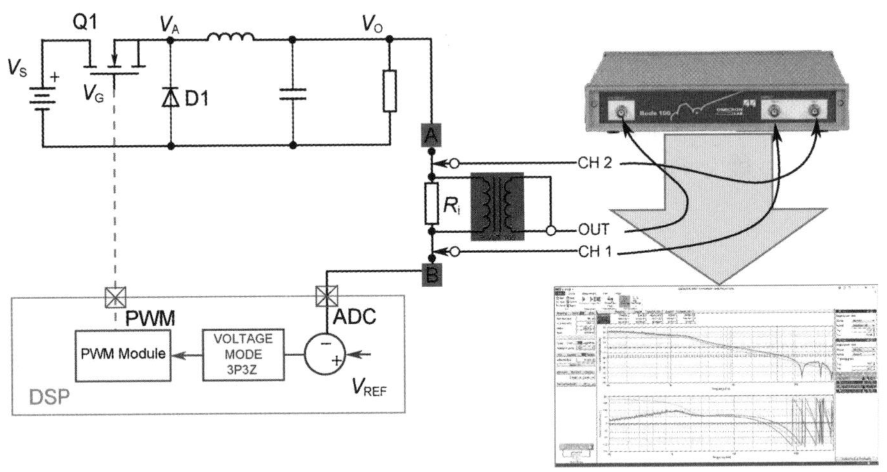

图 1.10.6　数字电源波特图测量

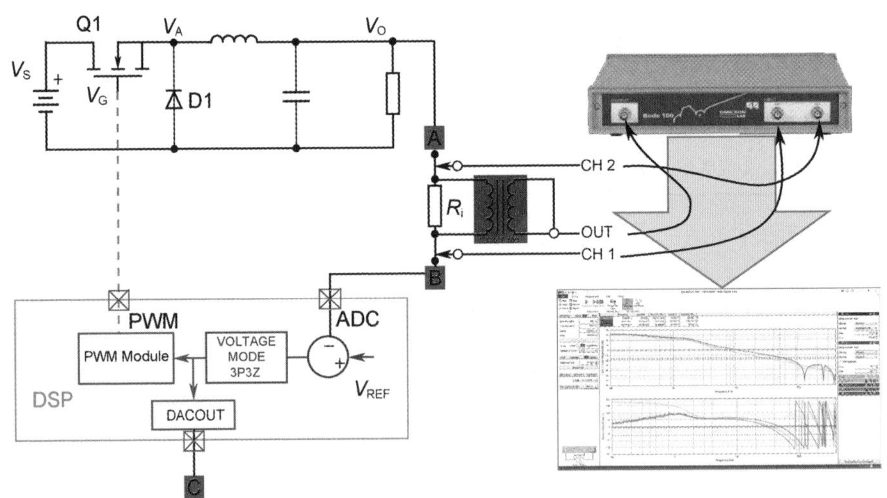

图 1.10.7　数字电源波特图测量改进

有了此测量点 C，接下来其他做法就跟模拟一样了，打完收工！等等

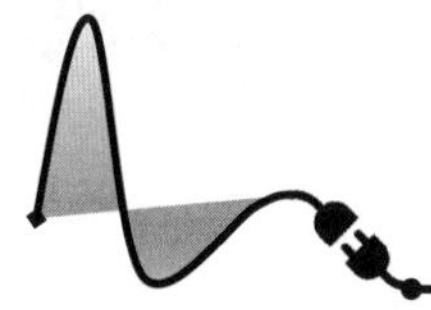

等，还没收工，既然测量点 C 是我们人为制造出来的，所以谁说只能将数字补偿器的计算结果填写到 DAC 中，可以延伸 DACOUT 的使用功能，当成数字测量点，当工程师需要知道内部某变量的实时值，也可以丢到 DACOUT 上，用示波器实时观测比对硬件信号，多酷呢！这也是数字的另一优势，连除错方式都可以很特别与弹性。

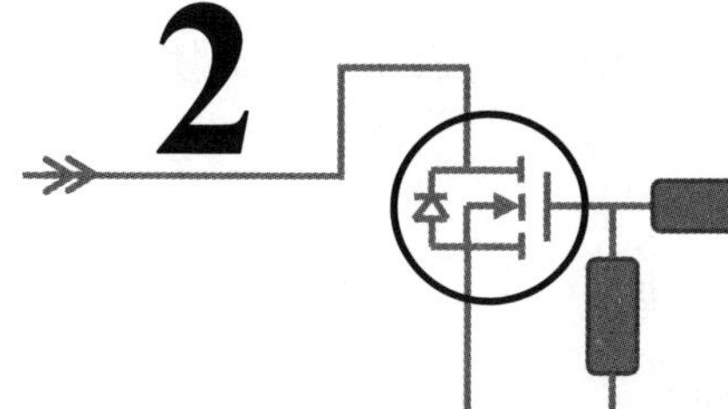

第2章 仿真与验证

本章将使用 Microchip® 提供的免费仿真工具软件：
MPLAB® Mindi™ Analog Simulator
该软件随时可能更新，因此界面或功能可能有所不同，请以网络当前版本为主（笔者当前版本为 Rev.8.20）。

2

2.1 MPLAB® MINDI™ ANALOG SIMULATOR 简介

“**MPLAB® Mindi™ Analog Simulator**”以下简称 Mindi，是 Microchip® 提供的一套免费仿真工具软件，专门用来做模拟相关的仿真工作。

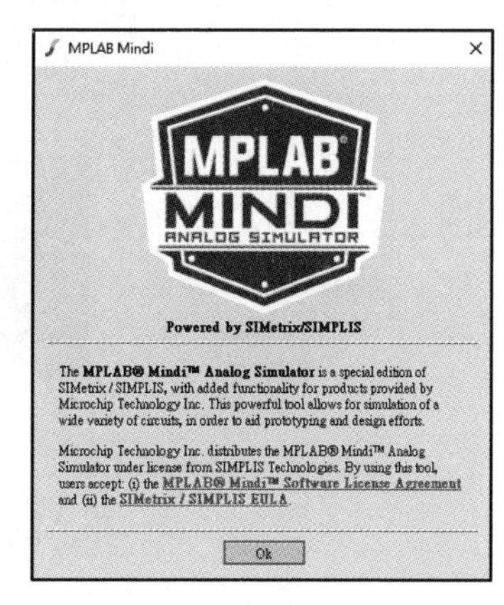

图 2.1.1　Mindi 版权声明

Mindi 其核心其实是来自于 SIMetrix Technologies Ltd 公司所开发的 SIMPLIS。SIMPLIS/SIMetrix 是一组易于使用、指令周期快的混合信号电路仿真软件，软件功能强大，精度高，在开关电源系统设计中可提高 10~50 倍的仿真速度。

SIMPLIS 则是专为开关电源系统的快速模型化而设计的一款电路仿真软件。其名称是“分段线性系统仿真”（**SIM**ulation for **P**iecewise **LI**near **S**ystem）的简称。

SIMPLIS 是收费软件，Mindi 则是免费的软件，所以 Mindi 在使用上，会存在一些限制，至于实际限制条件，请以 Microchip 官网发布为主。本书以实务理论与基础操作为目标，若需要非常详细的软件介绍与使用，需至 Microchip 查询使用手册。SIMetrix 类似于 SPICE，仿真速度较慢，但优点是很多模型可以通用。而 SIMPLIS 则做分段线性化，所以收敛很快，仿

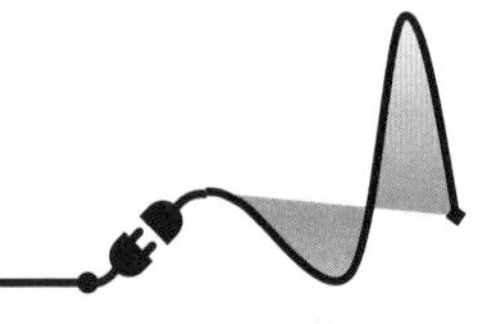

真速度也快，但是相对的模拟仿真精度不如 SIMetrix。笔者个人习惯使用 SIMPLIS，毕竟速度还是关键。

请至下方网址下载最新版本：

https://www.microchip.com/mplab/mplab-mindi

安装完后，应该是迫不及待地开始想试试吧？

首先应该会看到类似图 2.1.2 的 Mindi 界面，相当的简洁。接下来就让我们进入仿真的世界啰！

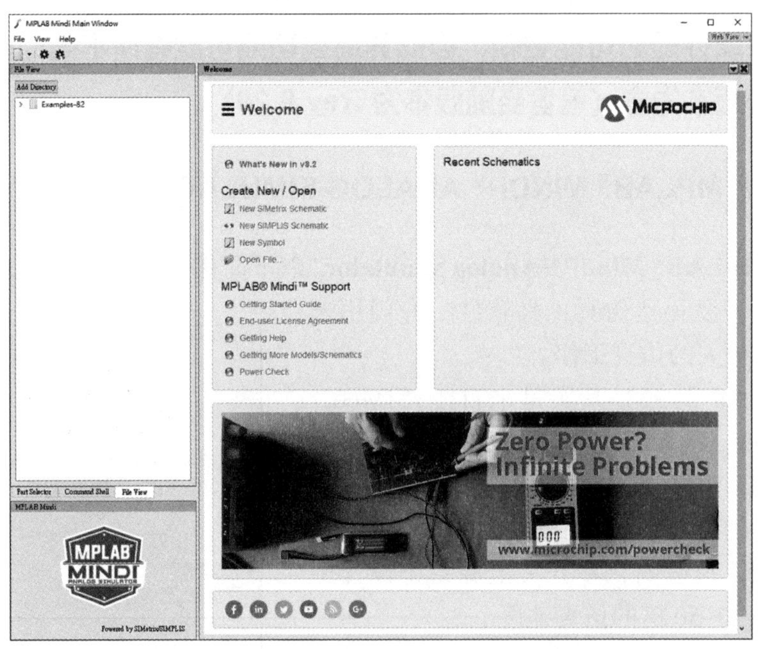

图 2.1.2　Mindi 界面

2.2 基础实验：单一极点实验与其波特图测量

单一极零点实验虽然很基础，但相当建议读者遇到第一次使用的仿真软件时，都应该先做单一极零点实验，主要原因是单一极零点实验的结果是已知的，才能快速得知仿真技巧是否正确，并且单一极零点实验若能成功，进化到更多极零点是不是更合理呢？

图 2.2.1 是一个单一极点的 OPA 线路，基础分析非常简单，首先 OPA 负端“-”到 V_{In} 的阻抗 Z_S 等于 R_S，其中假设 V_{In} 的输出阻抗为 0。

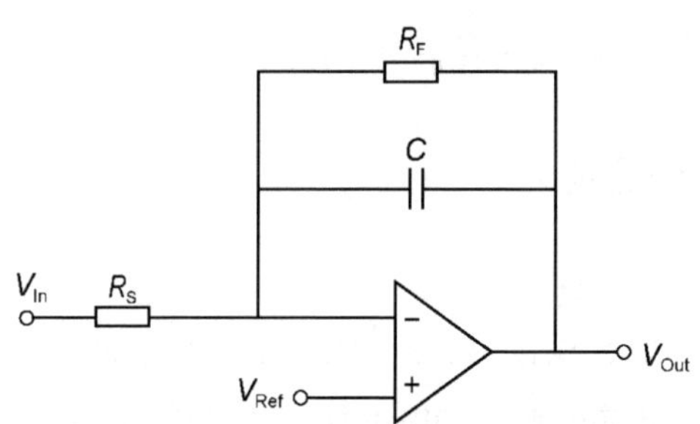

图 2.2.1　单一极点 OPA 线路

而 OPA 负端“-”到 V_{Out} 的阻抗 Z_F 为：

$$Z_F = R_F || \frac{1}{s\times C} = \frac{R_F\times\frac{1}{s\times C}}{R_F+\frac{1}{s\times C}} = \frac{R_F}{1+s\times R_F\times C} \quad (2.2.1)$$

即，此 OPA 线路的传递函数 $H_{POLE}(s)$：

$$H_{POLE}(s) = -\frac{Z_F}{Z_S} = -\frac{\left(\frac{R_F}{1+s\times R_F\times C}\right)}{R_S} = -\frac{R_F}{R_S}\times\frac{1}{1+s\times R_F\times C} = G_P\times\frac{1}{1+\frac{s}{\omega_P}} \quad (2.2.2)$$

其中：

$$G_P = -\frac{R_F}{R_S} \quad (2.2.3)$$

$$\omega_P = 2\pi f_P = \frac{1}{R_F\times C} \quad (2.2.4)$$

此 OPA 线路的直流增益为 G_P，并且极点频率为 f_P。在接下来的实验前，读者是否已经可以预期实验结果应该是怎样子呢？

可以预期波特图的低频直流增益会是 G_P，然后频率于 f_P 开始以每 10 倍频衰减 20dB 的斜率往下衰减，f_P 频率的增益为-3dB。相位图也能预期，低于（f_P /10）的频段，相位为 0。相位由（f_P /10）频率点开始落后，以每 10 倍频落后 45° 的斜率递减，直到 f_P 刚好是减少 45° ，于（f_P ×10）频率点落后达-90° ，而后的相位维持-90° 。

➢ 假设：

V_{ref} = 0V　　R_S = 1.5kΩ　　R_F = 15kΩ

C = 47nF　　$f_P = 1/2\pi R_F C = 1/[2\pi(15k\Omega)(47nF)] = 225.8Hz \approx 226Hz$

准备好参数，接下来是时候使用 Mindi 来验证理论基础，顺便练习一

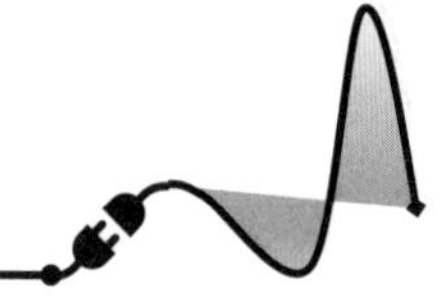

下如何使用 Mindi 这个强大的免费工具吧！

2.2.1 仿真电路绘制

请于 Mindi 菜单中依序选择：

File>New>SIMPLIS Schematic，如图 2.2.2 所示。

Place>Analog Functions>Parameterised Opamp，如图 2.2.3 所示。

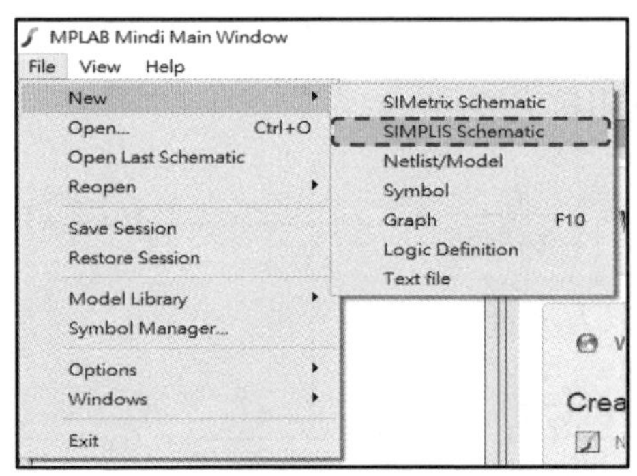

图 2.2.2　建立 SIMPLIS 新电路

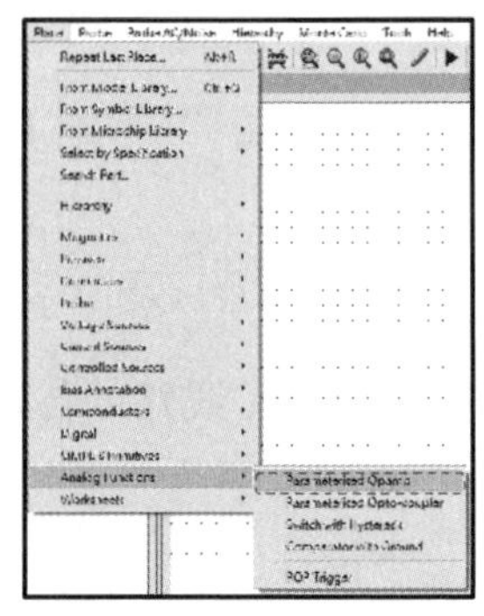

图 2.2.3　加入一个典型 OPA

并找个好位置后，单击鼠标左键即可摆放 OPA 于想要的位置上，如图 2.2.4 所示。

按下快捷键 R，此时鼠标标会变成一颗电阻的外形，在适当位置点击鼠标左键即可摆放此颗电阻，接着重复同一动作，摆放两颗电阻如图 2.2.5 所示。

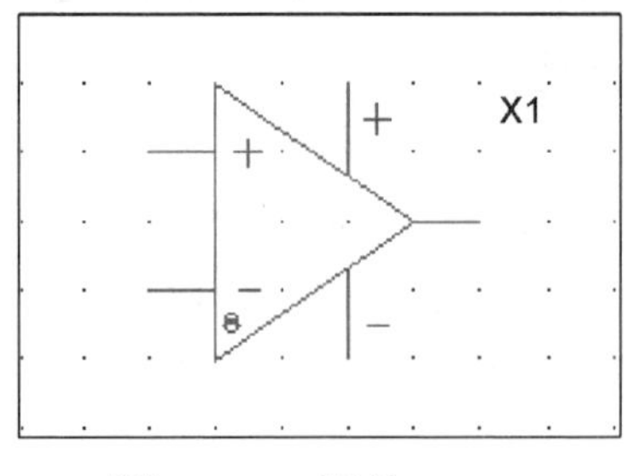

图 2.2.4　摆放 OPA

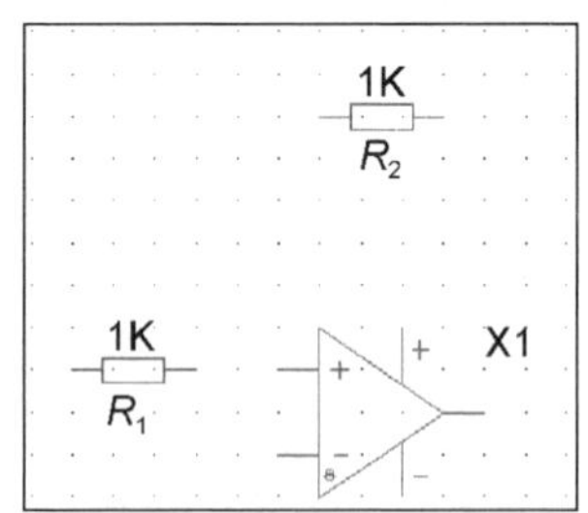

图 2.2.5　摆放电阻

若需要旋转元件的话，于摆放前后都可以用快捷键 F5，每按一次，被选取的元件会旋转 90°。

使用鼠标左键于 R_1 上连续单击两次后，会出下列对话窗口，如图 2.2.6(a)所示。将 R_1 的 Result 改为 1.5k，同时于 R_2 重复此步骤，并将 R_2 的 Result 改为 15k，得更新画面如图 2.2.6(b)所示。

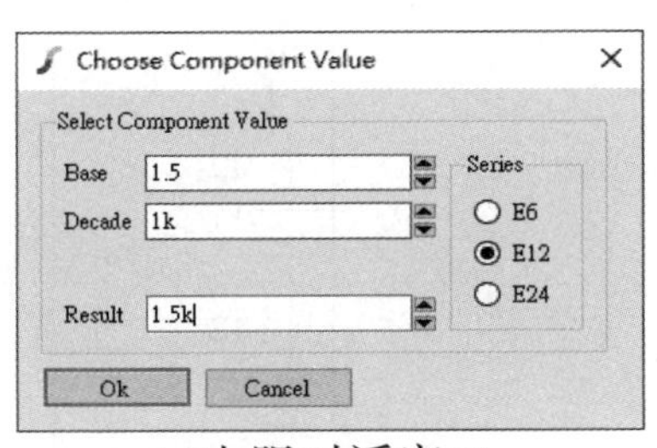

(a)电阻对话窗口

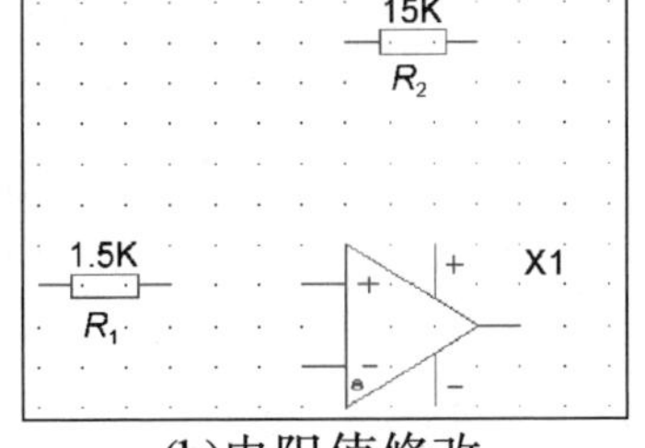

(b)电阻值修改

图 2.2.6 电阻参数修改

接下来摆放电容，按下快捷键 C，此时鼠标光标会变成一颗电容的外形，在适当位置单击鼠标左键即可摆放此颗电容，并同上面步骤，于电容 C_1 上连续单击两次后，会出电容对话窗口，将电容值改为 47nF。

图 2.2.6 中的×1，“+”在上，“-”在下。由于要绘制的是负反馈 OPA 线路，因此图中的×1 OPA 需要上下翻转，方便接线。可点选一下×1，而后单击组合快捷键 Shift+F6，即可将×1 上下翻转。

接着将鼠标移到元件的端点处，鼠标光标会变成一支画笔的外形，此时单击左键即能开始连接各端点，进行接线，按下 Esc 键可以结束当前的连接动作。

完成接线如图 2.2.7 所示。

> 若需要镜像翻转的话，可记住以下两个快捷键方式：
> F6：左右（水平）翻转。
> Shift+F6：上下（垂直）翻转。

OPA 需要供电，所以接下来的步骤是供应±12V 给 OPA。

快捷键 V 能快速调出标准直流电源，在适当位置单击鼠标左键即可摆放此直流电源，并于此直流电源上连续单击两次后，会出现对话窗口，将电压值改为+12V。

重复上述步骤，一共摆放两个+12V 的直流电源，将其串联起来，中间接点为地，相对两端的电压就是我们需要的±12V。使用快捷键 G 调用

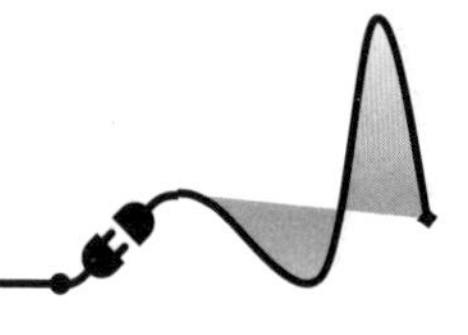
出接地符号，接到两电源的中间接点。再用快捷键 Y 调用出节点符号两次，建立+12V 与-12V 两个节点，分别于此两节点上连续单击两次后，会调出相对应的对话窗口，将接点名称改为 $12V_p$ 与 $12V_n$，并接成图 2.2.8。

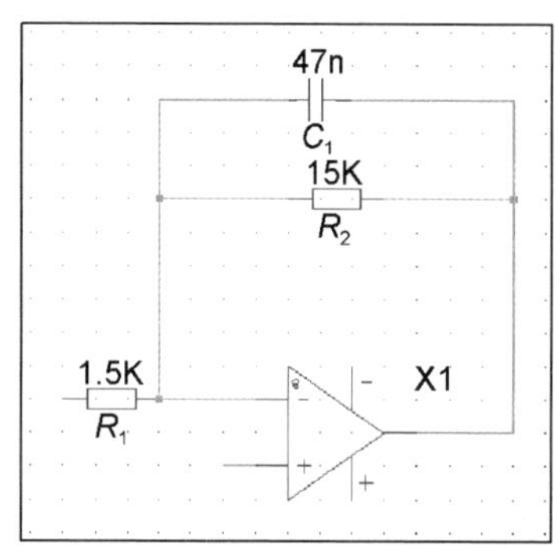

图 2.2.7　OPA+RC 接线图

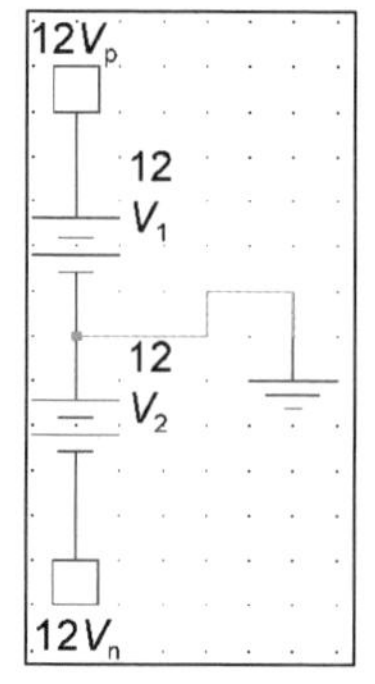

图 2.2.8　双极性电源

此 $12V_p$ 与 $12V_n$ 两节点便是 OPA 的电源，因此再次用快捷键 Y 调用出节点符号两次，一个接到 OPA 电源正端，一个接到 OPA 电源负端。

其中 OPA 电源正端上的节点改成 $12V_p$（通过相对应的对话窗口），OPA 电源负端上的节点改成 $12V_n$（通过相对应的对话窗口）。

至此 OPA 的输入几乎都已经接好，除了输入“+”接点还没接线，这一接点需接 V_{REF}，此例子为低通滤波器，相对 V_{REF} 是对地，所以使用快捷键 G 调用出接地符号，接到输入“+”端点接点。参考图 2.2.9，目前已经完成一个完整的单极点线路。

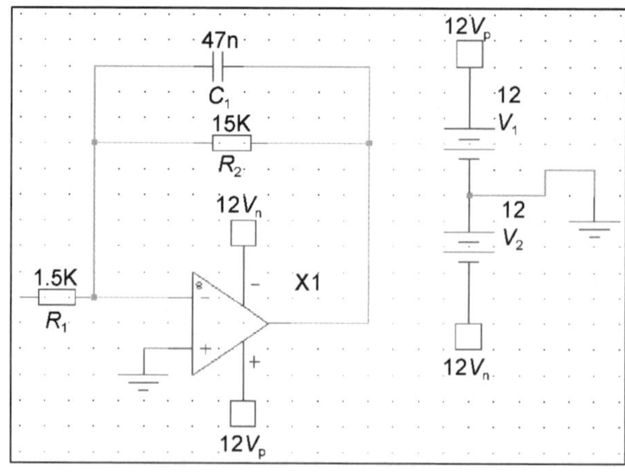

图 2.2.9　单极点线路

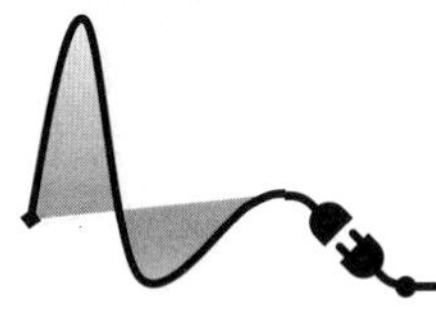

2.2.2 设置波特图测量

有了线路，接下来就可以开始于 R_1 上，输入一变频正弦信号 V_{In}，频率从低频至高频，然后于 OPA 输出上量得 V_{Out}，还记得传递函数 $H_{POLE}(s)$?

是的，$H_{POLE}(s) = V_{Out} / V_{In}$。

波特图测量便是连续于系统中注入 V_{In}，然后量得 V_{Out}，而后连续计算两信号的增益比例与相位差异，并绘制成图，即为波特图，即为相应两测量点，于不同频率下的增益比例与相位差异曲线图。

所以接下来需要加入测量波特图所需要的 V_{In}，以及波特图测量器。

菜单中，依序选择：

Place>Voltage Sources>AC Source (for AC analysis)，参考图 2.2.10。

即可找到交流电源元件，其“+”端请接到 R_1 左侧，并且其另一端连接至地，可以用快捷键 G 调用出接地符号。

接着摆放波德图测量器，菜单中，依序选择：

Probe AC/Noise>Bode Plot Probe — Basic，参考图 2.2.11。

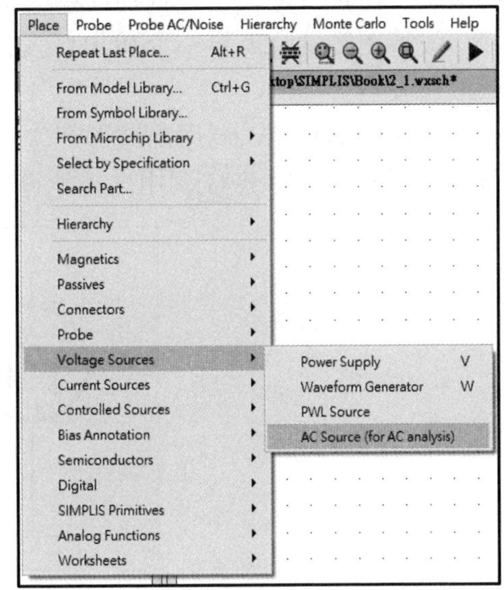

图 2.2.10　选择 AC Source　　图 2.2.11　选择波特图测量器

即可找到波特图测量器，其“IN”端请接到 R_1 左侧，并且其“OUT”端连接至 OPA 输出，以上标准的接线已完成，如图 2.2.12 所示。

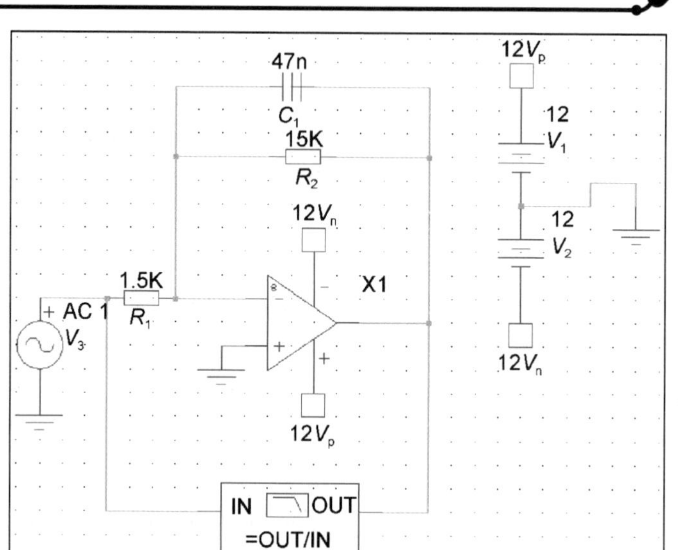

图 2.2.12　单极点线路与波特图测量

目前为止，万事俱备只欠东风，东风是什么呢？就是仿真系统最重要的关键：仿真条件设定，否则计算机怎么知道要仿真什么？

波特图测量会需要一个 POP 触发器，在此之前，需要一个波形来源给 POP 触发器。

使用快捷键 W 调用出波形产生器，找一适当位置摆放后，正端不接，负端则再使用快捷键 G 调用出接地符号，接到地，如图 2.2.13 所示。

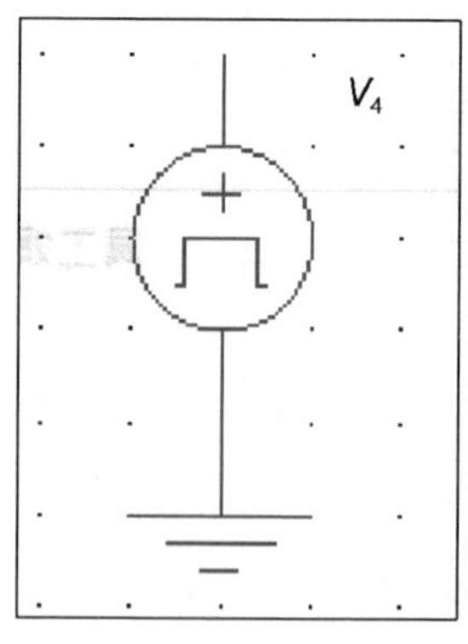

图 2.2.13　波形产生器

于波形产生器 V_4 上连续单击两次后，会调出波形产生器对话窗口，将部分参数修改如图 2.2.14 所示。

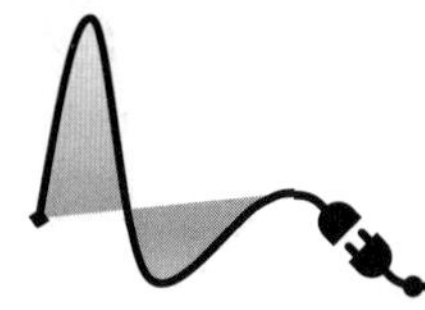

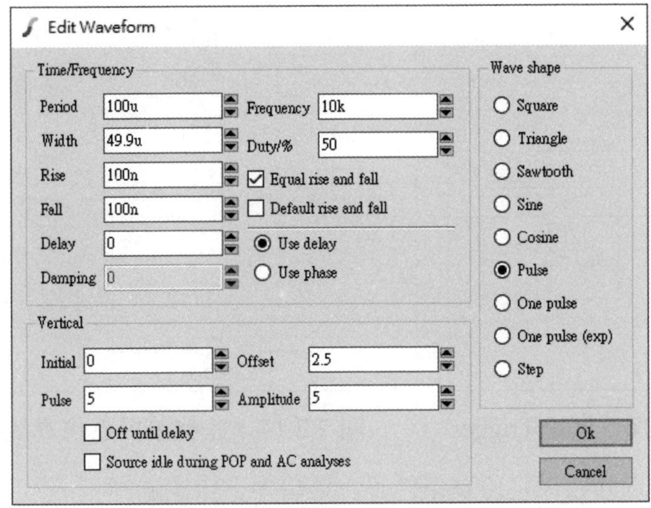

图 2.2.14　波形产生器参数

接着摆放 Periodic Operating Point (POP) 触发器，菜单中，依序选择：Place>Analog Functions>POP Trigger，参考图 2.2.15。

并将 POP Trigger 与波形产生器的“+”端连接在一起，如图 2.2.16 所示。

完整仿真线路如图 2.2.17 所示。

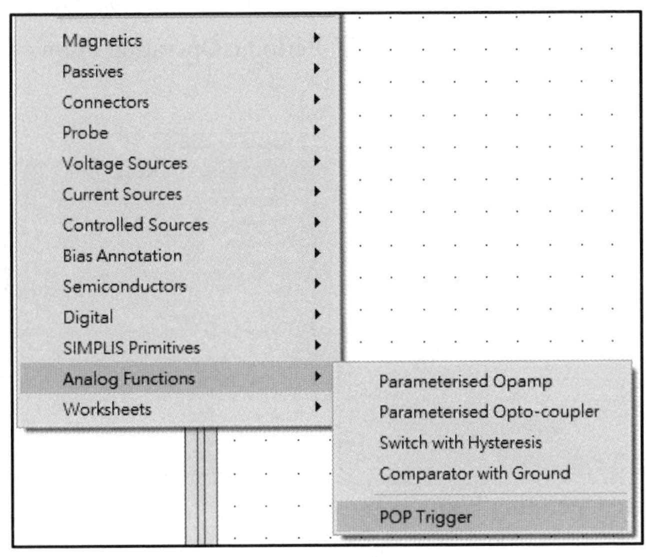

图 2.2.15　选择 POP Trigger

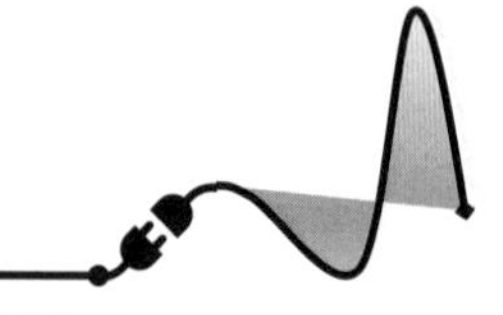

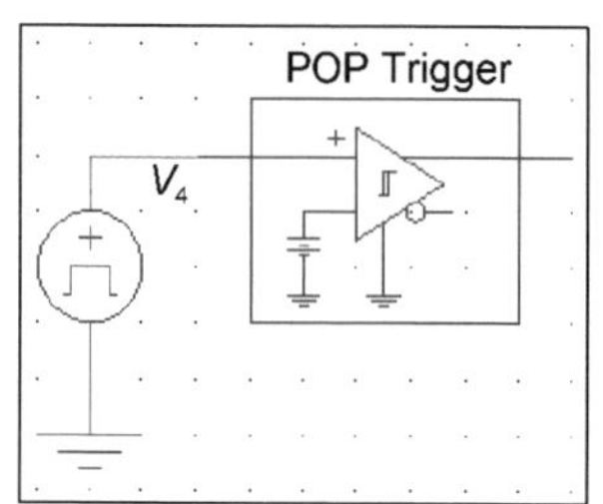

图 2.2.16 POP Trigger

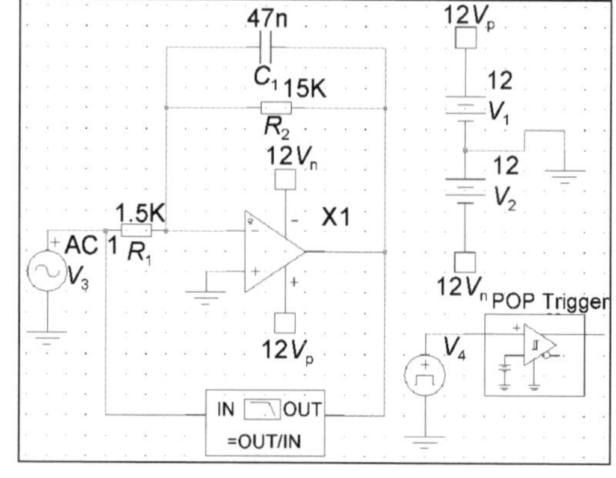

图 2.2.17 完整单极点仿真线路

接着可以开始设定仿真条件了，菜单中，依序选择：

Simulator>Choose Analysis...，或者使用快捷键F8，参考图 2.2.18。

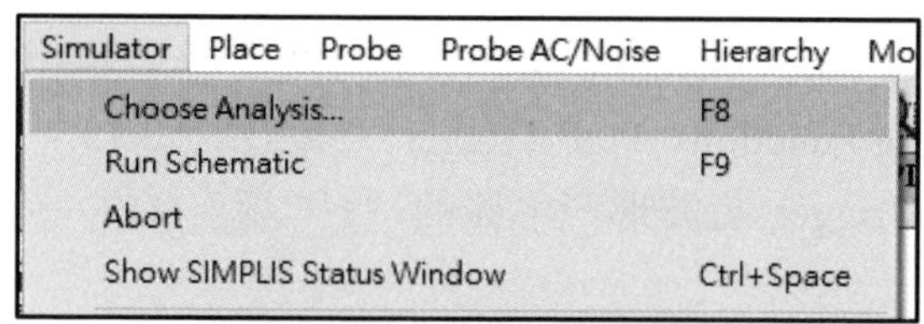

图 2.2.18 选择分析器

依序参考图 2.2.19(a)和(b)，设定 Periodic Operating Point 与 AC 参数，请使用相同设定，方便比对结果。

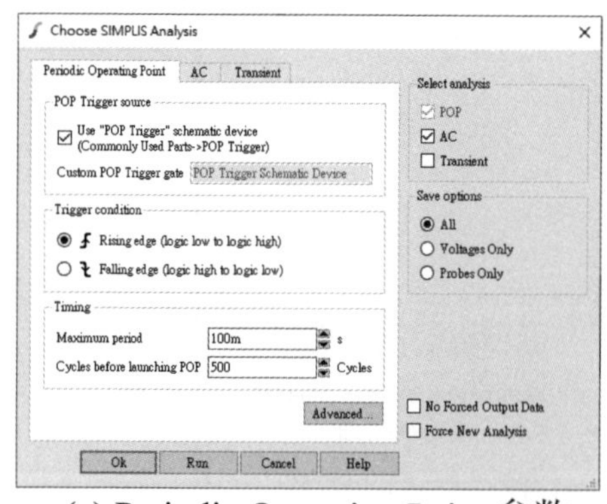

(a) Periodic Operating Point 参数

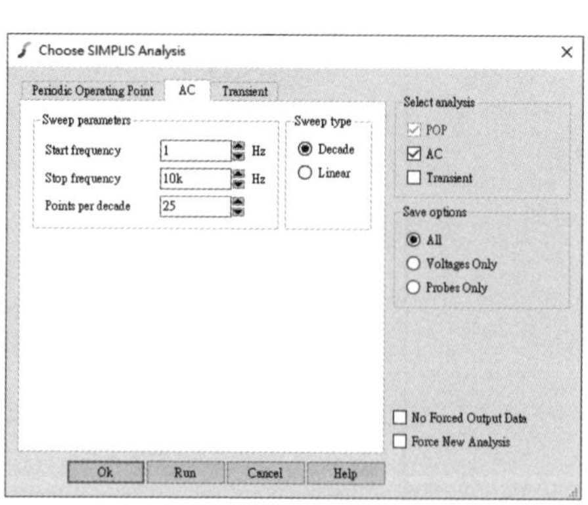

(b) AC 参数

图 2.2.19 仿真条件设定（续）

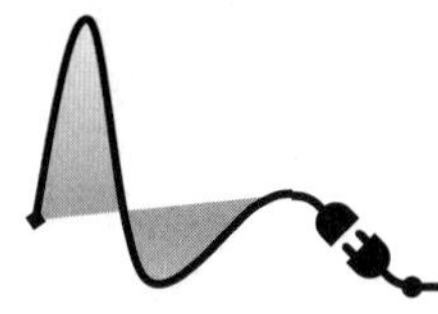

2.2.3 仿真结果与分析

为了比对分析方便，请单击两次波特图测量器，于对话窗口中，修改坐标刻度，如图 2.2.20 所示。完成仿真设定后，按下▶ Run Schematic，或者快捷键F9，即可以看到仿真结果，如图 2.2.21 所示。回顾一下预期的结果应该是：

$f_P = 1/2\pi R_F C = 1/[2\pi(15k\Omega)(47nF)] = 225.8Hz \approx 226Hz$

$G_P(dB) = 20\log_{10}(R_F/R_S) = 20\log_{10}(10) = 20dB$

观察一下图 2.2.21：

- f_P约 226Hz（减少 3dB 处）；
- (f_P /10)处，相位开始落后；
- f_P处，相位落后了 45°；
- (f_P ×10)处，相位落后 90°；
- 增益曲线过了 f_P后开始衰减，斜率是每 10 倍频衰减 20dB；
- G_P(dB)约 20dB。

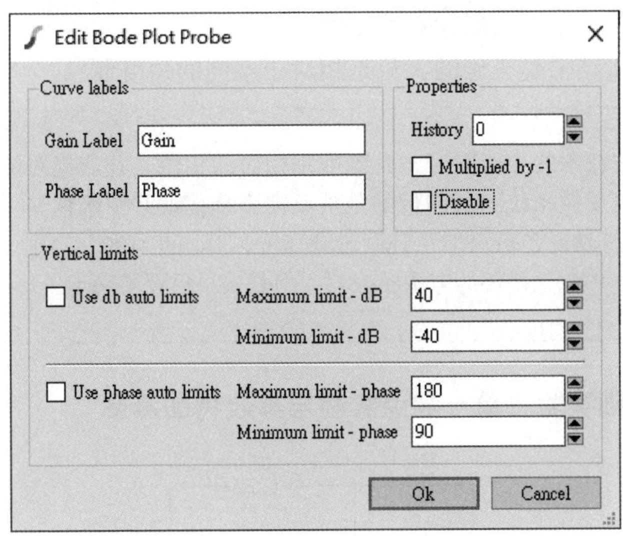

图 2.2.20　波特图测量器坐标刻度设定

聪明如你，是不是发现了一个很诡异的问题，不是说好从 0° 开始落后，直到停在-90° ？但仿真结果图，怎么看，都是 180° 开始落后，最后停在 90° ？为何整整差了 180° 呢?

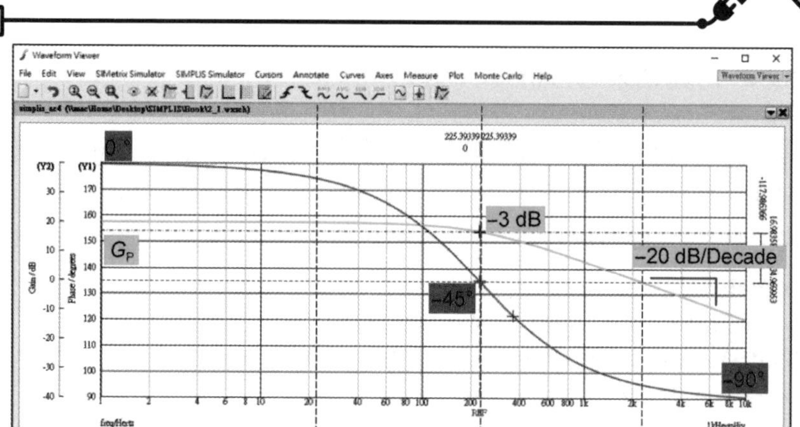

图 2.2.21　单极点波特图测量模拟结果

这是因为 V_{REF} 接在 OPA 正端上，*RC* 线路接在 OPA 负端与输出上，称之为负反馈系统。换言之，反馈信号相对控制系统角度而言，都是从负端回来，因此都需要减 180°，而我们仿真的方式，是直接测量反馈信号与电源输出的关系，所以相对差 180°。

因此测量结果是正确的，只是相对于不同的角度而已。

观察波特图的相位图时，其刻度是相对的相位，并非绝对的。必须注意是不是负反馈系统，若测量的是负反馈系统，就必须确认是不是需要减 180°，也就是说，负反馈系统测量到 0°，其实是-180°。别误以为轻松设计了一个 P.M.很足够的电源转换器，但其实早已经不稳定了。

2.3 基础实验：单一零点实验与其波特图测量

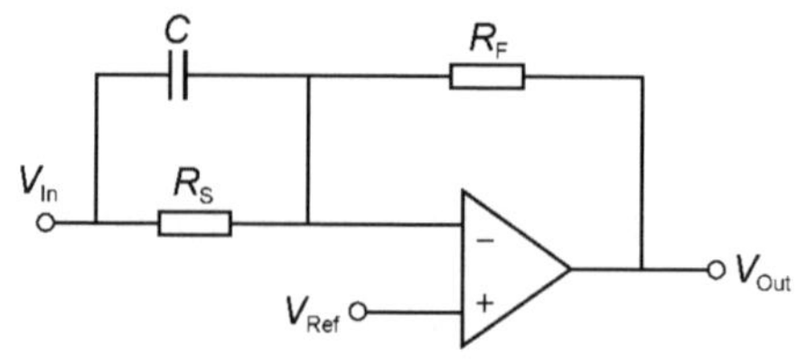

图 2.3.1　单一零点 OPA 线路

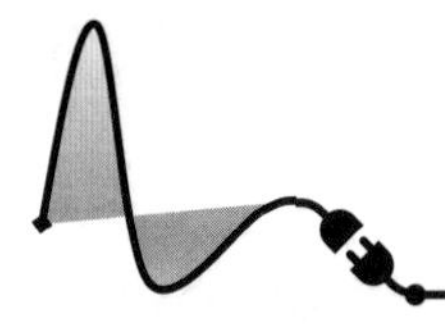

同样的话，再友善提醒一遍：单一极零点实验虽然很基础，但相当建议读者遇到第一次使用的仿真软件时，都应该先做单一极零点实验。主要原因是因为单一极零点实验的结果是已知的，才能快速得知仿真技巧是否正确，并且单一极零点实验若能成功，进化到更多极零点是不是更合理呢？

图 2.3.1 是一个单一零点的 OPA 线路，基础分析如同上一节，非常简单，首先 OPA 负端"-"到 V_{Out} 的阻抗 Z_F 等于 R_F，其中假设 V_{In} 的输出阻抗为 0。而 OPA 负端"-"到 V_{In} 的阻抗 Z_S 为：

$$Z_S = R_S || \frac{1}{s\times C} = \frac{R_S\times\frac{1}{s\times C}}{R_S+\frac{1}{s\times C}} = \frac{R_S}{1+s\times R_S\times C} \quad (2.3.1)$$

即，此 OPA 线路的传递函数 $H_{ZERO}(s)$：

$$H_{ZERO}(s) = -\frac{Z_F}{Z_S} = -\frac{R_F}{\left(\frac{R_S}{1+s\times R_S\times C}\right)} = -\frac{R_F}{R_S}(1+s\times R_S\times C)$$

$$= G_Z\left(1+\frac{s}{\omega_Z}\right) \quad (2.3.2)$$

其中：

$$G_Z = -\frac{R_F}{R_S} \quad (2.3.3)$$

$$\omega_Z = 2\pi f_Z = \frac{1}{R_S\times C} \quad (2.3.4)$$

此 OPA 线路的直流增益为 G_Z，并且极点频率为 f_Z。同样的，于接下来的实验前，读者是否已经可以预期实验结果应该是怎样子呢？

可以预期波特图的低频直流增益会是 G_Z，然后频率于 f_Z 开始以每 10 倍频增加 20dB 的斜率往上递增，f_Z 频率的增益为 3dB。相位图也能预期，低于（f_Z /10）的频段，相位为 0。相位由（f_Z /10）频率点开始递增，以每 10 倍频超前 45°的斜率递增，直到 f_Z 刚好是增加 45°，于（f_Z ×10）频率点相位增加达 90°，而后的相位维持 90°。

➢ 假设：

V_{ref} = 0V

R_S = 15kΩ & R_F = 1.5kΩ

C = 47nF

$f_Z = 1/2\pi R_S C = 1/[2\pi(15k\Omega)(47nF)] = 225.8Hz \approx 226Hz$

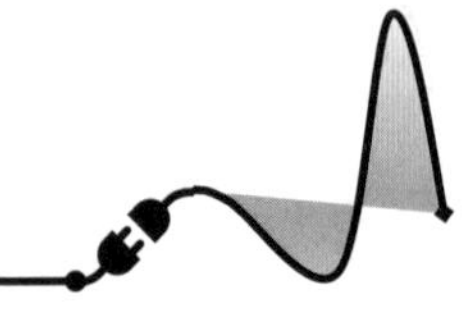

2.3.1 仿真电路绘制

请于 Mindi 菜单中依序选择：

File>New>SIMPLIS Schematic，如图 2.3.2 所示。

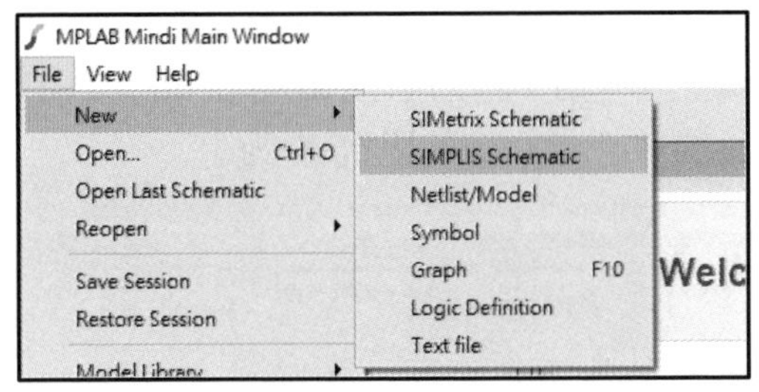

图 2.3.2　建立 SIMPLIS 新电路

Place>Analog Functions>Parameterised Opamp，如图 2.3.3 所示。

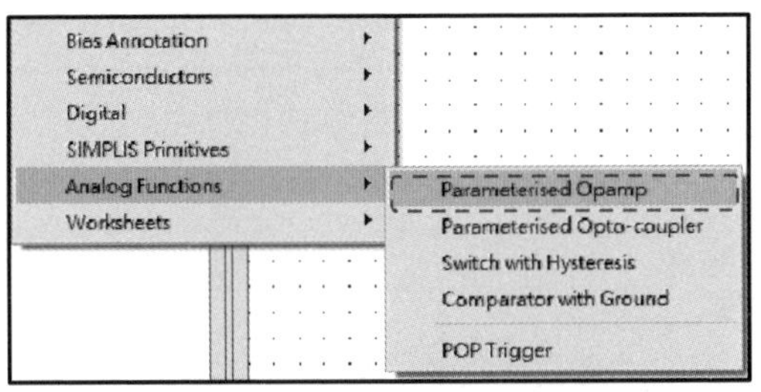

图 2.3.3　加入一个典型 OPA

必要时，可使用快捷键 Shift+F6 上下（垂直）翻转元件，并找个好位置后，单击鼠标左键即可摆放 OPA 于想要的位置上，如图 2.3.4 所示。

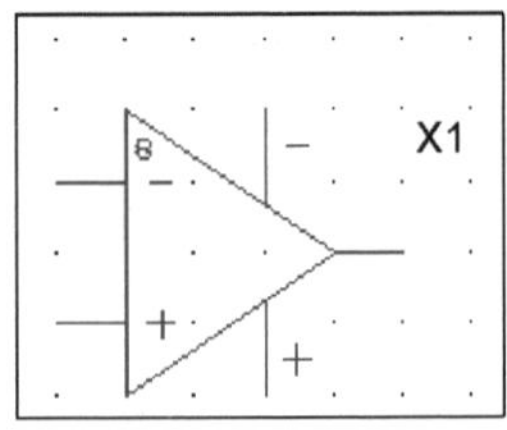

图 2.3.4　摆放 OPA

按下快捷键 R，此时鼠标光标会变成一颗电阻的外形，在适当位置单击鼠标左键即可摆放此颗电阻，接着重复同一动作，摆放两颗电阻如图 2.3.5 所示。

（快捷键 F5 可旋转元件 90°）

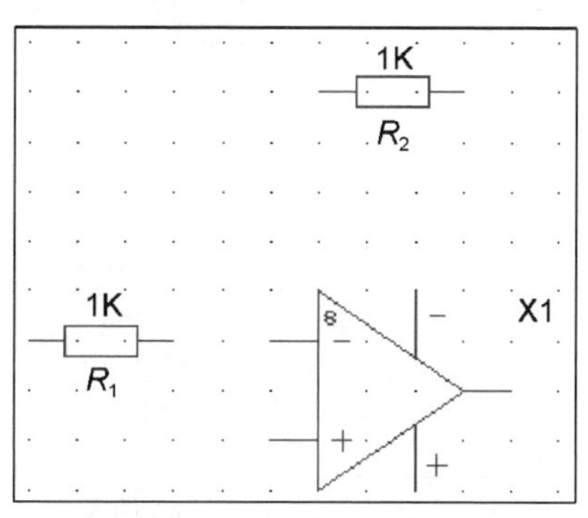

图 2.3.5　摆放电阻

使用鼠标左键于 R_1 上连续单击两次后，会调出下列对话窗口，将 R_1 的 Result 改为 15k，如图 2.3.6(a)所示，并于 R_2 重复此步骤，同时将 R_2 的 Result 改为 1.5k，得更新画面如图 2.3.6(b)所示。

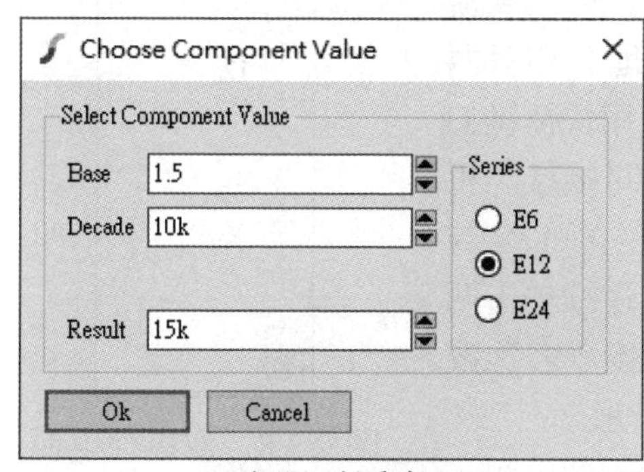

(a)电阻对话窗口

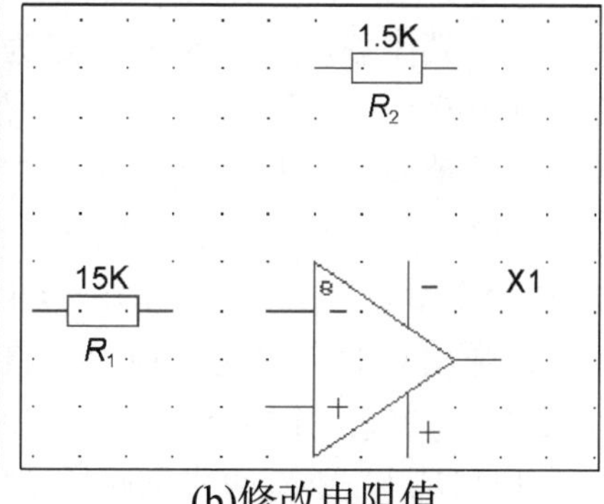

(b)修改电阻值

图 2.3.6　电阻参数修改

接下来摆放电容，按下快捷键 C，此时鼠标光标会变成一颗电容的外形，在适当位置单击鼠标左键即可摆放此颗电容。

并同上面步骤，于电容 C_1 上连续单击两次后，会调出电容对话窗口，将电容值改为 47nF。

将鼠标移到元件的端点处，鼠标光标会变成一支画笔的外形，此时单击左键即能开始连接各端点，进行接线，按下 Esc 键可以结束当前的连接动作。完成接线如图 2.3.7 所示。

OPA 需要供电，接下来的步骤是供应 ± 12V 给 OPA。

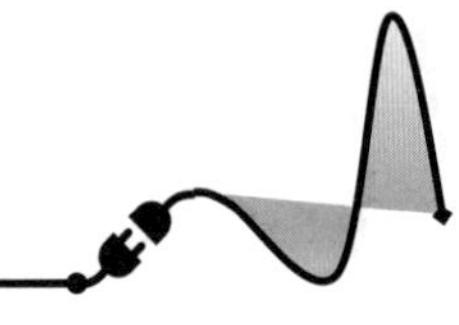

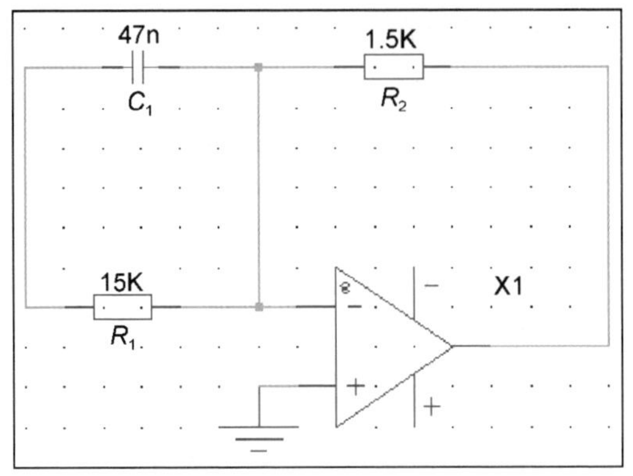

图 2.3.7　OPA+RC 接线图

快捷键 V 能快速调出标准直流电源，在适当位置单击鼠标左键即可摆放此直流电源，并于此直流电源上连续点击两次后，会出现对话窗口，将电压值改为+12V。

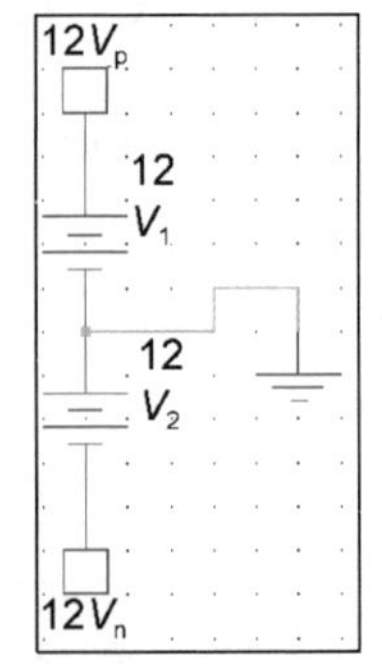

图 2.3.8　双极性电源

重复上述步骤，一共摆放两个+12V 的直流电源，将其串联起来，中间接点为地，相对两端的电压就是我们需要的 ± 12V。使用快捷键 G 调用出接地符号，接到两电源的中间接点。再用快捷键 Y 调用出节点符号两次，建立+12V 与 -12V 两个节点，分别于此两节点上连续单击两次后，弹出相对应的对话窗口，将接点名称改为 12V_p与 12V_n，并接成如图 2.3.8 所示。

此 12V_p与 12V_n两节点便是 OPA 的电源，因此再次用快捷键 Y 调用出节点符号两次，一个接到 OPA 电源正端，一个接到 OPA 电源负端。

其中 OPA 电源正端上的节点改成 12V_p，OPA 电源负端上的节点改成 12V_n。而 OPA 的输入“+”接点需接 V_{REF}，此例子 V_{REF}是对地，所以使用快捷键 G 调用出接地符号，接到输入“+”端点接点。参考图 2.3.9，目前已经完成一个完整的单极点线路。

2.3.2 设置波特图测量

有了线路，接下来就可以开始于 R_1 上，输入一变频正弦信号 V_{In}，频率

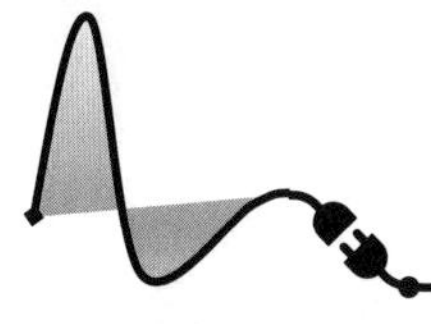

从低频至高频，然后于 OPA 输出上量得 V_{Out}，得传递函数 $H_{ZERO}(s)=V_{Out}/V_{In}$。

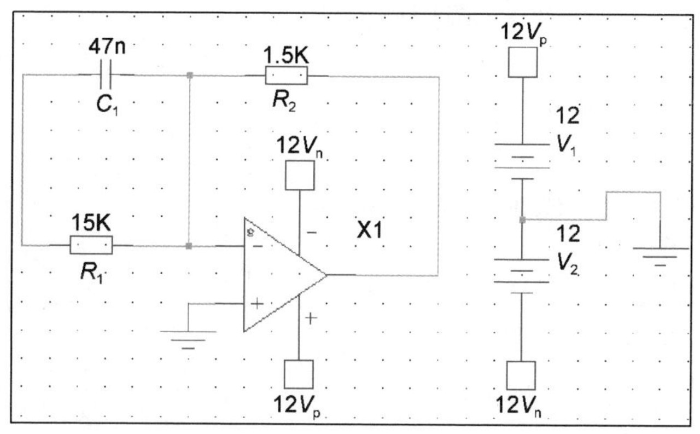

图 2.3.9 完整单零点仿真线路

波特图测量便是连续于系统中注入 V_{In}，然后测量得 V_{Out}，而后连续计算两信号的增益比例与相位差异，并绘制成图，即为波特图。

所以接下来需要加入测量波特图所需要的 V_{In}，以及波特图测量器。菜单中，依序选择：

Place>Voltage Sources>AC Source (for AC analysis)，参考图 2.3.10。

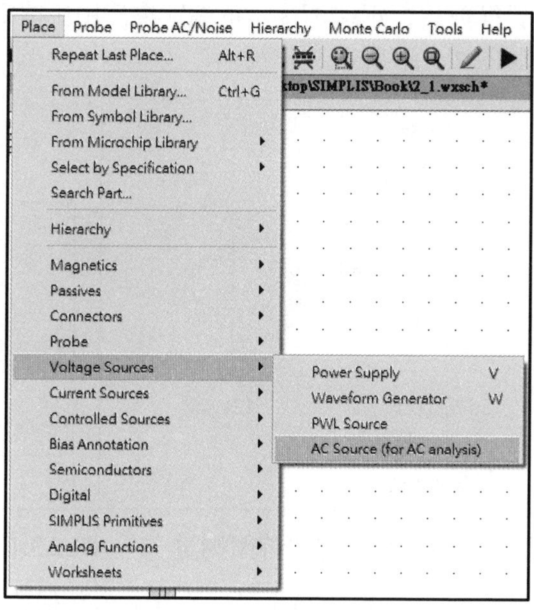

图 2.3.10 选择 AC Source

即可找到交流电源元件，其“+”端请接到R_1左侧，并且其另一端连接至地，可以用快捷键 G 调用出接地符号。

接着摆放波特图测量器，菜单中依序选择：

Probe AC/Noise>Bode Plot Probe — Basic（参考图 2.3.11）。

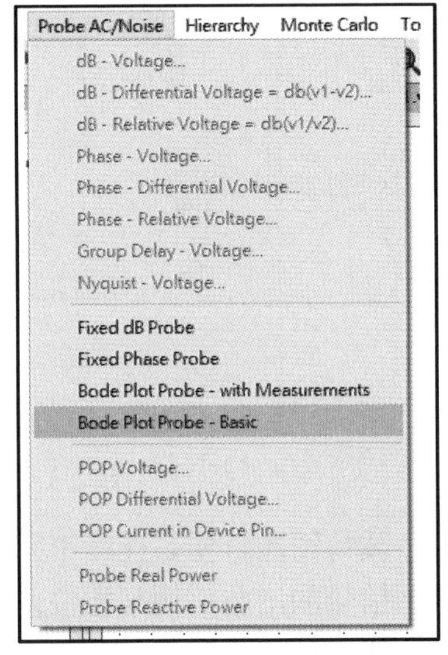

图 2.3.11 选择波特图测量测器

即可找到波特图测量器，其“IN”端请接到R_1左侧，并且其“OUT”端连接至 OPA 输出，以上标准的接线已完成，如图 2.3.12 所示。

目前为止，万事俱备只欠东风，东风是什么呢？就是仿真系统最重要的关键：仿真条件设定，否则计算机怎么知道要仿真什么？波特图测量会需要一个 POP 触发器，在此之前，需要一个波形来源给 POP 触发器。使用快捷键 W 调用出波形产生器。

找一适当位置摆放后，正端不接，负端则再使用快捷键 G 调用出接地符号，接到地，如图 2.3.13 所示。

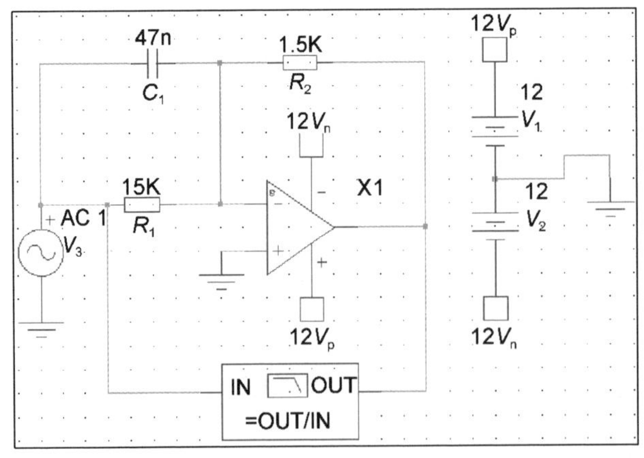

图 2.3.12　单零点线路与波特图测量

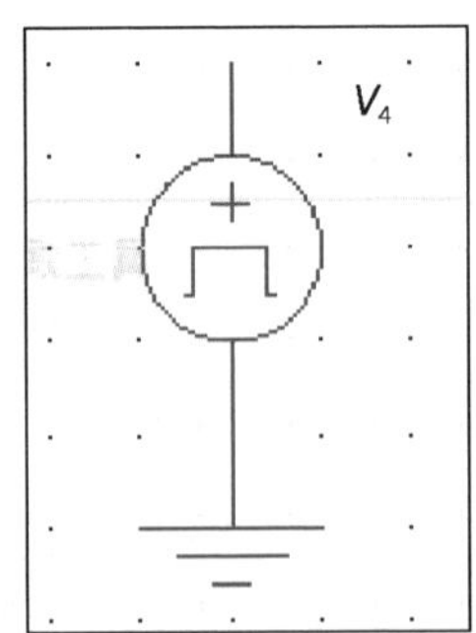

图 2.3.13　波形产生器

于波形产生器V_4上连续单击两次后，将部分参数修改如图 2.3.14 所示。

Edit Waveform
Time/Frequency
Period 100u　Frequency 10k
Width 49.9u　Duty/% 50
Rise 100n　☑ Equal rise and fall
Fall 100n　☐ Default rise and fall
Delay 0　◉ Use delay
Damping 0　○ Use phase
Vertical
Initial 0　Offset 2.5
Pulse 5　Amplitude 5
☐ Off until delay
☐ Source idle during POP and AC analyses
Wave shape
○ Square
○ Triangle
○ Sawtooth
○ Sine
○ Cosine
◉ Pulse
○ One pulse
○ One pulse (exp)
○ Step
Ok
Cancel

图 2.3.14　波形产生器参数

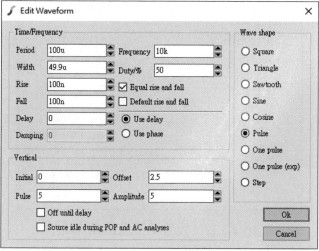

接着摆放 Periodic Operating Point (POP) 触发器，菜单中，依序选择：Place>Analog Functions>POP Trigger（参考图 2.3.15）。

将 POP Trigger 与波形产生器的“+”端连接在一起，如图 2.3.16 所示。

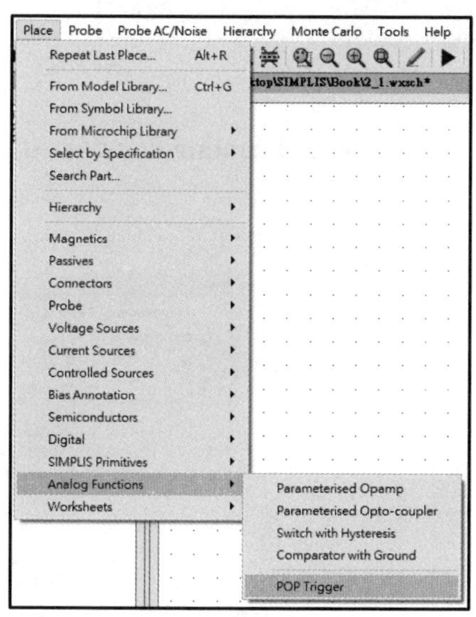

图 2.3.15　选择 POP Trigger

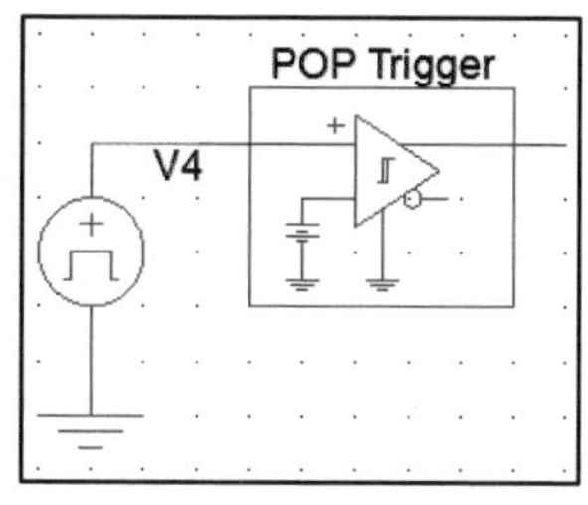

图 2.3.16　POP Trigger

完整仿真线路如图 2.3.17 所示。

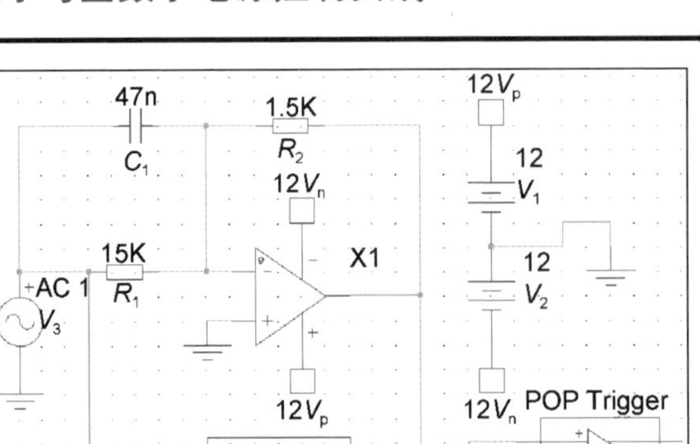

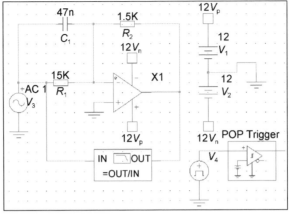

图 2.3.17 完整单零点仿真线路

接着可以开始设定仿真条件了，菜单中，依序点选：Simulator>Choose Analysis...，或者使用快捷键 F8（参考图 2.3.18）。

Simulator Place Probe Probe AC/Noise Hierarchy Mo
Choose Analysis... F8
Run Schematic F9
Abort
Show SIMPLIS Status Window Ctrl+Space

图 2.3.18 选择分析器

依序参考图 2.3.19(a)和(b)，设定 Periodic Operating Point 与 AC 参数，请使用相同设定，方便比对结果。

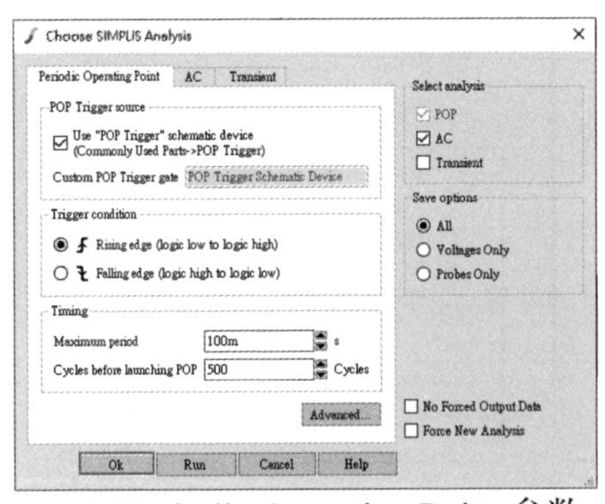

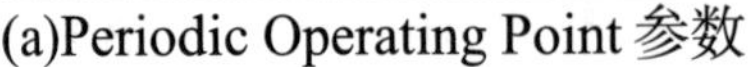
(a)Periodic Operating Point 参数

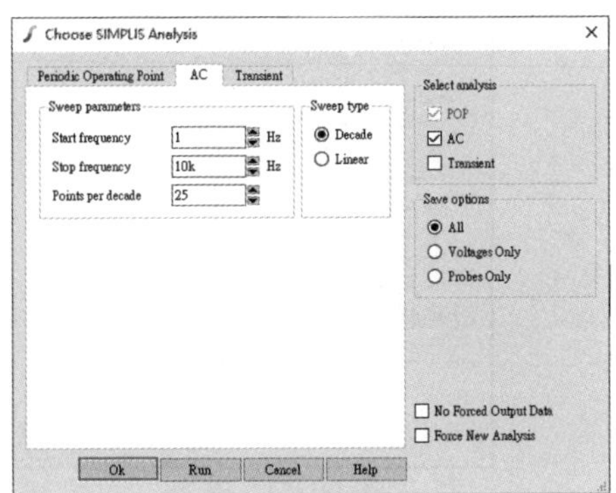

(b)AC 参数

图 2.3.19 仿真条件设定

2.3.3 仿真结果与分析

为了比对分析方便，请单击两次波特图测量器，于对话窗口中，修改坐标刻度，如图 2.3.20 所示。完成仿真设定后，按下▶ Run Schematic，或者快捷键 F9，即可以看到仿真结果，如图 2.3.21 所示。

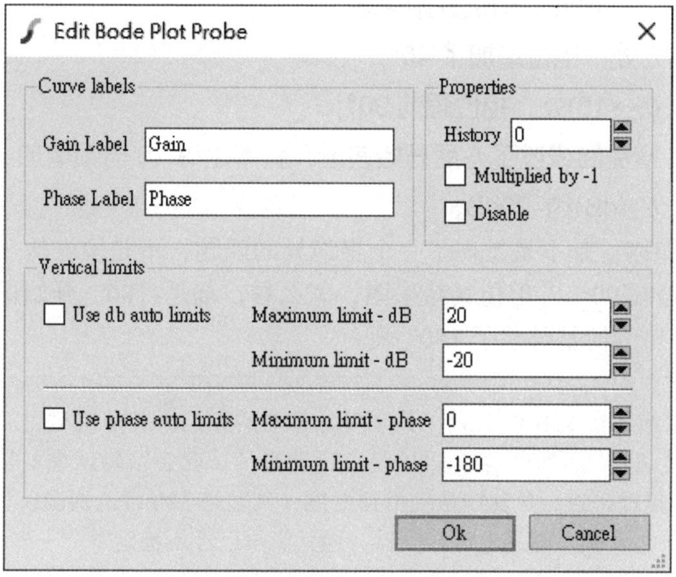

Edit Bode Plot Probe

Curve labels

Gain Label Gain

Phase Label Phase

Properties

History 0

Multiplied by -1

Disable

Vertical limits

Use db auto limits　Maximum limit - dB 20

Minimum limit - dB -20

Use phase auto limits　Maximum limit - phase 0

Minimum limit - phase -180

Ok　Cancel

图 2.3.20　波特图测量器坐标刻度设定

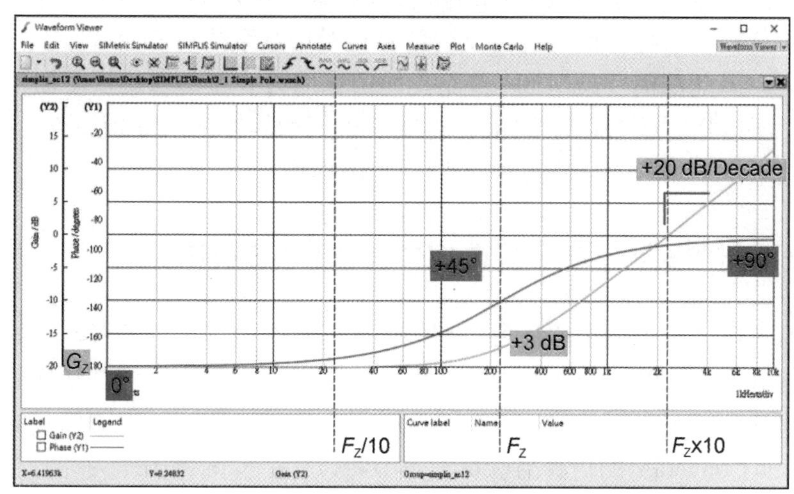

图 2.3.21　单零点波特图测量仿真结果

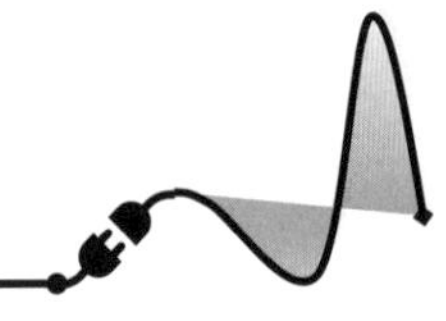

回顾一下预期的结果应该是：

$f_Z = 1/2\pi R_S C = 1/[2\pi(15k\Omega)(47nF)] = 225.8Hz \approx 226Hz$

$G_Z(dB) = 20\log_{10}(R_F/R_S) = 20\log_{10}(0.1) = -20dB$

观察一下图 2.3.21：

- f_Z约 226Hz（增加 3dB 处）；
- (f_Z /10)处，相位开始递增；
- f_Z处，相位增加了 45°；
- (f_Z ×10)处，相位超前 90°；
- 增益曲线过了 f_Z后开始递增，斜率是每 10 倍频增加 20dB；
- G_Z(dB)约-20dB。

聪明如你，是不是发现了一个很诡异的问题，不是说好从 0° 开始递增，直到停在 90° ？但仿真结果图，怎么看，都是-180° 开始递增，最后停在-90° ？为何整整差了 180° 呢？

> 观察波特图的相位图时，其刻度是相对的相位，并非绝对得。必须注意是不是负反馈系统，若测量的是负反馈系统，就必须确认是不是需要减 180 度，也就是说，负反馈系统量到 0 度，其实是-180 度。别误以为轻松设计了一个 P.M.很足够的电源转换器，但其实早已经不稳定了。

这是因为 V_{REF} 接在 OPA 正端上，RC 线路接在 OPA 负端与输出上，称之为负反馈系统。换言之，反馈信号相对控制系统角度而言，都是从负端回来，因此都需要减 180°，而我们仿真的方式，是直接量反馈信号对输出，所以相对差 180°。-180° 再减 180° 就是-360°，也就是 0°，因此测量结果是正确的，只是相对于不同的角度而已。

2.4 进阶实验：电压模式 BUCK CONVERTER

有了以上两个例子的练习，相信读者不仅在原理上理解极零点的特性，也理解如何用 OPA 分别实现单一极点与零点，进而使用仿真软件验证理论与想法。接下来就让我们一起卷起袖子，挑战一下完整电压模式同步整流 Buck Converter 的仿真与验证。本节将以一个实际例子作为计算基础，套用第 1 章的相关公式，完整计算一个同步整流 Buck Converter，并同样

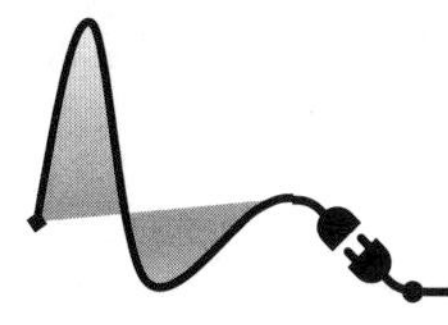

使用 Mindi 完成相关仿真与验证。计算前，先假设系统基本规格如表 2.4.1 所列。

表 2.4.1 基本设计规格表

符号	单位	说明	数值
V_{SMin}	V	最低输入电压	8
V_{SNor}	V	正常输入电压	12
V_{Smax}	V	最高输入电压	18
V_O	V	输出电压	5
$I_{O(Max)}$	A	最高输出电流	1
F_{PWM}	kHz	主开关 PWM 频率	350
ΔV_{OR}	mV	输出电压纹波	50
R_{LOAD_Min}	Ω	输出最小电阻	5
F_C	kHz	交越频率，带宽	10
$\Delta I_L\%$	%	电感电流纹波百分比	20

规格表中提到：$\Delta I_L\%$等于 20%，可以算出 $\Delta I_L=\Delta I_{L\%}\times I_{O(Max)}=0.2A$。

最小 CCM $I_{O(Min\_CCM)}$：

$$I_{O(Min\_CCM)}=\frac{\Delta I}{2}=0.1\ A$$

当输出电流平均值低于 0.1A 时，电感进入 DCM 模式。

2.4.1 电感与输出电容计算

根据电感计算公式(1.5.9)：$L=\frac{(V_S-V_O)\times T_{ON}}{\Delta I_L}=\frac{(V_S-V_O)\times V_O\times T_{PWM}}{V_S\times 0.2\times I_O}$

计算得知(表 1.5.1)：

	$V_{S(Min)}$ 8V	$V_{S(Max)}$ 18V
L/μH	26.79	51.59

查询一般供货商的典型值，于此例子，我们选用 L=56μH。

而 ΔV_{OR} = 50mV，通过公式(1.5.10)得：

$$R_{CESR}=\frac{\Delta V_{OR}}{\Delta I_L\%\times I_{O(Max)}}=\frac{50\text{mV}}{0.2\times 1\text{A}}=0.25\Omega$$

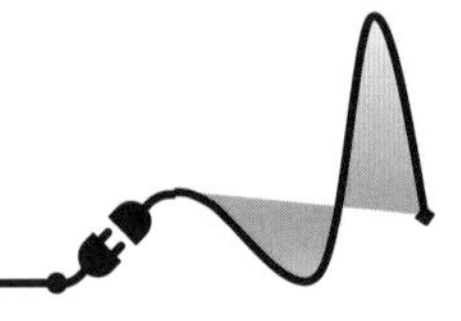

意指为了 $\Delta V_{OR} \leqslant 50\text{mV}$ 的规格，输出电容的 R_{CESR} 应小于 0.25Ω。

由公式(1.5.12)得 $\boldsymbol{C_O} = \frac{50\times10^{-6}}{0.25}\mathbf{F} = \mathbf{200\mu F}$，$C_O$ 应大于 200μF。

假设选用的 C_O=704μF，其等效 R_{CESR}=40mΩ。重新计算 $\Delta V_{OR}=\Delta V_{C\_ESR}+\Delta V_{CO}$=7.46mV，符合基本 50mV 的要求，甚至更低。

2.4.2 Plant 传递函数 $G_{Plant}(s)$计算

引用公式（1.6.16）：

$$\boldsymbol{G_{\mathrm{Plant}}(s) \approx \frac{(s\times R_{\mathrm{CESR}}\times C_{\mathrm{O}})+1}{(s^2\times L_1\times C_{\mathrm{O}})+(s\times\frac{L_1}{R_{\mathrm{LOAD}}})+1} = \frac{\frac{s}{\omega_{\mathrm{Z\_ESR}}}+1}{\left(\frac{s}{\omega_{LC}}\right)^2+\frac{1}{Q}\times\left(\frac{s}{\omega_{LC}}\right)+1}}$$

换算实际数值，得：

- $\boldsymbol{\omega_{\mathrm{Z\_ESR}}} = \frac{1}{R_{\mathrm{CESR}}\times C_{\mathrm{O}}} = 35511(\mathrm{rad/sec})$
- $\boldsymbol{\omega_{LC}} = \frac{1}{\sqrt{L\times C_{\mathrm{O}}}} = 5037(\mathrm{rad/sec})$
- $\textbf{DC Gain} = 20\log_{10}\left(\frac{12V}{1V}\right) = 21.58dB$

> 计算 DC Gain 时，输入电压取用 12V 是为了配合后面章节，于实际板子上使用 12V 电源供应器验证方便。于实际设计案例上，应使用最大输入电压。

2.4.3 理想开回路传递函数 $T_{OL}(s)$计算

参考 1.6.4 小节，理想的开回路传递函数 $T_{OL}(s)$ 传递函数为：

$$\boldsymbol{T_{\mathrm{OL}}(s) = \frac{\omega_0}{s}\times\frac{1}{1+\frac{s}{\omega_{\mathrm{HFP}}}}}$$

换算实际数值，得：

- $\boldsymbol{\omega_{\mathrm{C}} = 2\pi F_{\mathrm{C}}} = 62832(\mathrm{rad/sec})$
- $\boldsymbol{\omega_{\mathrm{HFP}}} = -\frac{\omega_{\mathrm{C}}}{\tan(-20^\circ)} = 172629(\mathrm{rad/sec})$

- $\omega_0 = \omega_C \times \sqrt{1 + (\frac{\omega_C}{\omega_{HFP}})^2} = 66864(\text{rad/sec})$

2.4.4 补偿控制器传递函数 $H_{Comp}(s)$计算

参考 1.6.7 小节，补偿控制器传递函数 $H_{Comp}(s)$ 传递函数为：

$$H_{Comp}(s) = \frac{T_{OL}(s)}{G_{PWM}(s) \times G_{Plant}(s)}$$

其中$G_{PWM}(s) = \frac{1}{V_{Ramp}} = 1$。

所$H_{Comp}(s) = \frac{T_{OL}(s)}{G_{Plant}(s)} = \frac{\omega_{P_0}}{s} \times \frac{1+\frac{1}{Q}\times\left(\frac{s}{\omega_{Z_LC}}\right)+\left(\frac{s}{\omega_{Z_LC}}\right)^2}{\left(1+\frac{s}{\omega_{P_ESR}}\right)\times\left(1+\frac{s}{\omega_{P_HFP}}\right)}$，其中：

- F_{P_0}极点：$\omega_{P_0} = \frac{V_{Ramp} \times \omega_0}{V_S} = \frac{V_{Ramp}}{V_S} \times \omega_C \times \sqrt{1 + (\frac{\omega_C}{\omega_{P_HFP}})^2} =$ $5572(\text{rad/sec})$
  产生带宽 F_C所需的原点处极点。
- F_{Z1}，F_{Z2}零点：$\omega_{Z_LC} = \omega_{LC} = 5036(\text{rad/sec})$
  对消 $G_{Plant}(s)$中的 LC 双极点
- F_{P1}极点：$\omega_{P_ESR} = \omega_{Z_ESR} = 35511(\text{rad/sec})$
  对消 $G_{Plant}(s)$中电容等效串联电阻的零点
- F_{P2}极点：$\omega_{HFP} = -\frac{\omega_C}{\tan(-20°)} = 172629(\text{rad/sec})$
  调整系统 P.M.。

至此，我们已经计算出补偿控制器传递函数 $H_{Comp}(s)$的实际参数，接下来需要换算出模拟 OPA 实际控制线路所需的实际 RC 参数值。

表 2.4.2 完整列出整个三型（Type-3）OPA 补偿控制器周围的 R_C参数。

请注意这些是“理论数值”，这在现实世界会面临一些小麻烦，于仿真验证小节时会接续这个问题，讨论到一些现实世界的麻烦由来以及可行的解决方式。

> ω_0与 F_{p_0}并不相同，F_{p_0}需要加入实际 Plant 所带来的直流增益变化而进行修正，因此公式有所不同。
>
> 而为方便理解与计算，本书将 V_{Ramp}假设为 1。

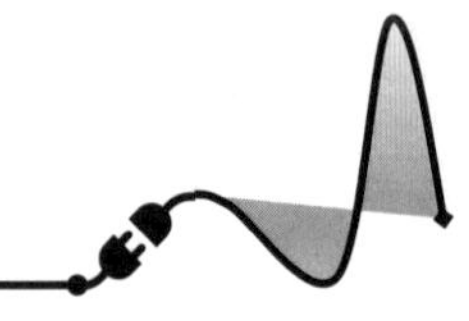

表 2.4.2　RC 参数计算

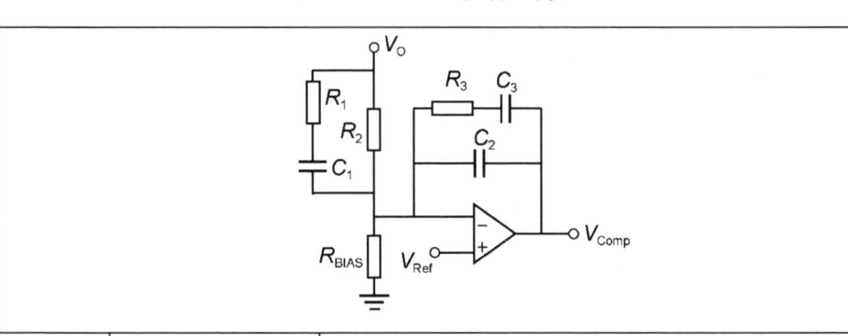

参数	理论数值	参考
V_O	5V	
V_{Ref}	1V	
I_{BIAS}	100μA	
f_{P_0}	886.82Hz	$\omega_{P\_0}=2\times\pi\times f_{P\_0}$
f_{Z1}	801.57Hz	$\omega_{Z\_LC}=2\times\pi\times f_{Z1}$
f_{Z2}	801.57Hz	$\omega_{Z\_LC}=2\times\pi\times f_{Z2}$
f_{P1}	5651.81Hz	$\omega_{P\_ESR}=2\times\pi\times f_{P1}$
f_{P2}	27474.77Hz	$\omega_{HFP}=2\times\pi\times f_{P2}$
R_{BIAS}	<=10kΩ (取 1K 抗噪声)	$R_{BIAS}<=\dfrac{V_{Ref}}{I_{BIAS}}$
R_2	4kΩ	$R_2=R_{BIAS}\times\dfrac{V_O-V_{Ref}}{V_{Ref}}$
R_1	661Ω	$R_1=R_2\times\dfrac{f_{Z2}}{f_{P1}-f_{Z2}}$
C_1	42.6nf	$C_1=\dfrac{1}{2\times\pi\times f_{P1}\times R_1}$
C_2	1.309nf	$C_2=\dfrac{f_{Z1}}{2\times\pi\times f_{P\_0}\times f_{P2}\times R_2}$
C_3	43.558nf	$C_3=\dfrac{1}{2\times\pi\times f_{P\_0}\times R_2}-C_2$
R_3	4558Ω	$R_3=\dfrac{1}{2\times\pi\times f_{Z1}\times C_3}$

2.4.5 仿真电路绘制

对于基本仿真所需的元件，前面几节已全部计算求得，因此此节开始绘制仿真所需的电路图，有别于基本单一极零点实验，避免过于烦琐，重复的步骤就不再赘述。此小节反过来先给出最终线路的样子，然后逐一补充单一极零点实验所没有提到的部分与差异的部分。图 2.4.1 为完整仿真电路图。

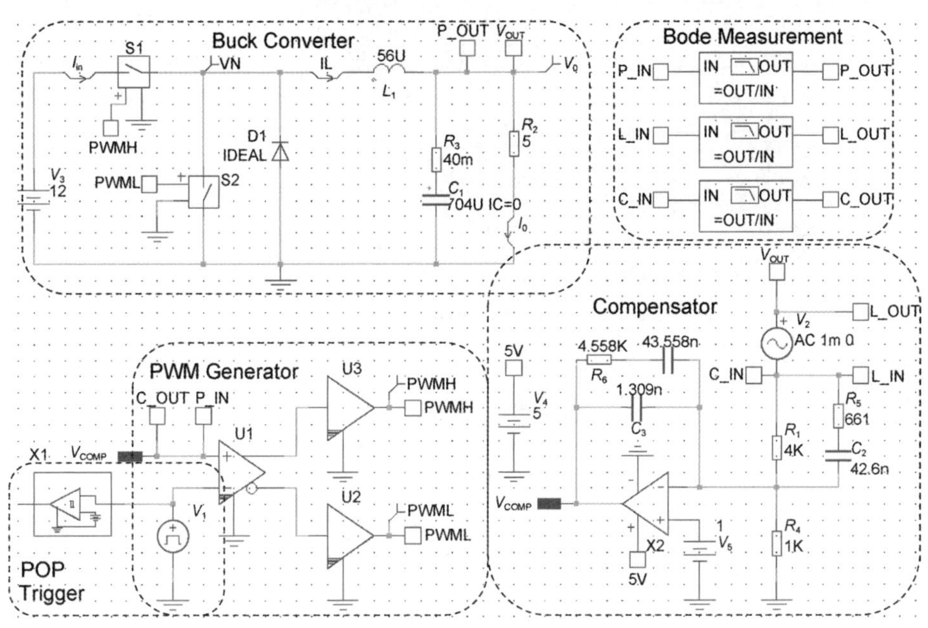

图 2.4.1　完整 VMC Buck Converter 仿真电路图

图 2.4.1 中，一共有五个区块，而其中有放置一些 Probes，例如测量 I_{in} 与 V_o 等，视读者验证所需，可自行决定放置与否，不影响控制环路做波特图验证。首先 Compensator（控制补偿器）、POP Trigger（POP 触发器）与 Bode Measurement（波特图测量）等区块的组成元件，与单一极零点实验皆为一样，请参考该章节，找出对应的元件后放置与设定，其中 Compensator（控制补偿器）的数值可同时参考表 2.4.2。

由于 V_1 同时也是 PWM Generator（PWM 产生器）的 PWM 基准锯齿波，因此需要设定为 F_{PWM}=350kHz，如图 2.4.2 所示。

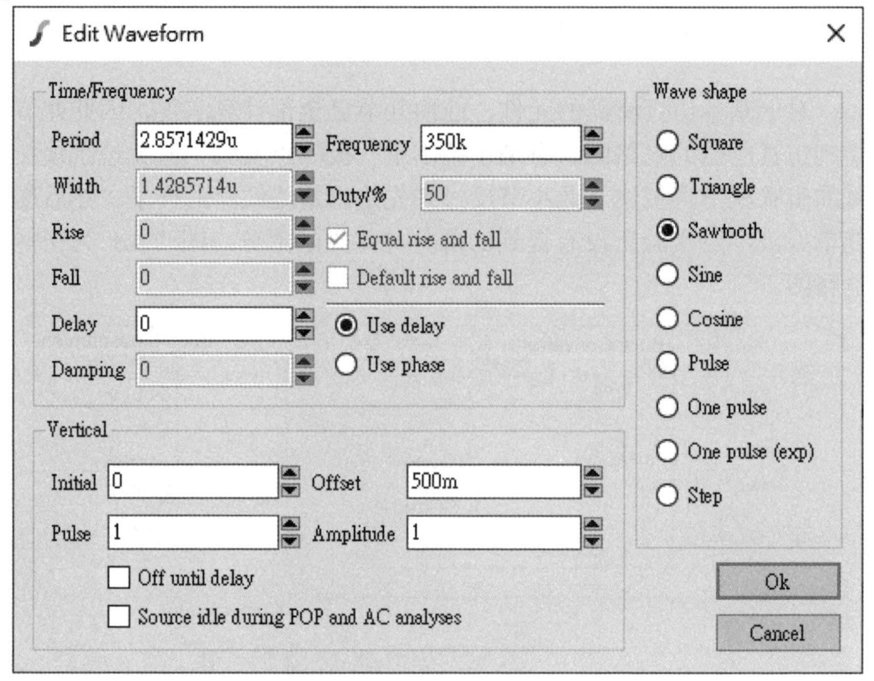

图 2.4.2 设定 F_{PWM}

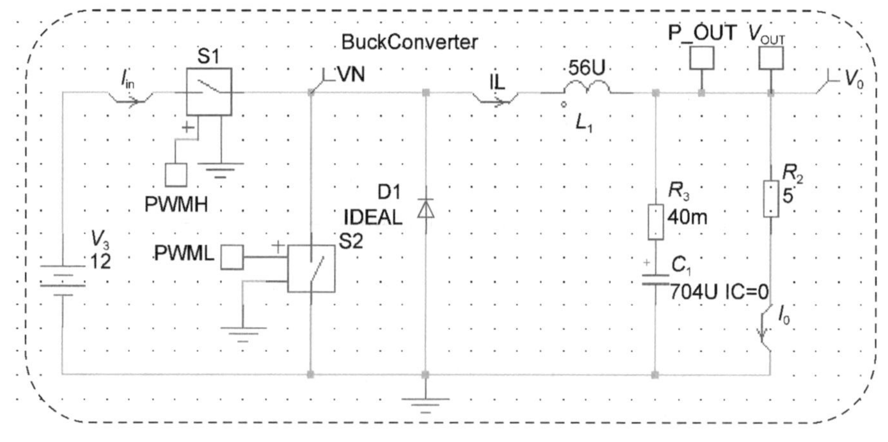

图 2.4.3 Buck Converter（降压转换器）

剩下两个区块需要说明：Buck Converter（降压转换器）与 PWM Generator（PWM 产生器）。在图 2.4.3 中，而由左而右 I_{in}、V_N、I_L、I_o与V_o是电流与电压测量点，读者视需求，可自行决定配置与否。

如图 2.4.4 所示，C_1为输出电容=704μF（C_1数值旁标示 IC=0，IC 意思

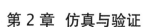

是 Initial Conditions，可于 C_1 电容的设定窗口找到，并依需求设定与否，可用于测试启动瞬间状态，此电路设定为 0V）。

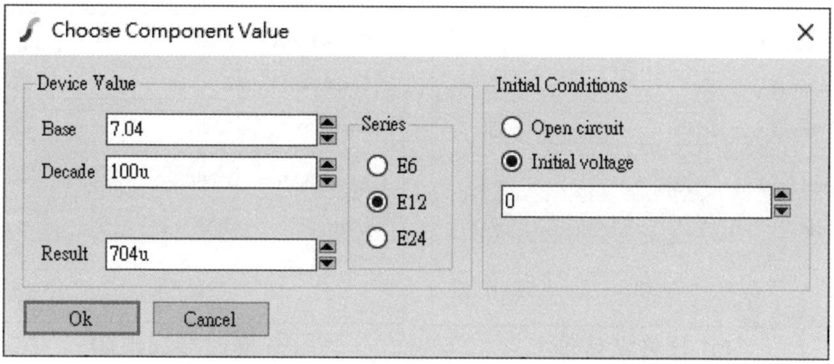

图 2.4.4　电容初始状态设定

R_2 是负载电阻 R_{LOAD}=5Ω（5V/1A=5Ω，最大负载状态）。

R_3 是等效输出串联电容 R_{CESR}=40Mω。

L_1 为主电感=56μH（可使用快捷键 L 找到电感并放置后设定电感量）

S1 与 S2 为主半桥开关，菜单中，依序选择：Place>SIMPLIS Primitives>Simple switch – voltage controlled，如图 2.4.5 所示。

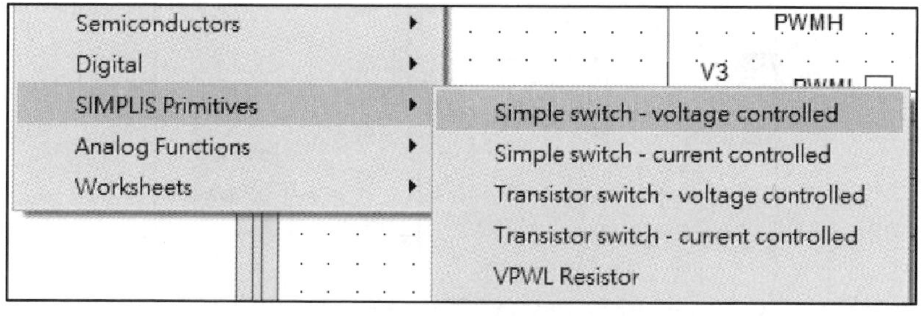

图 2.4.5　选择开关元件

即可找到此开关，请注意，若不特别修改设定，默认值并非为一个“理想”开关，如图 2.4.6(a)所示，导通开关导通电阻预设为 1Ω。

对于低输出电压的应用，开关导通电阻对于仿真结果影响甚大，建议根据实际条件，至少修改此项参数，例如图 2.4.6(b)所示，改为 6.6mΩ（配合后面章节使用的实际条件）。V_3 是输入电压=12V（配合后面章节使用的实际条件）D1 是预留用，可用于仿真异步整流状态，必要时，只需将 PWML 信号切断即可。

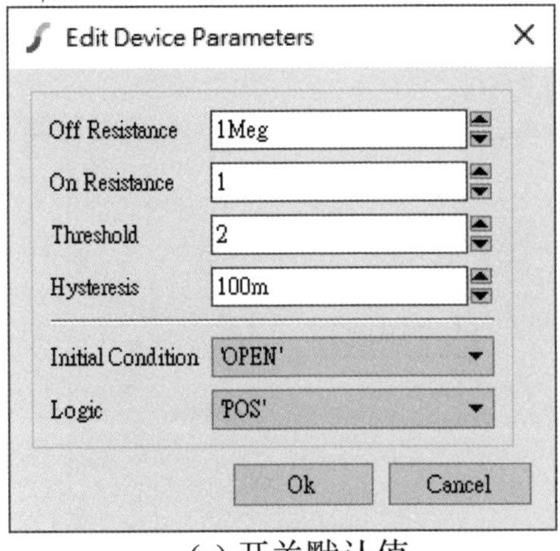

(a) 开关默认值

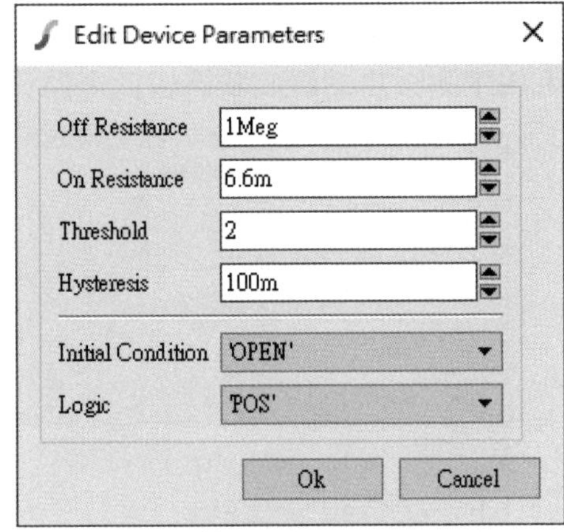

(b) 修改导通电阻

图 2.4.6　开关设定

图 2.4.7 PWM Generator（PWM 产生器）中，U1 为一比较器，菜单中，依序选择：

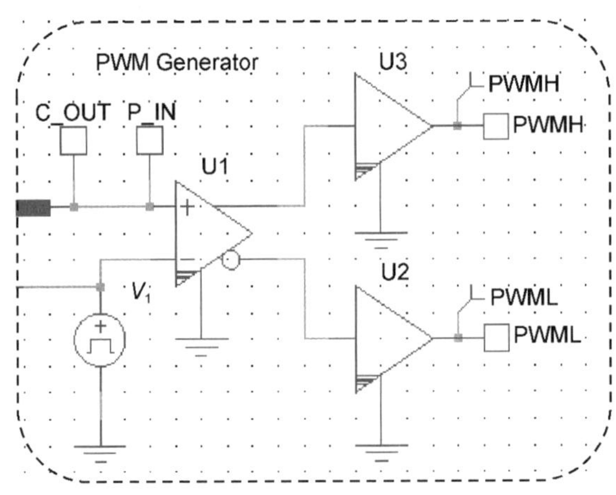

图 2.4.7　PWM Generator（PWM 产生器）

Place>Analog Functions>Comparator with Ground（参考图 2.4.8）。

U1 使用默认值即可。U2 与 U3 是用来产生死区时间（Deadtime），菜单中，依序选择：

Place>Digital>Advanced Digital (with ground ref)
Functions>Asymmetric Delay（参考图 2.4.9 a & b）。

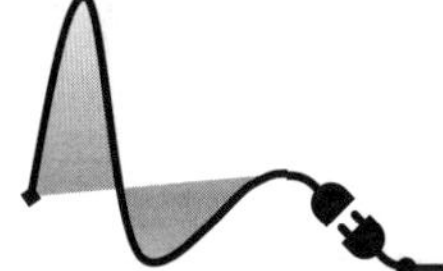

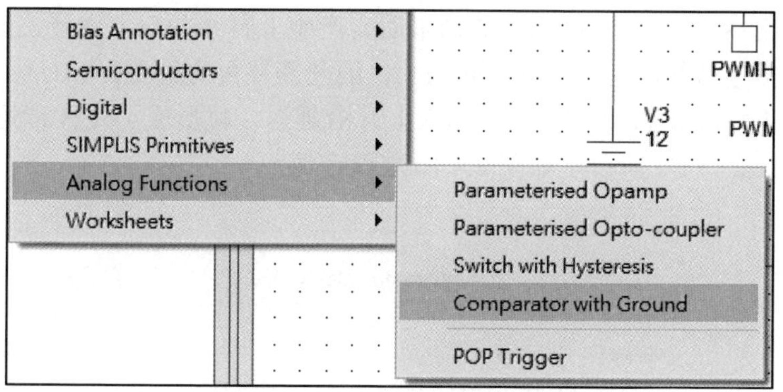

图 2.4.8 选择比较器

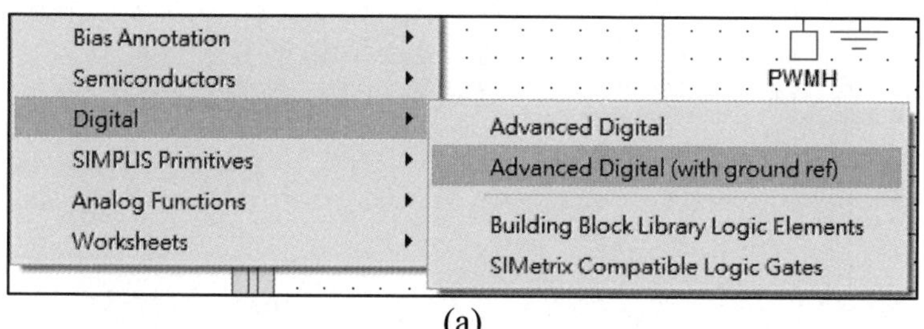

(a)

Advanced Digital (with ground ref)

Functions
- Asymmetric Delay
- Digital Comparator
- Digital Lookup Table
- Digital Lookup Table allowing Don't Care in Input Definition
- Digital Mux
- Digital Demux

Counters
- Up Counter
- Down Counter
- Up/Down Counter

Latches
- D-Type Latch
- S/R Latch
- S/R Latch w/ Enable

Discrete Filters

Ok Cancel

(b)

图 2.4.9 选择 Deadtime 模块

2

U1 的“+”输入来自于 V_{Comp}（控制补偿器），“-”输入来自 V1 锯

齿波产生器。U1 比较两输入的结果后，产生上臂开关与下臂开关两 PWM 信号，但包含死区时间（Deadtime），因此需要再通过 U2 与 U3，对上臂开关与下臂开关两 PWM 信号加入上升沿延迟，就形成了死区时间。假设 150ns，U2 与 U3 阶设定如图 2.4.10 之设定值。

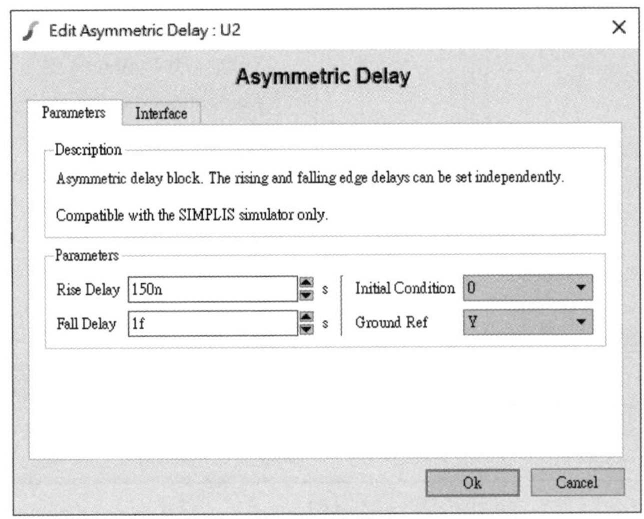

图 2.4.10　死区时间设定

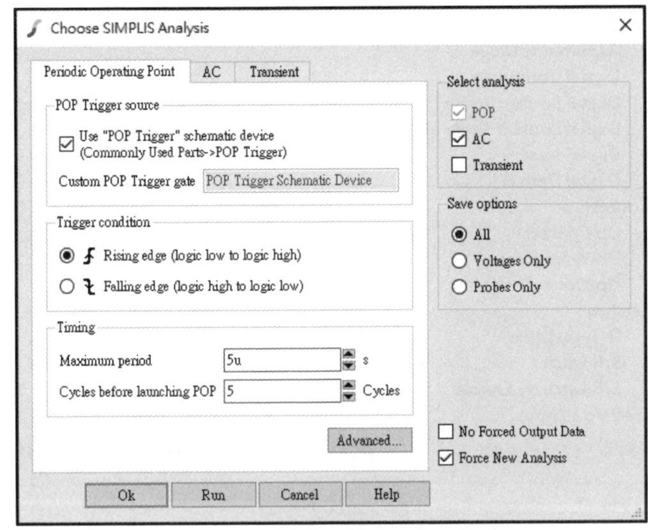

(a) Periodic Operating Point

图 2.4.11　设置波特图测量

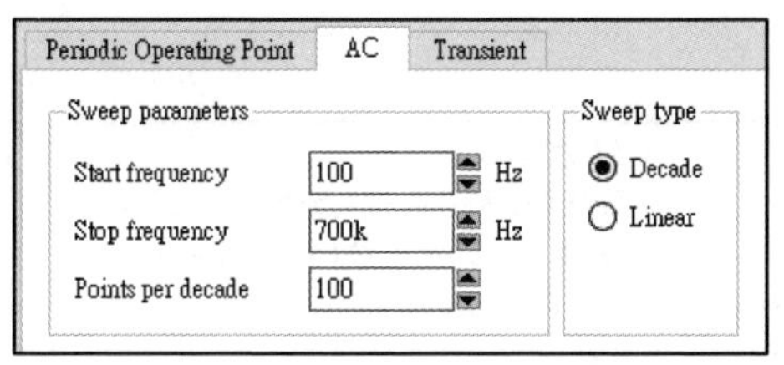

(b) AC

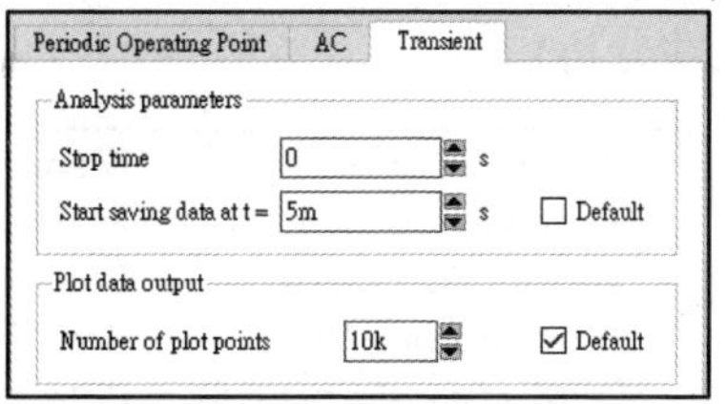

(c) Transient

图 2.4.11 设置波特图测量（续）

最后还需要完成波特图测量相关分析方式设定，参考图 2.4.11。

所有仿真所需的工作已经完成，接下来可以进行仿真与验证了！按下 ▶ Run Schematic，或者快捷键 F9，即可以看到初步仿真结果。

2.4.6 仿真结果与分析

假设读者的仿真电路、设定等，皆与笔者相同，那么接下来应该能看到同样的初步仿真结果，并包含下列两个部分的结果，分成两个不同的窗口。一个是 I_{in}、I_L、I_o、V_N 等电气信号，如图 2.4.12 所示；另外一个是波特图测量结果，如图 2.4.13 所示。

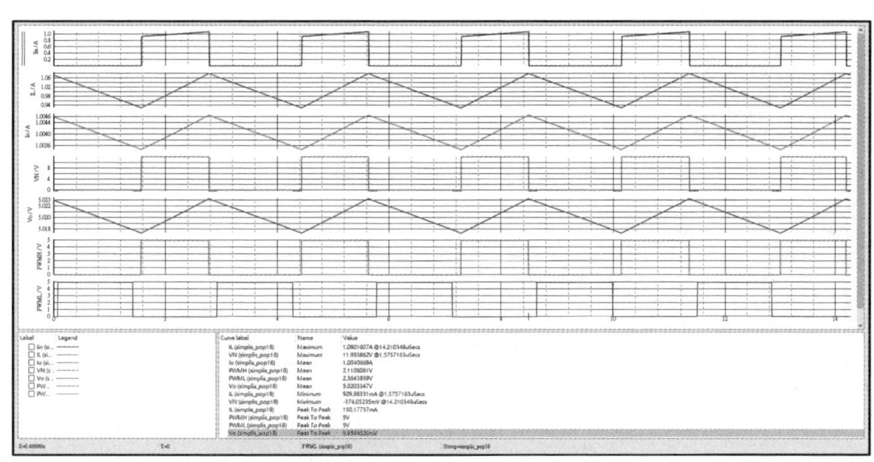

图 2.4.12 探头 Probes 测量信号

图 2.4.12 中下边，可以简单快速查看一些基本数据是否合理，例如：

输出电压 $V_{O(Mean)}$=5V，输出电压纹波 V_{OR}=5.952534mV (接近前面计算的 7.46mV，误差来自于近似公式计算的结果，误差很小，并且不影响稳定性分析)。

Vo (simplis_pop18)	Mean	5.0203347V
IL (simplis_pop18)	Minimum	929.98331mA @1.5757163uSecs
VN (simplis_pop18)	Minimum	-374.05235mV @14.210348uSecs
IL (simplis_pop18)	Peak To Peak	150.17737mA
PWMH (simplis_pop18)	Peak To Peak	5V
PWML (simplis_pop18)	Peak To Peak	5V
Vo (simplis_pop18)	Peak To Peak	5.9589526mV

图 2.4.13 应该是让读者相当眼花缭乱吧？快速分析一下，从第一章的基础分析来看，图中草绿色（◉）为开回路增益图，红色（▲）为开回路相位图。为了方便分析增益裕量 G.M.与相位裕量 P.H.，可将不需要看的曲线勾选如下，并于任务栏中，点一下：。

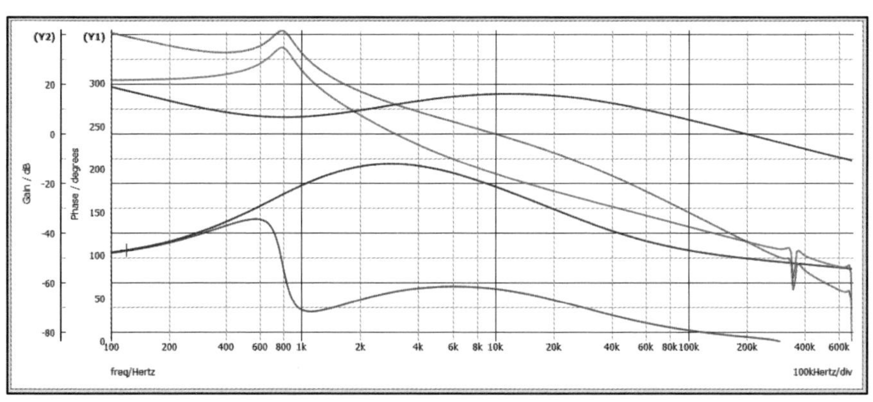

图 2.4.13　波特图测量结果

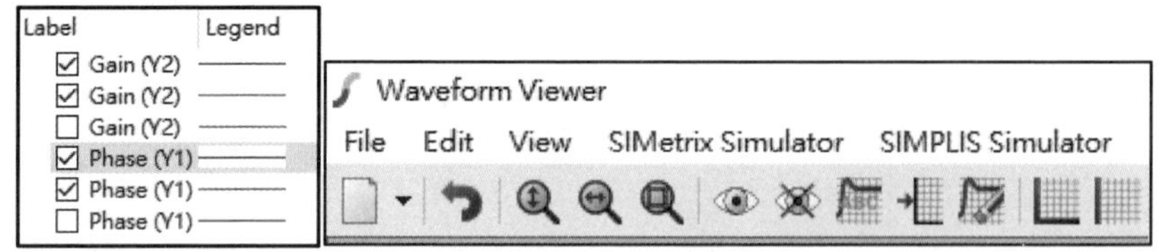

此连续动作后，不想看到的曲线，将暂时从图中被移除，留下没有被移除的曲线，Plant 波特图如图 2.4.14 所示，补偿控制器波特图如图 2.4.15 所示，系统开回路波特图如图 2.4.16 所示。其中顺便微调一下纵轴刻度，也顺便开启 Cursors 功能，方便分析。

我们来检查一下 Plant 结果是否符合预期：

- DC Gain 应约为 $20\log_{10}(12) = 22\text{dB}$

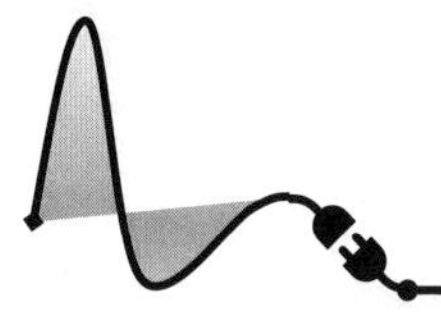

符合预期！

- f_{LC}双极点位置应约为 801.57Hz
  符合预期！
- F_{ESR} ESR 零点位置应约为 5651.81Hz
  符合预期！
- f_{LC} 双极点位置后，至 F_{ESR} ESR 零点前，增益曲线斜率：–40 dB/Decade
  符合预期！
- F_{ESR} ESR 零点后，增益曲线斜率：–20 dB/Decade
  符合预期！

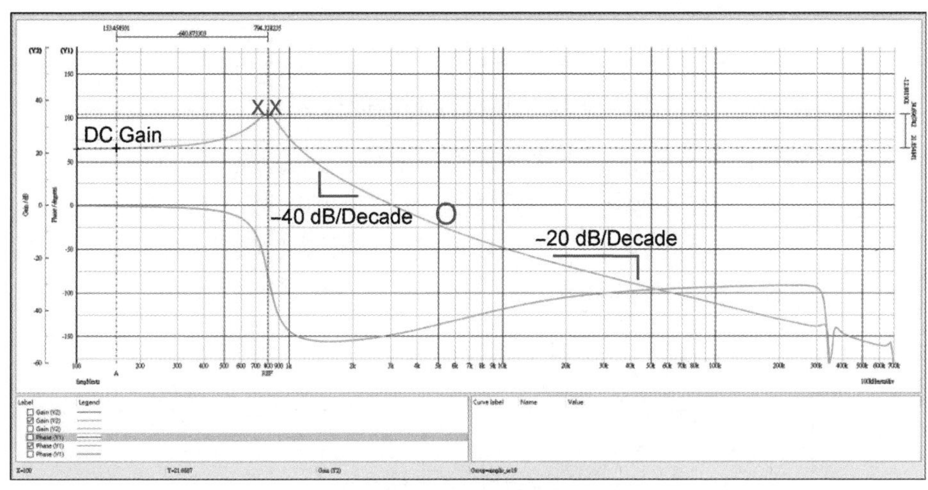

图 2.4.14 Plant 波特图

接着来检查一下补偿控制器波特图结果是否也符合预期：

- Type–3（三型）控制器应该是 3 个极点，2 个零点
  符合预期！
- 其中双零点是为了对消 LC 的双极点，位置应该重叠
  符合预期！
- 对照 3 个极点，2 个零点所有频率点：
  符合预期！

f_{P_0}	886.82Hz
f_{Z1}	801.57Hz
f_{Z2}	801.57Hz
f_{P1}	5651.81Hz
f_{P2}	27474.77Hz

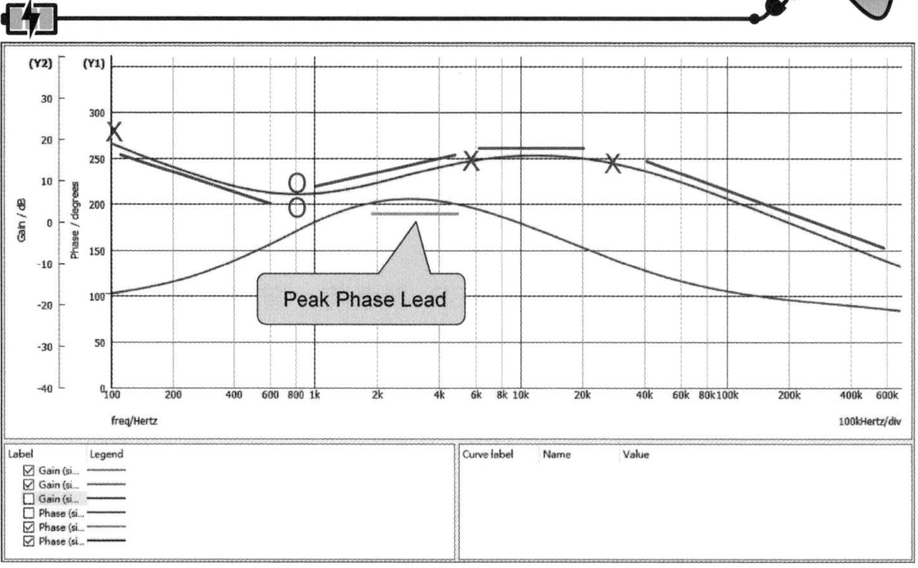

图 2.4.15　补偿控制器波特图

对照理想极零点配置，通常会有些许偏移，原因是整个 Type-3（三型）控制器透过单一 OPA 运算放大器，因此每一个单一 R_C 元件，皆不只对应到单一个频率，这样的耦合关系，导致某极点或零点频率可能会偏移。最终计算结果，还得考虑实际购买 R_C 值，届时会再偏移一次！

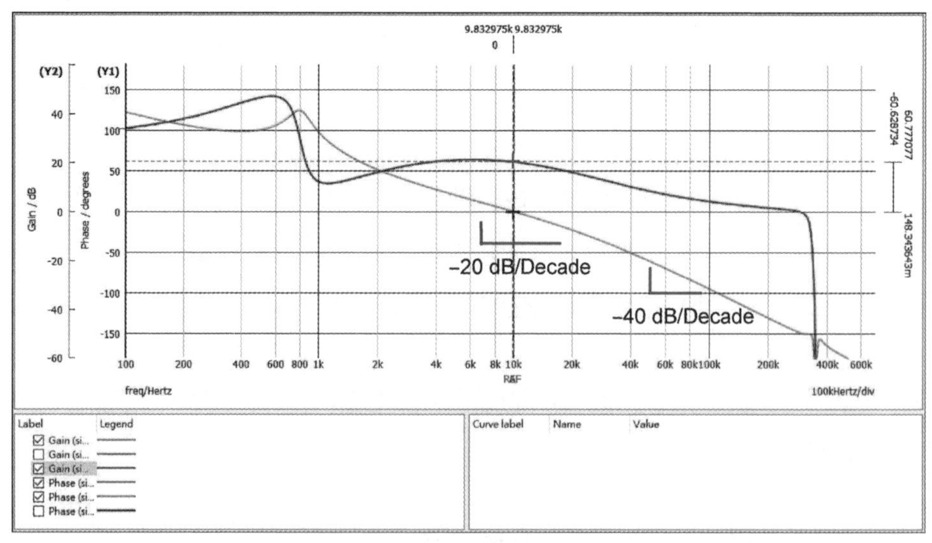

图 2.4.16　系统开回路波特图

前一页，补偿控制器波特图分析已经告诉我们，由于补偿器 *RC* 值的耦合性问题，极零点摆置产生些许偏移。换言之，系统开回路波特图是最终结果，也会受到些许偏移影响。

我们就来看看最终系统开回路波特图偏差多少？

- F_C频率点，增益曲线斜率：–20 dB/Decade
  符合预期！
- 高频区段，增益曲线斜率：–40 dB/Decade
  符合预期！
- F_C预设为 10kHz，偏移至 9.8kHz
  略小于 10kHz，可接受！
- P.M.预设为 70°，偏移至 60.77°
  小于 70° ，但 60.77° 尚可接受！
- G.M.大于 10dB
  符合预期！

2

整体虽然有部分设计规格偏移，但还是一个稳定且不错的电源转换器。

聪明如你，是否马上发现几个问题？

- 能否可以根据结果，微调 F_C 至 10kHz 频率？
- P.M.是否还能够提升？
- 350kHz 的地方发生快速变化，又是怎么一回事啊？
- 换上实际市面上能买到 *RC* 元件，又会变成什么样子？

我们就一起来一一解开上面的几个谜题。

首先第一个问题：能否可以根据结果，微调 F_C 至 10kHz 频率？

调整 F_C，首先必须想到 F_C是（或 ω_C）由哪些参数决定，还记得吗？

回想一下前面介绍过的公式：

$$\omega_{P\_0}=\frac{V_{Ramp}\times\omega_0}{V_S}=\frac{V_{Ramp}}{V_S}\times\omega_C\times\sqrt{1+\left(\frac{\omega_C}{\omega_{P\_HFP}}\right)^2}$$

是的，显而易见，V_S，ω_{P_0}，ω_{P_HFP}，皆能影响 F_C。

从图 2.4.16 来看，若能相位保持不变，只上下移动增益，让增益曲线

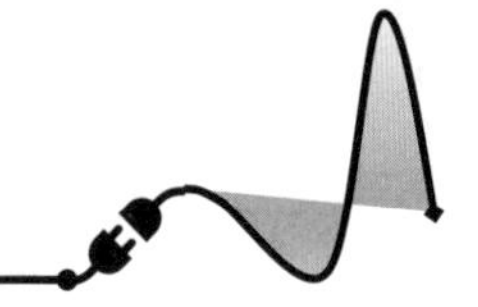

于 10kHz 时通过 0dB，那就太棒了不是吗？根据这个构想，加上 ω_{P_0} 与 ω_C 几乎就是正比关系，那么直接线性调整 ω_{P_0} 便是最简单且直接的做法。图 2.4.16 中，10kHz 地方的增益为-20mdB。

只要让增益曲线上升 20mdB，F_C 就可以变成 10kHz，而-20mdB 换算成倍率：

$$10^{\frac{-0.02}{20}} = 0.997700064$$

$$\text{新 } \boldsymbol{\omega_{P\_0}} = \frac{\boldsymbol{\omega_{P\_0}}}{0.997700064} = 5584.866624(\text{rad/sec})$$

据此新 ω_{P_0}，R_C 参数需要重新计算一次，如图 2.4.17 所示，为新的补偿线路元件参数，并重新执行仿真分析，得图 2.4.18 新的系统开环波特图。

由图 2.4.18 新的系统开回路波德图可以看出，F_C 已经被精准地调整到 10kHz，但由于相位并没有改变，而往高频移动的 P.M.会下降，因此 P.M.略为下降到了约 60.58°　。

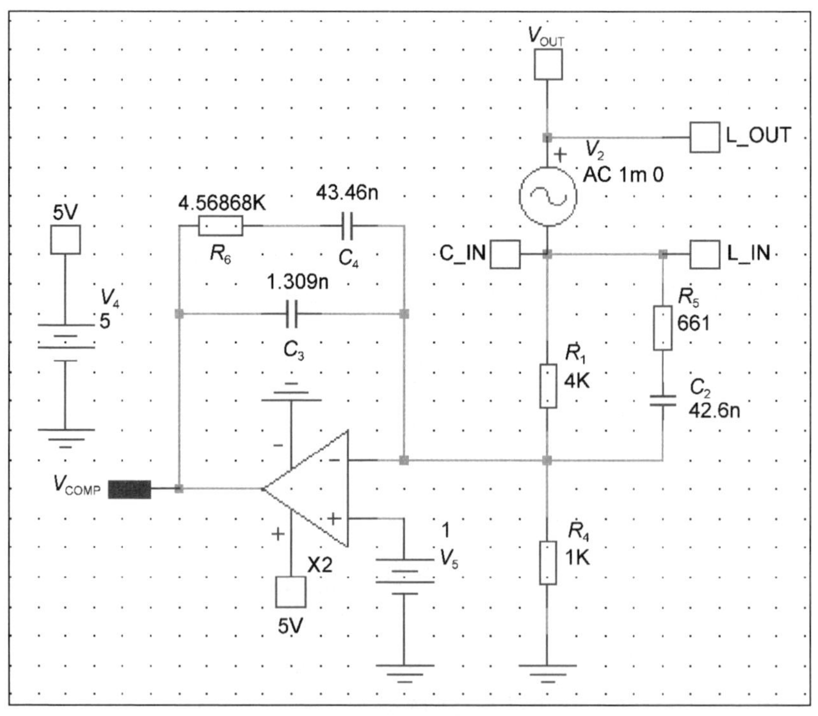

图 2.4.17　补偿线路元件参数

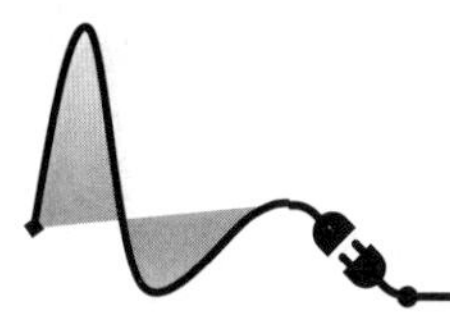

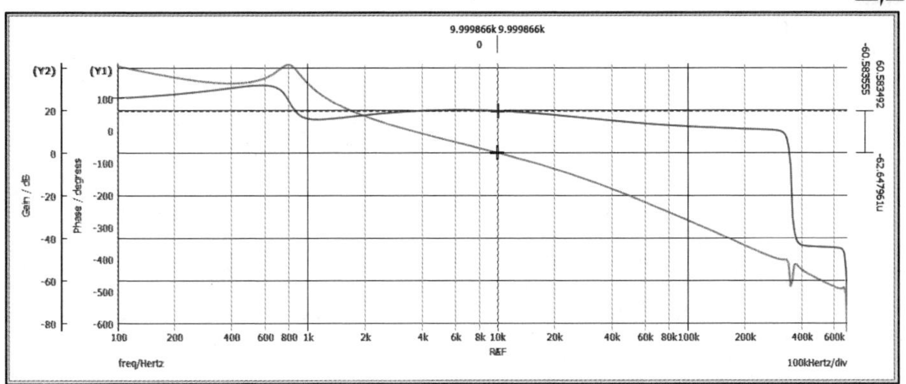

图 2.4.18 系统开回路波特图

第二个问题：P.M.是否还能够提升?

从上述的例子可以看到，提高或降低频宽 F_C 的同时，也能减少或提升 P.M.。但承如第 1 章提到，影响 P.M.的关键在于 ω_{P_HFP}，因此关于此问题，回答是：可以，调整 ω_{P_HFP} 即可。但别忘了，调整 ω_{P_HFP} 同时也可能会影响 F_C，频宽可能再次偏移。这种过程是困扰且痛苦的，经历过的都明白 ☺因此参数间，往往还存在着些许取舍的经验成分。至于 ω_{P_HFP} 调整，简单的大方向是，ω_{P_HFP} 频率越高，P.M.则越大，反之 ω_{P_HFP} 频率低，P.M.越小。考虑到下一个问题（关于奈奎斯特频率 Nyquist frequency 的影响），建议直接选择奈奎斯特频率 $F_N=F_{PWM}/2=175kHz$，将 P.M.提升到最大，原因是未来转成数字电源时，P.M.会因为奈奎斯特频率与采样定律影响，大幅下降，需要于模拟设计时，预设更大的 P.M.。

将 F_{P_HFP} 改 F_N，重新计算 RC 参数一次，如图 2.4.19 所示。得图 2.4.20 新的系统开回路波特图。

F_{P_HFP} 改 F_N 后，由图 2.4.20 可明显看出，F_{P_HFP} 改 F_N 后（往高频移动），相位与增益衰减起始点亦往高频移动，但最终都会在 F_{PWM} 达到相对最低点，并且出现振荡现象。

新的 F_C 移动到 10.5kHz，近 10kHz，可以接受，而 P.M.约 77°。

第三个问题：350kHz 的地方发生快速变化，又是怎么一回事啊?

这个频率牵涉一个重要的频率概念：奈奎斯特频率 Nyquist frequency（F_N）。奈奎斯特频率意味着，当一个控制系统的输入频率等于奈奎斯特频率时，其相位必然会是-180°。

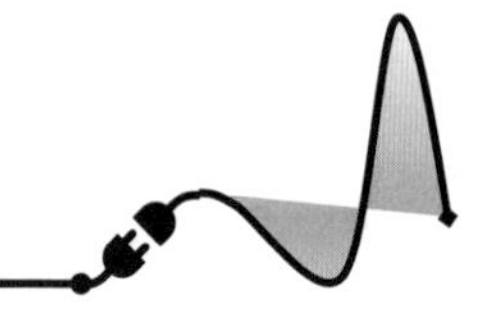

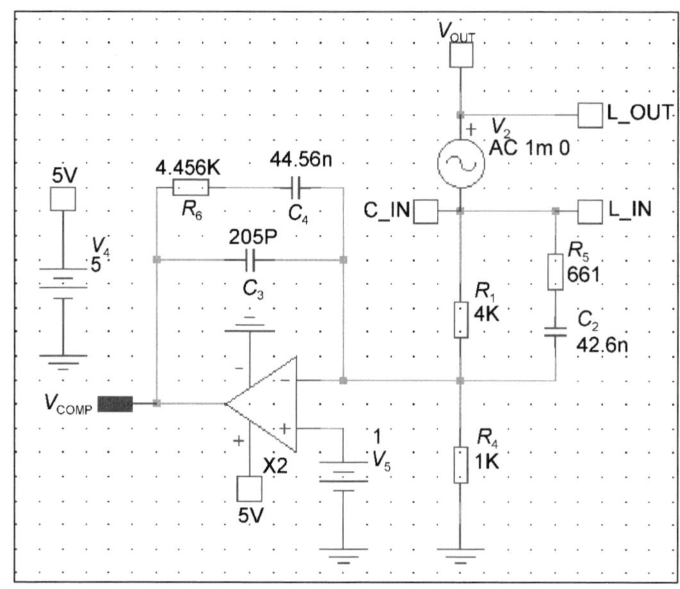

图 2.4.19 补偿线路元件参数

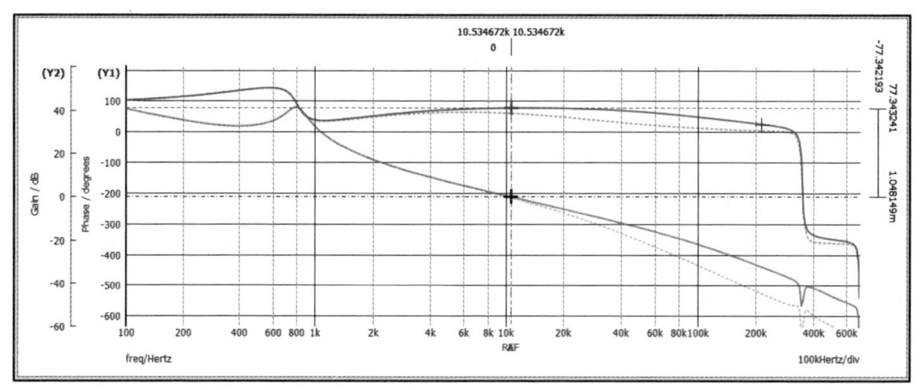

图 2.4.20 系统开回路波特图

或许人们会想：那么高频的地方，相位掉到-180°，又有何妨?

这么说似乎有道理，但事实真是如此吗? 关键问题在于影响频率范围 10 倍频率。换言之，在（F_N /10）的频率开始，相位就会开始衰减，这并不在我们设计之初的考虑里面，造成的 P.M.损失往往是测量后才知道。这方面在数字控制设计时，影响尤为明显。

另一方面，由于奈奎斯特频率的影响，模拟控制设计带宽时，最大带宽的限制，工程师往往都是设定为（F_{PWM} /10），原因也是在此，因为对

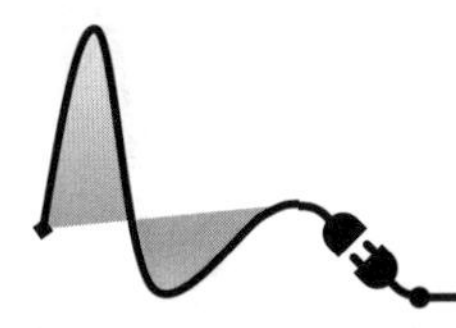

于模拟控制而言，$F_N=F_{PWM}$。

然而，数字电源 F_N 并非等于 F_{PWM}，建议数字控制设计带宽时，最大带宽的限制设定为（F_{PWM} /20），这点会在后面章节说明。或许人们又会想：相位掉到-180°，又有何妨？放两个零点去补偿相位不就好了？须知道，任何人为的极零点，接近奈奎斯特频率都是失效的，更何况，就算没有奈奎斯特频率影响，要有这么高频的极零点，对于系统带宽而言，也已经鞭长莫及，您说是吧？

第四个问题：换上实际市面上能买到 *RC* 元器件，又会变成什么样子？

这是一个很关键性的问题，以上的所有计算与仿真，已经完成了所有设计过程，这时候要实作板子时，会瞬间发现一个大问题，买不到元器件！需要配合实际市面上能买到 *RC* 元器件，重新调整一次，如图 2.4.21 所示。得图 2.4.22 新的系统开回路波特图。

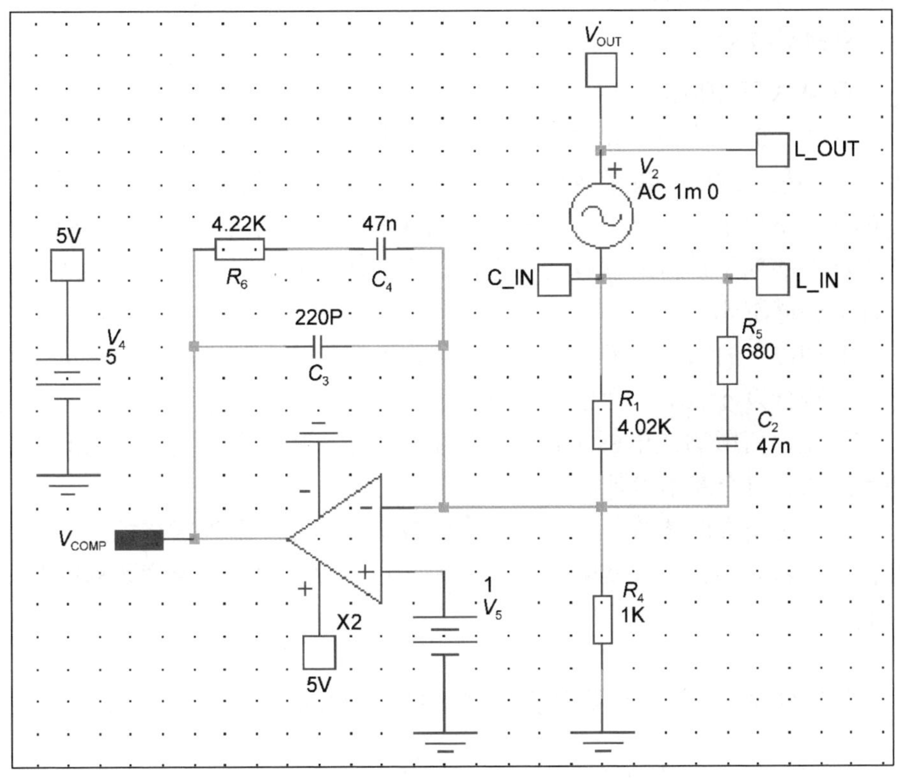

图 2.4.21 补偿线路元器件参数

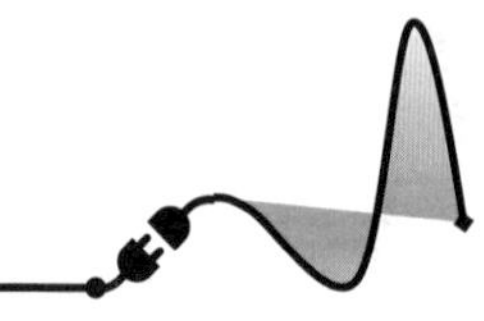

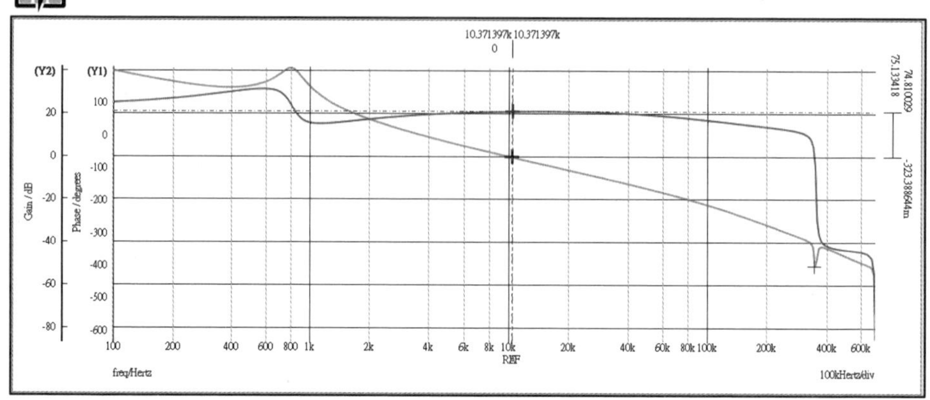

图 2.4.22　系统开回路波特图

图 2.4.22 是最终的系统开回路波德图，快速再看一次结果：

- F_C等于 10.37kHz
- P.M.约 75°
- G.M.大于 10dB

在实作的章节中，会发现还存在其他差异，那是因为仿真中，我们假设几乎都是理想的，以求得初步结果为基本目标。但实务中，几乎所有元件都存在不等量的变化量，有的会大幅度影响系统效能，有的仅是微乎其微。本书的期望是协助读者动手实作，亲自体验其差异，让设计挑战变成有趣的解谜游戏。

假如以上的结果还不满意，配合公式了解影响方向，重复调整 *RC* 值，直到“符合设计需求”为止。但需切记在心，毕竟 *RC* 耦合性，以及市面上实际元件值影响，单一 OPA 的条件下，若一味追求完美，基本上是不切实际的，符合基本设计需求即可。

追求更精准的参数，就需要转换到数字控制器，因为数字控制器并不存在 *RC* 耦合性，以及实际 *RC* 值影响，更不存在误差与温度飘移等众多影响！

2.5 进阶实验：峰值电流模式 BUCK CONVERTER

接下来让我们继续卷起袖子，挑战完整峰值电流模式同步整流 Buck Converter 的仿真与验证。本节将同样以一个实际例子作为计算基础，接续上一节电压模式的计算结果，并套用第 1 章的相关公式，完整计算一个峰值电流模式同步整流 Buck Converter，并同样使用 Mindi 完成相关仿真与验证。计算前，再次先假设系统基本规格如表 2.5.1 所列。

表 2.5.1 系统基本规格

符号	单位	说明	数值
V_{SMin}	V	最低输入电压	8
V_{SNor}	V	正常输入电压	12
V_{SMax}	V	最高输入电压	18
V_O	V	输出电压	5
$I_{O(Max)}$	A	最高输出电流	1
F_{PWM}	kHz	主开关 PWM 频率	350
ΔV_{OR}	mV	输出电压纹波	50
R_{LOAD_Min}	Ω	输出最小电阻	5
F_C	kHz	交越频率，带宽	10
$\Delta I_L\%$	%	电感电流纹波百分比	20
K_{iL}		电感电流反馈增益	0.2

以上基本设计规格表与电压模式相同，因此选用的相同 LC 参数如表 2.5.2 所列。

表 2.5.2 LC 参数表

符号	单位	说明	数值
L	μH	输出电感	56
C_O	μF	输出电容	704
R_{CESR}	mΩ	输出电容等效串联电阻	40

2.5.1 峰值电流模式 Plant 传递函数 $G_{VO}(s)$

如图 2.5.1，1.7.2 小节已详尽说明 $G_{VO}(s)$定义与计算，其 $G_{VO}(s)$为：

$$G_{VO}(s)=\frac{V_O(s)}{V_{Comp}(s)}=K_{iL}\times Z_O(s)$$

$$=\frac{R_{LOAD}}{K_{iL}}\times\frac{1+s\times R_{CESR}\times C_O}{1+s\times(R_{CESR}+R_{LOAD})\times C_O}\quad(2.5.1)$$

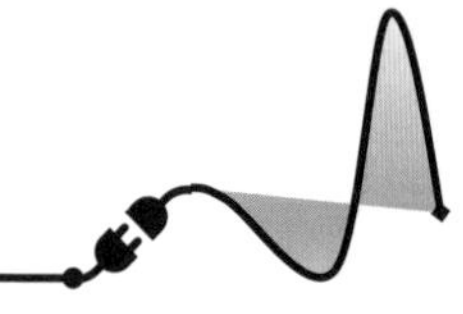

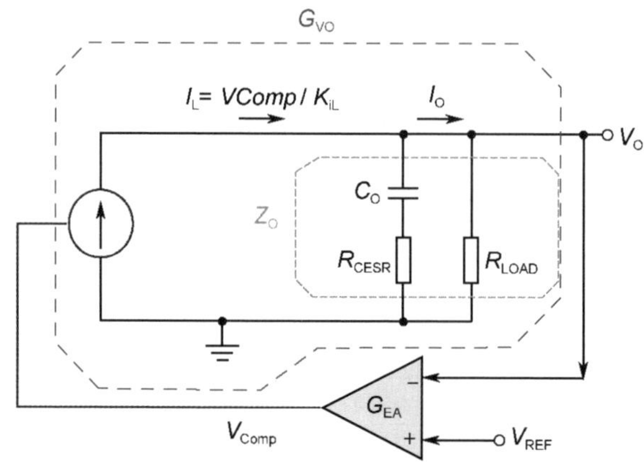

图 2.5.1　G_{VO}输出电压控制图

化简得：

$$G_{VO}(s) = G_0 \times \frac{1+\frac{s}{\omega_Z}}{1+\frac{s}{\omega_P}} \quad \text{式 2.5.2}$$

则 G_{VO}参数如表 2.5.3 所列。

表 2.5.3　G_{VO}参数表

符号	单位	数值	公式
f_Z	Hz	5651.8	$f_Z = \frac{1}{2 \times \pi \times R_{CESR} \times C_O}$
f_P	Hz	44.86	$f_P = \frac{1}{2 \times \pi \times (R_{CESR} + R_{LOAD}) \times C_O}$

2.5.2 控制器传递函数 $H_{Comp}(s)$计算

此处同样引用 Ridley 博士相关论文研究结论，有兴趣验证的读者，请自行查询 Ridley 博士的相关论文与文献。

在此，本节采用通用的快速设计顺序参考。注意这个通则通常可以得到 70~75° 的 P.M.，但是仅指模拟控制，所以不包含数字控制导致的相位损失，并且也不包含奈奎斯特频率的二次相位损失，因而此方法并不适合

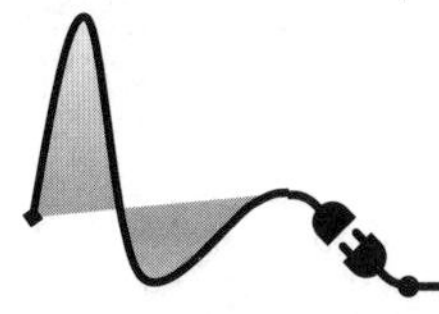

需要精准 P.M.的场合。

➢ 步骤 1：设置系统带宽 F_C =10kHz

通常模拟最大是 F_{PWM} 的 1/10，而数字控制环路则最大是 F_{PWM} 的 1/20，本范例维持电压模式的带宽设计目标 10kHz。

➢ 步骤 2：补偿控制器的零点 F_{Z1} =2kHz

放置于 F_C 的 1/5，据此 P.M.可以有所提升，即 2kHz。

➢ 步骤 3：补偿控制器的极点 F_{P1}=5651.8Hz

放置于 Plant 传递函数中电容 ESR 的零点 F_Z，即：

$$\boldsymbol{F_{P1}=F_Z=\frac{1}{2\times\pi\times R_{CESR}\times C_O}}=5651.8\text{Hz}$$

➢ 步骤 4：补偿控制器的原点极点 F_0 =17290.75Hz

$$\boldsymbol{F_0=\frac{1.23\,F_C\,K_{iL}\,(L+0.32\,R_{LOAD}\,T_{PWM})\sqrt{1-4\,F_C{}^2\,T_{PWM}{}^2+16\,F_C{}^4\,T_{PWM}{}^4}\sqrt{1+\frac{39.48\,C_O{}^2\,F_C{}^2\,L^2\,R_{LOAD}{}^2}{(L+0.32\,R_{LOAD}\,T_{PWM})^2}}}{2\,\pi\,L\,R_{LOAD}}}$$

（其中 R_{LOAD} 代入 R_{LOAD_Min}）

➢ 步骤 5：斜率补偿设计（于下一节 2.5.3 计算）

以上 5 个步骤，用以协助读者快速完成一般降压转换器的峰值电流控制补偿器，除了斜率补偿设计，此节已经完成 Type-2 关键的两个极点与一个零点的频率计算。

接下来需要换算出模拟 OPA 实际控制线路所需的实际 *RC* 参数值。

表 2.5.4 完整列出整个二型（Type-2）OPA 补偿控制器周围的 *RC* 参数。请注意这些是“理论数值”，这在现实世界会同样面临一些小麻烦，于仿真验证小节时会接续这个问题，讨论到一些现实世界的麻烦。

表 2.5.4　*RC* 参数计算

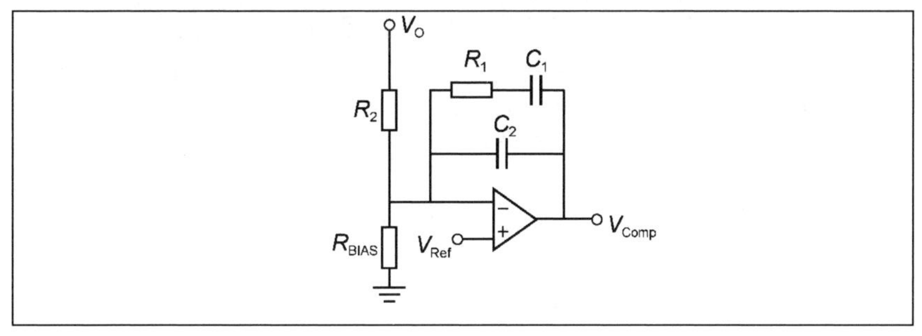

参数	理论数值	参考
V_O	5V	
V_{Ref}	1V	
I_{BIAS}	100μA	
f_0	17291Hz	
f_{Z1}	2000Hz	
f_{P1}	5651.81Hz	
R_{BIAS}	≤10kΩ (取 1K 抗噪声)	$R_{BIAS} <= \frac{V_{Ref}}{I_{BIAS}}$
R_2	4000Ω	$R2 = R_{BIAS} \times \frac{V_O - V_{Ref}}{V_{Ref}}$
C_2	814.31pF	$C2 = \frac{f_{Z1}}{2 \times \pi \times f_0 \times f_{P1} \times R2}$
C_1	1486.85pF	$C1 = \frac{1}{2 \times \pi \times f_0 \times R2} \times \left(1 - \frac{f_{Z1}}{f_{P1}}\right)$
R_1	53520.87Ω	$R1 = \frac{1}{2 \times \pi \times f_{Z1} \times C1}$

2.5.3 斜率补偿计算

于 1.7.1 小节中提到，斜率补偿可以放置于两个位置，如图 2.5.2 所示。可以加在 V_{Comp}（负斜率），也可以加到电流反馈信号（正斜率）。

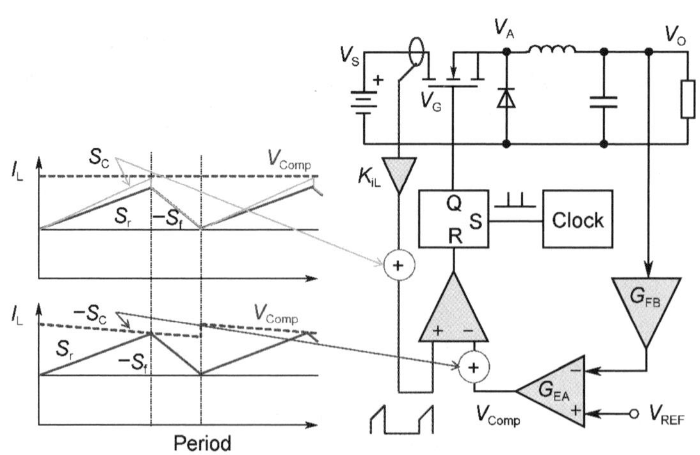

图 2.5.2　斜率补偿引入位置

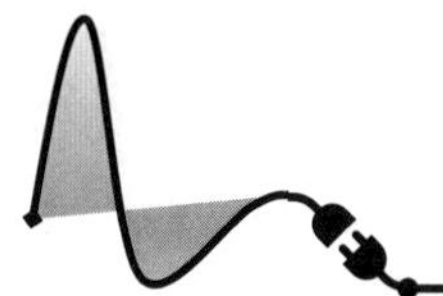

无论加在哪一个位置，都需要先求出 V_{C_PP}（斜率补偿 S_c 的峰对峰电压）：

$$V_{C\_PP}=-\frac{(0.18-D)\times K_i\times T_{PWM}\times V_S\times n^2}{L} \quad (2.5.3)$$

其中：

K_{iL}=0.2；

（假设使用比流器方式，其匝数比为 1：100，输出电阻为 20Ω。）

V_S 为最低输入电压＝8V；

n 为架构本身主变压器的匝数比，假设非隔离，没有变压器，n=1；

L 为架构主电感＝56μH；

D 为占空比，假设输出为 5V，D 约为 62.5%。

得 V_{C_PP}：

$$V_{C\_PP}=-\frac{(0.18-D)\times K_{iL}\times T_{PWM}\times V_S\times n^2}{L}\approx 36.33\text{mV}$$

一般建议增加设计裕量 2~2.5 倍，因此建议 V_{C_PP} 约 90mV。

假设使用的是“正”斜率补偿如图 2.5.3 所示。

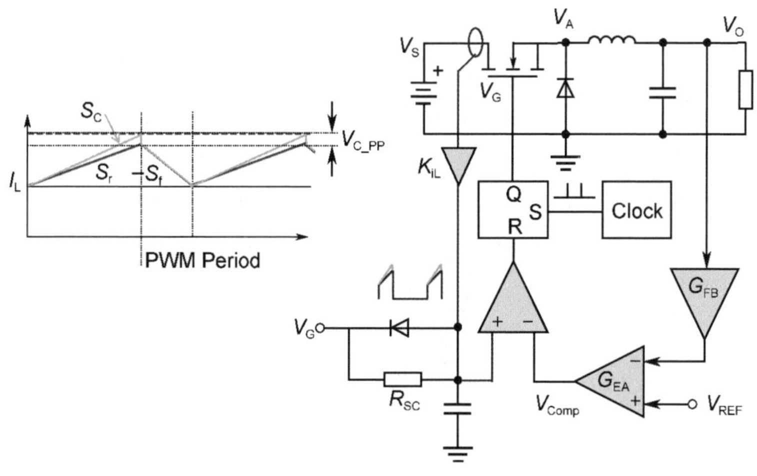

图 2.5.3　正斜率补偿方式之斜率补偿

R_{SC} 建议至少产生 100μA 的电流，假设驱动电压为 5V，建议：$R_{SC}\geqslant$5V/100μA，约为 4.99kΩ。选定电阻后，可得电容 C_{SC}：

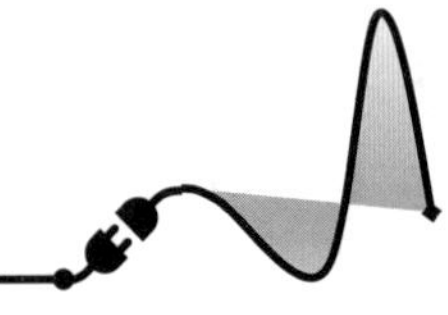

$$C_{SC} \leqslant \frac{-T_{PWM}}{R_{SC} \times \ln\left(1-\frac{V_{C\_PP}}{V_O}\right)} \leqslant 31.24\text{nF}$$

整理的参数表如表 2.5.5 所列。

表 2.5.5　斜率补偿参数表

符号	单位	数值
V_{C_PP}	mV	90
R_{SC}	kΩ	5
C_{SC}	nF	27

对于基本仿真所需的元件，目前已经全部计算求得，接下来可以开始绘制仿真所需的电路图，同样的，有别于基本单一极零点实验，避免过于烦琐，重复的步骤就不再赘述。因此一样先给出最终线路的样子，然后逐一补充单一极零点实验所没有提到的部分与差异的部分。

图 2.5.4 即为完整的仿真电路图。

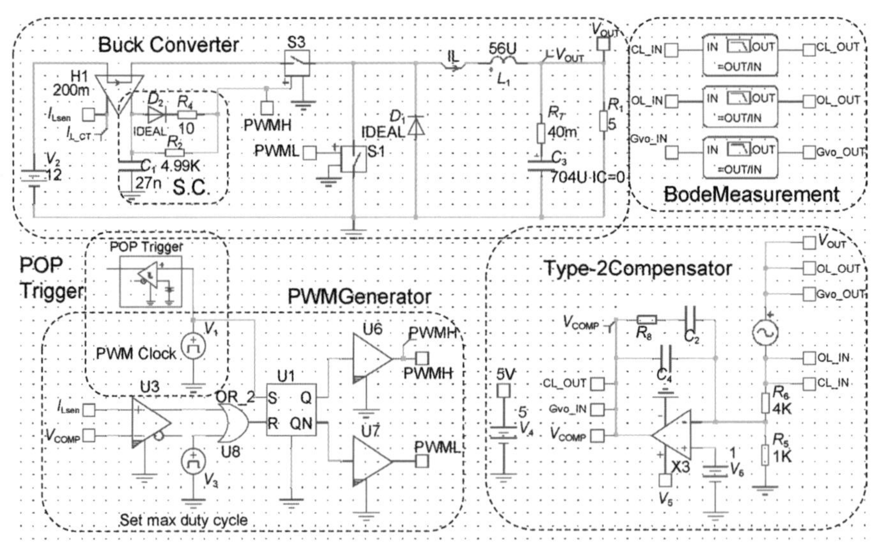

图 2.5.4　完整 PCMC Buck Converter 仿真电路图

一共包含五个模块：

- 斜率补偿
- 功率级 (Buck Converter)

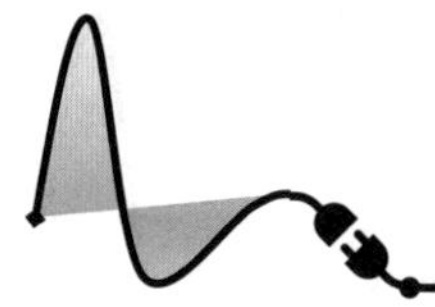

- 电压环路控制器 (Type-2 Compensator)
- PWM 产生器（PWM Generator)
- 波特图测量与 POP 触发器（Bode Measurement & POP Trigger)

接下来让我们先立个小目标：完成它吧！

2.5.4 仿真电路绘制——斜率补偿

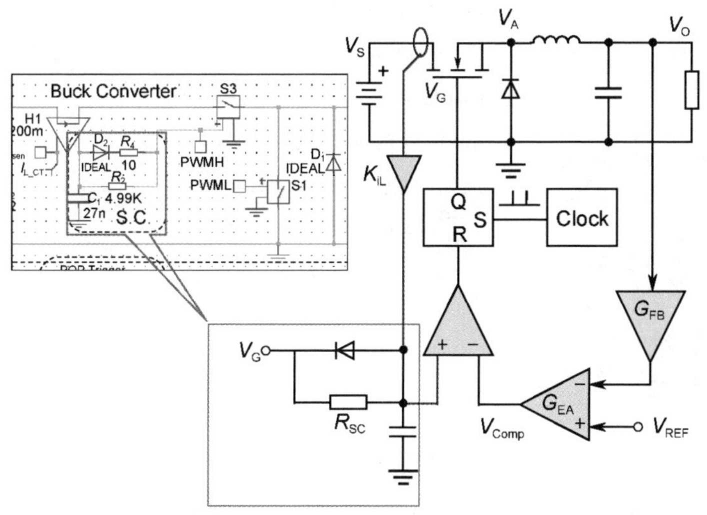

图 2.5.5 斜率补偿模块

参考图 2.5.5，斜率补偿模块包含几个关键元件：

- C_{SC} (C_1=27nF)+ R_{SC} (R_2=4.99kΩ):

产生正补偿斜率，并迭加于电感电流反馈信号上。当 PWM V_G=High 时，PWM V_G通过 $R_{SC}(R_2)$对 $C_{SC}(C_1)$充电。

- D_2+R_4:

有充电就需要放电，否则 $C_{SC}(C_1)$充饱电后，就无法再产生正补偿斜率去迭加电感电流反馈信号。当 PWM V_G=Low 时，PWM V_G通过 D_2+R_4对 $C_{SC}(C_1)$快速放电，需要于下一周期开始前放电结束，R_4一般约 10Ω。

- $K_{iL}(H_1)$：

电感电流反馈增益，代表是整个电感电流从电流信号转变成电压信号

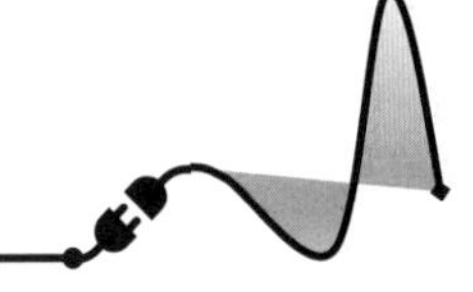

的比例增益，假设电流比流器为 100:1，比流器输出电阻为 20Ω，比例为 20/100=0.2。

其中 D_2 二极管可以通过快捷键 D 取得，并设定 IDEAL 模型如图 2.5.6。

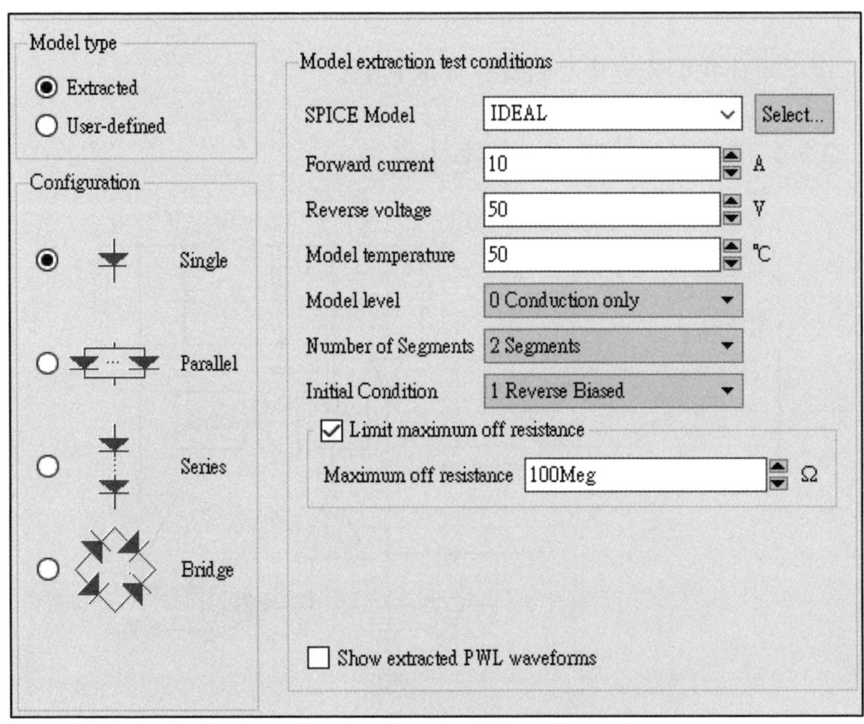

图 2.5.6　设置 IDEAL 二极管

其中 H_1 为一电流电压比例转换器，于菜单中，依序选择（见图 2.5.7 所示）：

Place>Controlled Sources>Current Controlled Voltage Source
并设定倍率为 200m = 0.2（见图 2.5.8）。

Voltage Sources
Current Sources
Controlled Sources
Bias Annotation
Semiconductors
Digital
Current Controlled Current Source F
Current Controlled Voltage Source
Voltage Controlled Current Source
Voltage Controlled Voltage Source E

图 2.5.7　电流电压比例转换器

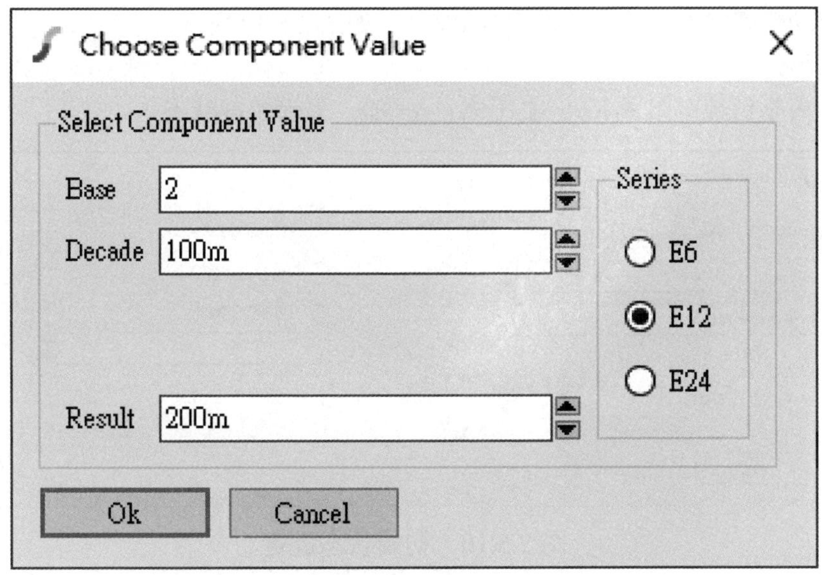

图 2.5.8　设定电流电压比例转换器倍率

2.5.5 仿真电路绘制——功率级 (BUCK CONVERTER)

其中放置一些 Probes，由左而右例如测量 I_L 与 V_O 等，视读者验证所需，可自行决定放置与否，不影响控制环路做波特图验证。

图2.5.9中亦包含了几个连接节点：I_{L_CT}、PWMH、PWML，连接到别的区块。用快捷键 Y 能调用出节点，放置并修改节点名称，方便辨识。

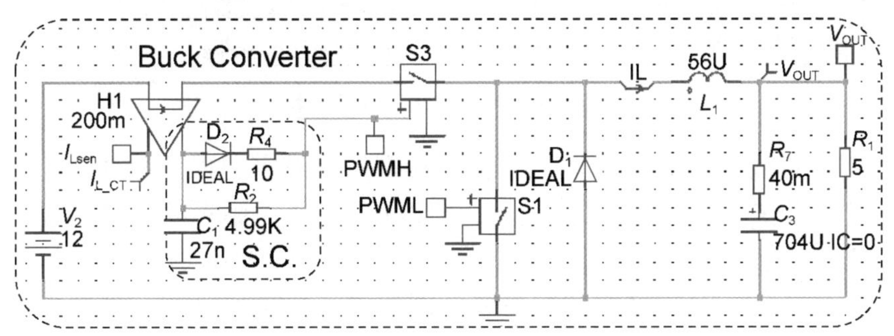

图 2.5.9　功率级 (Buck Converter)

C_3 为输出电容=704μF（C_3 数值旁标示 IC=0，IC 意思是 Initial Conditions，可于 C_3 电容的设定窗口找到，并依需求设定与否，可用于测试启动瞬间状态，此电路设定为 0V），如图 2.5.10 所示。

另外：

R_1 是负载电阻 R_{LOAD}=5Ω（5V/1A=5Ω，最大负载状态）。

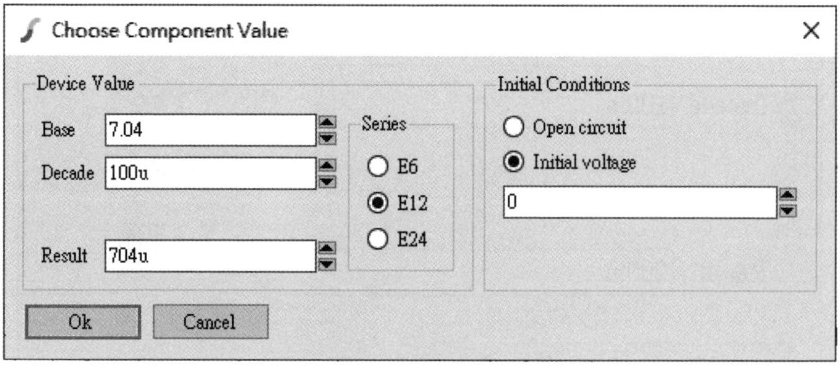

图 2.5.10　初始状态设定

R_7 是等效输出串联电容 R_{CESR}=40mΩ。

L_1 为主电感=56μH（可用快捷键 L 找到电感，并放置后设定电感量）。

S_3 与 S_1 为主半桥开关，菜单中，依序选择：

Place>SIMPLIS Primitives>Simple switch – voltage controlled

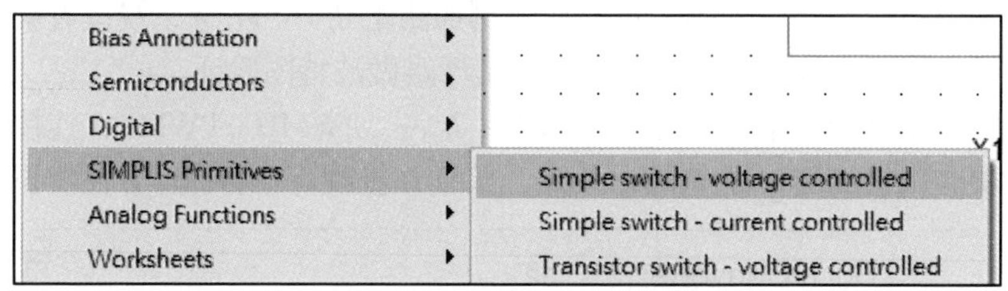

图 2.5.11　选择开关元件

即可找到此开关，请注意，若不特别修改设定，默认值并非为一个“理想”开关，如图 2.5.12(a)所示，导通开关导通电阻预设为 1Ω。

对于低输出电压的应用，开关导通电阻对于仿真结果影响较大，建议根据实际条件，至少修改此项参数，例如图 2.5.12(b)所示，改为 6.6mΩ（配合后面章节使用的实际条件）。

V_2 是输入电压=12V（配合后面章节使用的实际条件）。

D_1 是预留用，可用于仿真异步整流状态，必要时，只需将 PWML 信号切断即可。

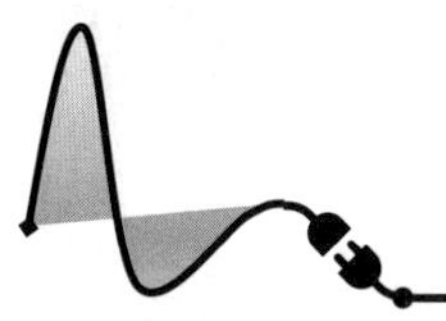

Edit Device Parameters

Off Resistance	1Meg
On Resistance	1
Threshold	2
Hysteresis	100m
Initial Condition	'OPEN'
Logic	'POS'

Ok Cancel

(a)开关默认值

Edit Device Parameters

Off Resistance	1Meg
On Resistance	6.6m
Threshold	2
Hysteresis	100m
Initial Condition	'OPEN'
Logic	'POS'

Ok Cancel

(b)修改导通电阻

图 2.5.12 开关设定

2.5.6 仿真电路绘制——电压环路控制器

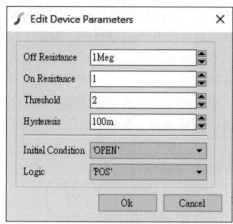

参考本章的前两节，配置 OPA、*RC* 与参考电压，左右对照图 2.5.13：

$V_{Ref}(V_5)$设定为 1V。

$R_{BIAS}(R_5)$ 设定为 1kΩ。

$R_2(R_6)$ 设定为 4kΩ。

$R_1(R_8)$ 设定为 52.52087kΩ。

$C_1(C_2)$ 设定为 1.48685nF。

$C_2(C_4)$ 设定为 814.31pF。

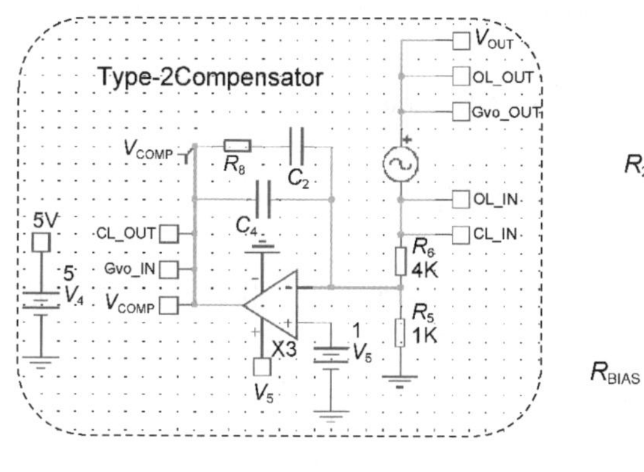

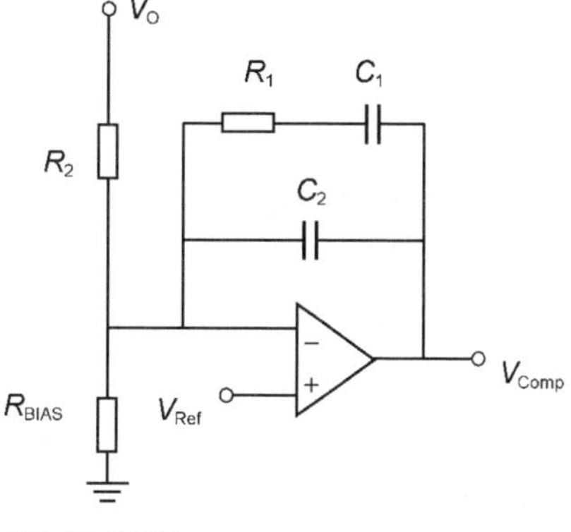

图 2.5.13 电压环路控制器

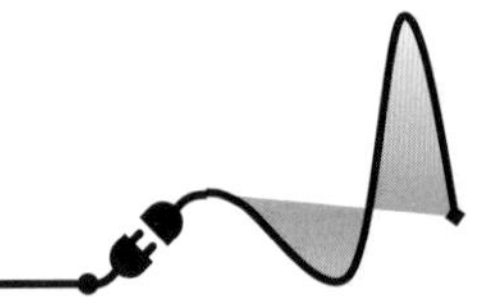

通过许多的连接节点可连接到别的模块。使用快捷键Y能调用出节点，放置并修改节点名称，方便辨识。然而测量系统开回路波特图，需要于控制反馈信号上注入一个 AC 信号，然后于系统任两点放置测量点（分输入与输出测量点），而后连续测量并计算两信号相对的增益比例与相位差异，并绘制成波特图，即为相应两测量点，于不同频率下的增益比例与相位差异曲线图。VAC2 就是要注入系统的 AC 信号来源。菜单中，依序选择：（参考图 2.5.14）

Place>Voltage Sources>AC Source (for AC analysis)

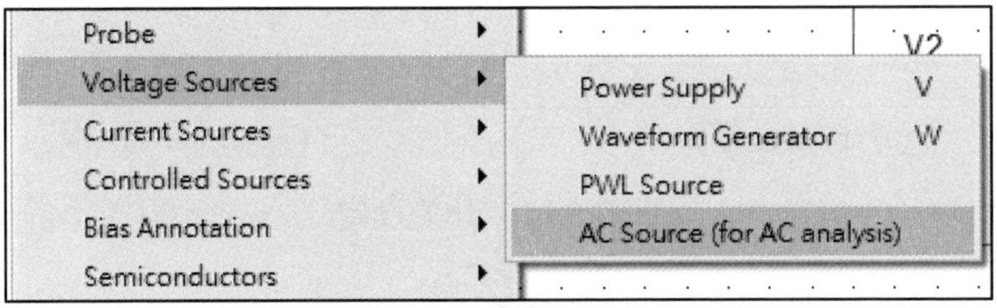

图 2.5.14　选择 AC Source

并设定其相位与电压幅值，如图 2.5.15 所示。

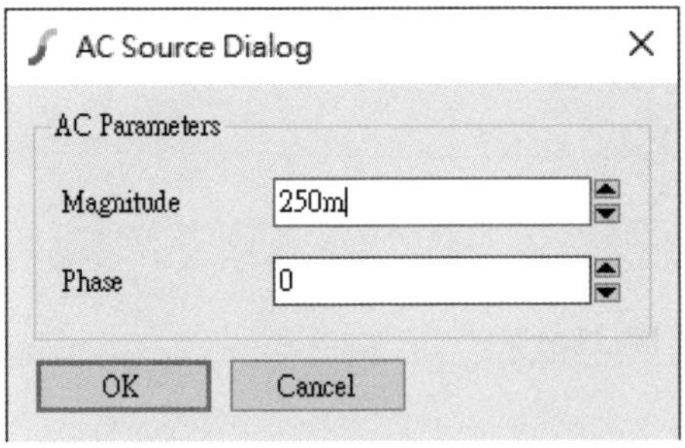

图 2.5.15　设定 AC Source

2.5.7 仿真电路绘制——PWM 产生器

绘制 PWM 产生器同时也需要一点硬件原理技巧，我们这一小节就边画边解释原理，如图 2.5.16 所示。

别具慧眼的你是否已经发现，怎么跟电压模式好像很不同？是的，此节特别引用 SR-Latch 模块来完成，避免节点超过免费版本限制，也更简洁，笔者刻意两种方式都教学，便于使用者套用不同方式，更具灵活性。

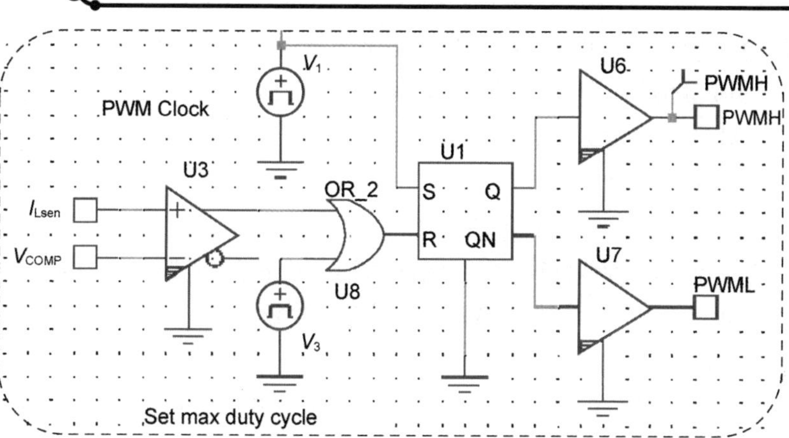

图 2.5.16　PWM 产生器

首先峰值电流模式并非变频，因此，首先需要一个脉冲来源，当作 PWM 频率基础，而 V_1 即为担此大任的元件（波形产生器）。

使用快捷键W调用出波形产生器，找一适当位置摆放后，如图 2.5.17 设定 V_1 波形产生器，即设定 PWM 主频脉冲，此信号的上升沿即为输出 PWM 的上升沿。

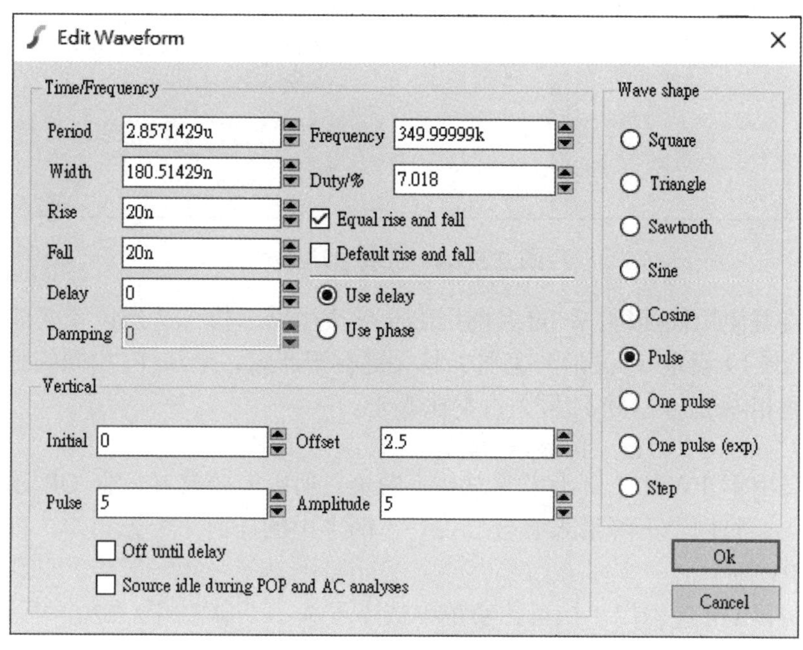

图 2.5.17　设定 V_1 波形产生器

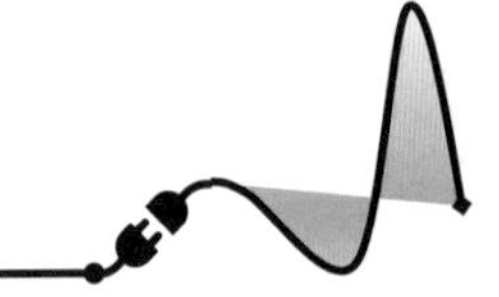

注意，设定频率时，直接输入 350k 即可，变成 349.99999k 是软件自己产生的微量偏移，无须理会。有了输出 PWM 的上升沿来源，就必然也需要 PWM 的下降沿来源。

其来源有两个：

➢ 电感峰值电流（I_{Lsen}）上升达默认值 (V_{Comp})

这是我们本来的目标行为，因此需要一个比较器 (U_3)将 V_{Comp} 与电感峰值电流做比较，得到一个 PWM 的下降沿来源。

➢ 最大 Duty 限制

假设 PWM 周期内，电感峰值电流无法上升至默认值，会造成占空比＝100%的状况，这一般是不允许的，并且会影响仿真分析，因此我们需要设计一个最大占空比限制的机制。（V_3）波形产生器即提供另一个最大占空比限制机制的 PWM 下降沿来源。

取得比较器 (U_3)，菜单中依序选择：（参考图 2.5.18）

Place>Analog Functions>Comparator with Ground

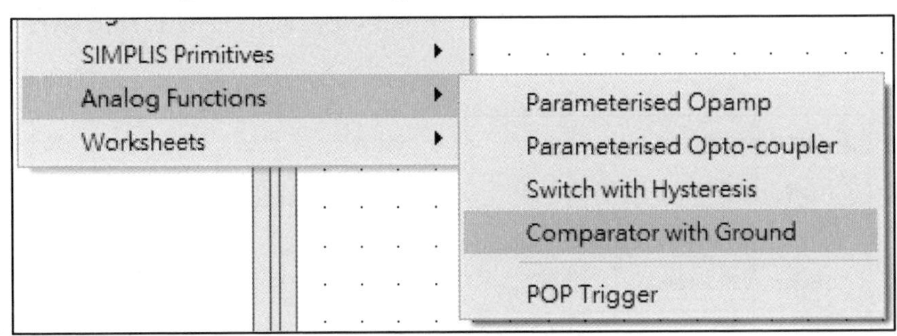

图 2.5.18　选择比较器

接着使用快捷键 W 再次调用出波形产生器，找一适当位置摆放后，如图 2.5.19 设定 V_3 波形产生器，其关键在于产生一个与 V_1 相同的脉冲，但与之相隔 2.7μs，亦即最大占空比等于：

$2.7\mu s \times 350kHz \times 100\% = 94.5\%$

又由于 PWM 下降沿来源总共有两个，所以需要放置一个 OR 逻辑门（U_8），将两个下降沿来源合二为一，两个中的任何一个先动作，都可以关闭 PWM。

取得 OR 逻辑门（U_8），菜单中依序点选：（参考图 2.5.20）

Place>Digital>SIMetrix Compatible Logic Gates

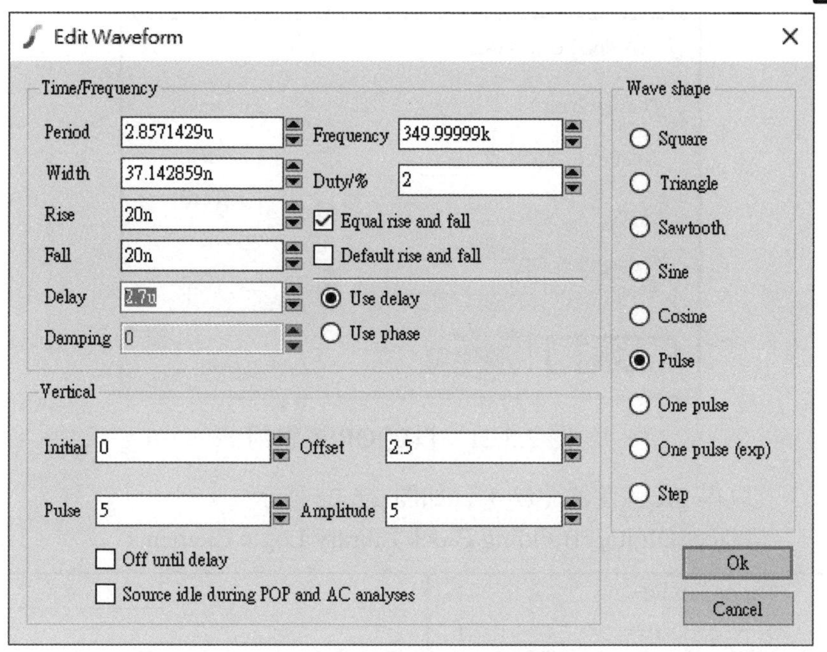

图 2.5.19　设定 V3 波形产生器

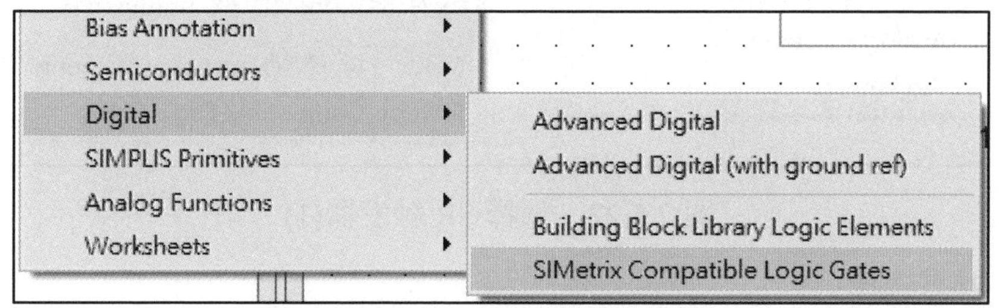

图 2.5.20　选择 OR 逻辑门

并设定 Gate type 为“OR”，输入数量为 2，如图 2.5.21 所示。

目前有了 PWM 频率基准（上升沿），也有了下降沿，还缺什么呢?

缺乏一个绝不能少的逻辑元件，SR 锁存器，又称 SR 触发器（SR Flip-Flop），是触发器中最简单的一种，也是各种其他类型触发器的基本组成部分。其功能是限制 S（Set）与 R（Reset）之间互相牵制，Set 之后才能 Reset，然后才能再 Set，并依序下去。在电源系统中，占空比通常必须是 Cycle-By-Cycle，也就是一周内占空比不应一直改变，需要限制一周只能输出一次占空比。此 SR 触发器（U_1）即为此目的。

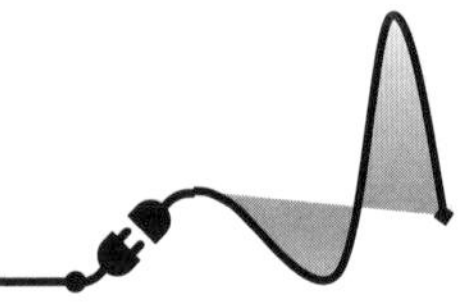

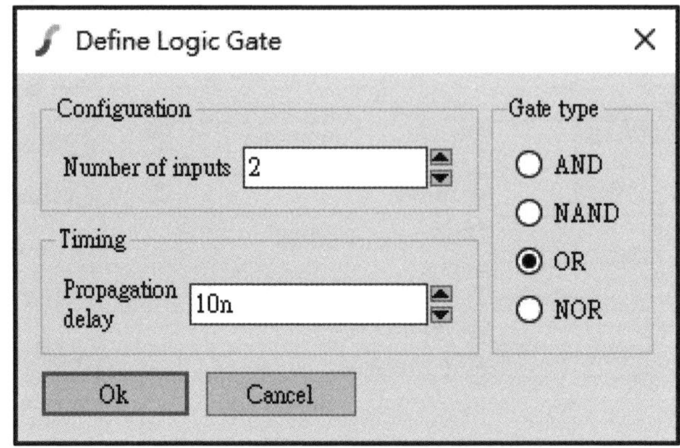

图 2.5.21　设定 OR 逻辑门

取得 SR 触发器（U_1），如图 2.5.22 所示。

Place>Digital>Building Block Library Logic Elements

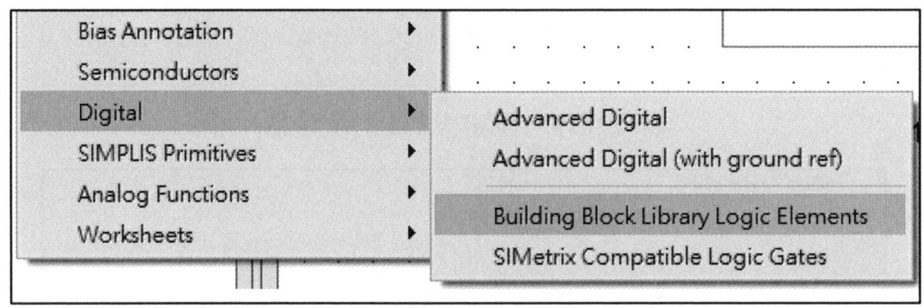

图 2.5.22　选择 SR 触发器(1)

接着选择：

Flip-Flops>Set-Reset Flip-Flops，如图 2.5.23 所示。便能找到我们需要的 SR 触发器（Regular Set-Reset Flip-Flop）。

SR 触发器（U_1）的输出有两个：Q 与 QN。

其实 Q 就是同步 Buck Converter 中所需要的 PWMH（上臂开关 PWM），QN 则是同步 Buck Converter 中所需要的 PWML（下臂开关 PWM）。所以 SR 触发器后面接的不就是 MOSFET Driver?

当然不是，虽然 Q 与 QN 代表的就是 PWMH 与 PWML，但不包含 Deadtime（死区时间），就算只是计算机仿真也是不允许的，容易造成发散。因此需要增加两个延迟产生器，于 PWMH 与 PWML 之间，间隔出 Deadtime（死区时间），U_6 & U_7即为此两个延迟产生器。延迟产生器的动作原理是在每个上升沿都加上 150ns 的延迟时间，下降时间则为 1fs（可视为 0s），据此就能有 Deadtime（死区时间）的功能。

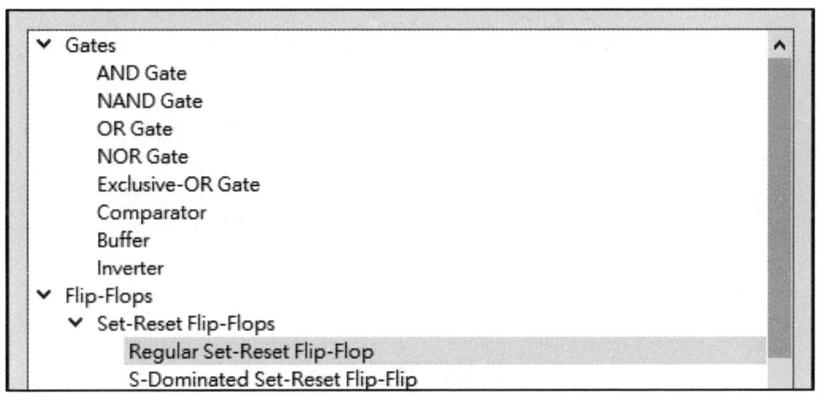

图 2.5.23　选择 SR 触发器(2)

取得 U_6 & U_7，于菜单中依序选择：
Place>Digital>Advanced Digital (with ground ref)（见图 2.5.24）

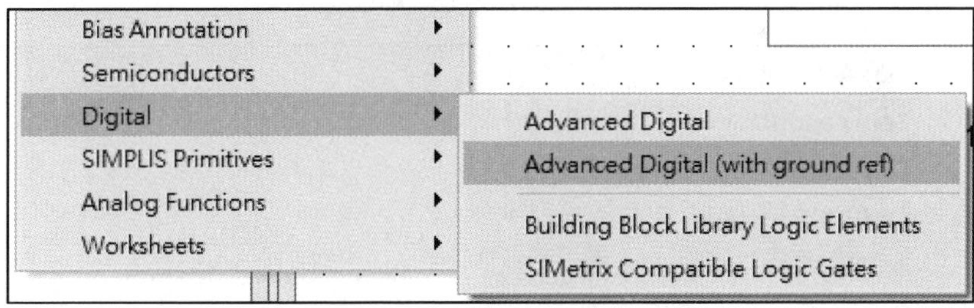

图 2.5.24　选择延迟产生器(1)

Functions>Asymmetric Delay（见图 2.5.25）

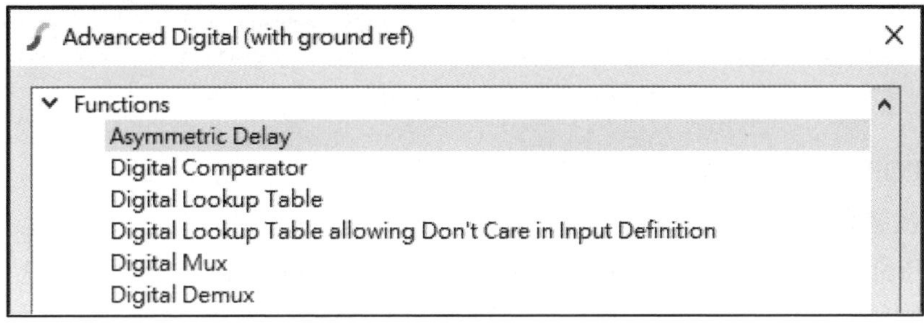

图 2.5.25　选择延迟产生器(2)

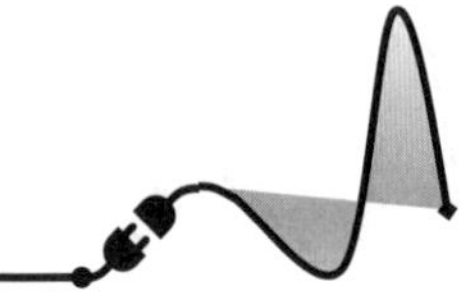

2.5.8 仿真电路绘制——波特图测量与 POP 触发器

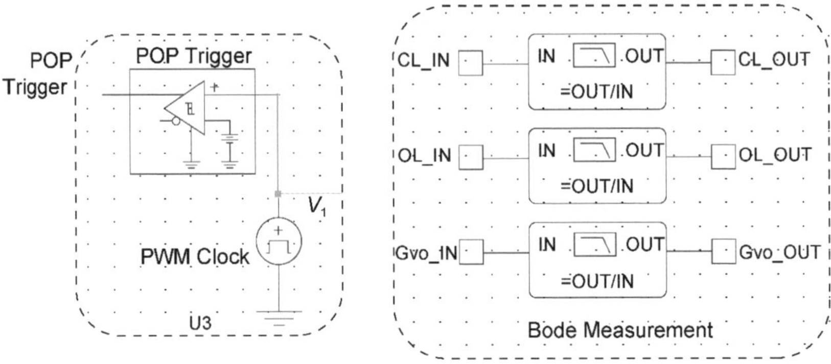

图 2.5.26　波特图测量与 POP 触发器

关于 POP 触发器，目的是通过指定周期性的动作起点，可以大大简化周期性动作的计算，不需每一次都重头来过，加速收敛与仿真速度。

取得 Periodic Operating Point (POP) 触发器，于菜单中依序选择：

Place>Analog Functions>POP Trigger（见图 2.5.27）

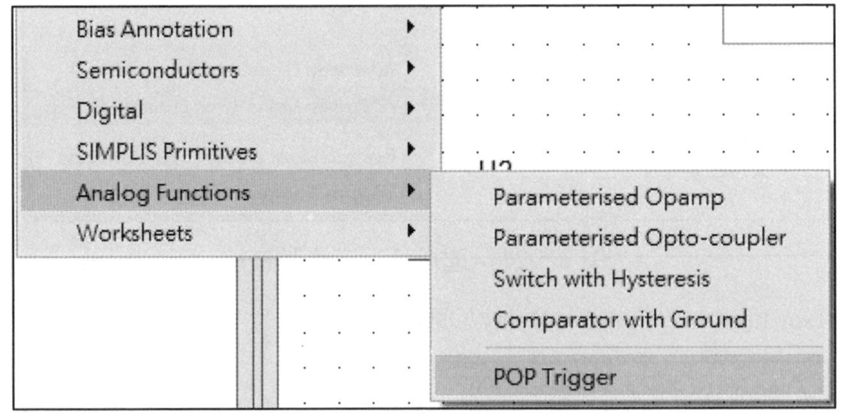

图 2.5.27　选择 POP Trigger

POP 维持默认值即可，需要的话，可以比对一下图 2.5.28。

接着摆放波特图测量器，菜单中，依序选择：

Probe AC/Noise>Bode Plot Probe – with Measurement（见图 2.5.29）

同样有别于电压模式的方式，这次刻意选择“Bode Plot Probe – with Measurement”，测量结果会自动判读 G.M.、P.M.以及带宽 F_C。

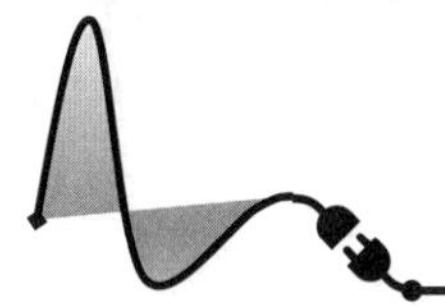

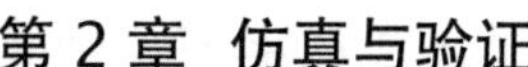

Edit POP Trigger Schematic Device : X2

POP Trigger Schematic Device

Trigger Parameters | Output Parameters

Trigger parameters: Threshold 2.5 V; Hysteresis 2m V; Propagation delay 0 s

Divide by two? Trigger condition 0_TO_1; Initial condition 0

Ok Cancel Help

(a)

Edit POP Trigger Schematic Device : X2

POP Trigger Schematic Device

Trigger Parameters | Output Parameters

Output Parameters: Output high voltage 5 V; Output low voltage 0 V

Ok Cancel Help

(b)

图 2.5.28　POP 触发器设定

选定后，找个自己喜欢的位置摆放波特图测量器，摆放时会出现图 2.5.30 的设定窗口，用来自动判读 G.M.、P.M.以及带宽 F_C，读者可根据需求自行决定是否勾选。以本例为例，只有测量系统开回路 Open-Loop 波特图才需要三个都勾选，其余两个波特图测量皆不需要自动判读功能。

请连续摆放三个，用于测量三个不同的对象，由上而下依序为：

- CL：意思是 Control-Loop 控制环路波特图测量
- OL：意思是整个系统开回路 Open-Loop 波特图测量
- Gvo：意思是 OPA 输出 V_{Comp} 对系统输出 V_O 的波特图测量

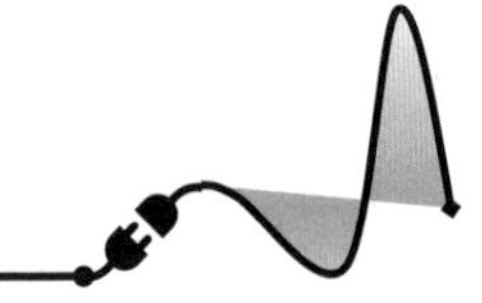

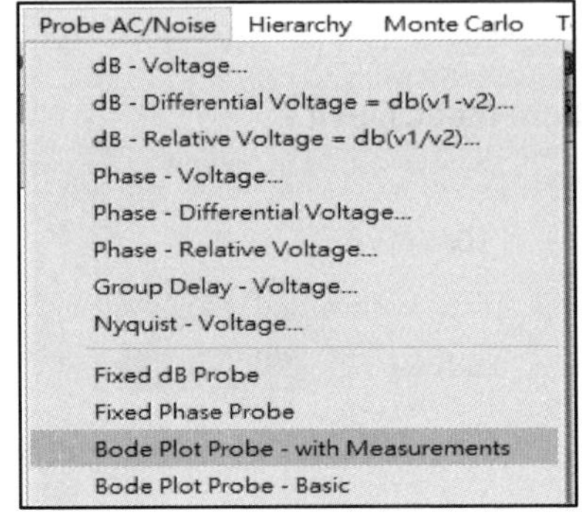

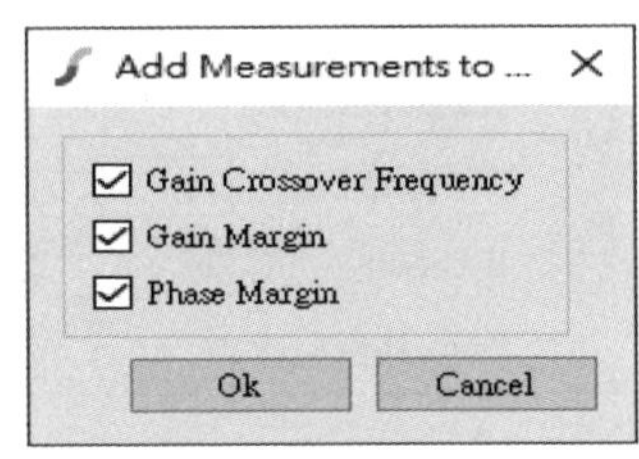

图 2.5.29　选择波特图测量器　　图 2.5.30　自动测量设定

这样便于分析与验证第 1 章所探讨的理论基础，验证仿真正确性。为避免结果画面与笔者差异太大，读者可以使用相同的波特图测量器设定，参考图 2.5.31。

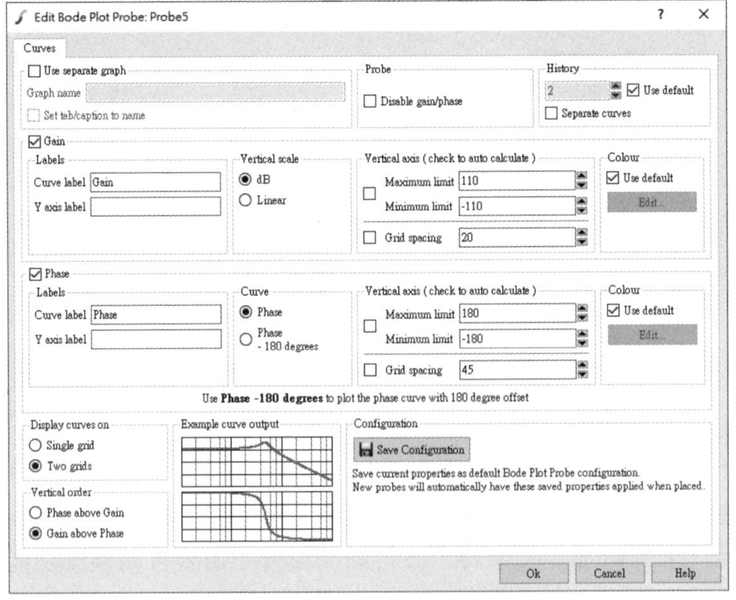

图 2.5.31　波特图测量器设定

接下来就剩下最后一个步骤，还记得吗？是的！设定仿真方式，同样的，为避免结果画面与笔者差异太大，读者可以使用相同的波德图测量器设定。于菜单中，依序选择：

Simulator>Choose Analysis...，或者使用快捷键F8，如图 2.5.32 所示。

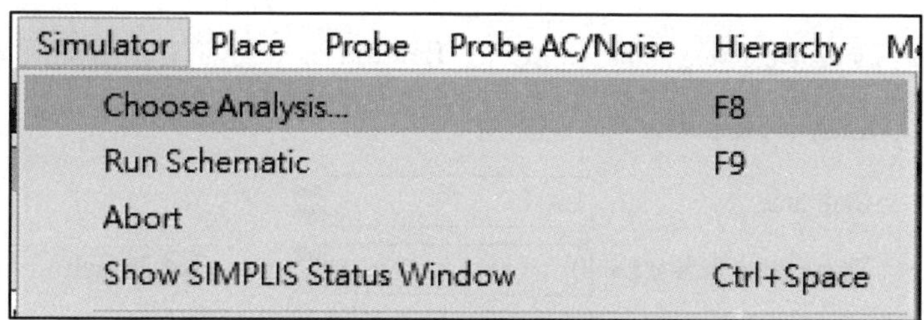

图 2.5.32 选择分析器

并参考设定如图 2.5.33 所示。

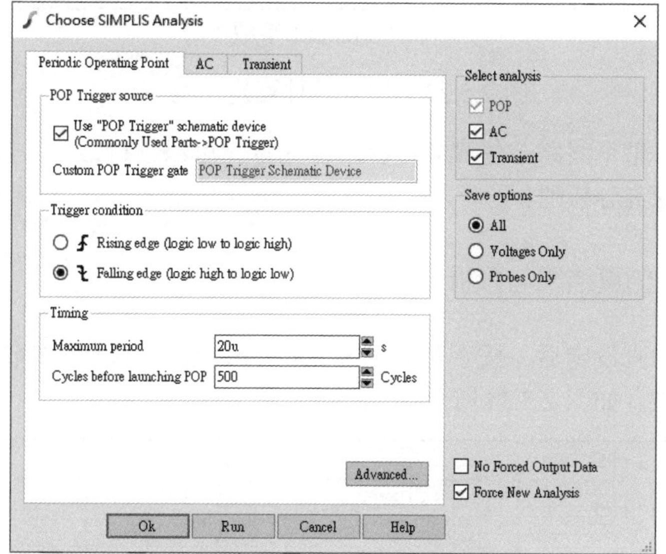

(a) Periodic Operating Point 参数

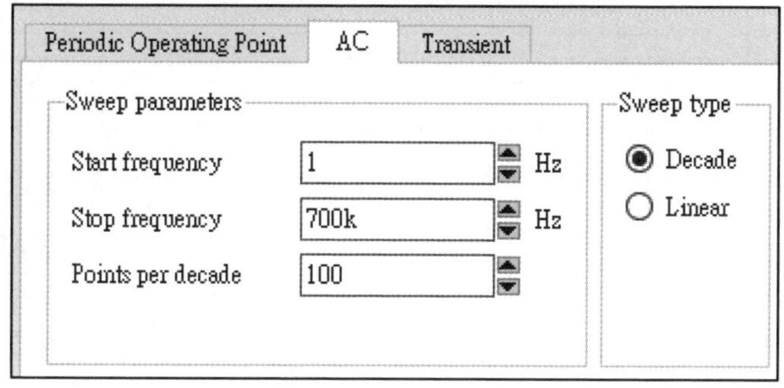

(b) AC 参数

图 2.5.33 仿真条件设定

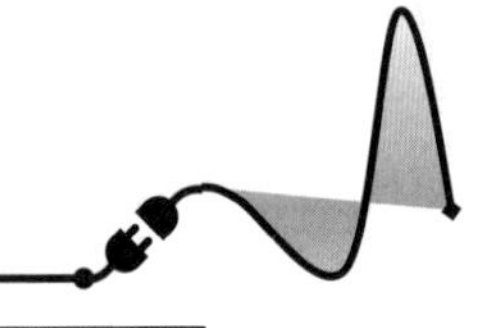

Periodic Operating Point | AC | Transient

Analysis parameters

Stop time 1m s

Start saving data at t = 0 s ☑ Default

Plot data output

Number of plot points 100k ☐ Default

(c) Transient 参数

图 2.5.33　仿真条件设定（续）

至此，整个线路与仿真条件皆已经完备，可以进行最后一步。去完成最后的验证与分析吧！

2.5.9 仿真结果与分析

完成仿真设定后，按下▶ Run Schematic，或者快捷键 F9，即可以看到仿真结果，如图 2.5.34 所示。

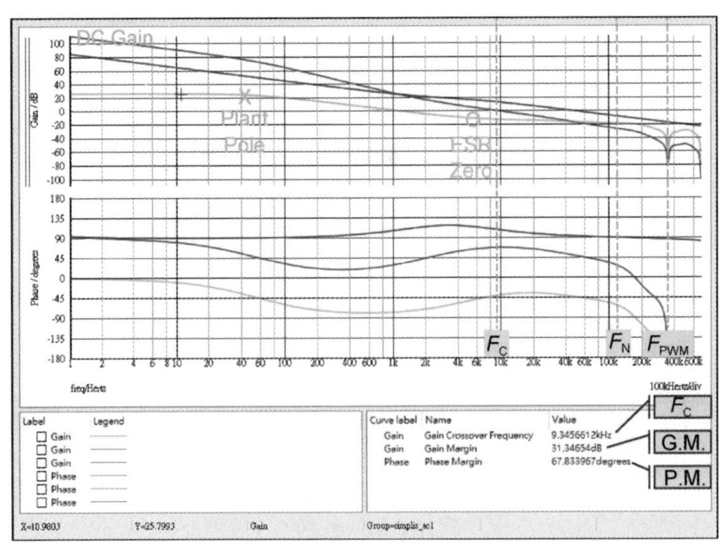

图 2.5.34　初步波特图结果

让我们回顾一下预期的结果应该是：

- $G_{VO}(s)$:
  - DC Gain 与 R_{LOAD} 有关；
  - f_P 约为 44.86Hz；
  - f_Z 约为 5651.8Hz。
- $H_{Comp}(s)$:
  - f_{Z1} 约为 2000Hz；
  - f_{P1} 约为 5651.8Hz。
- $T_{OL}(s)$:
  - DC Gain 与 R_{LOAD} 有关；
  - f_C 约为 10kHz；
  - P.M.应该接近 70°；
  - 增益曲线在 f_C 点，斜率应是每 10 倍频衰减 20dB。
- Slope Compensator:
  - V_{C_PP} >36.33mV@8Vin；
  - 无次谐波振荡。

Label	Legend
☐ Gain	————
☑ Gain	------------
☐ Gain	————
☐ Phase	————
☑ Phase	------------
☐ Phase	————

图 2.5.34 包含所有波特图曲线，可以勾选“Label”，如右图所示。

再由两按键决定隐藏或显示，方便分析。

万事俱备，开始分析吧！

首先读者跟笔者一样，将波特图窗口选择仅显示“G_{VO}”，并且将 R_{LOAD}（图中 R_1）改为 50Ω（10% Load）后，再执行一次 ▶ Run Schematic，或者快捷键 F9，即可以看到仿真结果，人图 2.5.35 所示。

检查一下是否符合预期？

- $G_{VO}(s)$:
  - DC Gain 与 R_{LOAD} 有关。

由图 2.5.35 可以看出，R_{LOAD} 变成 50Ω（10% Load）后，低频极点 f_P 往更低频移动，可以明显看出 DC Gain 的区域范围，并且频段远离带宽 F_C。

结果：符合预期！

- f_P 约为 44.86Hz。

同上，f_P与 R_{LOAD}有关，并且 R_{LOAD}=5Ω 时，f_P约为 44.86Hz。

结果：符合预期！

- f_Z约为 5651.8Hz。

不同于f_P，f_Z与 R_{LOAD}无关，是固定在 5651.8Hz。

结果：符合预期！

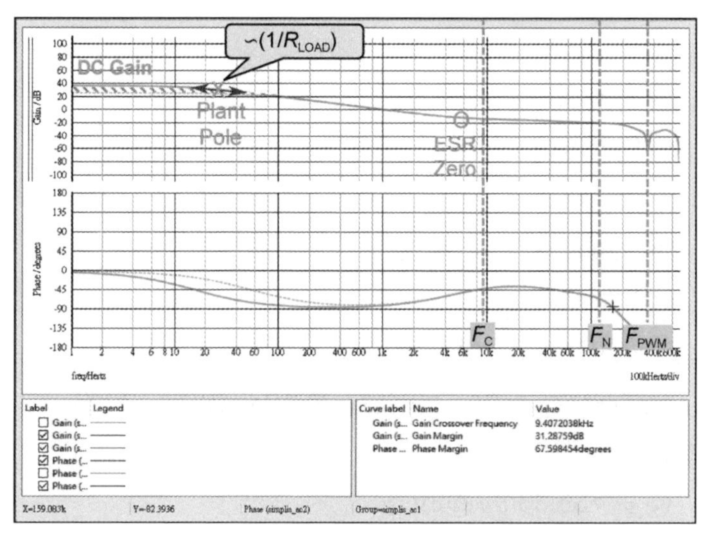

图 2.5.35　波特图仿真结果：G_{VO}

$G_{VO}(s)$的仿真符合计算结果与预期的答案！

接下来读者跟笔者一样，将波特图窗口选择仅显示“CL”（CL：意思是 Control-Loop 控制环路波特图测量），不需再执行一次仿真，因为与 R_{LOAD}无关，仿真结果如图 2.5.36 所示。

检查一下是否符合预期？

➢ $H_{Comp}(s)$：

- f_{Z1}约 2000Hz。

  由图 2.5.36 可以看出，与 R_{LOAD}无关，并且接近 2000Hz。

  结果：符合预期！

- f_{P1}约 5651.8Hz。

  由图 2.5.36 可以看出，与 R_{LOAD}无关，并且接近 5651.8Hz。

  结果：符合预期！

$H_{Comp}(s)$的仿真符合计算结果与预期的答案！

其中 f_{P1} 略为偏低频，因此可以预期待会观察带宽 F_C 时，也会略为偏低。而最后的相位呈现-90°（由于负反馈的缘故，图中显示 90°，真实角度需要减 180°，即 90-180=-90°），符合 Type-2 特性，高频剩下一个极点，落后 90°。

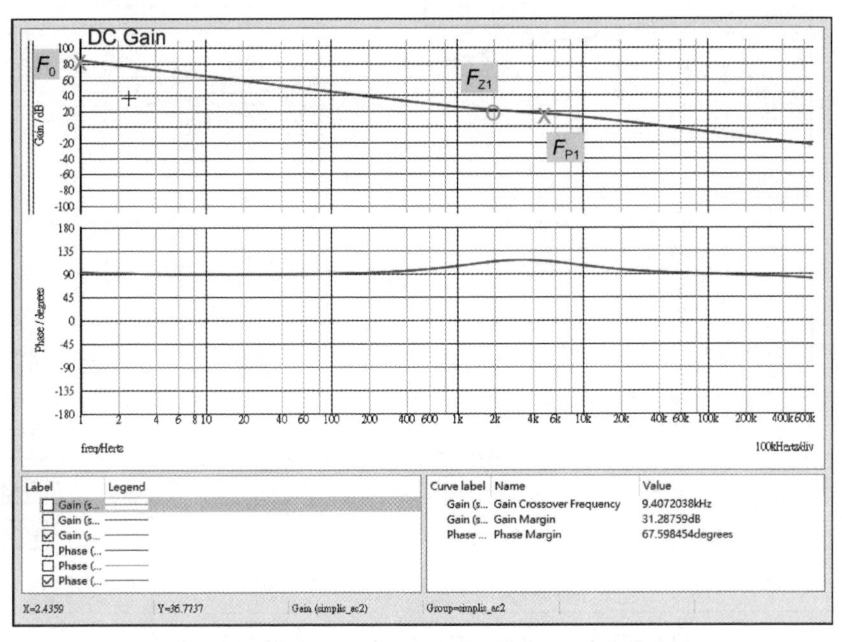

图 2.5.36　波特图仿真结果：Type-2 控制环路

关于负反馈需要手动减 180° 的部分，其实 Mindi 的波特图测量器支持自动减 180°，只要开启波特图测量器设定，修改如图 2.5.37 所示，并重新执行仿真即可。本处仅是提醒此功能，但本书所有波形不使用此功能，避免混淆，因为后面还需要比对真实实验结果，一般波特图实际测量设备并没有自动减 180° 的功能。

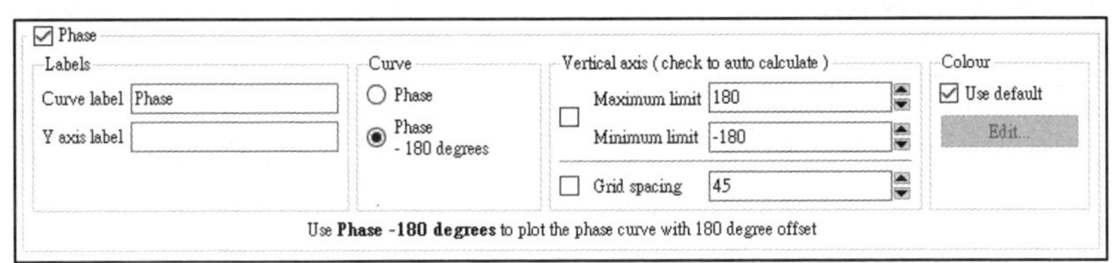

图 2.5.37　相位自动修正-180°

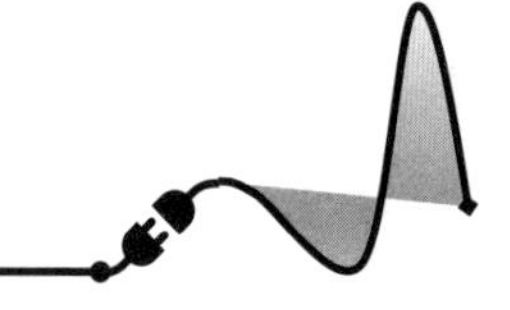

接下来继续跟笔者一样，将波特图窗口选择仅显示“OL”（OL：意思是整个系统开回路 Open-Loop 波特图测量），并且将 R_{LOAD}（图中 R_1）改回 5Ω（100% Load）后，再执行一次▶ Run Schematic，或者快捷键 F9，即可以看到仿真结果，如图 2.5.38 所示。

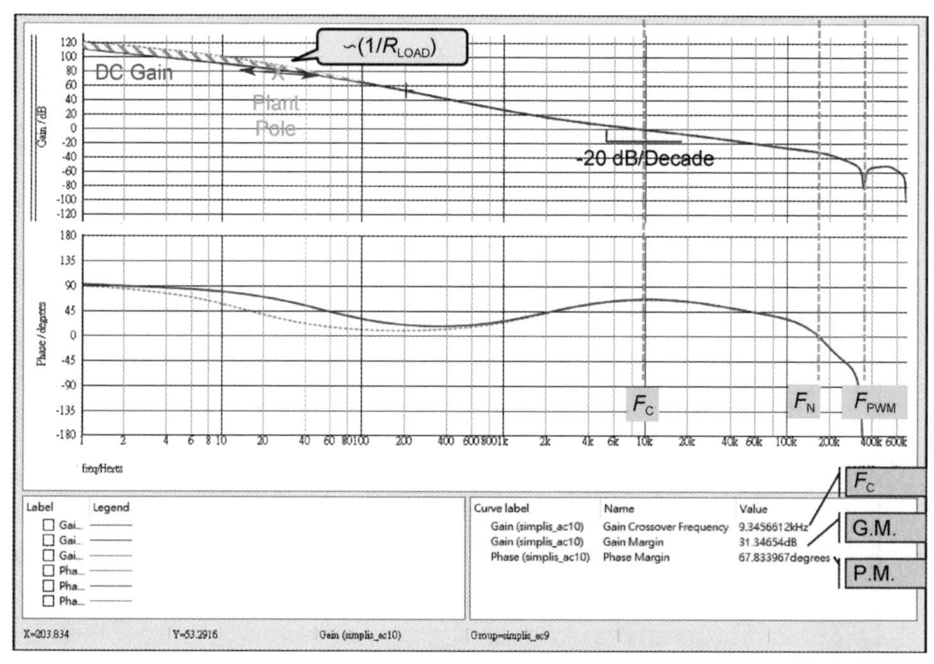

图 2.5.38　波特图仿真结果：系统开回路

检查一下是否符合预期？

➢ $T_{OL}(s)$:

- DC Gain 与 R_{LOAD} 有关。

由图 2.5.38 可以看出，R_{LOAD} 变回 5Ω（100% Load）后，低频极点 f_P 往高频移动，可以明显看出 DC Gain 的区域范围，并且频段远离带宽 F_C。

结果：符合预期！

- f_C 约 10kHz。

由图 2.5.38 右下角可知，此工具已经自动判读 f_C 约为 9.3456612kHz，略低于 10kHz，于判断 f_{P1} 已经预期会略为下降，因此结果是符合预期的，需要的话，可以在实际案子中，通过微调 f_0 来微调 f_C 即可。

结果：符合预期！

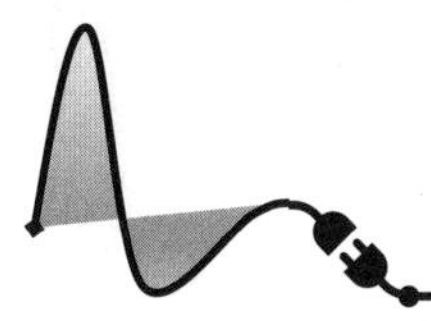

- **P.M.应该接近 70°。**

由图 2.5.38 右下角可知，此工具已经自动判读 P.M.约 67.833967°，近 70°，需要的话，可以在实际案子中，通过微调 f_{P1} 来微调 P.M.即可。

结果：符合预期！

- **增益曲线在 f_C 点，斜率应是每十倍频衰减 20dB。**

结果：符合预期！

$T_{OL}(s)$的仿真符合计算结果与预期的答案！

接下来，我们来检验一下另一个重点：斜率补偿！建议增加一个测量点，方便确认斜率补偿值，例如图 2.5.39 中的“V_{C_PP}”电压侦测点。并且将“V_{C_PP}”与“I_{LSen}”显示在同一个窗口上，就可以很快分析出斜率补偿值是否符合设计目标。另外有一点需要注意，输出 5V，在输入 12V 的情况下，占空比不足 50%，因此开始仿真前，请记得将输入电压（V_2）修改成 8V，已确保占空比超过 50%，仿真结果参考图 2.5.40。

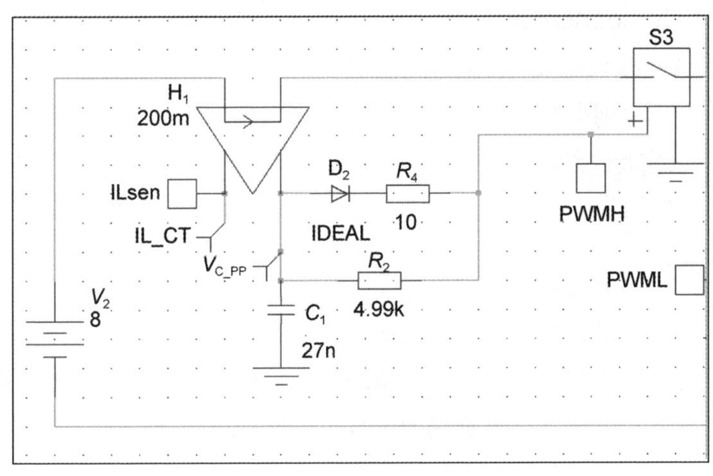

图 2.5.39 斜率补偿测量点

V_{C_PP}即为我们设计迭加到电流反馈信号上的电压。图 2.5.40 可以看出几点：

- **此时占空比约 63%；**
- **此时 V_{c_pp}约 53.5mV；**
- **由于放电需要够过一颗二极管（D_2），因此叠加信号最低只能等于 D_2的顺向导通电压 V_F，无法放到 0V。**

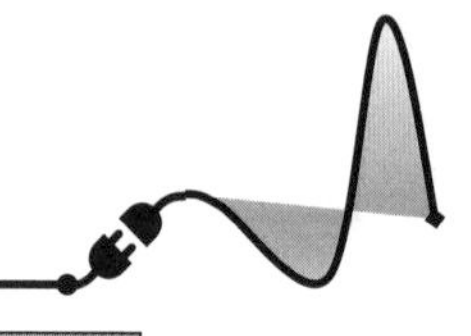

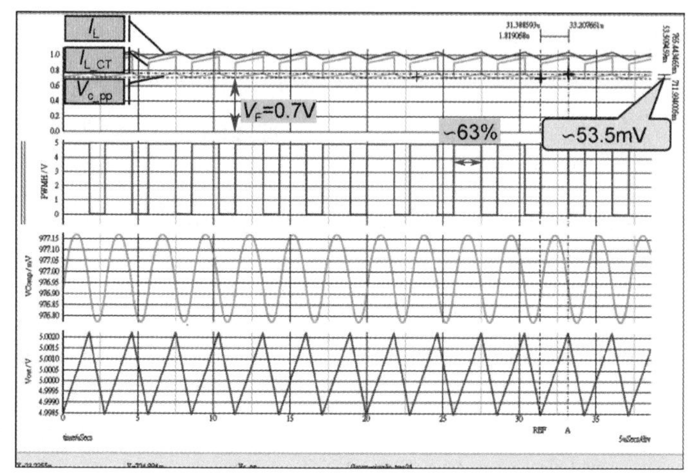

图 2.5.40　斜率补偿斜率测量结果

检查一下是否符合预期?

➢ Slope Compensator:

- V_{C_PP} >36.33mV@8Vin。

结果:符合预期!

- 次谐波振荡?

占空比相当稳定,并无次谐波振荡,并且图 2.5.38 的 F_N 频率也不是 0dB。

结果:符合预期!

反之,读者是不是跟笔者当初学习时有着一样的好奇心,若没有斜率补偿,真的会振荡吗?既然好奇,就来玩一下振荡效果。将斜率补偿线路移除,如图 2.5.41 所示,重新仿真,结果如图 2.5.42 所示。

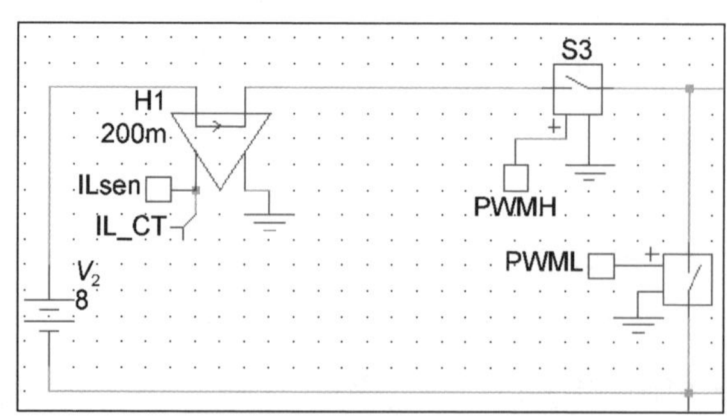

图 2.5.41　移除斜率补偿线路

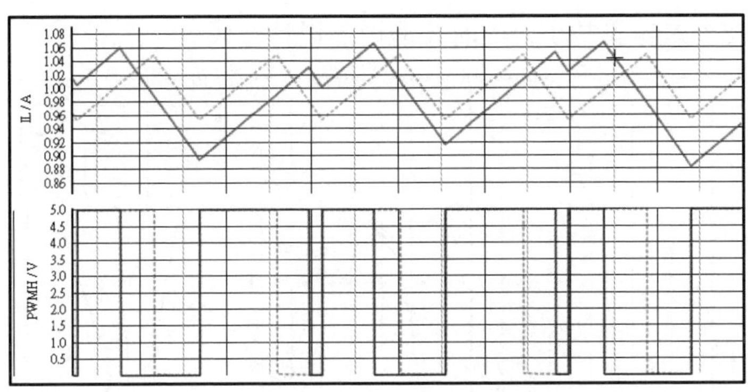

图 2.5.42 次谐波振荡仿真

可以看出移除斜率补偿线路后，PWMH会发生振荡现象，满足好奇心了吗？感动一下，关于峰值电流模式仿真，基本做完了！真的完成了吗？

不！别忘了还得回到真实世界呀。Type-2（二型）补偿控制器中的 *RC* 还是理论值，我们需要配合市面上实际元件值，修改并调整，直到“符合设计需求”为止。若需要更精准的参数，就需要转换到数字控制器，因为数字控制器并不存在 *RC* 误差，更不存在温度飘移等众多影响。如图 2.5.43 所示，R_8 改成 53.6kΩ，C_2 改成 1.5nF（1500pF），C_4 改成 820pF，R_6 改成 4.02kΩ。

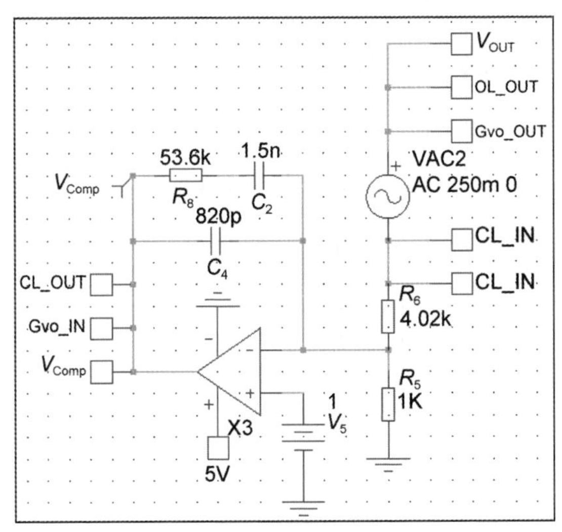

图 2.5.43 修正 Type-2（二型）补偿控制器

运气不错，相较于理论值偏差不大，所以图 2.5.44 的新结果跟原来

（图 2.5.38）差异非常小，此时才能说是设计完成。

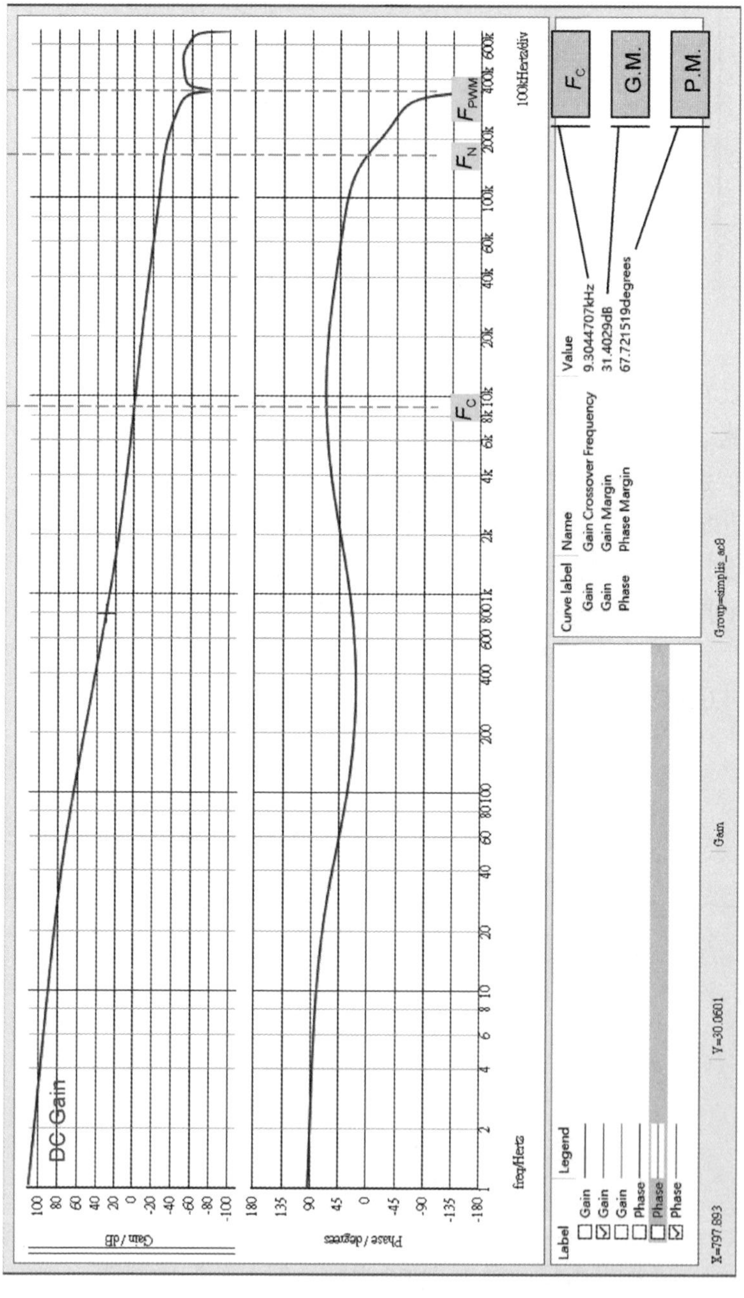

Curve label	Name	Value
Gain	Gain Crossover Frequency	9.3044707kHz
Gain	Gain Margin	31.4029dB
Phase	Phase Margin	67.721519degrees

图 2.5.44　波特图仿真结果：系统开回路增益

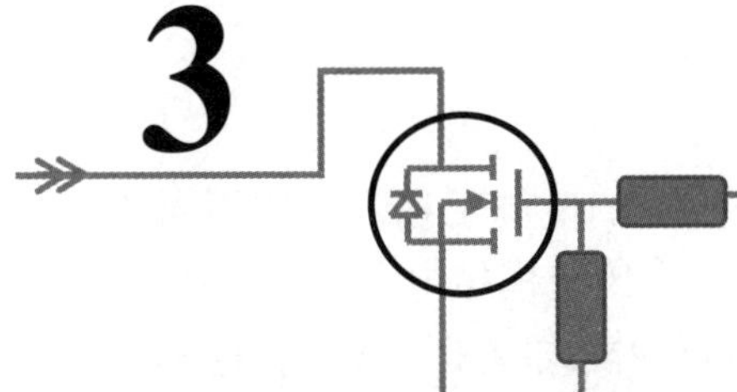

第3章 混合式数字电源

本章主要介绍新型混合式数字 Buck 控制器设计，并通过实际演练，让读者快速理解混合式数字电源的含义与实现的方法。根据讲课多年的经验，绝大部分电源工程师是硬件技术背景，甚至对“编写程序”不太熟悉。

然而硬件电源工程师拥有满脑子电源设计的好主意，因为他们更熟悉硬件细节，清楚硬件的极限，却总是苦恼于无处发挥想法，因为传统模拟控制电源总是受限于现有电源控制芯片的功能，研发工程师的手脚伸展不开。

混合式数字电源可说是为不熟悉程序的电源工程师带来一道曙光，一条与众不同的康庄大道。

曾有几个学员于课后，异口同声说出一句有趣的感想：混合式数字就好比模拟 FPGA（Field - Programmable Gate Array：现场可编程逻辑门阵列）！

另有几个学员的感想也挺有趣的：原本来学电源控制设计，变成学 IC 设计！

为何这些学员有这样有趣的感想呢?

读者研读此章节时，不妨对这两段感想保持疑问与兴趣，品尝混合式数字电源的乐趣之所在。

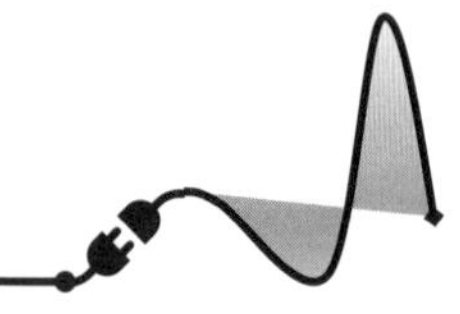

3.1 混合式数字降压转换器概念

混合式数字电源的出现，给不熟悉程序编写的电源工程师提供不同的设计方式。讨论不同处之前，让我们先回顾一下传统模拟电源的方块图。

通过图 3.1.1 快速回顾第 1 章所讨论过的两种模式降压转换器，这都是典型的模拟电源控制方块图，当控制芯片决定后，整个控制行为大致确定；尽管可能只是增加一个小功能，就能把电源工程师折腾掉半条命。然而假设有以下场景，电源工程师又该怎么办？（笔者仅列举几个常见需求，实际应用场合更是凭本事发挥想象力的时候。）

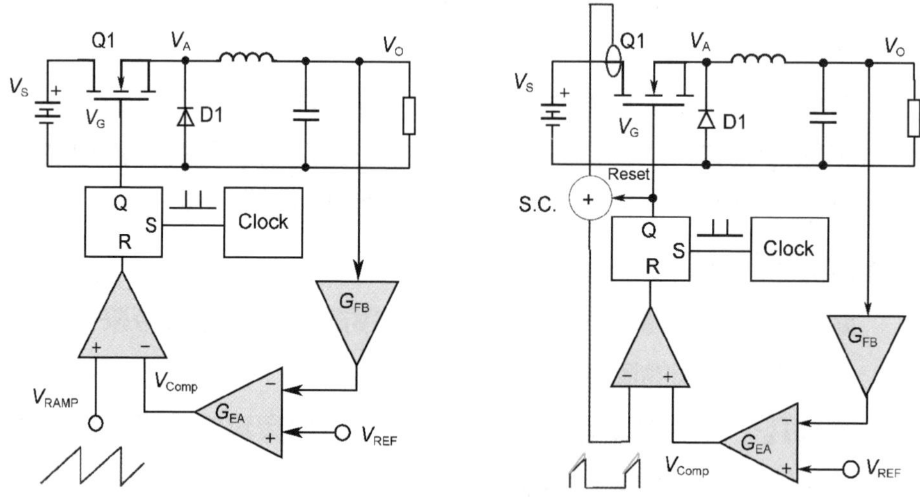

图 3.1.1　传统模拟降压转换器

- EMI 遇上棘手状况，需要 Jitter 协助？
- 某功率下，效率不佳，需要调整开关频率或是输出条件，该怎么办？
- 同步整流需要变更启动条件？例如 DCM 不开启。
- 峰值电流模式下，由于电感值变化，需要不同斜率补偿值以优化系统响应，有办法办到？
- 电源保护功能需要可变，如需要根据不同温度而设置不同输出功率？

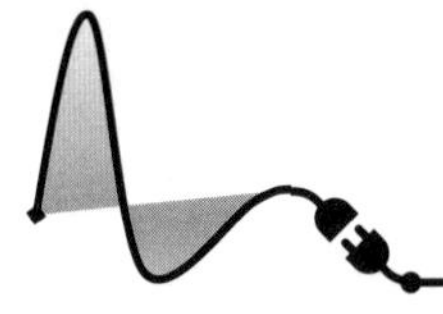

- **需要一个通信接口，改变系统参数？**
- **需要长时间的时间计数做逻辑判断，如超时充电保护。**

常见的结果就是想办法找到更适合的芯片，但条件越多越困难，只好使用更多 IC 完成设计，或者跳转到全数字电源的领域中。

此章主要提供另一种角度，试着用更有趣的方式设计“模拟”电源。从控制环路的角度而言，混合式数字电源属于模拟电源，但却能解除传统模拟电源的“封印”与“限制”，所以从最后系统功能的角度而言，却是属于数字电源。

混合式数字电源就是这么有趣，既是模拟电源，也是数字电源，同时保有两种方式的优势与弹性。接下来，我们就开始一起把模拟电源“改装成”混合式数字电源吧！图 3.1.1 中所呈现的是最基本的原理方块图，在此改装过程中，我们保持最根本的原理方块图不变，所以这些方块图需要忠于原味，如实重现。

> 原理方块图保持不变是为了基于原本的设计做改装，并非一定不能改变。若设计者有不同想法，连基本原理方块图都是可以根据需求做不同设计的，至少笔者常常这么做，协助设计出市面上买不到的模拟控制 IC，最大化电源产品的价值与市场区分性。

将电压模式与峰值电流分开探讨，先讨论电压模式，参考图 3.1.2。

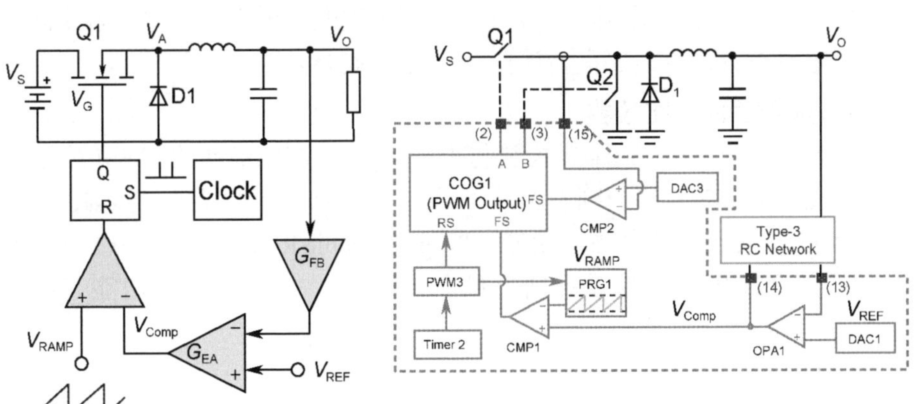

图 3.1.2　混合式数字电压模式降压转换器

在图 3.1.2 中，笔者顺便标示了实际模块编号（例如 OPA1、DAC1、CMP2 等）与实际脚位编号（例如 Pin #13、#14、#15、#2、#3），这些定义可以根据实际应用需求变更模块与脚位（以 MCU 能替换的脚位为主，请参考实际使用手册）。

那么，参考图 3.1.2 并比较左右图，一起试着转换电压模式的模拟基本功能方块到混合式数字。从反馈信号到 PWM 输出，依序为：

➢ G_{FB}与 G_{EA}：电压反馈分电压与计算

左图中的 G_{FB} 与 G_{EA} 包含模拟电压反馈的分电压线路与计算，转换到右图不变，可于右图找到 Type-3 RC Network（3P2Z 补偿线路）与运算放大器 OPA1，其中 3P2Z 补偿线路包含了分电压线路，所有参数只需要从模拟搬过来即可。OPA1 计算结果为 V_{Comp}，输出至下一级。

➢ V_{REF}：输出参考电压

左图中的 V_{REF} 是 PWM 控制 IC 内的模拟控制环路参考电压，其通常是固定的，随不同厂家型号而有所不同。转换到混合式数字时，同样需要一个参考电压，而混合式数字 MCU 提供 DAC（Digital-Analog-Converter）作为参考电压的来源。

MCU 内的 DAC 通常可以随设计者调整所需要的电压，因此需要特别注意一点，例如原本模拟设计时 V_{REF}=1V，设计者转换到混合式数字时，基于个案考虑，假设个案 2V 比较适合，若将 V_{REF} 改为 2V，并改变分电压电阻配合新的参考电压 V_{REF}，须注意是否也改变了极零点位置。若因此改变了极零点位置，就需要重新计算 3P2Z 的 *RC* 参数。

➢ V_{RAMP} 锯齿波与比较器

比较器用于比较 V_{RAMP} 锯齿波与 V_{Comp}，进而产生最初的 PWM 波形。

左图中的比较器对应到右图的 CMP1 比较器，而左图的 V_{RAMP}，于右图是 PRG1（可编程序斜坡产生器，Programmable Ramp Generator），PRG 顾名思义可以用于产生设计所需的斜坡波形，在此利用其功能，产生 V_{RAMP} 锯齿波。

➢ Clock

V_{RAMP} 锯齿波的频率，基本上就是 PWM 的频率，因此锯齿波需要一个频率基准让用户可以自由设置。模拟最常见的方式是利用类似 *RC* 充放时

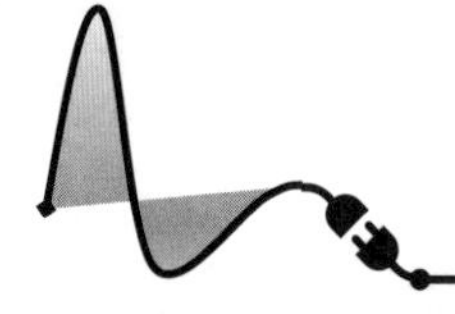

间常数来改变PWM频率基础。而混合式数字则更为弹性，直接调整 V_{RAMP} 锯齿波斜率，并通过另一个 PWM 模块直接对锯齿波复位，进而决定频率，亦即右图的 PWM3 为输出 PWM 的频率基准，复位 PRG1。所以微调 PWM3 的频率，就能直接微调输出 PWM 的频率，调整频率变得非常简单且精准！

➢ SR 锁存器（SR-Latch）

前面提到，比较器用于比较 V_{RAMP} 锯齿波与 V_{Comp}，进而产生“最初”的 PWM 波形。“最初”的意思是，此 PWM 还不能直接输出，需要经过一个 SR 锁存器，以限制占空比更新的次数，一周只能更新一次。

此 SR 锁存器的 Set 接到前面提到的 Clock，Reset 接到比较器输出。相对于右图 Microchip PIC16 中的 COG1（Complementary Output Generator）模块，此模块包含了 SR 锁存器功能，因此 Set 与 Reset 信号都是接到 COG1。

➢ SR Control

COG 不仅包含 SR 锁存器功能，同时还支持很多功能，例如同步整流需要的互补 PWM 功能，并且包含 Deadtime。因此右图 COG1 可同时输出 PWM 到 Q2 下臂开关，且 Deadtime 不仅可以跟据使用者设定，还能上下臂使用不同 Deadtime，进而优化系统效能。

➢ 开关过电流保护

是否发现右图有个模块是左图没有的？比较器 CMP2“-”可以接到开关电流，检测是否过电流，而过电流判断点由 DAC3 决定。

然后 CMP2 的输出接到 COG1 的保护触发功能，当 COG1 接收到保护信号时，COG1 会立即反应，不需软件的介入就能立即反应，进而快速保护开关不致损毁。

以上便是将模拟电压模式降压转换器变成混合式数字电压模式降压转换器的第一步。至此，读者应可以了解，基本上还是使用硬件模块做控制基础，但同时心中是否依然存在一个疑问：所以数字在哪里？

仅是把模拟 IC 完成的功能，“复制”到另一颗芯片上，然后新的芯片是一颗 MCU，除此之外并没有差异呀？有这样的疑问是非常好，且很有必要的！

因为这样的思考方式，很容易切中要点，事实上没错，对于初学者而言，第一步往往是复制，或者称为模仿，然后呢？

然后当然是改善，或者加入更多功能，超越原先设计方式的束缚，进而进入更高的层次。

因此第一步确实看起来，依然处处是模拟 IC 的影子。

接下来的第二步，才是真正混合式数字电源的关键差异，然而探讨第二步之前，我们先继续用同样的方式，进行模拟峰值电流模式降压转换器变成混合式数字峰值电流模式降压转换器的第一步。

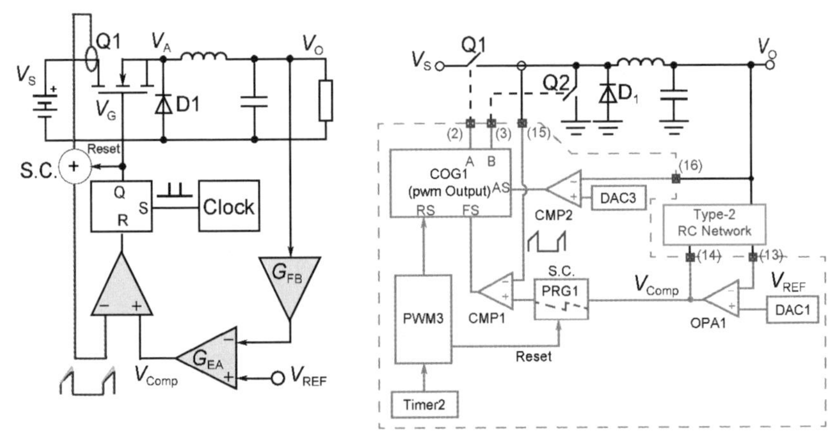

图 3.1.3　混合式数字峰值电流模式降压转换器

> 在图 3.1.3 中，笔者顺便标示了实际模块编号（例如 OPA1、DAC1、CMP2 等）与实际脚位编号（例如 Pin #13、#14、#15、#16、#2、#3），这些定义可以根据实际应用需求变更模块与脚位（以 MCU 能替换的脚位为主，请参考实际使用手册）。

参考图 3.1.3 并比较左右图，继续一起试着转换峰值电流模式的模拟基本功能方块到混合式数字。同样从反馈信号到 PWM 输出，依序为：

➢ G_{FB} 与 G_{EA}：电压反馈分电压与计算

左图中的 G_{FB} 与 G_{EA} 包含模拟电压反馈的分电压线路与计算，转换到右图不变，可于右图找到 Type-2 RC Network（2P1Z 补偿线路）与运算放大器 OPA1，其中 2P1Z 补偿线路包含了分电压线路，所有参数只需要从模拟搬过来即可。OPA1 计算结果为 V_{Comp}，输出至下一级。

➢ V_{REF}：输出参考电压

左图中的 V_{REF} 是 PWM 控制 IC 内的模拟控制环路参考电压，其通常是固定的，随不同厂家型号而有所不同。转换到混合式数字时，同样需要一个参考电压，而混合式数字 MCU 提供 DAC（Digital-Analog-Converter）作为参考电压的来源。

MCU 内的 DAC 通常可以随设计者调整所需要的电压，因此需要特别注意一点，例如原本模拟设计时 V_{REF}=1V，设计者转换到混合式数字时，基于个案考虑，假设个案 2V 比较适合，若将 V_{REF} 改为 2V，并改变分电压电阻配合新的参考电压 V_{REF}，需注意是否也改变了极零点位置。若因此改变了极零点位置，就需要重新计算 2P1Z 的 RC 参数。

➢ S.C.斜率补偿

首先参考左图，S.C.摆放位置在传统的开关导通电流反馈路径上，也就是负反馈路径上，因此斜率补偿是正斜率补偿，迭加于开关导通电流信号上。同样的斜率，参考右图，S.C.串联于 V_{Comp} 之后，也就是正参考命令上，因此斜率补偿是负斜率补偿，迭加于电流控制环路的参考命令 V_{Comp} 上，左右图两 S.C.斜率相同，但正负相反。

在此使用 PRG1 作为斜率补偿的斜率产生器，串接于 V_{Comp} 之后，于 V_{Comp} 迭加负斜率补偿信号。

➢ 峰值电流比较器

峰值电流比较器用于比较开关导通电流与 V_{Comp}（混合数字控制的 V_{Comp} 包含斜率补偿），进而产生最初的 PWM 波形。

左图中的比较器对应到右图的 CMP1 比较器。

➢ Clock

峰值电流模式并没有 V_{RAMP} 作为 PWM 的基础频率，而是直接需要一个频率基准，并且斜率补偿波形需同步于此频率。右图混合式数字直接通过另一个 PWM，亦即右图的 PWM3 为输出 PWM 的频率基准，复位 PRG1，进而决定频率。

那么用户可以自由设置 PWM3 的频率而配置所需的频率，调整频率变得非常简单且精准!

➢ SR 锁存器（SR-Latch）

前面提到，峰值电流比较器用于比较开关导通电流与 V_{Comp}，进而产生最初的 PWM 波形。“最初”的意思是，此 PWM 还不能直接输出，需要经过一个 SR 锁存器，以限制占空比更新的次数，一周只能更新一次。

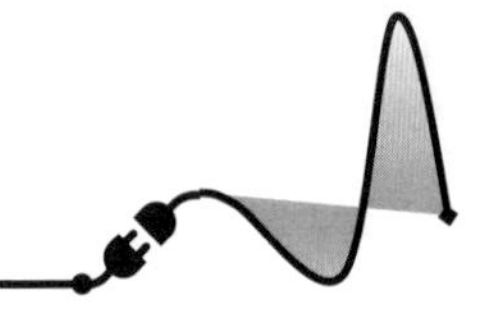

此SR锁存器的Set接到前面提到的Clock，Reset接到比较器输出。相对于右图Microchip PIC16中的COG1（Complementary Output Generator），此模块包含了SR锁存器功能，因此Set与Reset信号都接到COG1。

➢ SR Control

COG不仅包含SR锁存器功能，同时还支持很多功能，例如同步整流需要的互补PWM功能，并且包含Deadtime。因此右图COG1可同时输出PWM到Q2下臂开关，且Deadtime不仅可以跟据使用者设定，还能上下臂使用不同Deadtime，进而优化系统效能。

➢ 输出过电压保护

是否发现右图有个区块是左图没有的？比较器CMP2“-”可以接到V_O反馈信号，检测是否过电压，而过电压判断点由DAC3决定。OPA1控制输出电压，CMP2侦测V_O是否过电压，同时各司其职。

然后CMP2的输出接到COG1的保护触发功能，当COG1接收到保护信号时，COG1会立即反应，不需软件的介入就能立即反应，进而快速保护电源。

以上，无论电压模式还是峰值电流模式，都已经将模拟降压转换器变成混合式数字降压转换器，其第一步都已经完成，是时候进化到第二步了。

也就是进入关键问题：所以数字在哪里？

讨论这样的问题，最简单的做法就是直接讨论现实会遇上的问题，承接最开头提到的“场景”，模拟电源受到限制的问题该如何解决，让我们重新一条一条列出来检查一番。

➢ EMI遇上棘手状况，需要Jitter协助？

一个实际案例测试供参考，参考图3.1.4，其中上面是LED电流，下面是LED电流的快速傅立叶变换（FFT: Fast Fourier Transform）分析，由于输出LED连接线相当长，并且为了节省成本，并没有使用屏蔽线，导致EMI问题加剧。前面提过PWM3可以直接改变PWM频率，因此控制系统加入抖频（或称展频）就不是难事了。参考图3.1.4(a)尚未加入抖频，可以看到PWM主频250kHz处，能量特别大，然后依序倍频处都可以找到能量分量。参考图3.1.4(b)则已经加入抖频，可以看到PWM主频250kHz处，得到减半的效果，然后依序倍频处同样可以找到能量分量。其中加入抖频后，电流产生纹波是因为此案例为峰值电流控制模式，直接抖频会影响占空比，导致小幅度的电流抖动。实际测量EMI结果如图3.1.5所示，可以

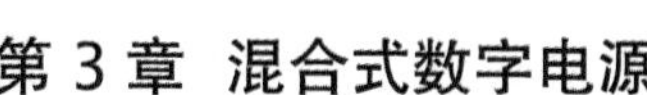

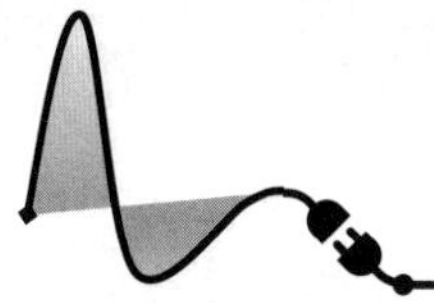

观察到，降低的幅度跟 FFT 测试类似，并且形状也长得很像。抖频是不是简单轻松又自在呢？

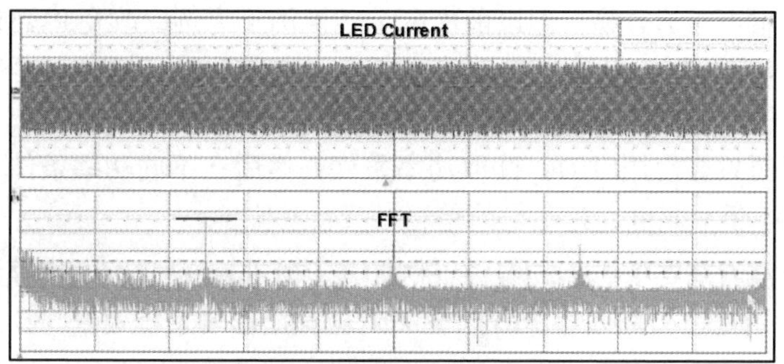

(a) 不含抖频控制

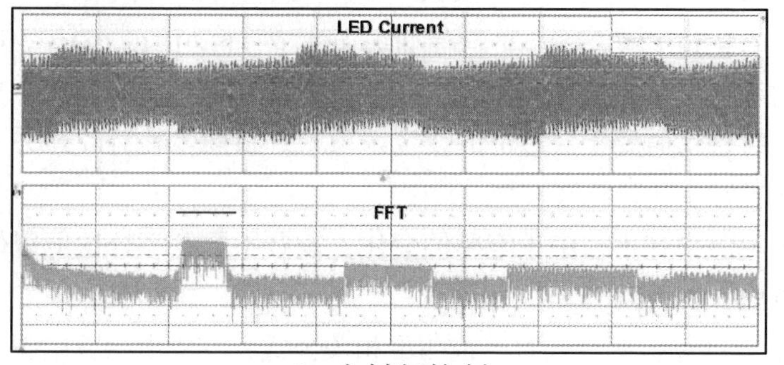

(b) 含抖频控制

图 3.1.4　快速傅立叶变换测量

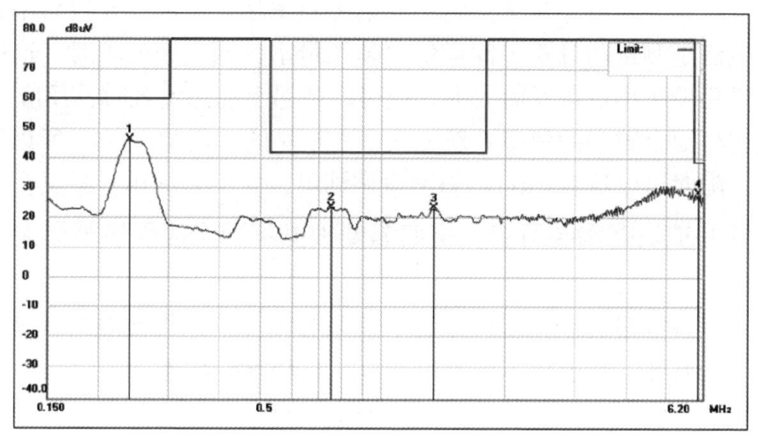

图 3.1.5　实际抖频结果

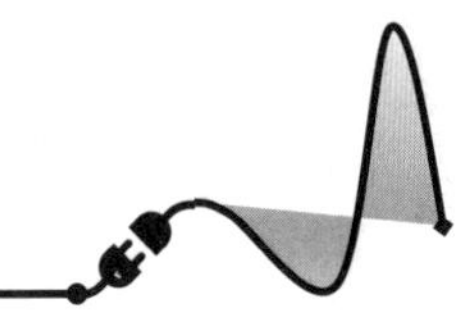

➢ 某功率下效率不佳，需要调整开关频率或是输出条件，该怎么办？

传统模拟控制 IC 中，PWM 频率往往只能选择固定。需要随意变更频率的话，相当的不容易。但以前面两个转换例子为例，改变 PWM3 的频率，PWM 频率就能随之改变，要改多少，自己决定，动动键盘，再烧录程序即可，一气呵成，是不是很愉快？

此问题只要使用 ADC 读取功率条件，然后在不同功率条件下，设定不同 PWM 频率即可，是不是简单轻松又自在呢？

➢ 同步整流需要变更启动条件？例如 DCM 时，不开启同步整流功能。

第 1 章谈过，同步整流开启或关闭会直接影响系统效率与动态响应特性，不同的应用会有不同的考虑，工程师有时候希望在特定时间点打开或关闭同步整流。

这个问题到了混合数字平台便迎刃而解了，PIC16 的 COG 支持产生同步整流的互补 PWM 信号含 Deadtime，既然能产生，就能关掉。当不需要同步整流时，仅需要于 COG 的设定选项中，将同步整流的开关关闭即可，是不是简单轻松又自在呢？

➢ 峰值电流模式下，由于电感值变化，需要不同斜率补偿值以优化系统响应，有办法办到？

第 1 章计算斜率补偿时已说明了相关公式，其中电感放电斜率是主要参考依据。

然而材质的差异，有些材质电感流过不同大小的电流时，电感会跟着变化，电流越大，电感量变得越小，电感斜率达到最大，导致斜率补偿必须在大电流下测量与计算。同样斜率补偿量下，当负载变小时，这样的斜率补偿量相较于小负载反而太大，使得轻载遇上动态负载时，反应变慢。

还记得混合数字的斜率补偿怎么产生？是的，就是 PRG，所以需要改变斜率，随时可以改变 PRG 的斜率设定即可，是不是简单轻松又自在呢？

➢ 电源保护功能需要可变，例如需要根据不同温度而设置最大输出功率？

电源系统的最大功率跟温度有绝对的关联，然而有些应用较为严苛，例如跟生命有关，过温也不能直接关机，只能降额操作。

同样的，对模拟电源相当麻烦，对混合数字却相当的简单，只需测量温度，然后微调参考命令 DAC，就能根据温度逐步降低输出功率，直到新的安全平衡温度，是不是简单轻松又自在呢？

➢ 需要一个通信接口，可以改变系统参数？

电源越来越复杂，人们开始思考远程监控电源的好处，因此越来越多电源被要求加入通信接口，以便让人们可以远程调整更多参数，或是获得更多电源信息或是诊断电源好坏。模拟？是不是还是数字适合做这方面的开发，简单轻松又自在呢？

➢ 需要长时间的时间计数做逻辑判断，例如超时充电保护。

时而听闻电池爆炸事件，很多来自于充电过头问题，各种保护都需要审慎考虑，包含长时间充电计数与强制关闭。然而几分钟，甚至十多小时的计数，这样的长时间计数对于模拟而言，实在太苛刻模拟了，换成数字，简直是轻松又自在呢！

这么多的“简单轻松又自在”，再一次说明一个事实，渐趋复杂的电源需求，越来越离不开需要定制化功能的设计方案，那么应该怎么解读混合式数字控制方案呢？混合式数字控制方案提供的是硬件的控制结构，软件的弹性，最重要是硬件的结构还能随意变更。

笔者喜欢用拼图来形容混合式数字控制器，因为混合式数字控制器提供的，就是很多高设计弹性的硬件模块，每个模块之间并没有连接，任由设计者决定该如何连接。换言之，设计者可以不需要墨守成规，可以跳脱刻板想法，重新“拼图”，拼出专属于自己的控制器，设计自己所需的最适合方案。更甚之，仿冒模拟电源，基本上是分分钟就能完成的事，那么仿冒混合式数字控制器呢？那可不是分分钟的事，没有人知道设计者的设计概念，怎么仿冒？虽说世事无绝对，但肯定代价不低，还不一定成功呢。

说到这，还记得此章开头提到，学员分享的两段感想吗？希望读者已经可以领会其中的意思，使用混合式数字控制器设计电源的限制只有两点：

➢ 硬件模块的多样性与数量。

➢ 你的拼图想象力。

承如小时候最朗朗上口的一句话：想象力就是我的超能力！

使用混合式数字控制器发挥更多想象力，就能创造更出色的产品。

3.2 混合式数字控制器介绍

所以到底有哪些硬件模块可供拼图呢？

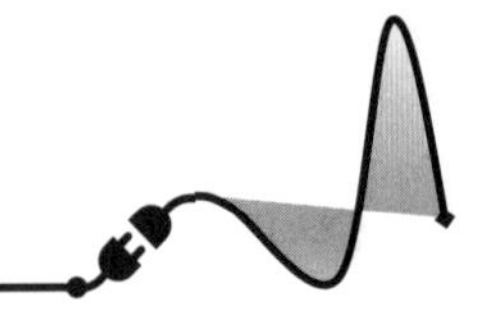

Microchip PIC16 提供相当多的模块让设计者尽情发挥创意，而此章仅以电源为主，因此仅介绍电源会用到的基本模块方块，其余需要读者上 Microchip 官网学习更多模块。

仅以 Microchip 的 PIC16F1768 产品为例，官方产品网页如下：

https://www.microchip.com/wwwproducts/en/PIC16F1768

以下介绍内容截图，皆来自下面链接，是 Microchip 的 PIC16F1768 官方 Data Sheet 文件（版本：DS40001775E），若有所更新，请以官方文件为主：

http://ww1.microchip.com/downloads/en/DeviceDoc/PIC16LF1764-5-8-9-Data-Sheet-40001775E.pdf

➢ Digital-to-Analog Converter 数字模拟转换器

可以把 DAC 想象成一个可变电阻，给定参考电压后，输出分电压就由可变电阻旋转位置所决定，输出可以从最低电压（接近 0V）转到最高电压（等于可变电阻的参考电压）。

参考图 3.2.1，DAC 数字模拟转换器方块图。1024-to-1 MUX 类似可变电阻的旋转钮，只是变成了数位值。

此 MCU 内含两种 DAC，一种是 1024 阶分辨率（通常给补偿控制环路使用），一种是 32 阶分辨率（通常给保护使用，见图 3.2.2）。

通常高精度用于反馈控制，低精度用于保护，不过这仅是“惯例”，实际状况是任君决定。

从 DAC 的方块图，也可以很直觉看到，这一个“数字可变电阻器”主要是三个输入分别是参考电压、参考地与数字可变电阻值，以及一个输出，而输出可以接到实际引脚上或是内部其他模块。

> 若某些应用，例如 LED 灯，需要稳定且误差低的参考电压，那么 DAC 的参考电压就建议不使用 V_{DD}，而是建议使用下一个要介绍的 FVR。

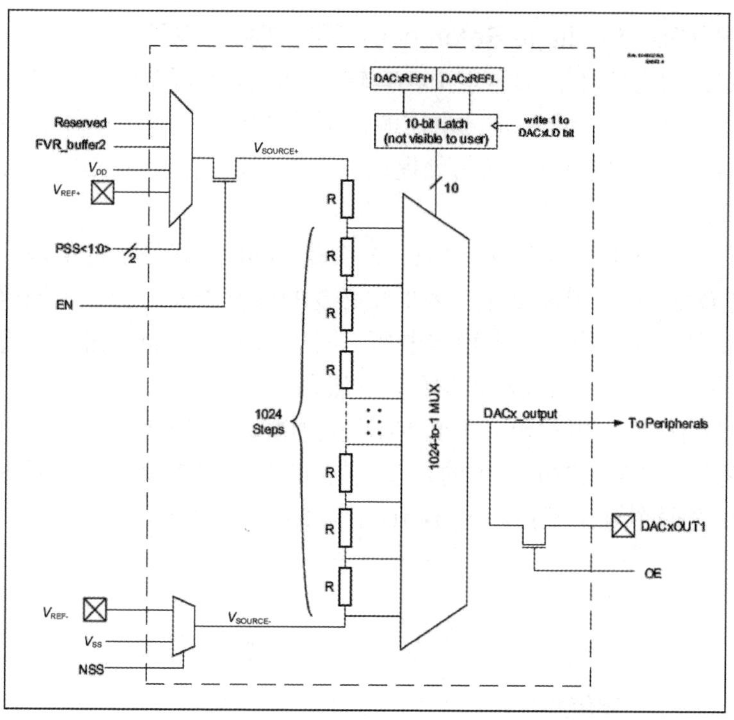

图 3.2.1 10 位 DAC 数字模拟转换器方块图

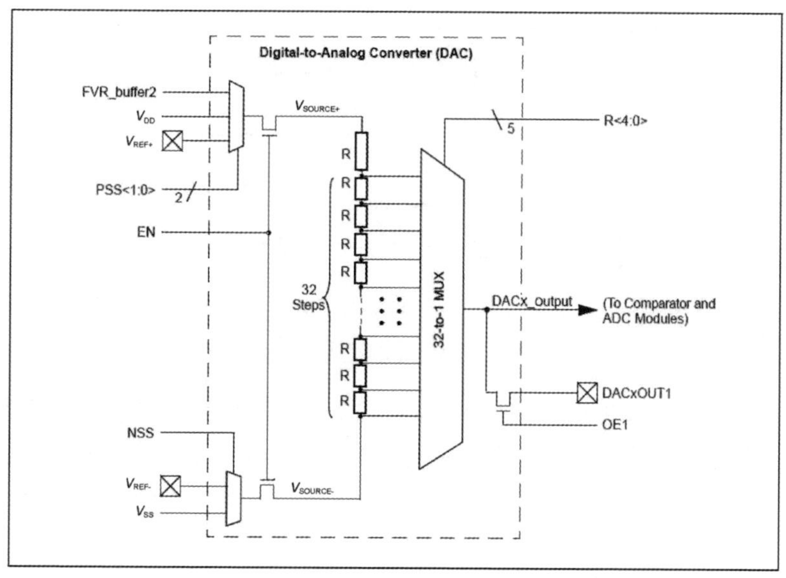

图 3.2.2 5 位 DAC 数字模拟转换器方块图

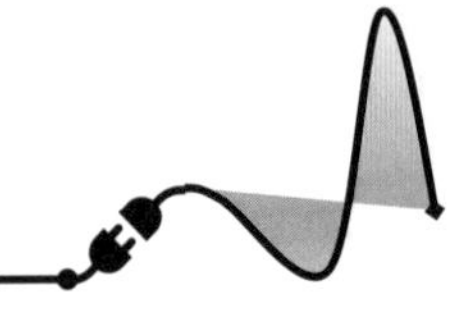

➢ FVR（Fixed Voltage Reference）固定式参考电压

固定式参考电压，顾名思义，其输出为固定不可调整的一种参考电压，目的是为系统提供一组稳定的电压源，不受 MCU 供电电压 V_{DD} 变动而影响。PIC16F1768 的 FVR 还另外提供三个电压供选择：1.024V、2.048V、4.096V。

最高电压 4.096V 有两种原因，一个是 4096 刚好是 2 的倍数，若涉及 ADC 或 DAC 时，刚好整除，减少没必要的计算误差。另一个原因还是来自于内部稳压器，产生一个稳定电压，必然需要一个稳压器，而稳压器需要些许的工作电压差，较大的压差虽然稍微增加功耗，对于 5V 而言，4.096V 能确保输出更稳定，不受 5V 小范围变动而影响。

参考图 3.2.3，FVR 提供的是基础的 1.024V 参考电压，然后提供倍压选择并接至两个输出至：FVR_Buffer1 与 FVR_Buffer2。

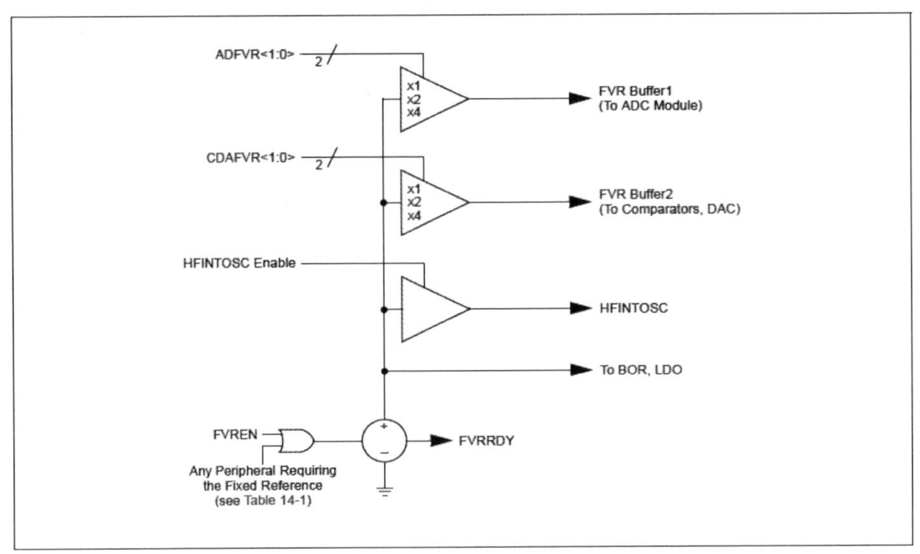

图 3.2.3　FVR 固定式参考电压

由此可知，FVR 最终提供的是两个输出供其他模块使用，而两个输出电压可以独立选择三种电压中的一种（1.024V、2.048V、4.096V）。

笔者时常选择 1.024V 于电流控制或保护，因为精准的低参考电压，有助于电流感测线路的选择，对于提升效能与精准度有非常大的帮助。

➢ OPA（Operational Amplifier）运算放大器

PIC16F1768 内部的 OPA，其增益带宽积(GBWP: Gain – Bandwidth Product)为 3MHz，并且输入与输出都是轨对轨（rail-to-rail），属于性能相当好的 OPA，于电源应用中，足以应付极小的信号等级。

参考图 3.2.4，是内部的 OPA 的功能方块图。

可以发现，不仅正负输入引脚的选择相当丰富，还支持内部信号直接连接，对于节省引脚相当有效，并且内部连接还能保密，从外部电路看不出来设计者真正的连接方式。

除众多引脚选择外，此 OPA 还支持单位增益模式（Unity Gain Mode），意思是可以直接从内部接线，将 OPA 负端输入与输出直接短路，此功能可用于将 OPA 变成内部电压跟随器(Voltage Follower)，将内部某些模块电压直接输出至引脚上，例如锯齿波。

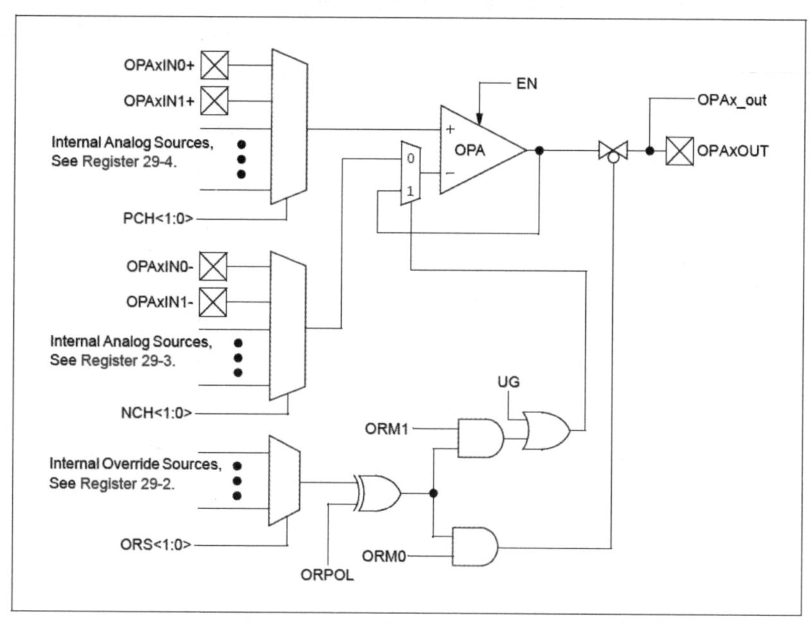

图 3.2.4 OPA 运算放大器

参考图 3.2.4 下方有些逻辑门，接到一个像阀门的东西，串接于 OPA 输出的衔接路径上，这是做什么用呢？大家动动脑，仔细想想。

像阀门的东西称为三态(Tri-stated)逻辑，所谓三态逻辑的意思是，一般数字输出要不是高电平，要不就是低电平，然而有时候我们需要的输出

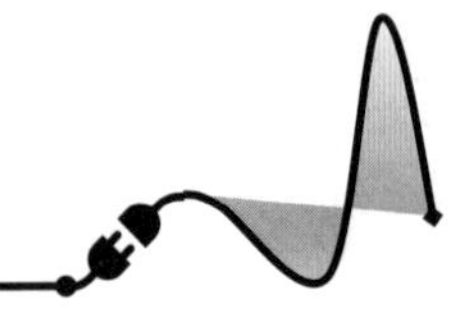

不是高电平也不是低电平，而是需要开路（高阻抗）状态。简单来看，可以理解为内部断开，引脚呈现“浮接”状态，此三种形态就称为三态逻辑。当OPA进入三态(Tri-stated)模式时，OPA对外连接会暂时断开，从外部往OPA看进去，就是没有接任何东西，OPA输出为“浮接”状态。

这个功能相当有意思，待模块介绍完后，继续分享其强大之处！

➢ PRG（Programmable Ramp Generator）可编程斜坡产生器

图 3.2.5 PRG可编程斜坡产生器方块中，主要原理是通过对图中的电容做充放电，藉由充放电的过程，得到上升或是下降的斜坡波形。更仔细观察，可以理解：

- SW1可使电容电压归零；
- SW2可使上方电流源对电容充电；
- SW3可使下方电流源对电容放电。

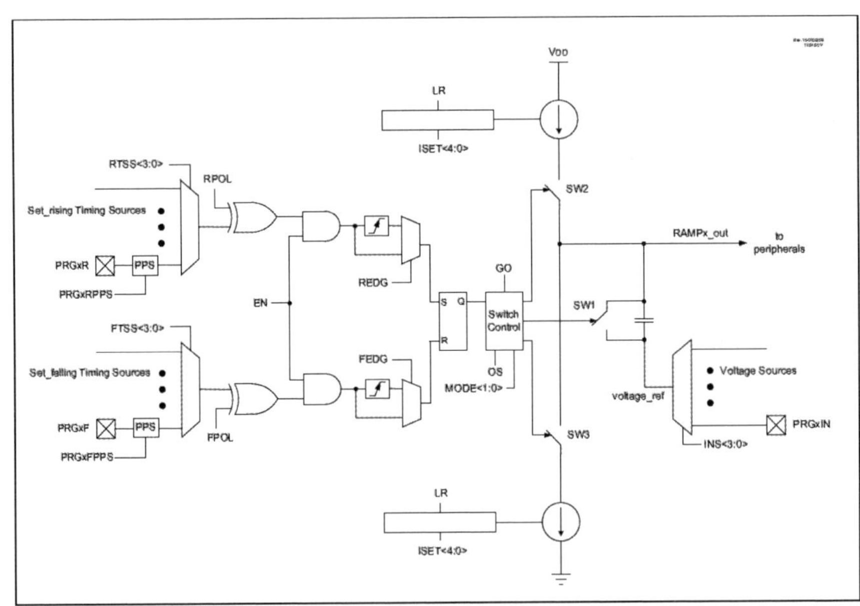

图 3.2.5　PRG可编程斜坡产生器

PIC16F1768支持最小斜率：0.04V/μs，最大斜率：2.5V/μs，范围算是相得的大，因此使用上更具弹性。

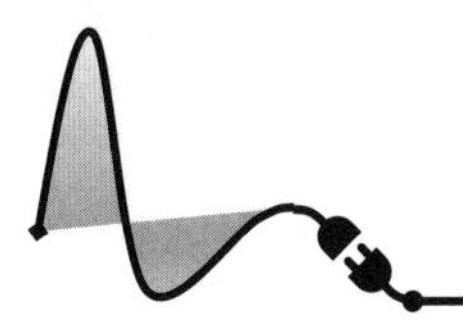

而整个PRG功能模块包含三个输入与一个最终输出，同时比对时序图较容易理解。

参考图 3.2.6 时序图，可以看到三个关键输入：

- voltage_ref (图 3.2.5 的“Voltage Sources”)

此为一个输入参考电压，当 SW1 使电容短路放电时，PRG 输出电压等于此参考电压，也就是相对于 Vss（MCU 的地）的起始参考电压。

- set_rising (图 3.2.5 的“Set_rising Timing Sources”)

此为一种输入触发信号，当此触发信号触发 PRG 后，PRG 启动 SW2，开始对电容充电。图 3.2.6 中的斜坡上升区段就是这样产生的，PRG 输出电压等于参考电压加上电容电压。

- set_falling (图 3.2.5 的“Set_falling Timing Sources”)

此为一种输入触发信号，当此触发信号触发 PRG 后，PRG 启动 SW3，开始对电容放电。图 3.2.6 中的斜坡下降区段就是这样产生的，PRG 输出电压等于参考电压减掉电容电压。

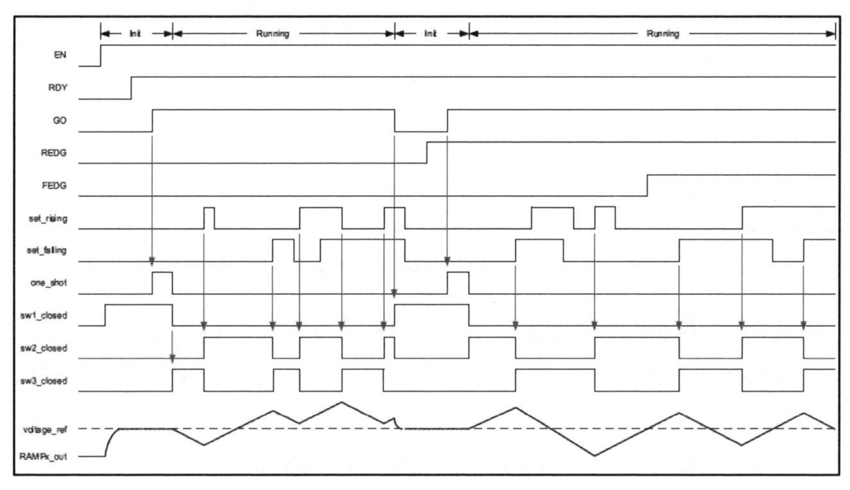

图 3.2.6　PRG 时序图

➢ 比较器

模拟控制环路少不了高速比较器，PIC16F1768 同样具备了高速比较器，其方块图（见图 3.2.7）可以看到输入来源可选择性相当丰富，并且若布线时需要对调正负输入，还可以内部设定输出极性翻转，让引脚规划变得相当便利。

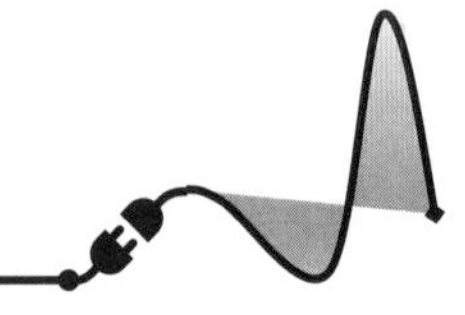

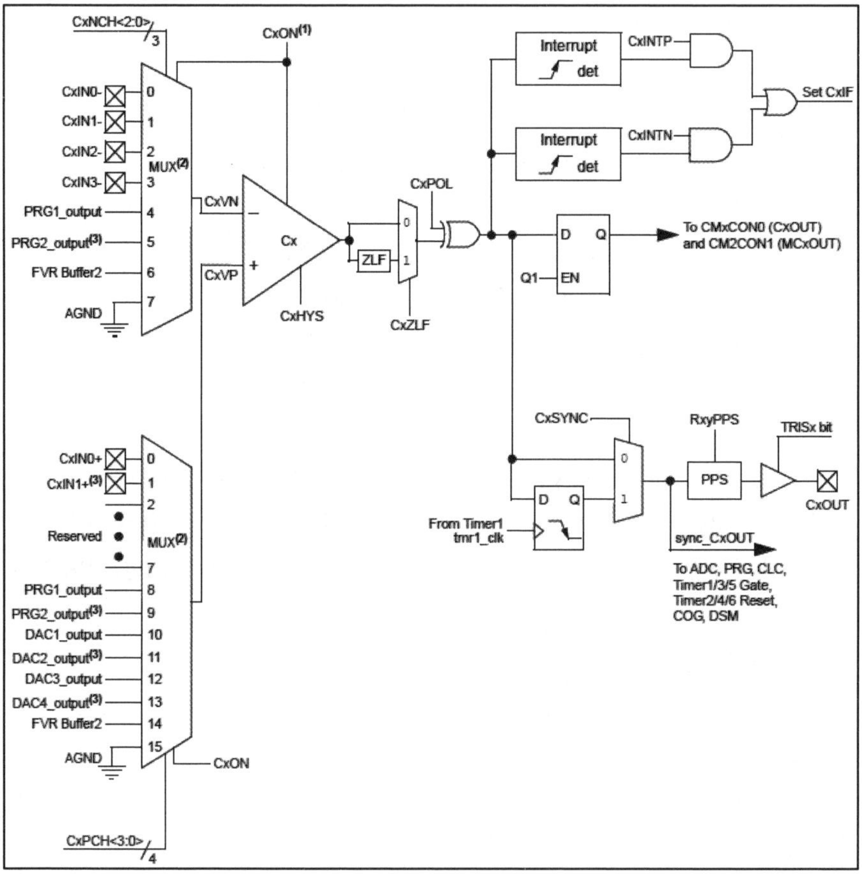

图 3.2.7　比较器方块图

比较器可以触发产生中断，同时也能当触发源，进而触发其他硬件模块，例如触发 COG 模块，直接关闭 PWM，必要时还能输出至引脚上，直接观察与确认信号时序。

➢　16-Bit PWM（Pulse-Width Modulation）模块

PIC16F1768 提供 16 位的 PWM 模块是数字 PWM 模块（见图 3.2.8），采用高频的输入频率来源，进而产生高分辨率 PWM。也因为是数字 PWM 模块，当需要特定 PWM 输出，需要使用软件直接设定或修改：周期（PWMxPR）、相位（PWMxPH）、偏移量（PWMxOF）、占空比（PWMxDC）。此 PWM 模块可用于输出至引脚上，或是用来当别的模块的触发源，例如用来当前一节提到的“Clock”。

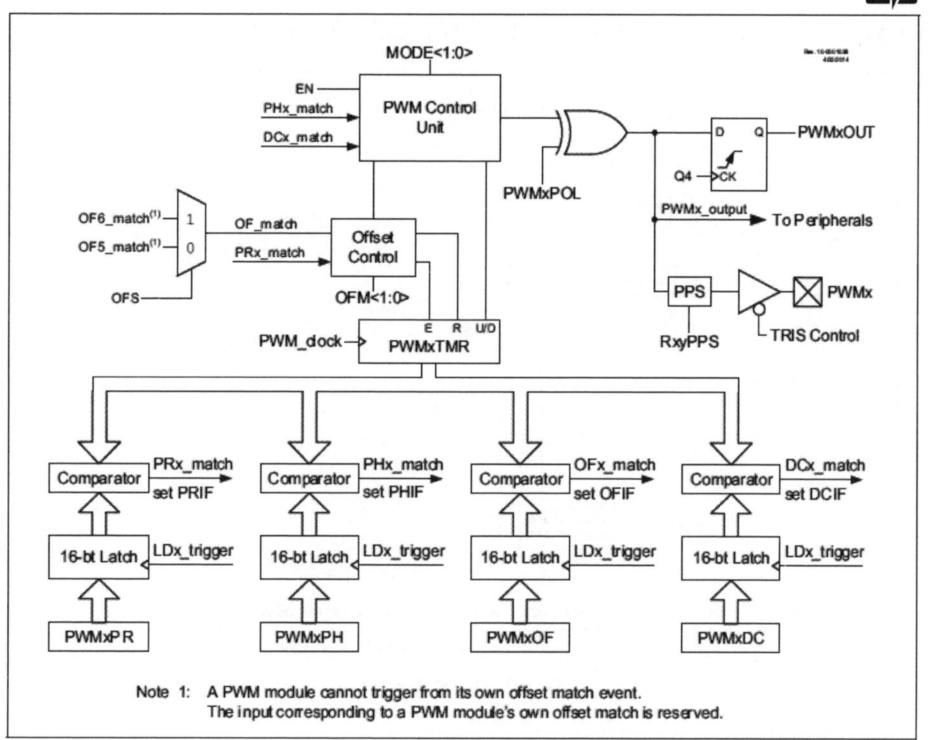

图 3.2.8 16-Bit PWM 方块图

➢ 8-Bit PWM（Pulse-Width Modulation）模块

PIC16F1768 另外提供 8 位的 PWM 模块也是数字 PWM 模块（见图 3.2.9），采用较低频的频率来源，属于低分辨率 PWM。也因为是数字 PWM 模块，当需要特定 PWM 输出，需要使用软件直接设定或修改：周期（T2PR）、占空比（PWMxDCH）。

此 PWM 模块虽为低分辨率，同样也可用于输出至引脚上，或是用来当别的模块的触发源，例如用来当前一节提到的“Clock”。

非必要时，笔者通常留着高分辨率 PWM 模块给其他功能使用，低分辨率用来做混合式数字电源的 PWM 频率来源。

➢ COG（Complementary Output Generator）互补输出产生器

COG互补输出产生器，看名称就可以猜到，将输入信号转为互补信号，由于是互补关系，因此同时支持 Deadtime 的设置。此产生器不仅仅可以输出互补信号，还支持其他模式，例如 Push-Pull 模式等等。此书探讨 Buck

Converter 为主，因此采用的是半桥模式，如图 3.2.10 所示。

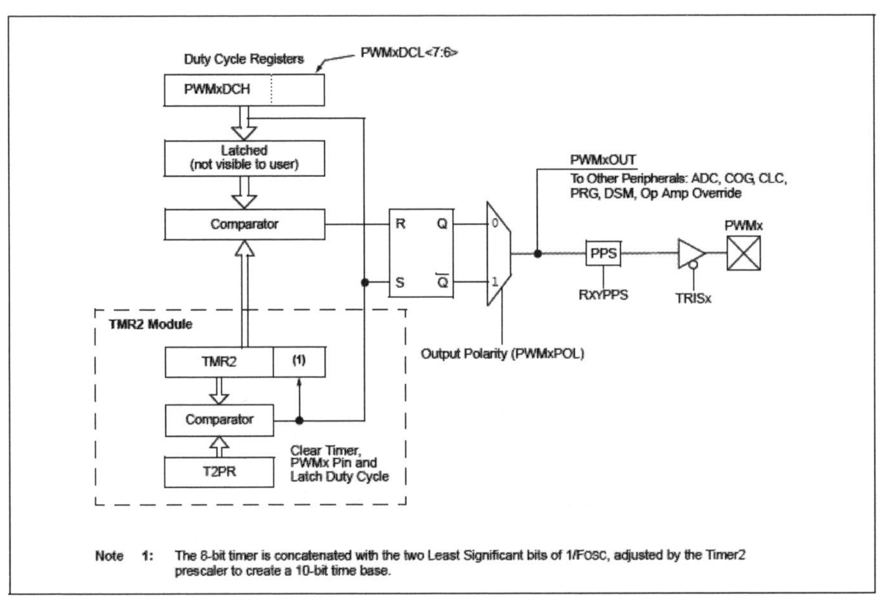

图 3.2.9　8-Bit PWM 方块图

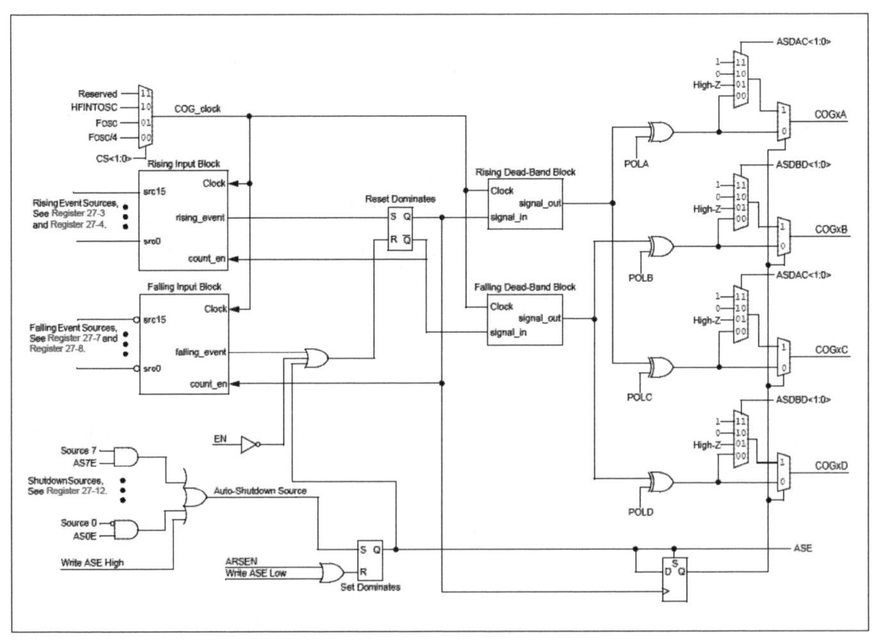

图 3.2.10　COG 半桥模式方块图

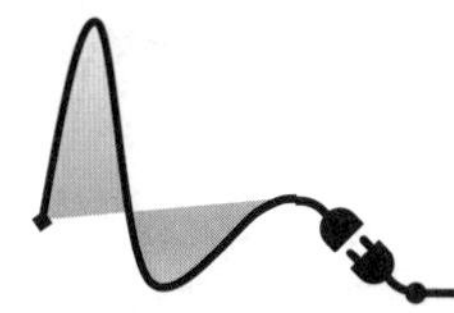

常有人问笔者，使用低精度来当“Clock”，混合式数字电源不也就跟着低PWM精度？其实不尽然，频率精度部分确实会受影响，但占空比却不会，因为“Clock”只是用来触发 COG（混合式数字电源的 S-R Latch 模块）上升沿，占空比是由下降沿决定的，而混合式数字电源的下降沿来自比较器结果，所以有分辨率问题？比较器并非数字的，没有数字分辨率问题，占空比也就没有数字分辨率限制。

COG 主要接收三种输入源，并产生相对应的动作如下：

- Rising Event Resources (上升沿触发源)

此输入源具备多种选择，并且支持同时多输入，其中一个输入发出触发信号，即能触发 Rising Event。

当此输入源进入 Rising Event，SR-Latch 被触发“Set”。

- Falling Event Resources (下降沿触发源)

此输入源具备多种选择，并且支持同时多输入，其中一个输入发出触发信号，即能触发 Falling Event。

当此输入源进入 Falling Event，SR-Latch 被触发“Reset”。

- Auto-Shutdown Resources (自动关闭触发源)

此输入源具备多种选择，并且支持同时多输入，其中一个输入发出触发信号，即能触发 Auto-Shutdown Event。

当此输入源进入 Auto-Shutdown Event，COG 中的 SR-Latch 被触发“Reset”，并且即刻关闭所有输出，必要的话可以设定为自动恢复还是保持关闭，直到软件判断可以重新启动。

半桥模式下的 COG，输出引脚为 COGxA 与 COGxB（x 为模块编号）。其 Deadtime 的时序参考图 3.2.11。Deadtime 的原理是安插延迟于 COGxA 与 COGxB 的上升沿，两个延迟时间可以独立设定，因此两 deadtime 的时间长度允许不相同。若同时使用 Phase Delay（相位延迟）功能，Deadtime 也会被往后推迟，功能并不重叠。若需要半桥模式用于全侨，可以另使用 COGxC（与 COGxA 同步）与 COGxD（与 COGxB 同步）。

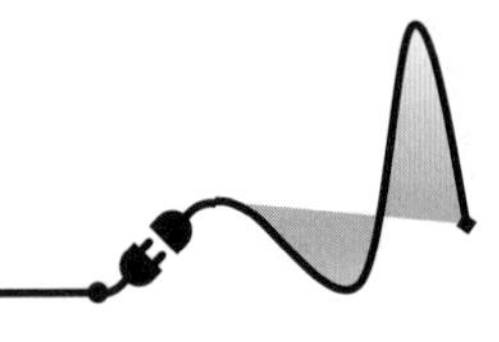

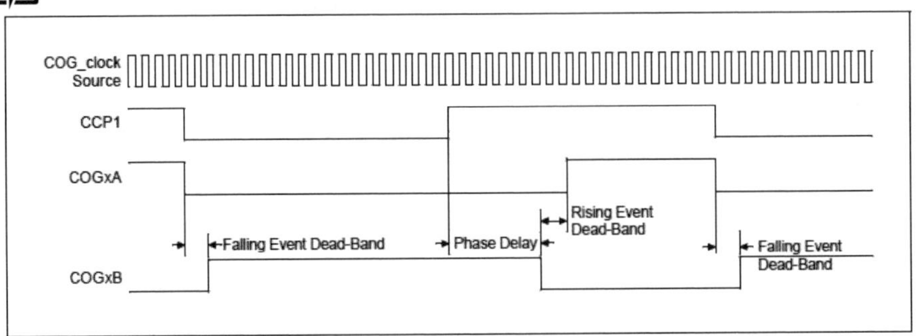

图 3.2.11　半桥模式时序图

➢　DSM（Data Signal Modulator）数据信号调制器

DSM 数据信号调制器在 MCU 中不常见，读者对于此模块可能相对陌生，但其妙用非常有趣，因此笔者特别写一段介绍一下。先说说其基本输入信号与输出信号的产生，参考方块图 3.2.12，输入信号有三个，输出只有一个。

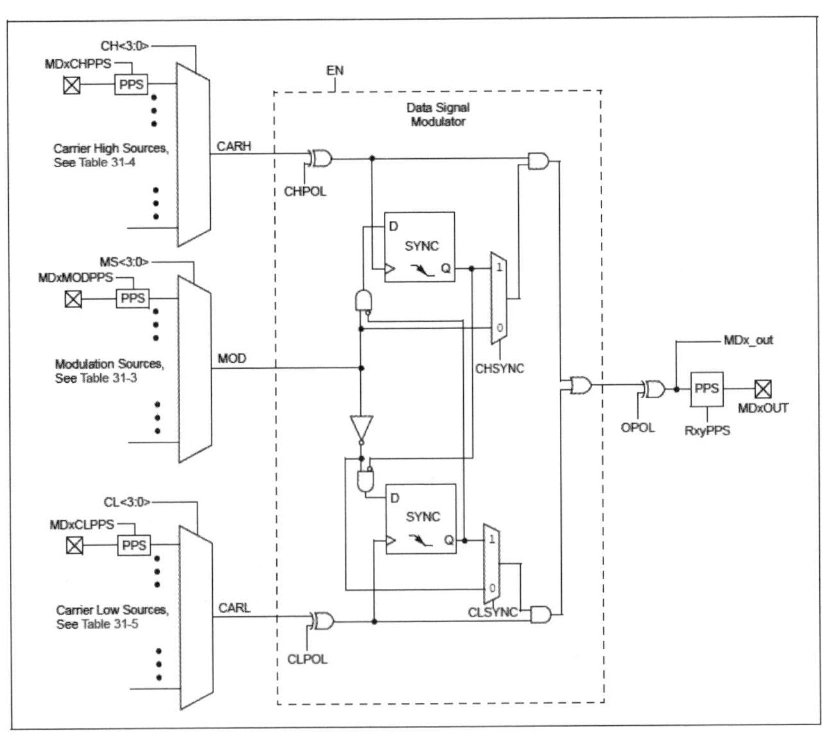

图 3.2.12　DSM 数据信号调制器方块图

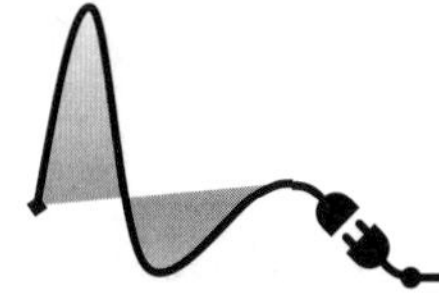

- **Modulation Sources**

载波调制条件输入源，状态只有 High 或 Low 两种准位状态，其输入源有多种选择，但同时只能选用一种。

- **Carrier High Sources**

“High”载波输入源，其输入源也是有很多种选择，同时只能选用一种。其中“High”的意思是，当载波调制条件状态为 High 时，DSM 输出信号就同步于此载波输入源。

- **Carrier Low Sources**

“Low”载波输入源，其输入源也是有很多种选择，同时只能选用一种。其中“Low”的意思是，当载波调制条件状态为 Low 时，DSM 输出信号就同步于此载波输入源。

上面的说明是不是很饶舌呢？看图 3.2.13 异步模式时序图作为参考，能更简单的理解上面的说明。

Modulator 就是上述 Modulation Sources（载波调制条件输入源），当状态为 High 时，MDx_out（DSM 输出）等于 Carrier High 的输入信号，一模一样。

当 Modulator 转变为 Low 时，MDx_out（DSM 输出）等于 Carrier Low 的输入信号，同样是一模一样，完全同步。图 3.2.13 仅是多种模式中的一种，称为异步模式，输出跟着 Modulator 转变而立刻转变，还有其他模式稍有不同，请参考原厂文件，学习更多细节。

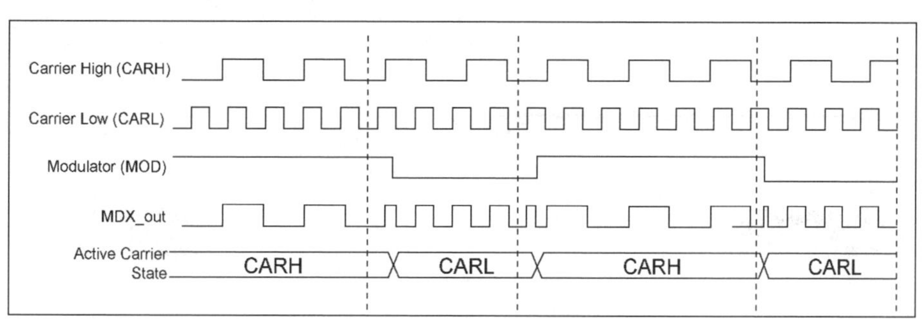

图 3.2.13 异步模式时序图

DSM 说得是天花乱坠，看得云里来雾里去，没看到妙用之处呀！？

参考下图 3.2.14，从实际日行灯上测量到的电流波形，图(a)中的 I_{LED} 呈现方波状态，若仔细观察，可以看到电流最低约为满载的 10%，也就是一直切换于 10%到 100%之间。

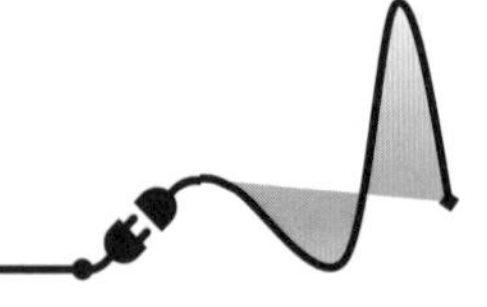

然而一般放大波形观察电流的情况下，都会观察到图(b)左上角的电流波形，电流上升过程会产生尖波的问题，下降亦然，然实际观察混合式数字方式却没有，这是为什么呢？实际测试，0%~100%也没问题。

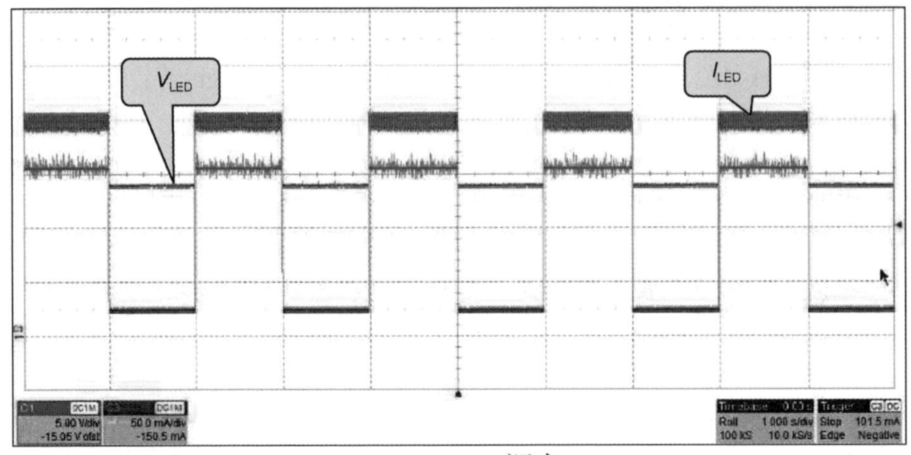

(a) LED 调光

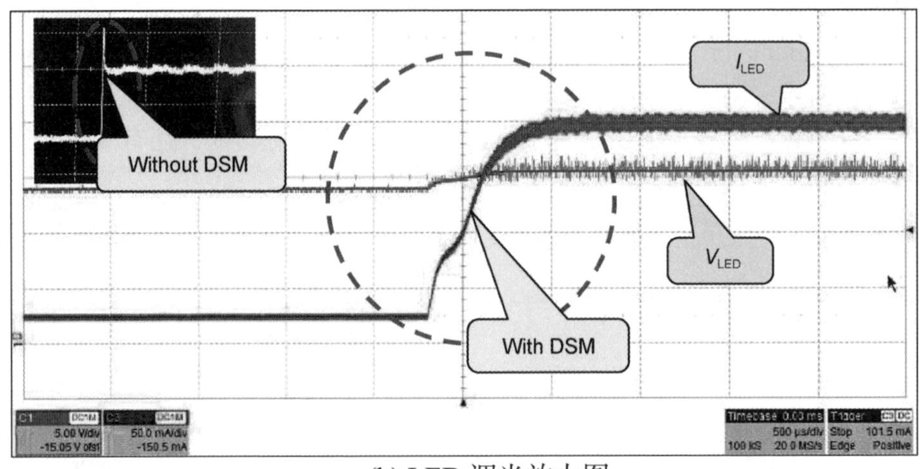

(b) LED 调光放大图

图 3.2.14　车用日行灯调光案例

这就是 DSM 的妙用之一，尖波产生的原因来自于调光过程中，Duty 变化过大导致。OPA 的计算积分结果，事实上就是存储在 OPA 外的电容上，以图 3.2.15 为例，Type-2 的计算结果，输出电压 I_{Comp} 就是存储于 C_1 与 C_2 上。

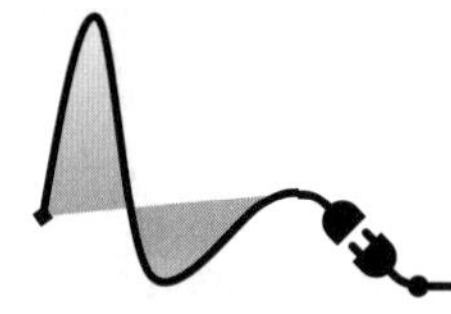

假设调光从 100%变成 0%后再回到 100%，需要暂时停止计算时，只要把图中的开关打开，OPA 便停止对 C_1 与 C_2 充放电，计算便停止，直到需要恢复 100%，开关再次关上，OPA 便自动恢复计算，然而再次关上瞬间，I_{Comp} 由于维持不变，所以电流直接恢复100%相应的电流，恰到好处！但还记得说明 OPA 时提过三态(Tri-stated)模式？图中的开关就是 Tri-stated 状态。而此开关可以通过 DSM 自动处理，软件完全不用介入。只要给定 DSM 的载波调制条件输入源之后，并连接到 OPA 三态(Tri-stated)模式，DSM 便会自动接管这个过程。

假设调光从 100%变成 10%后再回到 100%，情况就有所不同，电流 10%并非 0%，因此不暂停计算，这时就需要一点秘籍！当调光从 100%变成 10%时，对于 10%电流，100%电流下的 I_{Comp} 肯定太大，然而既然 I_{Comp} 存储于 C_1 与 C_2 上，将 C_1 与 C_2 放电重来不就行了？

所以前面例子是暂停计算，这个例子需要的是补偿器复位，C_1 与 C_2 重新充电积分，相当于一个很短时间的缓启动机制。

此时需要的不是 DSM，而是将 OPA 的输出与负端输入引脚暂时改为 I/O 引脚，然后短路到地后，立刻恢复原状，C_1 与 C_2 就放电结束了，OPA 将会自动重新对 C_1 与 C_2 重新充电积分，就能得到图 3.2.14(b)中的美妙结果！

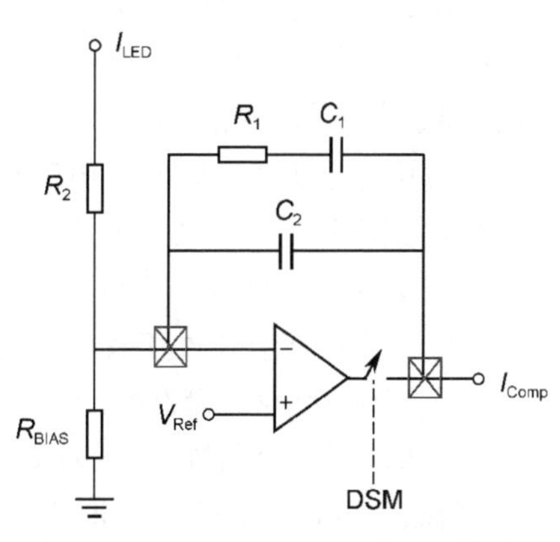

图 3.2.15 OPA Tri-stated 模式

3.3 混合式数字电压模式 BUCK CONVERTER 实作

图 3.3.1 是接下来将完成的基本方块图，其中左右的 Type-3 *RC* 参数值，已经于第 1 章中计算，并于第 2 章中根据仿真结果微调。如有兴趣，可以回到第 1 章与第 2 章相关小节回顾计算过程。

接下来一起使用 PIC16F1768 来边实作边验证理论推算结果。

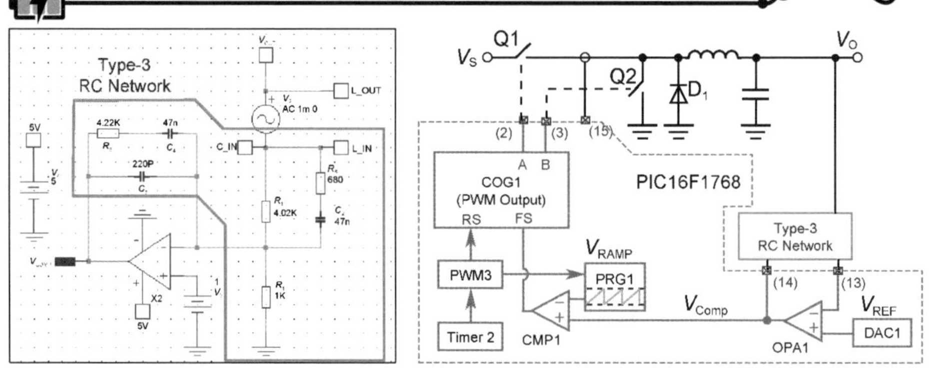

图 3.3.1　混合式数字电压模式 Buck Converter

3.3.1 设计混合式数字电压模式控制环路

图 3.3.1 同时也说明了混合式数字电压模式需要使用的一些模块，前面小节已经个别介绍模块功能，此小节将探讨的是如何实作完成，换言之，如何将这些模块连接起来呢?

事实上可以这么想象，PIC16F1768 内部设计了这些模块，这些模块间的接线是实体线，并且是人为可以决定的，设计者要做的就是发挥创意，设计所需的方块图后，“写程序”让 PIC16F1768 知道哪些模块需要被连接起来。然而对于硬件工程师而言，光是专精于电源硬件设计已经花了大半辈子，还怎么学写程序?

介绍读者一个好东西：MCC SMPS Power Library。

Microchip 推出的这个混合式数字控制辅助设计工具十分省心，仅需要使用鼠标勾勾选选，键盘输入参数，MCC SMPS Power Library 就能自动产生程序，让 PIC16F1768 知道哪些模块需要被连接起来，接着将程序烧录到 MCU 中，打完收工!

是不是很赞呢? 就是这么简单又愉快!

使用 MCC SMPS Power Library 前，需要先于 MPLAB X IDE 建立一个程序项目，所以我们先一起一步步建立第一个程序项目，然后才使用 MCC SMPS Power Library 产生必要的程序，最后测试验证。

➢ **步骤一：建立一个程序项目**

首先开启 MPLAB X IDE，并于菜单中选择 File>New Project...，随后出现 New Project 设定窗口的 Step 1. Choose Project（见图 3.3.2），于

窗口中选择“Standalone Project”后选择“Next >”。Step 2. Select Device（如图 3.3.3），于窗口中输入 PIC16 编号“PIC16F1768”后单击“Next >”。

选择 PIC16 后，MPLAB X IDE 会自动根据选择，直接进入 Step 4。

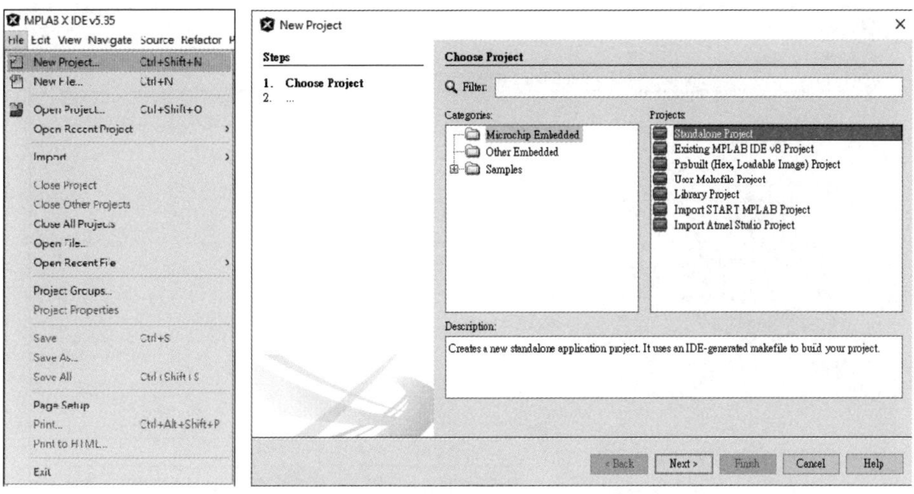

图 3.3.2　New Project 设定窗口（Choose Project）

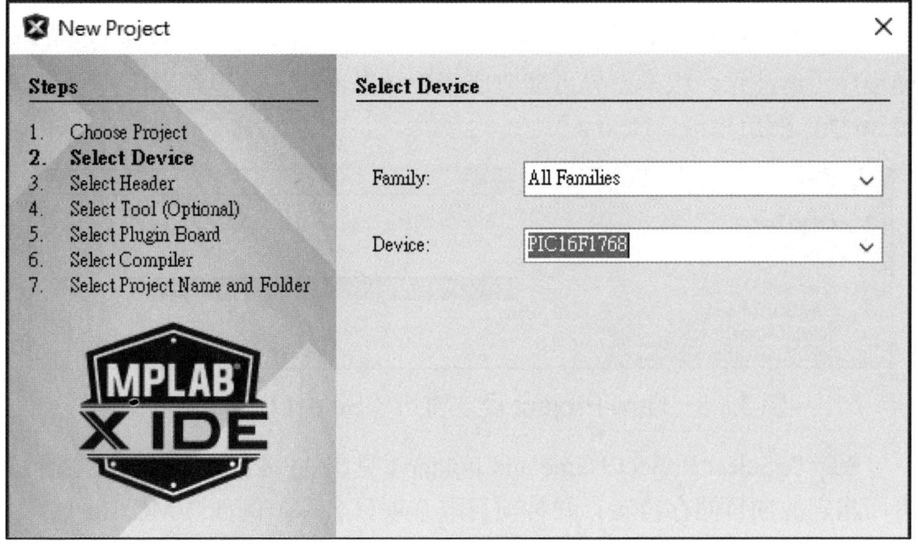

图 3.3.3　New Project 设定窗口（Select Device）

Step 4. Select Tool - Optional（见图 3.3.4），于窗口中选择读者所持有的烧录器，然后单击“Next >”，若不确定使用何种烧录器，可以任选，于烧录时再重新选择也可以。

烧录器选择后，例如笔者选用便宜的 PICkit 4，MPLAB X IDE 会自动根据选择，直接进入 Step 6。

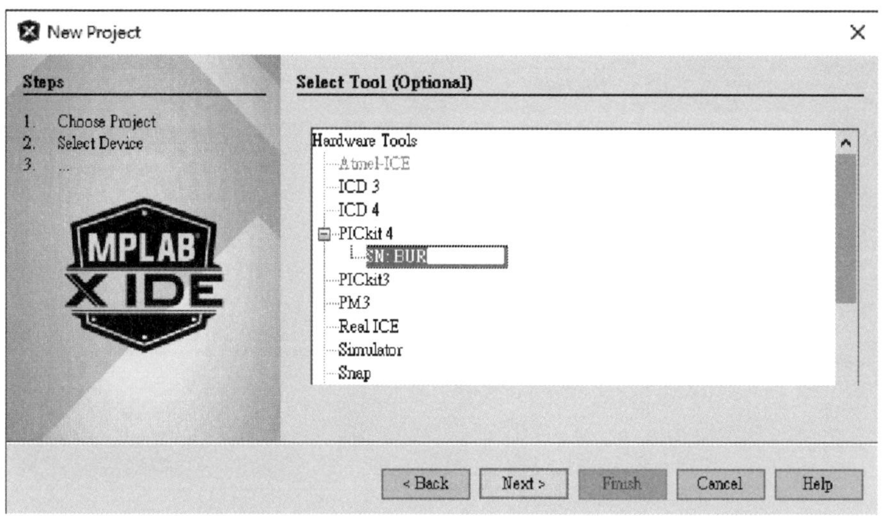

图 3.3.4　New Project 设定窗口（Select Tool - Optional）

Step 6. Select Compiler（见图 3.3.5），于窗口中选择读者所安装的编译程序（请注意：版本差异可能造成实验结果不同），笔者当前使用 XC8 v2.30 版，然后单击“Next >”。

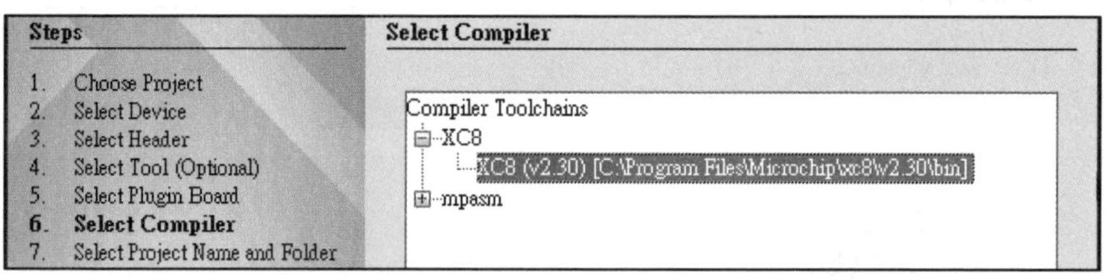

图 3.3.5　New Project 设定窗口（Select Compiler）

Step 7. Select Project Name and Folder（见图 3.3.6），于窗口中选择读者所指定的项目储存位置，并替项目取个项目名称，例如 VMC Buck，最后单击“Finish”。

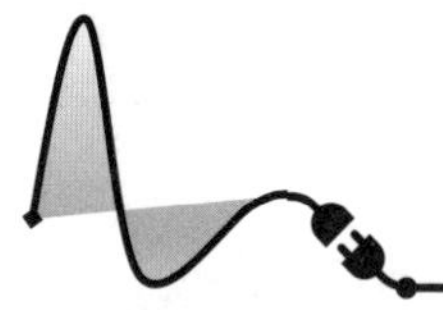

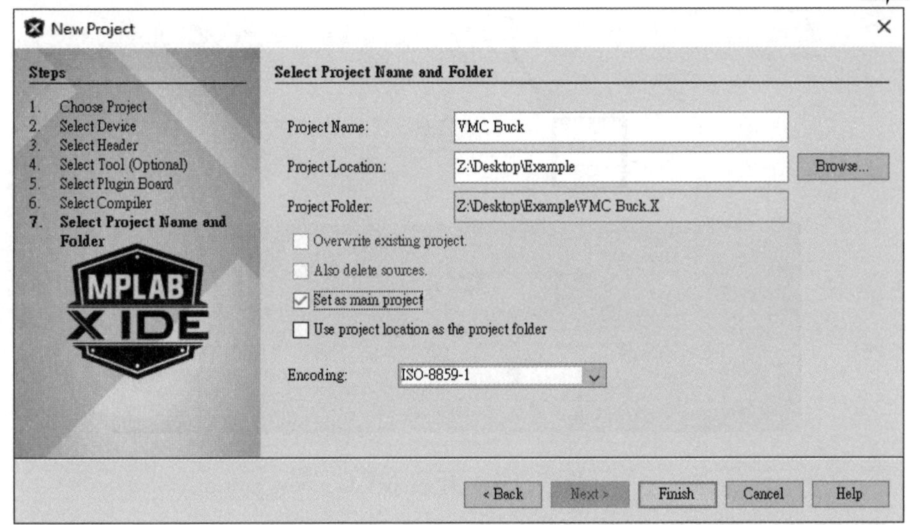

图 3.3.6　New Project 设定窗口（Project Name and Folder）

➢　步骤二：使用 MCC SMPS Power Library 产生开回路测试程序

步骤一已经建立一个基本程序项目，接下来就是 MCC SMPS Power Library 上场的时候了！然而测试闭回路控制之前，笔者总是不厌其烦地建议所有电源工程师，千万别急，测试闭回路控制之前，是否应该确认硬件是否正确？至少得确认下面几件事呀！

- PWM 输出逻辑与脚位是否正确?
- PWM 频率是否正确?
- Deadtime 是否正确?
- 加到满载是否异常?

至少先确定之前硬件功率级是没问题的，所以产生开回路控制程序是对于测试电源相当重要的第一步。幸好，Microchip 此工具直接支持此功能，可以直接将系统变成简单固定占空比开回路控制。

步骤二目标是使用 MCC SMPS Power Library 产生开回路测试程序，确认硬件是否正确。如图 3.3.7 所示，于 MPLAB X IDE 环境中，单击 MCC 按钮，调用 MCC 工具，通常会先出现一个窗口，询问随后 MCC 的设定参数要存储于哪？文件名？没有特别要求的话，通常直接单击“存档”即可，存储于同一个项目路径下。

参考图 3.3.8，接着依序设置：

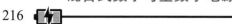

图 3.3.7　开启 MCC

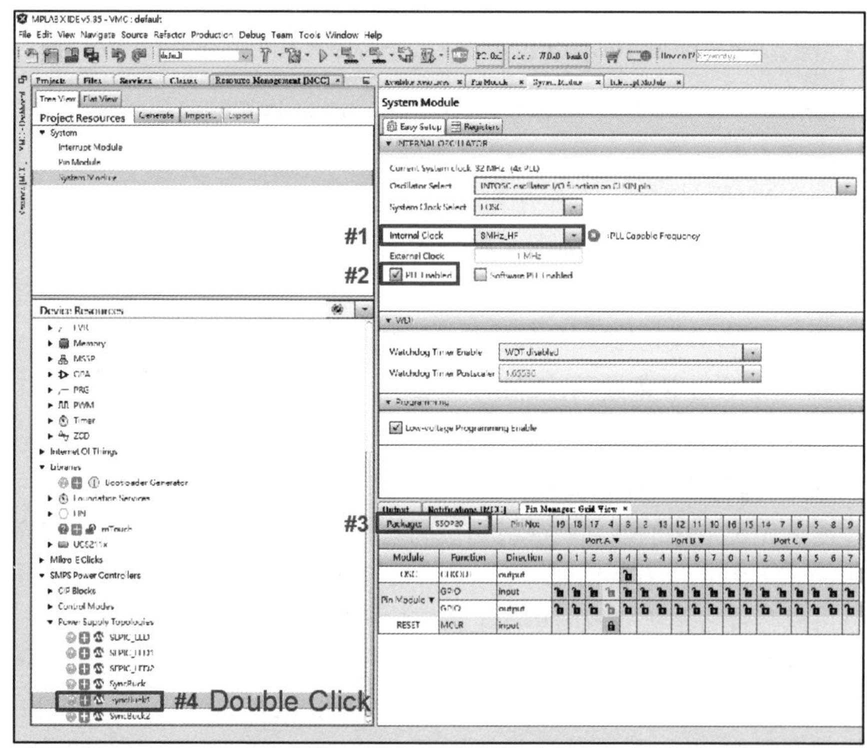

图 3.3.8　PIC16F1768 基础设定

步骤#1 与#2：于 MCC 窗口中，找到“Resource Management [MCC]”子窗口，然后选择“System Module”，并于 System Module 窗口中，选择

PIC16F1768 的基本频率，也就是要 MCU 跑多快，例如笔者选择“8MHz_HF”，并使能 PLL 功能。

步骤#3：于 MCC 窗口中，找到“Pin Manager: Grid View”子窗口，然后确认实际使用的 PIC16F1768 封装(外型)，例如笔者使用“SSOP20”。

步骤#4：于 MCC 窗口中，找到“Device Resources”子窗口，然后滚动子窗口以寻找“SMPS Power Controllers”/“Power Supply Topologies”/“SyncBuck1”，双击“SyncBuck1”。

其实选择 SyncBuck 或 SyncBuck1 或 SyncBuck2 都可以，主要差异是“默认使用模块”不同。换言之，例如 PIC16F1768 可以控制两组 Sync Buck，SyncBuck1“预设”使用 OPA1、CMP1 等，若刚好一样就不需要再改。反之，若不同呢？就随选一个最接近的，然后根据需求，于 MCC 相关方块中选择换掉模块，例如 OPA1 换成 OPA2。笔者手上的控制板所引用的模块跟 SyncBuck1 默认一样，所以选择 SyncBuck1。

参考图 3.3.9。

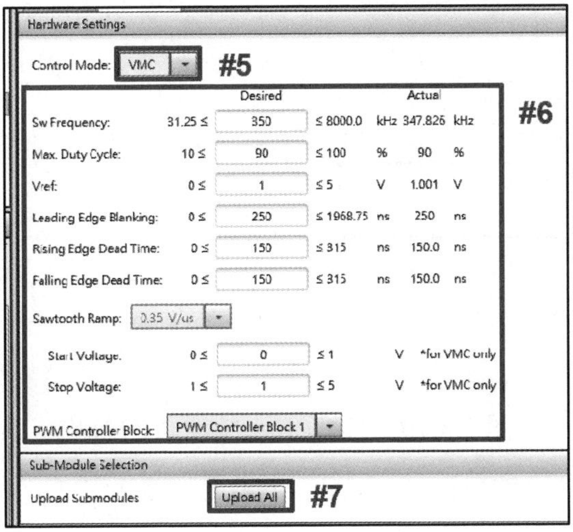

图 3.3.9 Sync Buck1 基础设定

步骤#5 ~ #7：于 MCC 窗口中，找到“Resource Management [MCC]”子窗口，然后选择“SMPS Power Controllers”/“Power Supply Topologies”/“SyncBuck1”，并选择 SyncBuck1 窗口中的 Configuration 子页，选择

VMC（Voltage Mode Control 电压模式控制），并且修改电源相关参数，代表意义与笔者设定参考如下：

- Sw. Frequency 开关频率（kHz）：350
- Max. Duty Cycle 最大占空比（%）：90
- V_{ref} 电压环路参考电压（V）：1
- Leading Edge Blanking 比较器前沿消隐时间（ns）：250
- Rising Edge Dead Time 上升沿死区时间（ns）：150
- Falling Edge Dead Time 下降沿死区时间（ns）：150
- Sawtood Ramp 锯齿波 V_{Ramp} 斜率设定：（自动计算）
    - ◆ Start Voltage 锯齿波 V_{Ramp} 起始电压（V）：0
    - ◆ Stop Voltage 锯齿波 V_{Ramp} 终止电压（V）：1

    所以 V_{Ramp} 等于 0~1*V*pp 的锯齿波。

设定后，选取“Upload All”，将设定全部自动引导到 MCC 模块中。

参考图 3.3.10，关于 V_{Ramp} 设定，设定 0~1*V*pp 或是 0~5*V*pp 都能看到正确输出电压，那么差别是什么呢？是不是觉得怪怪的？

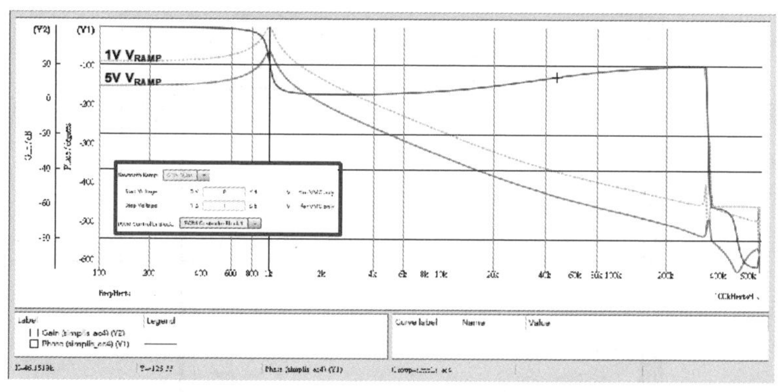

图 3.3.10　V_{Ramp} 对系统增益的影响

1.6.5 小节已经探讨过 $G_{PWM}(s)$，有兴趣可以往回翻，回顾一下。其中一个重点是 V_{Ramp} 直接影响 PWM 增益，V_{Ramp} 越大，PWM 增益变得越小，系统增益也就等比例变小。

假设 V_{Ramp} 等于 0~1*V*pp 与 0~5*V*pp 两种，读者可以试想一下：

补偿器不变，OPA 从 0V 积分到 1V 速度快？还是从 0V 积分到 5V 速度快？所以，想当然，V_{Ramp} 越大，系统需要更长的时间达到满 Duty，是

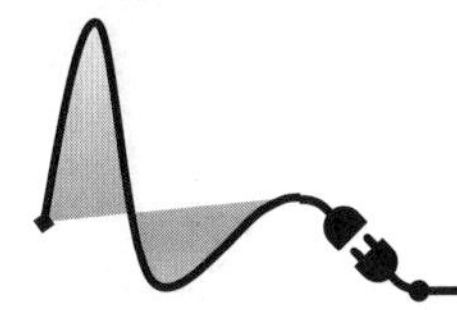

不是反应速度变慢了呢？也就是带宽变小了，对吧？

很多道理都是相通的，然而为何前面说“怪怪的”？而不是说有问题？

若没有测量带宽，不管 V_{Ramp} 是多少（最低高于 0V，最高等于 MCU V_{dd} 电压），OPA 都会自动计算配合，因此电源“看起来”似乎正常工作，事实测试一下可能也没看出问题，但性能就是不一样，说不出的怪。

接续第二章的仿真验证，笔者可以修改 VMC 例子中的锯齿波电压，从 0~1V 改成 0~5V，然后只测量 Plant 波特图，参考图 3.3.11。从仿真可以看出 V_{Ramp} 变 5V 时，Plant 增益明显变小，若没有配合修正，例如没有修改 F_0 以修正带宽，系统开回路增益将等比例下降。

> 鬼主意（创意）往往就是这么产生的！也就是说，V_{Ramp} 可以直接线性改变系统增益与带宽，你是不是已经猜到笔者要说什么了呢？传统电源受限于 IC 设计，系统的带宽跟着输入电压变动而线性变动，造成设计上的取舍问题。若能根据不同输入电压，配置不同的 V_{Ramp}，是不是又解决了一个难题？这就是混合式数字电源的好玩之处。

3

若读者有兴趣，另外可以于 MCC 窗口中，找到“Resource Management [MCC]”子窗口，然后选择“SMPS Power Controllers”/“Control Modes”/“VMC1”，并选择 VMC1 窗口中的 Schematic 子页，可以看到刚刚的步骤 # 7“Upload All”是 Uploaded 了什么？

实际上，当使用者按下步骤 # 7 的“Upload All”后，MCC SMPS Library 自动将图 3.3.11 的模块方块图接好，随时可以产生程序，是不是相当的方便，还没有写过任何一行程序呢。

然而别急着产生程序，别忘了目前首要任务是产生开回路控制程序，并且目前完成的仅是内部模块配置，尚未告诉 MCU 实际引脚配置。

步骤#8：于 MCC 窗口中，找到“Pin Manager: Grid View”子窗口，然后于 SyncBuck1 模块脚位中，选择所需的主开关 PWM 输出（OUT_H）与同步整流开关 PWM 输出（OUT_L）。

以笔者为例，主开关 PWM 输出于 RA5，同步整流开关 PWM 输出于 RA4，如图 3.3.12 所示。其余引脚包含 OPA 输出(EA_O)与反馈信号(FB)等等，都需要确认一下，因笔者选用预设的同一个 OPA，所以不需要更改。

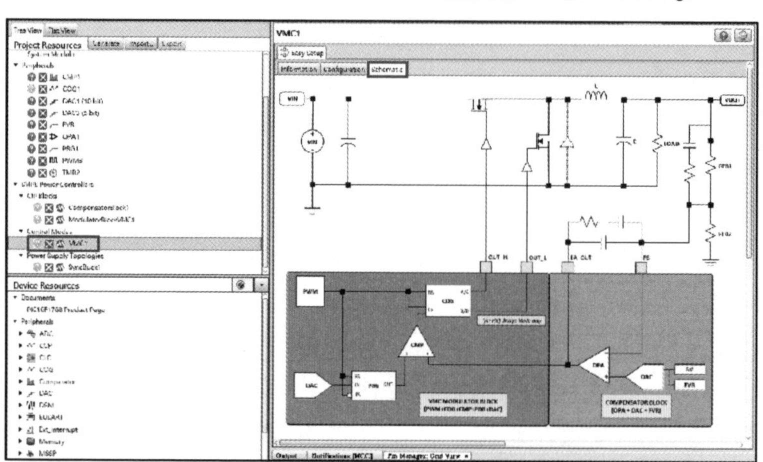

图 3.3.11　VMCI Block Diagram

Pin Manager: Grid View

Module	Function	Direction	Port A 0	Port A 1	Port A 2	Port A 3	Port A 4	Port A 5	Port B 4	Port B 5	Port B 6	Port B 7
PWM3	PWM3OUT	output										
Pin Module ▼	GPIO	input										
	GPIO	output										
RESET	MCLR	input										
SyncBuck1 ▼	EA_O	output										
	FB	input					#8					
	OUT_H	output										
	OUT_L	output										
TMR2	T2CKI	input										
VMC1	FB	input										

图 3.3.12　SyncBuck1 对外引脚设定

步骤#9～12：于 MCC 窗口中，找到“Resource Management [MCC]”子窗口，然后选择“SMPS Power Controllers”/“CIP Blocks”/“ModulatorBlockVMC1”，即可于 ModulatorBlockVMC1 窗口中勾选“Standalone Open Loop PWM”，亦即固定 PWM Duty 方式输出 PWM。至于最大占空比值，可以很直觉地设定于 Max. Duty Cycle 选项中，单位为%，例如笔者选择固定 40%，所以将 90 改成 40，参考图 3.3.13。接着就能开始产生相关程序，单击“Generate”，通常会跳出提醒窗口，单击“Yes”后，程序随即自动产生。

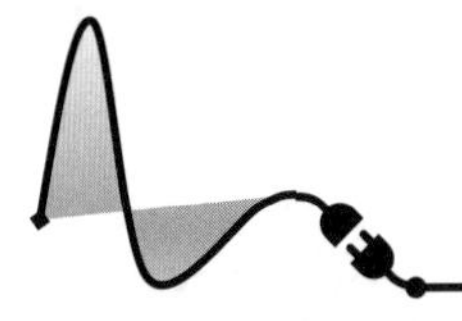

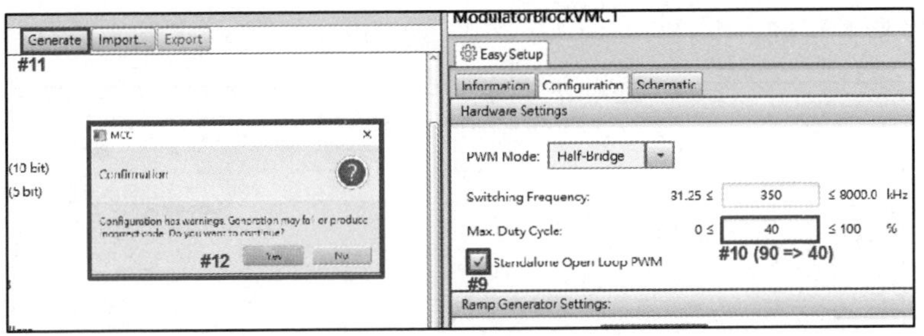

图 3.3.13 设置 Standalone Open Loop PWM

步骤#13：于 MPLAB 窗口下，找到“Output”子窗口，可以确认 MCC 自动产生程序是否已经完成，有些计算机会比较慢，需要一点时间。

当显示 Generation complete.就是已经完成，即可按下图 3.3.14 上的烧录按钮，进行烧录。回想过程，是不是没有写过任何一行程序呢？

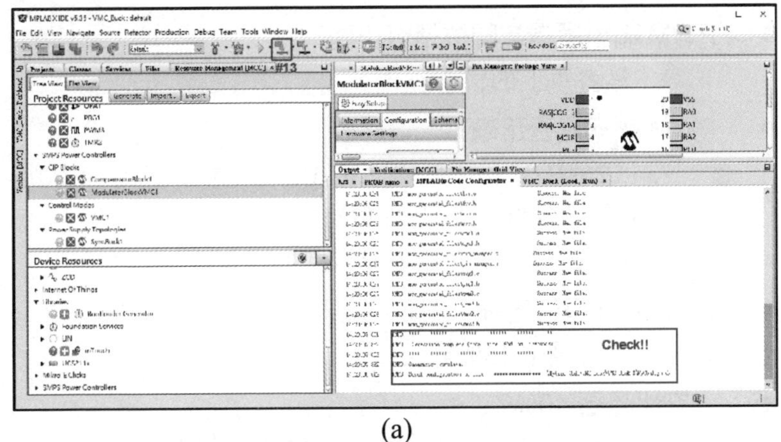

(a)

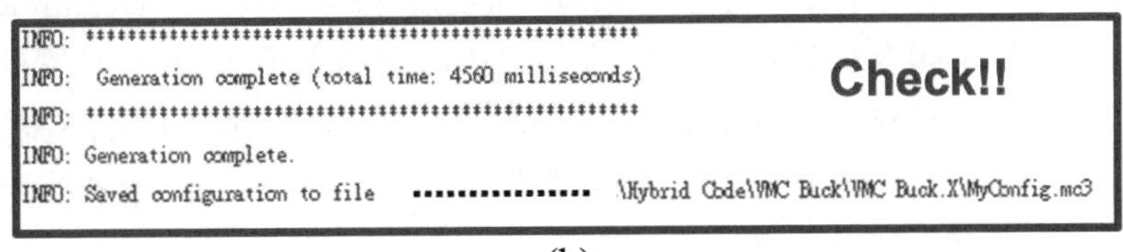

(b)

图 3.3.14 烧录程序

这个工具有趣的地方就在于实际上是由 MCU 来完成写程序任务，但设计过程却没有写程序的过程，相当适合纯硬件工程师用来发挥创意，入门数字电源的领域。参考图 3.3.15，测量 RA5 与 RA4，简单判断 PWM 基本规格是否正确。

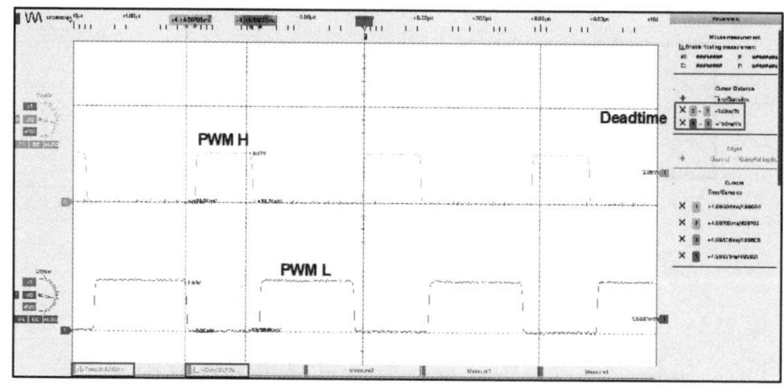

图 3.3.15　开回路 PWM 信号测量

此时可确认下面几个参数：

- **PWM 输出逻辑与脚位是否正确?**

  正确（笔者手上的板子正确）。

- **PWM 频率是否正确?**

  348.26kHz，稍微偏移 350kHz 设定值，这是因为默认选用的是分辨率较低的组合 PWM3 + Timer2，若需要更精准的 PWM 频率，只需要选用高分辨率的组合。

- **Deadtime 是否正确?**

  正确，符合设定 150ns。

- **占空比是否 40%?**

  稍微偏移至 33.70%，因为设定 40%并不包含 Deadtime，并且不包含分辨率误差。这些偏移可以回到最大 Duty 设置处，再次手动微调即可，此处仅是测试，不影响实际闭回路控制时的占空比精准度。实际闭回路控制时的占空比由比较器控制决定，没有数字分辨率问题。

- **加到满载是否异常?**

  正常（笔者手上的板子正常）。

➢ 步骤三：使用 MCC SMPS Power Library 产生闭回路测试程序

步骤二已经确认硬件基本上没有问题，所以可以开始着手闭回路测试了。

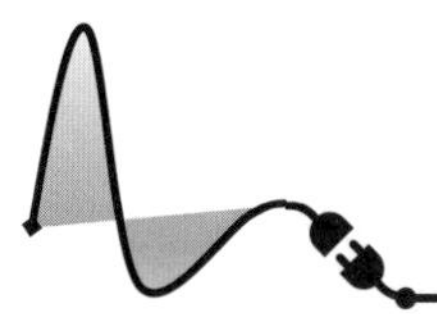

步骤#14 ~ 16：于MCC窗口中，找到“Resource Management [MCC]”子窗口，然后选择“SMPS Power Controllers”/“CIP Blocks”/“ModulatorBlockVMC1”，于ModulatorBlockVMC1窗口中取消“Standalone Open Loop PWM”。

至于最大占空比值，恢复到90%，参考图 3.3.16。

接着再次产生相关程序，单击“Generate”，通常会再跳出提醒窗口，单击“Yes”后，程序随即再次自动产生。

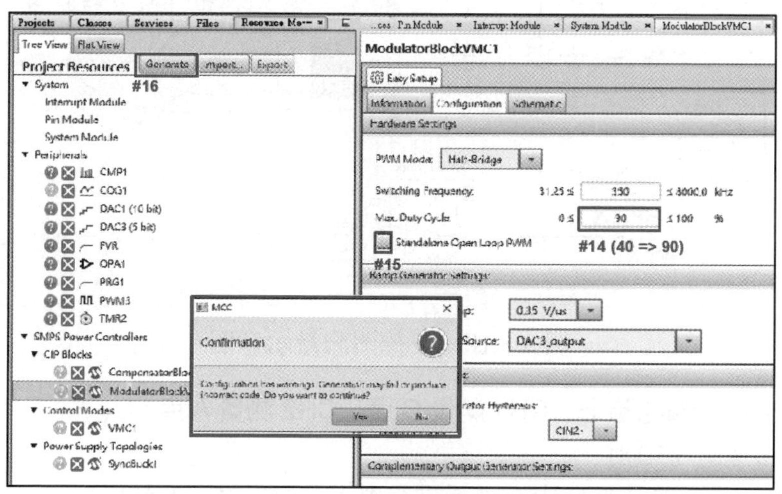

图 3.3.16　恢复闭回路控制

步骤#17：于MPLAB窗口下，找到“Output”子窗口，同样可以确认MCC自动产生程序是否已经完成，有些计算机会比较慢，需要一点时间。

显示 Generation complete 就是已经完成，此时完整基本程序已经完成，参考图 3.3.17，对MCU进行烧录程序，并检查是否烧录成功。

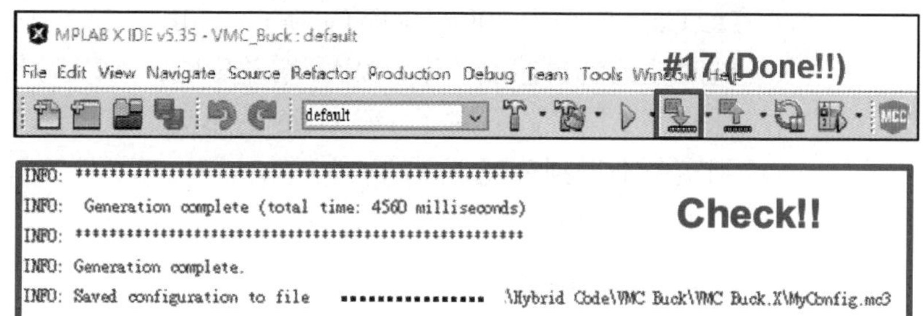

图 3.3.17　烧录程序

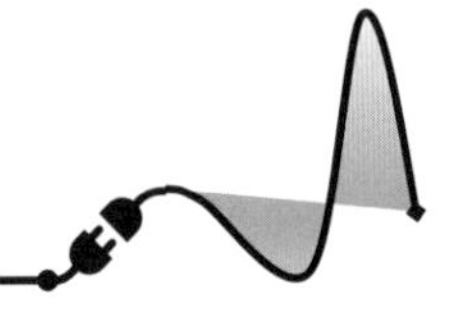

3.3.2 混合式数字电压模式实测

说到实测，再次搬出神器 Bode-100 来验证控制环路是否符合设计要求。参考图 3.3.18 波特图测量示意图，信号注入位置于图中的 A 与 B 点，两支检测探头 CH1 与 CH2 则根据测量对象，于 A、B、C 之间测量。

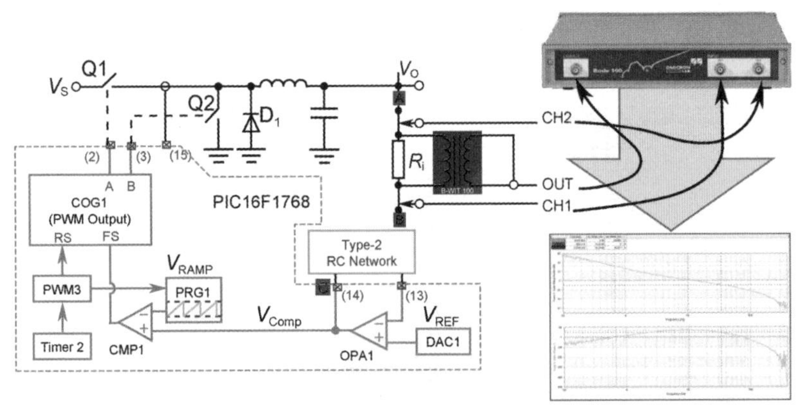

图 3.3.18　波德图测量示意图

➢ Plant 测量与验证：CH1 测量 C 点，CH2 测量 A 点

(参考图 3.3.18)

此测量主要是观察从 C 点看进去到 A 点位置之间的频率响应，C 点代表的意义是控制环路输出 V_{Comp}，A 点代表的意义是系统输出 V_O。

所以 C 点到 A 点位置之间的频率响应包含了两个区块（参考第 1 章的定义），测量结果请参考图 3.3.19，方便对比结果，直接引用 Mindi 章节之结果作为对比：

- **PWM 增益 $G_{PWM}(s)$，其中包含 V_s = 12V 对系统的增益量**
  - DC Gain 应约为 $20\log10(V_s/V_{RAMP})$ = 22dB
    同时让读者再感受一下 PWM 增益影响，所以笔者也实际验证不同 V_{RAMP} 对于 DC Gain 的影响，从理论、模拟到实务都得到验证。
    结果符合预期。
- **Plant 传递函数 $G_{Plant}(s)$**
  - f_{LC} 双极点位置应约为 801.57Hz，实际电感与电容零件误差，偏移至 889.68Hz。

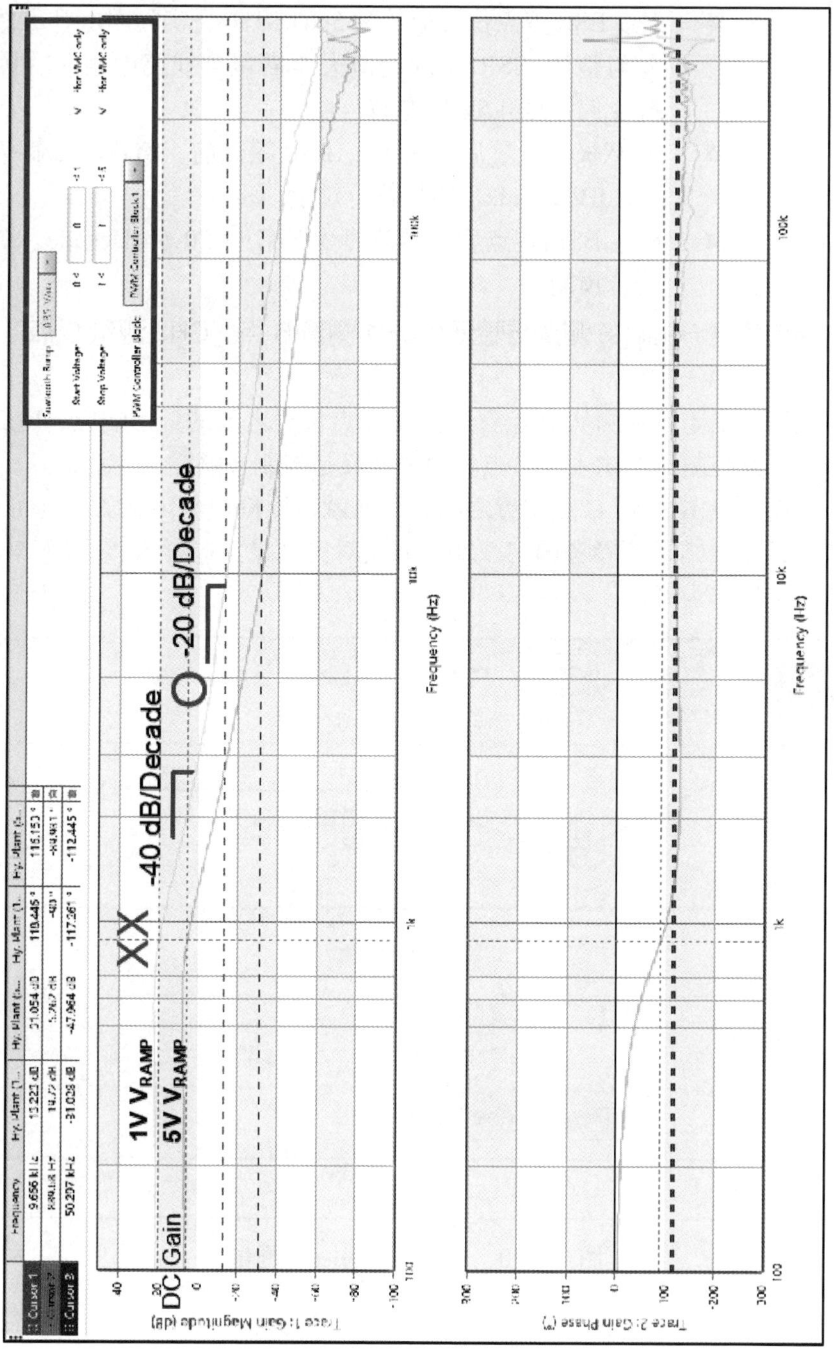

图 3.3.19 VMC Plant 测量

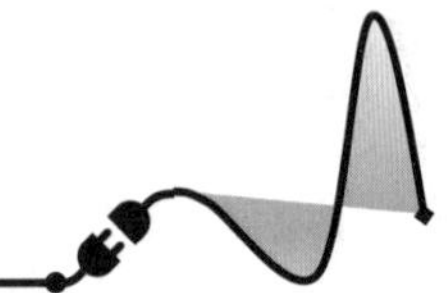

- F_{ESR} ESR 零点位置应约为 5651.81Hz，实际因电容零件误差与整体 ESR 比理论值大（需包含线路电阻），因此 F_{ESR} 偏移至 4.5kHz 左右。
- f_{LC} 双极点位置后，至 F_{ESR} ESR 零点前，增益曲线斜率：-40 dB/Decade，结果符合预期。
- F_{ESR} ESR 零点后，增益曲线斜率：-20 dB/Decade，结果符合预期。

➢ 控制环路 $H_{Comp}(s)$ 测量与验证：CH1 测量 B 点，CH2 测量 C 点 (参考图 3.3.18)

此测量主要是观测从 B 点看进去到 C 点位置之间的频率响应，B 点代表的意义是控制环路输入，C 点代表的意义是控制环路输出 V_{Comp}。

所以测量 B 点到 C 点位置之间，主要就是测量控制环路 $H_{Comp}(s)$的频率响应，测量结果请参考图 3.3.20，方便对比结果，同样直接引用 Mindi 章节之结果作为对比。

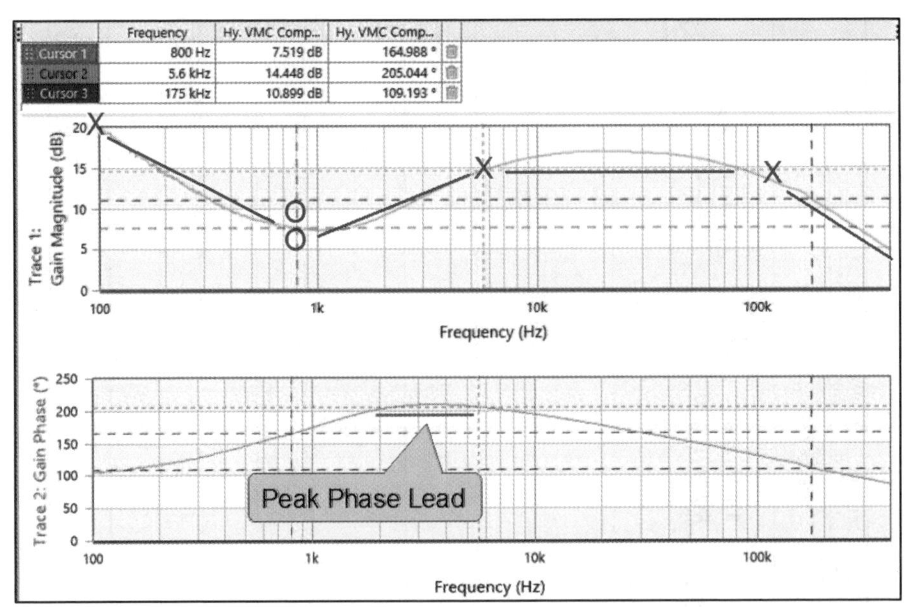

图 3.3.20 VMC 控制回路测量

- Type-3（三型）控制器应该是 3 个极点，2 个零点，结果符合预期。

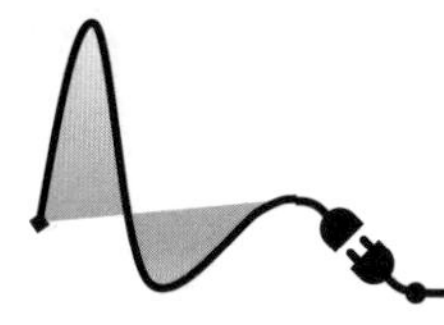

- 结果与 Mindi 仿真结果吻合（请注意，是最后根据真实情况而调整的 *RC* 值结果与 Mindi 做比对）。
- 可以看出，为了配合实际零件值，必然需要有所妥协，所以部分极零点的位置与理想的位置有所差异，这也是模拟控制环路在所难避免的限制。

➢ 系统开回路 $T_{OL}(s)$ 测量与验证：CH1 测量 B 点，CH2 测量 A 点 (参考图 3.3.18)

此测量主要是观察从 B 点看进去到 A 点位置之间的频率响应，B 点代表的意义是控制环路输入，A 点代表的意义是系统输出 V_O。所以测量 B 点到 A 点位置之间，主要就是量系统开回路 $T_{OL}(s)$的频率响应，测量结果请参考图 3.3.21，于 Mindi 仿真过程中，补偿控制器波特图分析已经告诉我们，由于补偿器 *RC* 值的耦合性问题，极零点摆置产生偏移，系统开回路波特图的最终结果必然受影响，加上 Plant 实际上也是偏移的，所以真实的系统开回路 $T_{OL}(s)$ 测量结果可以看出部分指标会有些微偏移：

- F_C 频率点增益曲线斜率-20 dB/Decade，而高频区段，增益曲线斜率：–40 dB/Decade。
  结果符合预期。
- F_C 仿真为 10.37kHz，实际零件误差偏移至 11.837kHz，需要的话，可利用 Mindi 提到之方法，通过实际结果再修正一次补偿线路之参数即可。
- P.M.仿真为 75°，实际为 75.449°。
  结果符合预期。
- G.M.预设须大于 10dB，结果为 23.683dB。
  结果符合预期。

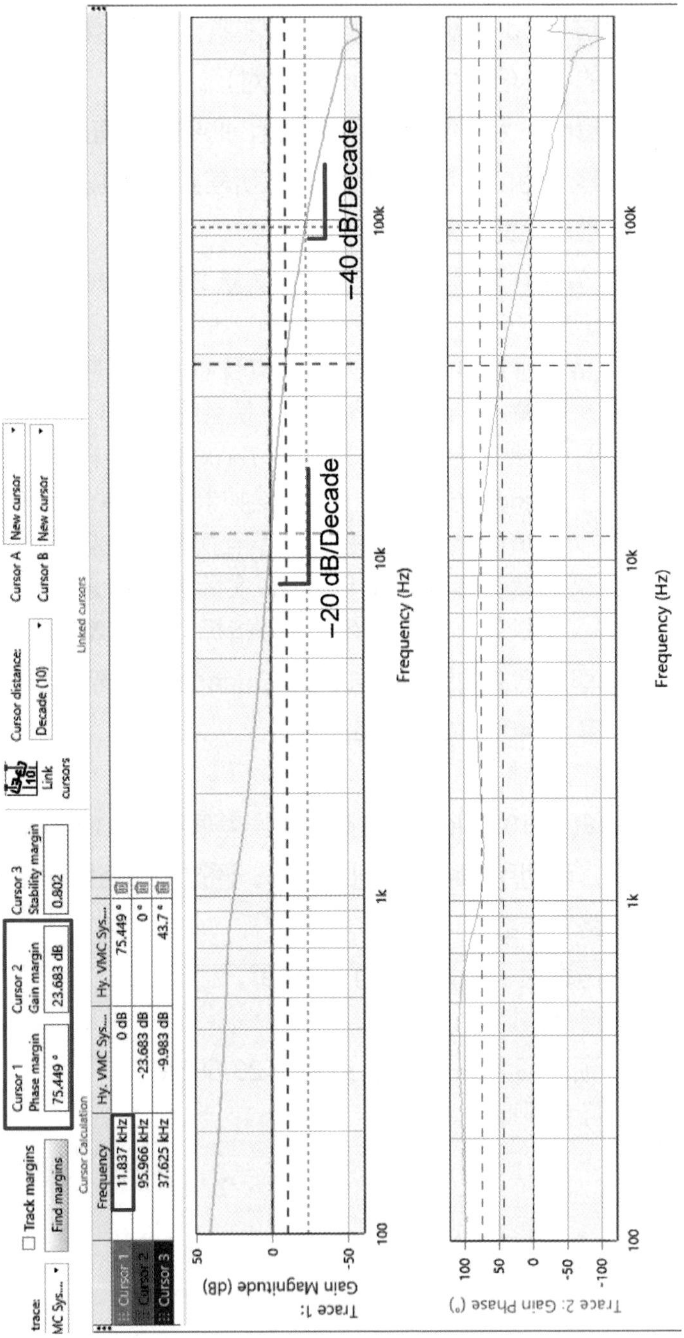

	Frequency	Hy. VMC Sys....	Hy. VMC Sys....
Cursor 1	11.837 kHz	0 dB	75.449°
Cursor 2	95.966 kHz	-23.683 dB	0°
Cursor 3	37.625 kHz	-9.983 dB	43.7°

图 3.3.21　VMC 系统开回路波德图量测

3.3.3 AGC 前馈控制与电流钳位

混合式数字电压模式 Buck Converter 毕竟还是电压模式，因此于实际应用中，常见两个问题被拿出来讨论：

➢ 开关电流限制与保护

假设有一个案例，输入电压范围要求为 6V~18V，但实际应用发现，偶尔输入电压会低于 6V，甚至低到 3V，导致输入电流因开关电流大于设计最大额定值的两倍而烧毁。除了加大额定规格解决外，最便宜且快速的解决做法，就需要直接限制电流。

➢ 对于输入电压变化影响的调节能力

假设有一个案例，前端输入接的是电池，对于输出的范围与纹波要求较为严格，因此当替换电池瞬间而输入电压变化极快时，输出会因输入快速变动而造成超出规格。当然选择电流模式是一种方式，还有其他快速解决的方式（硬件变动最小的方式）吗？

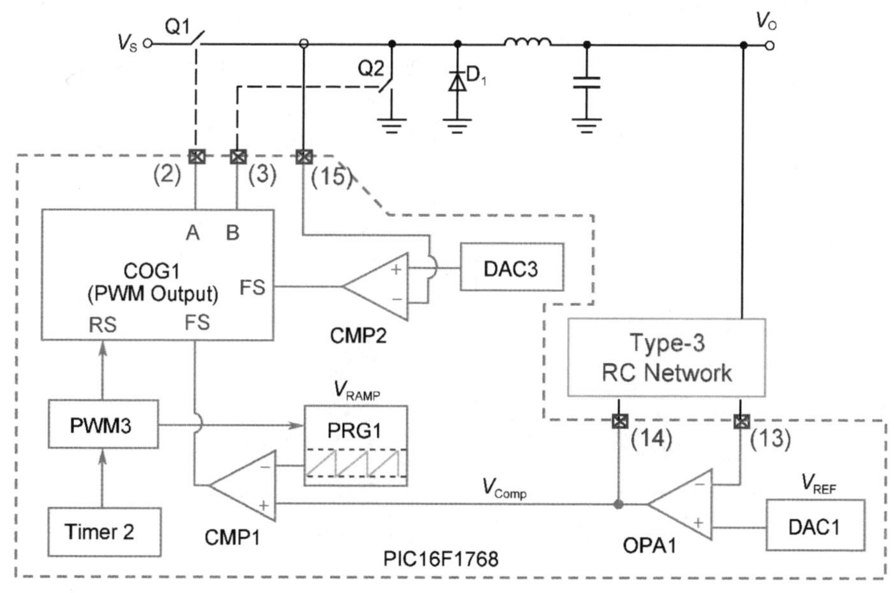

图 3.3.22 开关电流限制与保护

这两个问题是电压模式的主要特性问题，因此解决方式需要修改核心控制方块图。我们一起逐一解决这两个问题，先决条件是不需要“写”程

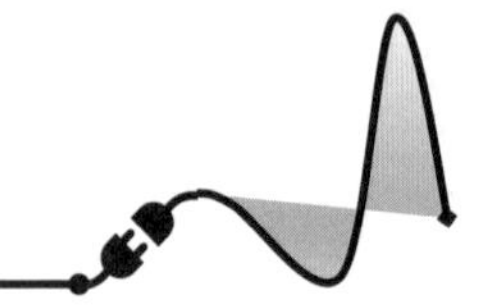

序哦！参考图 3.3.22，既然目的是限制开关电流而达到保护的作用，只需要于 MCU 中，再调用一个 DAC（DAC3）作为最大电流基准设置，一个比较器（CMP2）作为最大电流检测比较，然后将结果导入 COG1 中。

如果实际电流大于或等于 DAC（DAC3）的设定值，比较器（CMP2）将要求 COG1 提早关闭 PWM，直到下一次新的 PWM 周期才恢复。

如此一来，实际电流就受到限制，并且如同峰值电流控制模式一般，输入电流呈现恒定状态，但这只是用来避免突发状况，并非长时间操作之用，因此并不需要加入斜率补偿功能。其中“FS”是指 Falling Event Resources，用来周期性关闭 PWM 的来源。若使用者希望直接长时间关闭 PWM，直到使用者决定再次输出 PWM，那么可以选择接到“AS” Auto-Shutdown Resources，就可以直接长时间关闭 PWM。

如图 3.3.23（图左）所示，于 MCC 窗口中，找到“Device Resources”子窗口，然后双击“Comparator”下的“CMP2”，然后再双击“DAC”下的“DAC3 (5 bit)”。双击后，就能将 CMP2 与 DAC3 加入使用的模块行列中，如图 3.3.23（图右）所示。

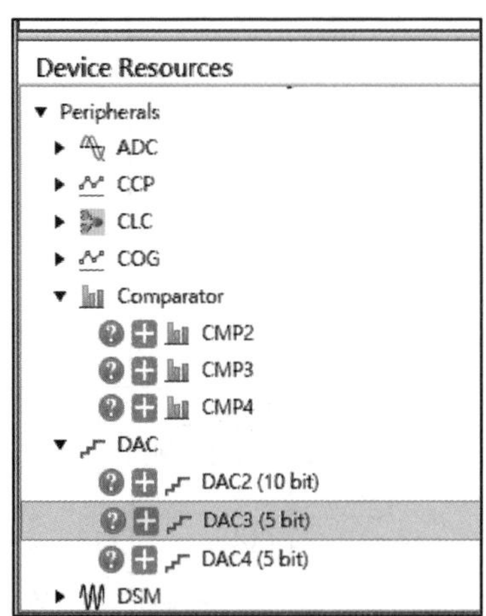

图 3.3.23　开关电流限制与保护模块

参考图 3.3.24，接着依序设定：

- DAC3

输入参考电压可根据实际状况选择，假设使用 V_{DD} 与 V_{SS}，则不需要改变。

但记得修改 Required reference，此为最大电流的设置值（需换算为参考电压），但 DAC 实际上是有分辨率限制的，因此根据输入参考电压，会自动计算出实际设置值供使用者参考（DAC out value）。

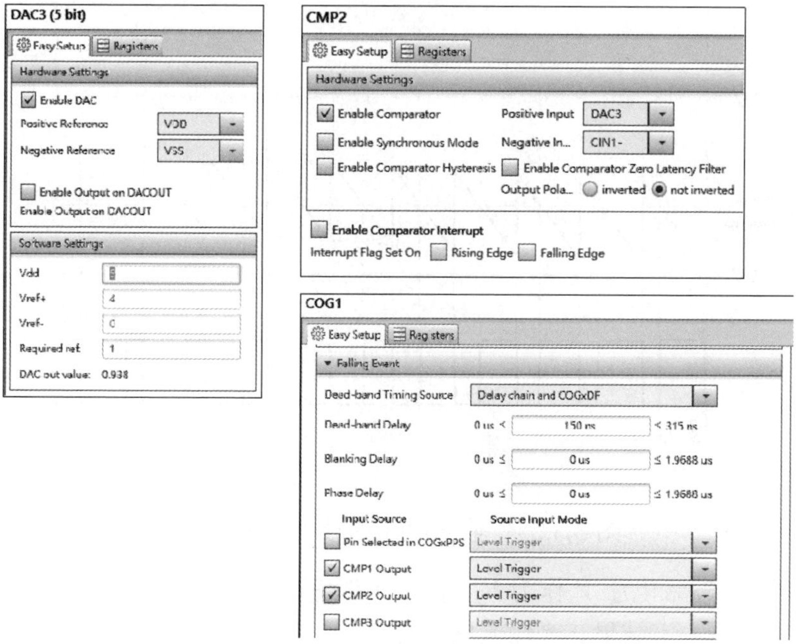

图 3.3.24 MCC 设定开关电流限制与保护模块

- **CMP2**

需要自行选择引脚接线，例如图 3.3.24 中，正端输入选择接到 DAC3，负端输入选择接到实际引脚 CIN1-上。

若遇到引脚被占用，两个输入需要对调，那也是没问题的，因为输出极性可以直接修改成反相。

- **COG1**

COG1 下的 Falling Event 中，增加 CMP2 为其输入来源之一，这样 CMP2 就能直接让 PWM 提早关闭。

设定完成后，接下来就是再熟悉不过的连续动作，“Generate”产生程序，然后烧录，然后打完收工！是不是不用写程序！解决问题就该这么简单又利落。

关于第 2 个问题就相对复杂一点，但还是一样不用写程序，关键在于模块调用而已。所以 MCC 的设定就不再赘述，直接说明原理。

参考图 3.3.25（输入电压前馈控制时序图），基于原本的设计构想，

V_{Ramp}是一个 1V 峰对峰的锯齿波，V_{Comp}高于 V_{Ramp}时，V_G输出为 High，反之输出为 Low。

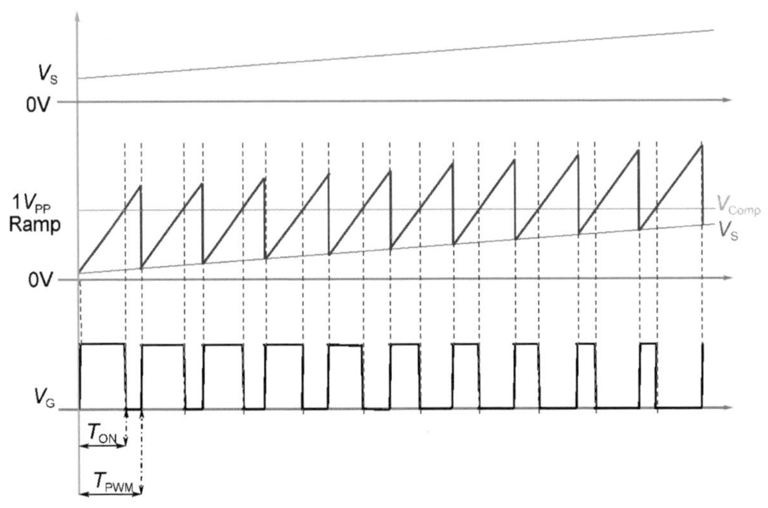

图 3.3.25　输入电压前馈控制时序图

若能将输入电压 V_s作为 V_{Ramp}的直流偏移量，将 V_{Ramp}垫高，并且正比于 V_s。分析一下结果，当输入电压变高时，由于 V_{Ramp}垫高，因此提早高于 V_{Comp}，使输出提早为 Low，更广义解释，这是一种简单的前馈控制法，将输入电压的变化去耦合，使输出变化不受影响（或影响降到最低）。并且，这一来一往，并不需要 MCU 介入，皆是硬件直接动作，所以速度非常快，因此才能将影响降到最低。

参考图 3.3.26，只需要通过 MCC，于系统中加入一个 DAC2，并于 PRG1 中指定每次 Reset 时，启始电压等于 DAC2 输出电压（锯齿波爬升的启始电压），而 DAC2 目的是用于桥接 V_s到 PRG1 上，因此有两种接线方式（使用 PIC16F1768）：

- V_s通过 V_{ref+}进入 DAC2，并于 DAC2 中设定输出为最大(DAC2 输出等于 V_{ref+})
- V_s通过 V_{ref-}进入 DAC2，并于 DAC2 中设定输出为最小(DAC2 输出等于 V_{ref-})

同样使用 MCC 设定，然后“Generate”产生程序，然后烧录，然后打完收工！

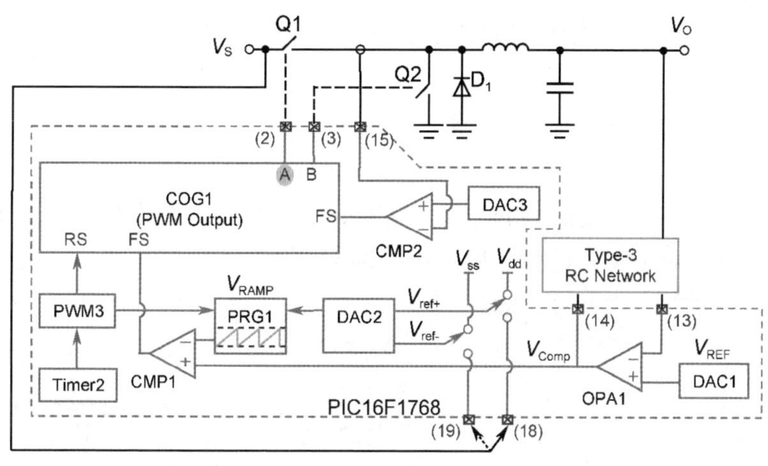

图 3.3.26　输入电压前馈控制方块图

3.4 混合式数字峰值电流模式 BUCK CONVERTER 实作

图 3.4.1 是接下来将完成的基本方块图，其中左右的 Type-2 *RC* 参数值，已经于第 1 章中计算，并于第 2 章中根据仿真结果微调。如有兴趣，可以回到第 1 章与第 2 章相关小节回顾计算过程。

接下来一起使用 PIC16F1768 来边实作边验证理论推算结果。

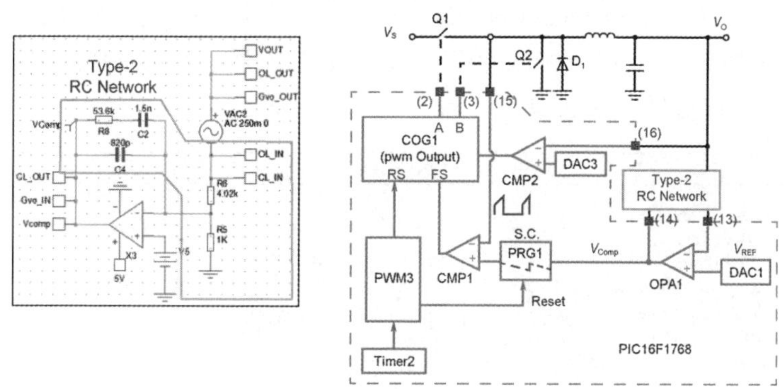

图 3.4.1　混合式数字峰值电流模式 Buck Converter

3.4.1 设计混合式数字峰值电流模式控制环路

图 3.4.1 同时也说明了混合式数字峰值电流模式需要使用的一些模块，

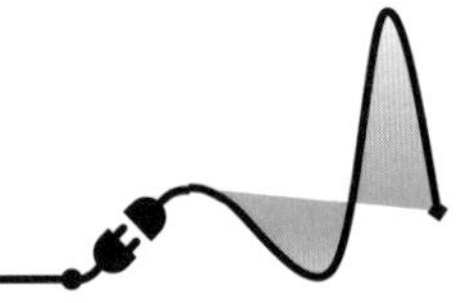

前面小节已经个别介绍模块功能，此小节将探讨的是如何实作完成的，步骤如下：

➢ 步骤一：建立一个程序项目

首先开启 MPLAB X IDE，并于菜单中选择 File>New Project...，随后出现 New Project 设定窗口的 Step 1. Choose Project（见图 3.4.2），于窗口中选择“Standalone Project”后单击“Next >”。

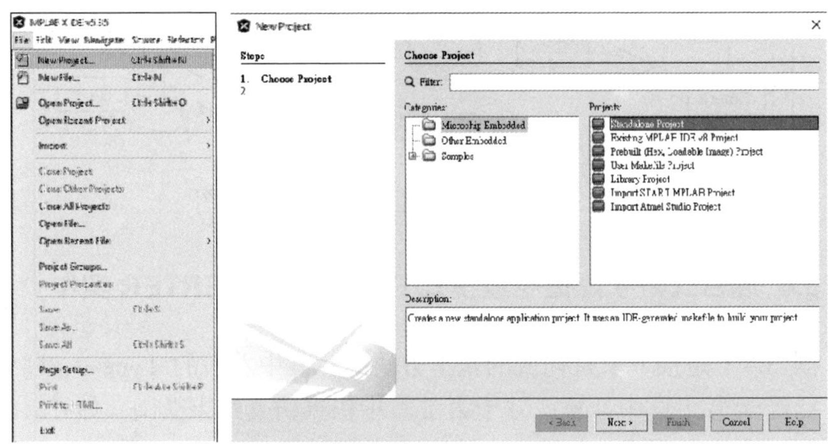

图 3.4.2 New Project 设定窗口（Choose Project）

Step 2. Select Device（见图 3.4.3），于窗口中输入 PIC16 编号“PIC16F1768”后点选“Next >”。选择 PIC16 后，MPLAB X IDE 会自动根据选择，直接进入 Step 4。

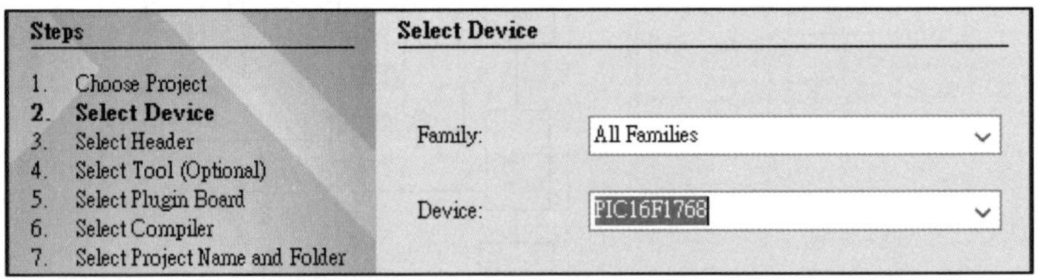

图 3.4.3 New Project 设定窗口（Select Device）

Step 4. Select Tool – Optional（见图 3.4.4），于窗口中选择读者所持有的烧录器，然后单击“Next >”，若不确定使用何种烧录器，可以任选，于烧录时再重新选择也可以。烧录器选择后，例如笔者选用便宜的 PICkit 4，MPLAB X IDE 会自动根据选择，直接进入 Step 6。

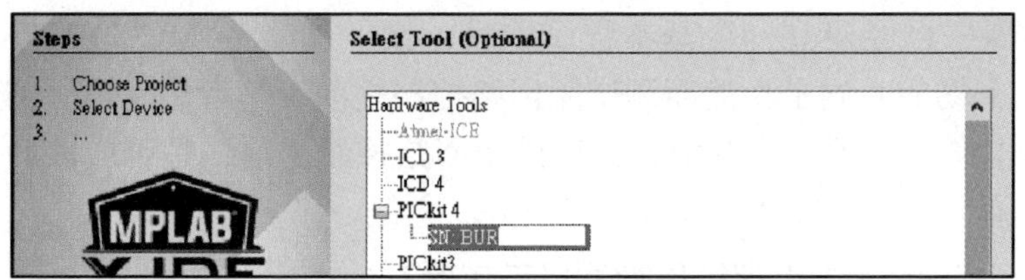

图 3.4.4　New Project 设定窗口（Select Tool – Optional）

Step 6. Select Compiler（见图 3.4.5），于窗口中选择读者所安装的编译程序（请注意：版本差异可能造成实验结果不同），笔者当前使用 XC8 v2.30 版，然后单击“Next >”。

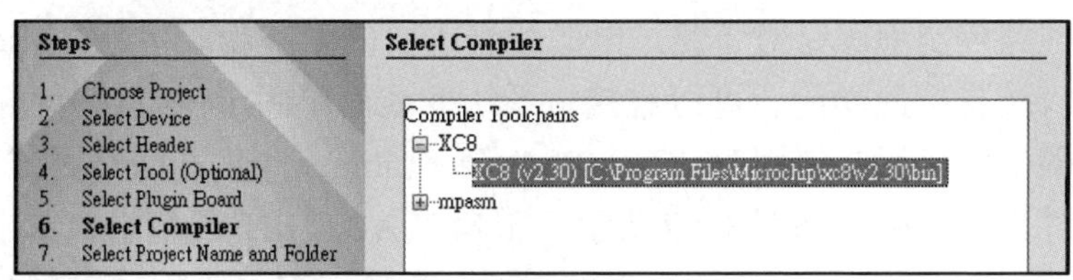

图 3.4.5　New Project 设定窗口（Select Compiler）

Step 7. Select Project Name and Folder（见图 3.4.6），于窗口中选择读者所指定的项目存储位置，并替项目取个项目名称，例如 PCMC Buck，最后单击“Finish”。

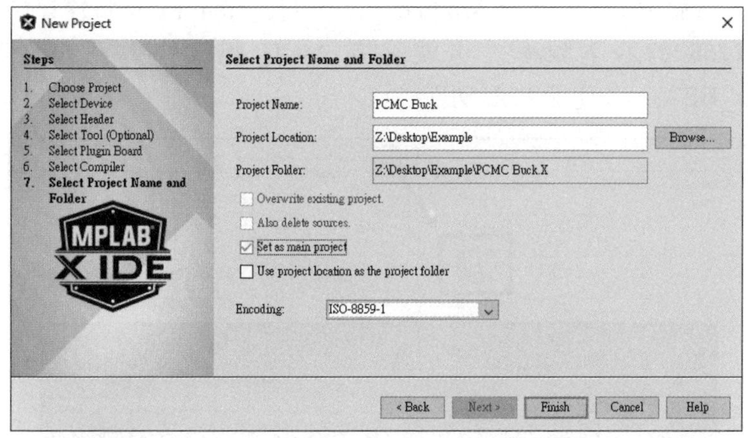

图 3.4.6　New Project 设定窗口（Project Name and Folder）

➢　步骤二：使用 MCC SMPS Power Library 产生开回路测试程序

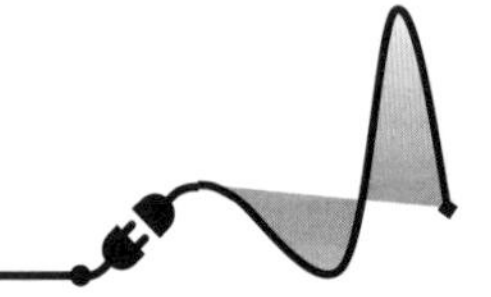

步骤一已经建立一个基本程序项目，接下来就是 MCC SMPS Power Library 上场的时候了！然而测试闭回路控制之前，笔者总是不厌其烦地建议所有电源工程师，千万别急，测试闭回路控制之前，是否应该确认硬件是否正确？至少得确认下面几件事呀！

- PWM 输出逻辑与脚位是否正确？
- PWM 频率是否正确？
- Deadtime 是否正确？
- 加到满载是否异常？

哪怕不小心把电源烧了，至少确定之前硬件功率级是没问题的，所以产生开回路控制程序是对于测试电源相当重要的第一步。幸好，Microchip 此工具直接支持此功能，可以直接将系统变成简单固定占空比开回路控制。

步骤二的目标是使用 MCC SMPS Power Library 产生开回路测试程序，确认硬件是否正确。如图 3.4.7 所示，于 MPLAB X IDE 环境中，单击 MCC 按钮，调用 MCC 工具，通常会先出现一个窗口，询问随后 MCC 的设定参数要储存于哪？文件名？没有特别要求的话，通常直接单击“存档”即可，存储于同一个项目路径下。

参考图 3.4.8，接着依序设置：

步骤#1 与#2：于 MCC 窗口中，找到“Resource Management [MCC]”子窗口，然后单击“System Module”，并于 System Module 窗口中，选择 PIC16F1768 的基本频率，也就是要 MCU 跑多快，例如笔者选择“8MHz_HF”，并使能 PLL 功能。

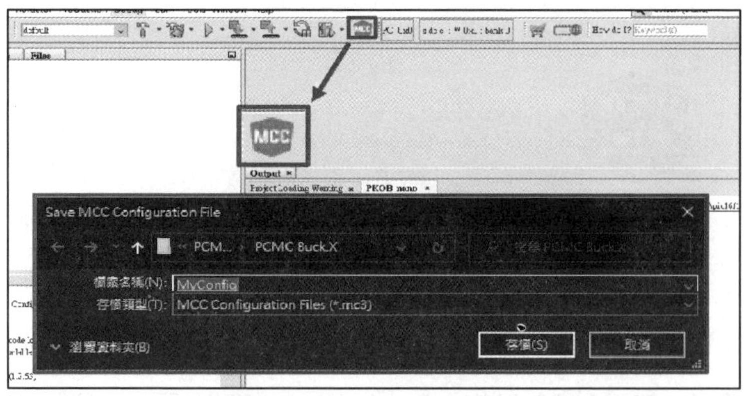

图 3.4.7　开启 MCC

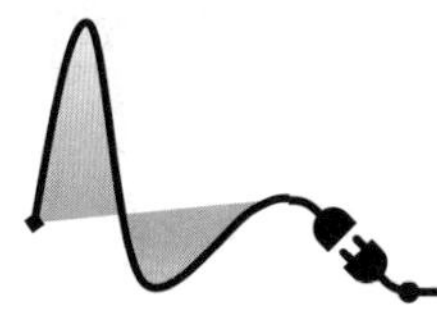

步骤#3：于 MCC 窗口中，找到“Pin Manager: Grid View”子窗口，然后确认实际使用的 PIC16F1768 封装(外形)，例如笔者使用“SSOP20”。

步骤#4：于 MCC 窗口中，找到“Device Resources”子窗口，然后滚动子窗口以寻找“SMPS Power Controllers”/“Power Supply Topologies”/“SyncBuck1”，双击“SyncBuck1”。

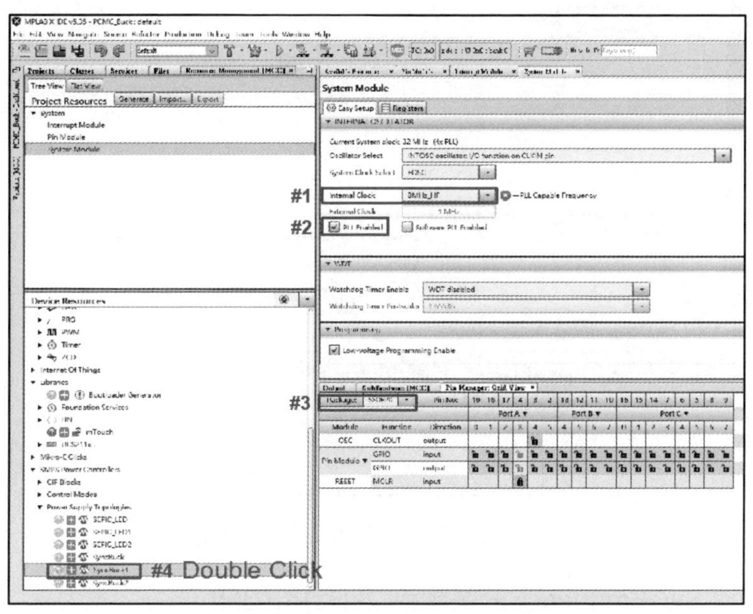

图 3.4.8　PIC16F1768 基础设定

其实选择 SyncBuck 或 SyncBuck1 或 SyncBuck2 都可以，主要差异是“默认使用模块”不同。例如 PIC16F1768 可以控制两组 Sync Buck，SyncBuck1“预设”使用 OPA1、CMP 等，若刚好一样就不需要再改。

反之，若不同呢？就随选一个最接近的，然后根据需求，于 MCC 相关方块中选择换掉模块，例如 OPA1 换成 OPA2。笔者手上的控制板所引用的模块跟 SyncBuck1 默认一样，所以选择 SyncBuck1。

参考图 3.4.9。

步骤#5～#7：于 MCC 窗口中，找到“Resource Management [MCC]”子窗口，然后选择“SMPS Power Controllers”/“Power Supply Topologies”

/“SyncBuck1”，并选择 SyncBuck1 窗口中的 Configuration 子页，选择 PCMC（Peak Current Mode Control 峰值电流模式控制），并且修改电源相关参数，代表意义与笔者设定参考如下：

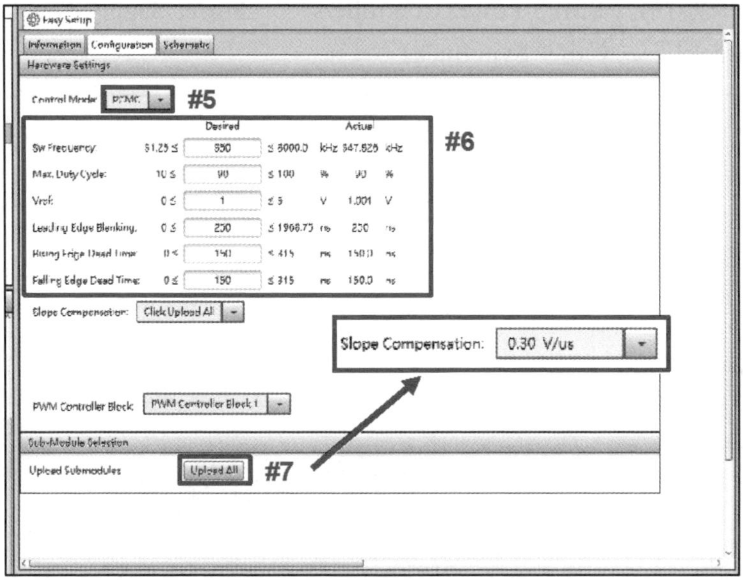

图 3.4.9 Sync Buck1 基础设定

- Sw. Frequency 开关频率（kHz）：350
- Max. Duty Cycle 最大占空比（%）：90
- V_{ref} 电压环路参考电压（V）：1
- Leading Edge Blanking 比较器前沿消隐时间（ns）：250
- Rising Edge Dead Time 上升沿死区时间（ns）：150
- Falling Edge Dead Time 下降沿死区时间（ns）：150

设定后，选取“Upload All”，将设定全部自动引导到 MCC 模块中，并接着自动填写斜率补偿：（预设）0.3 V/μs。

根据前章节 1.7.1 笔者默认的电源规格计算，理想斜率补偿为 90mV 以上。但注意，90mV 是指一周期时间的下降幅度，而 MCC 支持的设定单位是 mV/μs。因此需要另外换算成同单位所下降的电压斜率。

本范例 PWM 频率是 350kHz，周期时间是 1/350kHz。因总斜率补偿下降幅度希望是 90mV，那么可以得知，对比时间 μs 的斜率为：

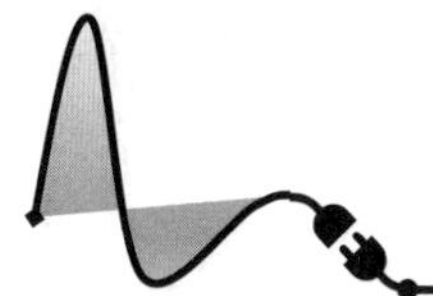

$$V_{SC} = \frac{90\text{mV}}{1/_{350\text{kHz}}} \times \frac{\text{s}}{\mu\text{s}} = 31.5\ \text{mV}/\mu\text{s}$$

取 PRG1 最接近的设定值：40mV/μs。

注意，第 1 章节已经提到，斜率补偿并非越大越好，后面验证时有波形可以参考，适当就好。

步骤#8 ~ #9：

参考图 3.4.10，于 MCC 窗口中，找到“Resource Management [MCC]”子窗口，然后单击“PRG1”，而后于 PRG1 窗口中的 Register 子页，进行设定 PRG1CON2 的 LR 位为 Enable 以及 RG1ISET 位改为 0.04 V/μs。

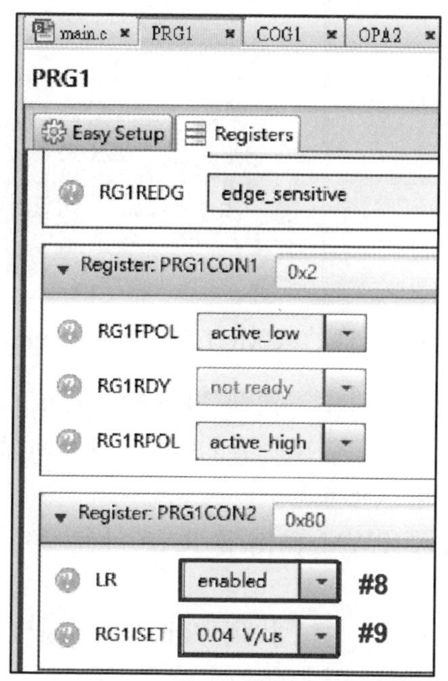

图 3.4.10　斜率补偿调整

此值已经加入适当程度的设计裕量，若再增加斜率，便会开始慢慢地在一定程度上影响环路响应，以及甚至造成带宽缩小，相位裕量下降等困扰。

另外，若读者有兴趣，另外可以于 MCC 窗口中，找到“Resource Management [MCC]”子窗口，然后选择“SMPS Power Controllers”/“Control

Modes"/"PCMC1"，并选择PCMC1窗口中的Schematic子页，可以看到刚刚的步骤#7"Upload All"是Uploaded了什么?

实际上，当使用者按下步骤#7的"Upload All"后，MCC SMPS Library自动将图3.4.11的模块方块图接好，随时可以产生程序，是不是相当的方便，还没有写过任何一行程序呢!

然而别急着产生程序，别忘了目前首要任务是产生开回路控制程序，并且目前完成的仅是内部模块配置，尚未告诉MCU实际引脚配置。

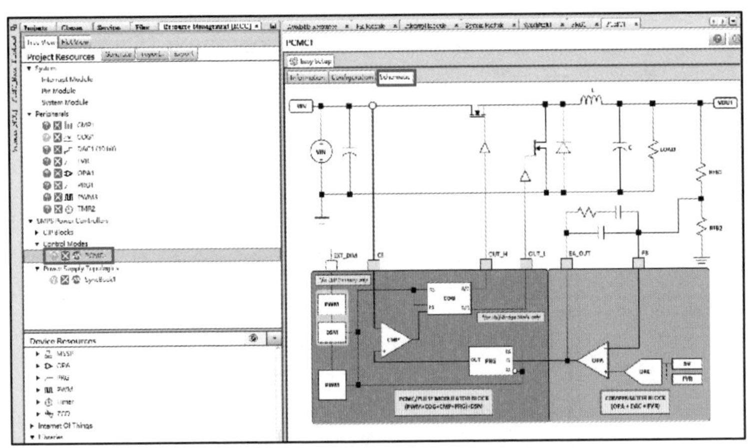

图3.4.11　PCMC1 Block Diagram

步骤#10：于MCC窗口中，找到"Pin Manager: Grid View"子窗口，然后于SyncBuck1模块中，选择所需的主开关PWM输出（OUT_H）与同步整流开关PWM输出（OUT_L）。

笔者为例，主开关PWM输出于RA5，同步整流开关PWM输出于RA4，如图3.4.12所示。

步骤#11：于MCC窗口中，找到"Pin Manager: Grid View"子窗口，然后于SyncBuck1模块中，选择峰值电流反馈引脚。

其余引脚包含OPA输出(EA_O)与反馈信号(FB)等等，都需要确认一下，因笔者选用预设的同一个OPA，所以不需要更改。

步骤#12～15：于MCC窗口中，找到"Resource Management [MCC]"子窗口，然后选择"SMPS Power Controllers"/"CIP Blocks"/"ModulatorBlockPCMC1"，即可于ModulatorBlockPCMC1窗口中勾选"Standalone Open Loop PWM"，亦即固定PWM Duty方式输出PWM。

Pin Manager: Grid View

Module	Function	Direction
DAC1 (10 bit) ▼	DAC1OUT1	output
	DAC1REF-	input
	VREF+	input
ModulatorBlockPCMC1	CS	input
OPA1 ▼	OPA1IN0+	input
	OPA1IN0-	input
	OPA1IN1+	input
	OPA1IN1-	input
OSC	CLKOUT	output
PCMC1 ▼	CS	input
	FB	input
PRG1 ▼	PRG1F	input
	PRG1R	input
PWM3	PWM3OUT	output
Pin Module ▼	GPIO	input
	GPIO	output
RESET	MCLR	input
SyncBuck1 ▼	CS	input
	EA_O	output
	FB	input
	OUT_H	output
	OUT_L	output
TMR2	T2CKI	input

Port A ▼ 0 1 2 3 4 5　Port B ▼ 4 5 6 7　Port C ▼ 0 1 2 3 4 5 6 7

#10　#11

图 3.4.12　PCMC1 对外引脚设定

至于最大占空比值，可以很直觉地设定于 Max. Duty Cycle 选项中，单位为%，例如笔者选择固定 40%，所以将 90 改成 40，参考图 3.4.13。

接着就能开始产生相关程序，单击“Generate”，通常会跳出提醒窗口，按下“Yes”后，程序随即自动产生。

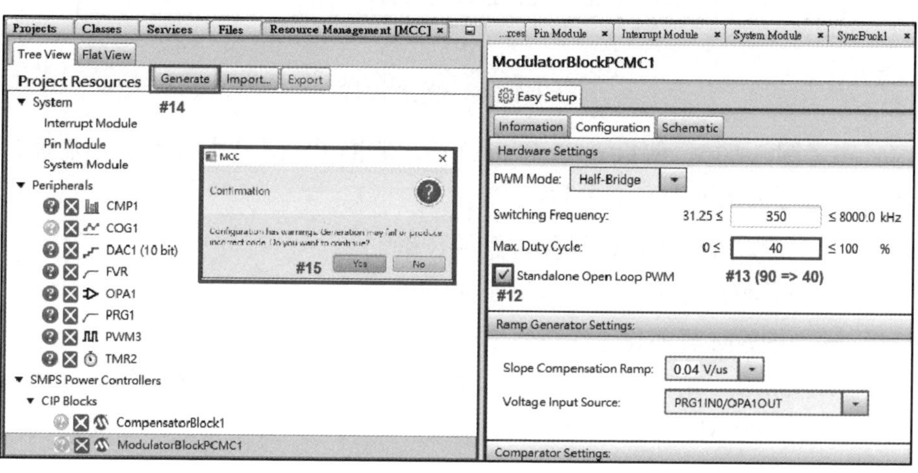

图 3.4.13　设置 Standalone Open Loop PWM

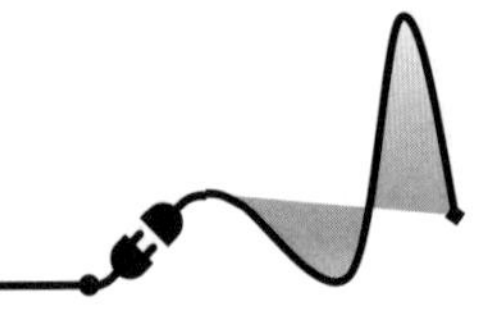

步骤#16：参考图 3.4.14，于 MPLAB 窗口下，找到“Output”子窗口，可以确认 MCC 自动产生程序是否已经完成，有些计算机会比较慢，需要一点时间。当显示 Generation complete.就是已经完成，即可按下图 3.4.14 上的烧录按钮，进行烧录。回想过程，是不是没有写过任何一行程序呢？

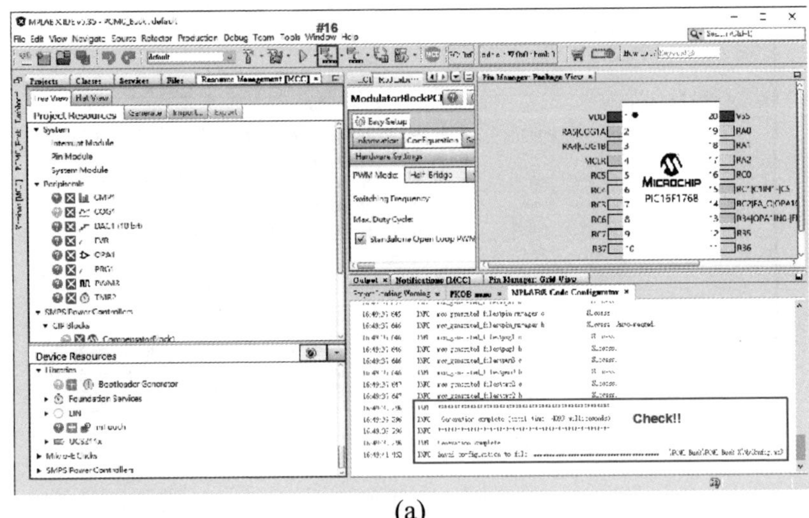

(a)

```
INFO: ***************************************************
INFO:  Generation complete (total time: 4093 milliseconds)      Check!!
INFO: ***************************************************
INFO: Generation complete.
INFO: Saved configuration to file ...................................  \PCMC Buck\PCMC Buck.X\MyConfig.mc3
```

(b)

图 3.4.14　烧录程序

参考图 3.4.15，测量 RA5 与 RA4 简单判断 PWM 基本规格是否正确。此时可确认下面几个参数：

- **PWM 输出逻辑与脚位是否正确？**

  正确（笔者手上的板子正确）。

- **PWM 频率是否正确？**

347.95kHz，稍微偏移 350kHz 设定值，这是因为默认选用的是分辨率较低的组合 PWM3 + Timer2，若需要更精准的 PWM 频率，只需要选用高分辨率的组合。

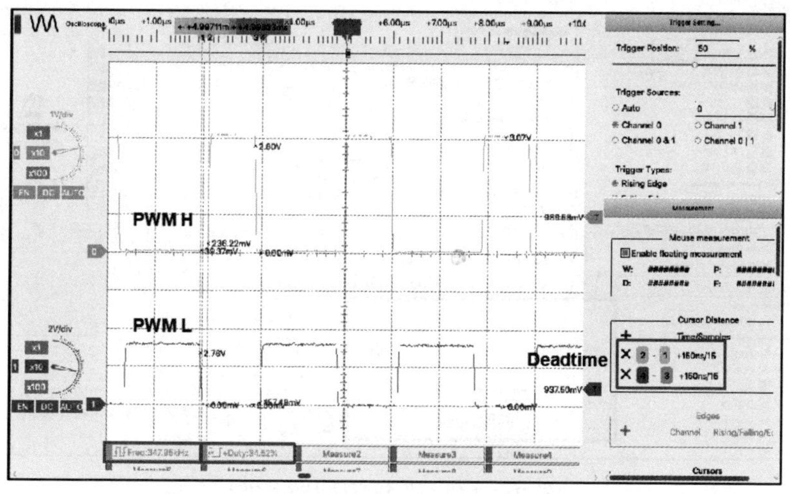

图 3.4.15　开回路 PWM 信号测量

- **Deadtime 是否正确?**

  正确，符合设定 150ns。

- **占空比是否 40%?**

稍微偏移至 34.52%，因为设定 40%并不包含 Deadtime，并且不包含分辨率误差。这些偏移可以回到最大 Duty 设置处，再次手动微调即可，此处仅是测试，不影响实际闭回路控制时的占空比精准度。实际闭回路控制时的占空比是由比较器控制决定的，没有数字分辨率问题。

- **加到满载是否异常?**

  正常（笔者手上的板子正常）。

➢ **步骤三：使用 MCC SMPS Power Library 产生闭回路测试程序**

步骤二已经确认硬件基本上没有问题，所以可以开始着手闭回路测试了。

步骤#17～20：于MCC窗口中，找到“Resource Management [MCC]”子窗口，然后选择“SMPS Power Controllers”/“CIP Blocks”/“ModulatorBlockPCMC1”，于 ModulatorBlockPCMC1 窗口中取消“Standalone Open Loop PWM”。

至于最大占空比值，恢复到 90%，参考图 3.4.16。接着再次产生相关程序，单击“Generate”，通常会再跳出提醒窗口，单击“Yes”后，程序随即再次自动产生。

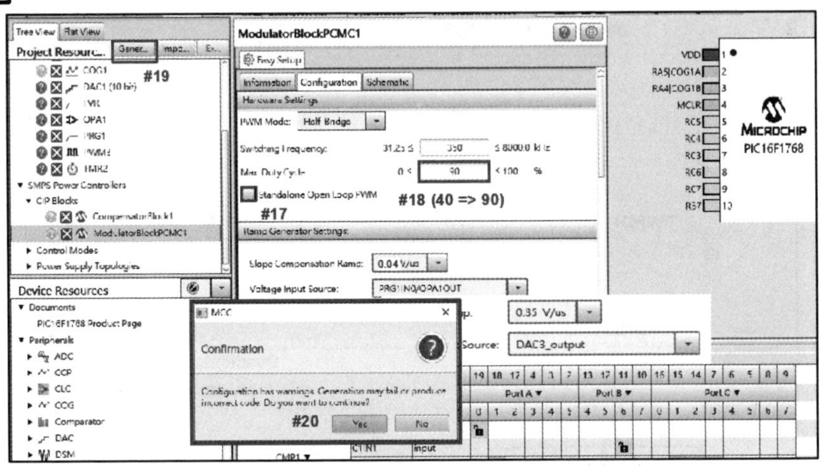

图 3.4.16　恢复闭回路控制

步骤#21：于 MPLAB 窗口下，找到“Output”子窗口，同样可以确认 MCC 自动产生程序是否已经完成，有些计算机会比较慢，需要一点时间。

此时完整基本程序已经完成，参考图3.4.17，对MCU进行烧录程序，并检查是否烧录成功。

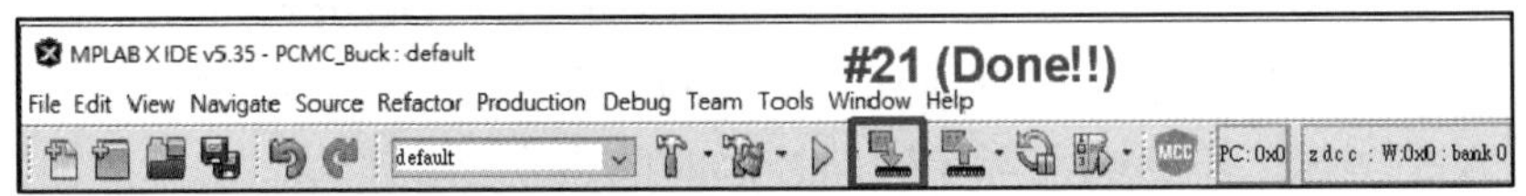

图 3.4.17　烧录程序

3.4.2 混合式数字峰值电流模式实测

再次搬出神器 Bode-100 来验证控制环路是否符合设计要求。参考图 3.4.18 波特图测量示意图，信号注入位置于图中的 A 与 B 点，两支检测探头 CH1 与 CH2 则根据测量对象，于 A、B、C 三点之间交叉测量。

➢ $G_{VO}(s)$ 测量与验证：CH1 测量 C 点，CH2 测量 A 点

参考图 3.4.18，此测量主要是观察从 C 点看进去到 A 点位置之间的频率响应，C 点代表的意义是控制环路输出 V_{Comp}，A 点代表的意义是系统输出 V_O。所以 C 点到 A 点位置之间的频率响应包含了两个区块（参考第一章的定义），测量结果请参考图 3.4.19，方便对比结果，直接引用 Mindi 章节之结果作为对比。

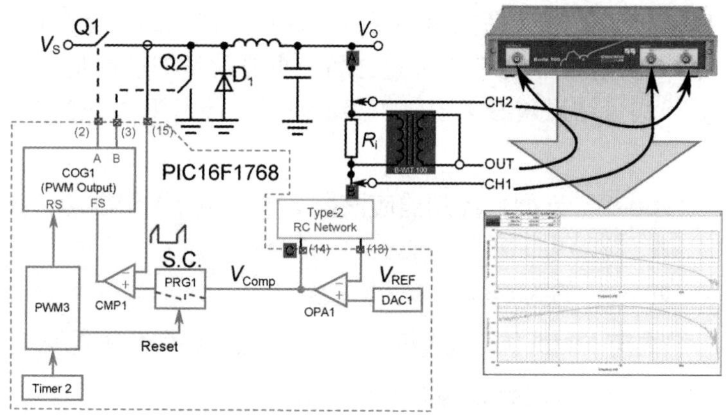

图 3.4.18 波特图测量示意图

- $G_{VO}(s)$：符合预期！（参考图 3.4.19）

■ 不同斜率补偿设定：40mV/μs、90mV/μs 与 300mV/μs。可以看得出来，补偿斜率越大，最终会影响 G.M.、P.M.、带宽。

■ Plant Pole f_P 低于 100Hz，符合预期！

■ f_Z 约为 5651.8Hz，符合预期！

不同于 f_P，f_Z 与 R_{LOAD} 无关，是固定在约 5651.8Hz。

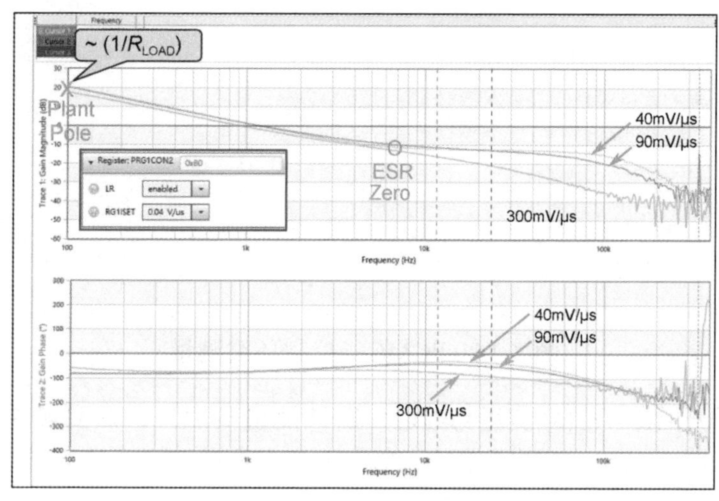

图 3.4.19 $G_{VO}(s)$ 测量

➢ 控制环路 $H_{Comp}(s)$测量与验证：CH1 测量 B 点，CH2 测量 C 点

参考图 3.4.18，此测量主要是观察从 B 点看进去到 C 点位置之间的频

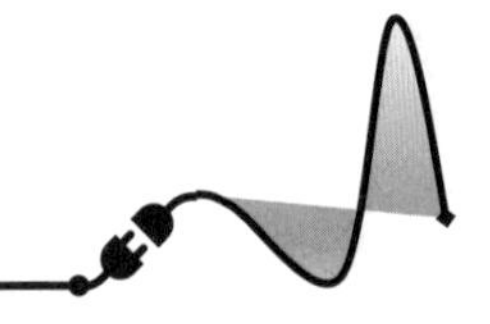

率响应，B 点代表的意义是控制环路输入，C 点代表的意义是控制环路输出 V_{Comp}。所以测量 B 点到 C 点位置之间，主要就是测量控制环路 $H_{Comp}(s)$ 的频率响应，测量结果请参考图 3.4.20，同样直接引用 Mindi 章节之结果作为对比。

- Type-2（二型）控制器应该是 2 个极点，1 个零点，其中：
  - f_{Z1} 约为 2000Hz；
  - f_{P1} 约为 5651.8Hz。
- 结果与 Mindi 仿真结果吻合（请注意，是最后根据真实情况而调整的 RC 值结果与 Mindi 做比对）。
- 可以看出，为了配合实际零件值，必然需要有所妥协，所以部分极零点的位置与理想的位置有所差异，这也是模拟控制环路在所难避免的限制。

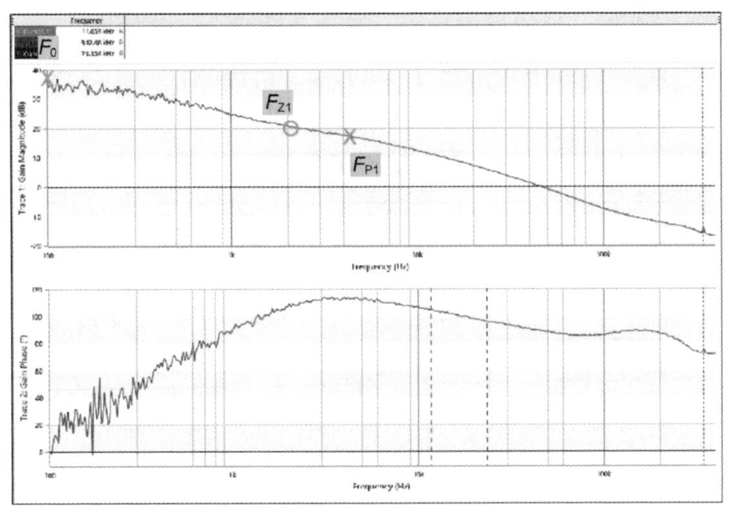

图 3.4.20 PCMC　控制环路测量

➢ 系统开回路 $T_{OL}(s)$ 测量与验证：CH1 测量 B 点，CH2 测量 A 点

参考图 3.4.18，此测量主要是观察从 B 点看进去到 A 点位置之间的频率响应，B 点代表的意义是控制环路输入，A 点代表的意义是系统输出 V_O。所以测量 B 点到 A 点位置之间，主要就是测量系统开回路 $T_{OL}(s)$的频率响应，测量结果请参考图 3.4.21，于 Mindi 仿真过程中，补偿控制器波特图分析已经告诉我们，由于补偿器 RC 值的耦合性问题，系统开回路波特图

的最终结果必然受影响，加上 Plant 实际也偏移的，所以真实 $T_{OL}(s)$会有所偏移：

- F_C频率点增益曲线斜率–20 dB/Decade，而高频区段，增益曲线斜率：–40 dB/Decade，结果符合预期。
- F_C仿真为 9.3kHz，实际零件误差偏移至 10.475kHz，需要的话，可利用 Mindi 章提到之方法，通过实际结果再修正一次补偿线路之参数即可。
- P.M.仿真为 67.72°，实际为 69.833°，结果符合预期。
- G.M.仿真为 31.4dB，实际为 31.22dB，结果符合预期。

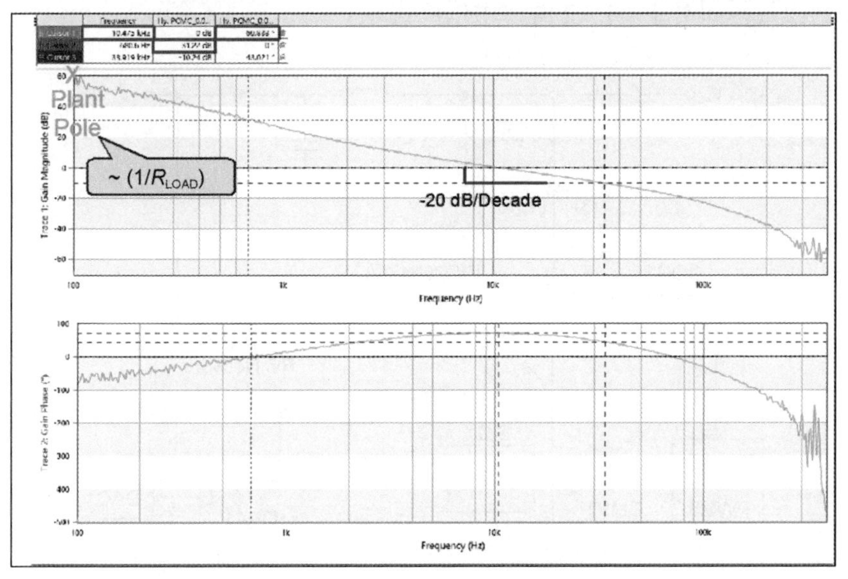

图 3.4.21 系统开回路 $T_{OL}(s)$ 测量

3.5 善用混合式数字电源除错能力

前面介绍的实际案例过程，几乎全使用 MCC 这个开发环境所完成，唯独那一行程序。假设发生问题，该怎么办呢？例如斜率补偿设定，读者怎么知道是否正确呢？建议使用混合式数字电源控制器工程师们，可以先想好接线方式，再使用 MCC 工具完成接线工作。

通常除错两种信号，连续模拟信号与非连续数字信号。一般来说，非

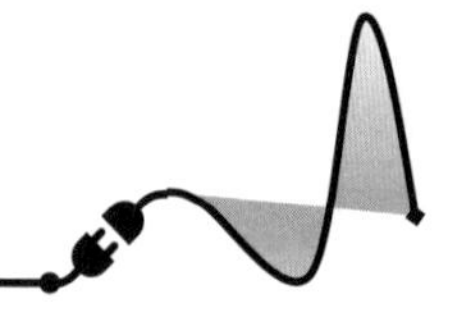

连续信号相对简单，通常可以直接连接到实际引脚上。例如临时想知道PWM3输出是否正确，可直接将PWM3连接于引脚上即可。而连续的模拟信号，例如斜率补偿信号，就需要通过 OPA 的帮忙，将 OPA 设定为电压跟随器，将斜率补偿信号接至 OPA 输入，再将 OPA 输出接至实际引脚上即可。

如图 3.5.1 所示，通过 OPA2 将 PRG1 的输出，复制到引脚#7 上。知道接线方式后，接下来当然是 MCC 再次上场的时候了！于 MCC 窗口中，找到“Device Resources”子窗口，双击“Peripherals”/“OPA”下的“OPA2”，以新增 OPA2 到 Project Resources 中。（参考图 3.5.2）接着于“Resource Management [MCC]”子窗口，然后选择“Peripherals”/“OPA2”，即可于 OPA2 窗口中依序设定：

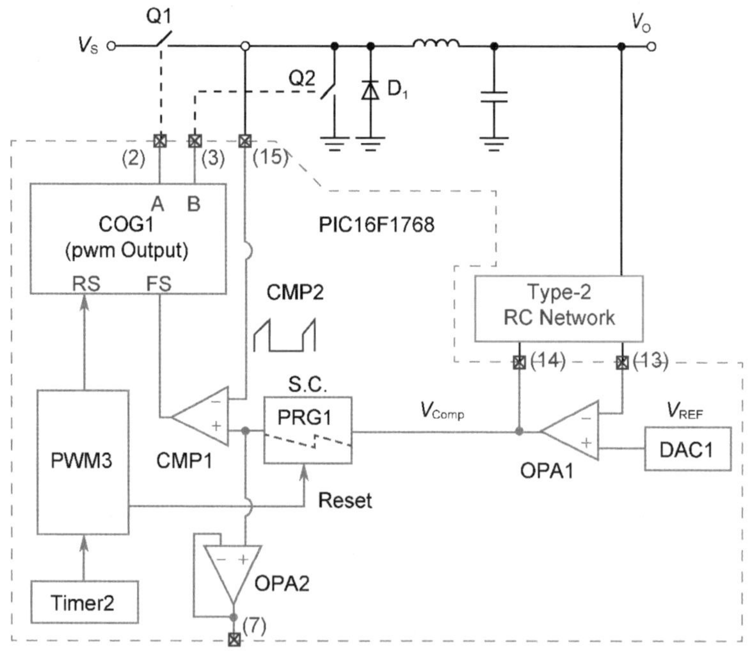

图 3.5.1　善用混合式数字电源除错能力（检查 PRGx）

- Enable OPAMP (使能 OPA2)：勾选。
- Positive Channel (正输入端)：选择 PRG1_OUT。
- Unity Gain Configuration（跟随器模式）：勾选。

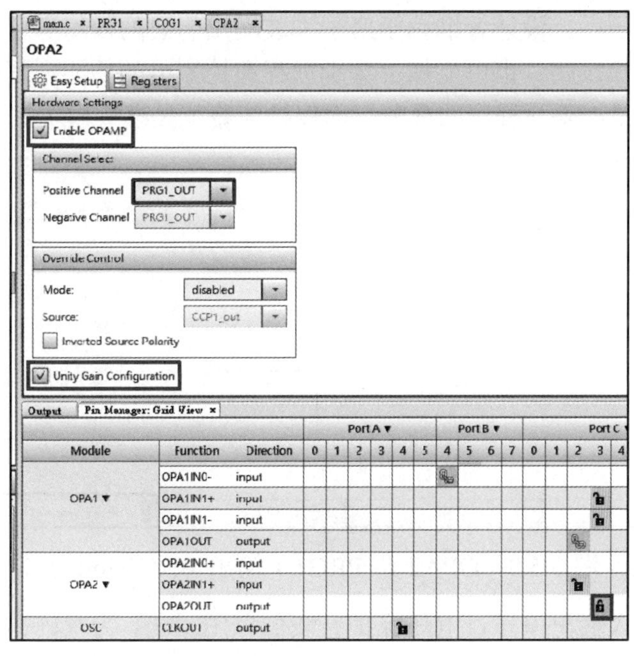

图 3.5.2 使用 OPA 协助除错

另外，于 Pin Manager 窗口中，找到 OPA2 模块，将 OPA2OUT 连接到 Port C-3（#7 pin），至此 MCC 已经设定完毕。接着就开始产生相关程序，单击“Generate”，通常会跳出提醒窗口，单击“Yes”后，程序随即自动产生，然后烧录。

使用示波器测量 MCU 第 7 引脚，就能看到 OPA2（=PRG1）输出。参考图 3.5.3。由于斜率不大，因此笔者使用 AC 模式，方便尽量以放大的方式观察 PRG1 信号，整体下降幅度约 106.3mV，反算可以验证约为 40mV/μs，所以设定正确。是不是很方便呢?

以往传统模拟 IC 最痛苦的事，就是看着电路动作异常，脑中闪过多种分析与揣测，却因固化的模拟电源，很可能导致很难直接验证想法。只能不断地实验，以旁敲侧击的方式进行除错，然而问题消失不代表真的不再发生，因为可能没有办法真正测量到问题点。而混合式数字控制在一定程度上，解决了这样的困扰。除此之外，混合式数字的要点在于组合，设计者对于所需的产品功能，进行组装各种模块，然后通过 MCC 这工具快速产生所需的程序。因此，整个过程也有点像是盖房子，设计者必须先画好蓝图构想，然后 MCC 就是一台自动盖房子的机器，根据蓝图自动盖房

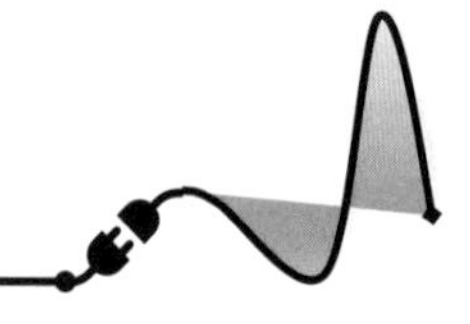

子。有了房子后，设计者继续于房子中装潢出想要的梦幻房屋。装潢可能需要加上保护线路，也可能加上特别远程遥控家电的功能。复杂的远程遥控功能，就是需要写程序的部分，而保护线路就是继续模块拼图即可。

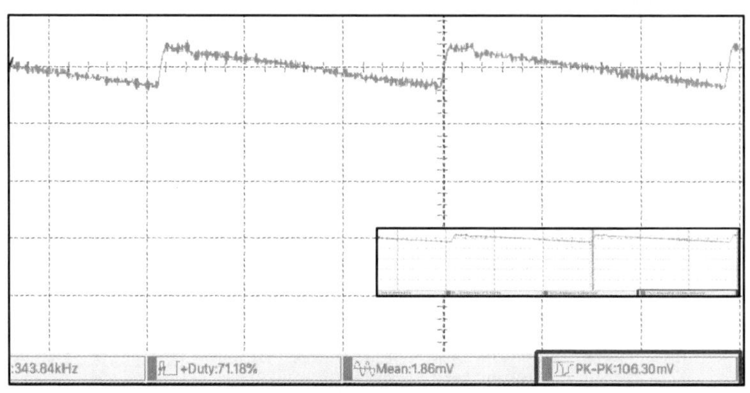

图 3.5.3　OPA2（=PRG1）输出（AC Mode）

例如加入输出电压过电压保护，我们以图 3.5.1 为基础，做点修改如图 3.5.4 所示：加入 DAC3+CMP2，直接通过硬件实时检查输出电压，过高就直接关闭 PWM。

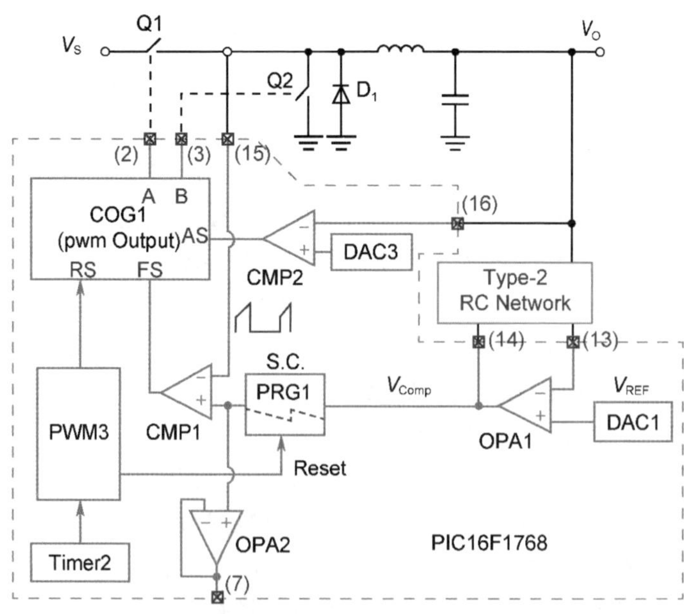

图 3.5.4　输出过电压保护

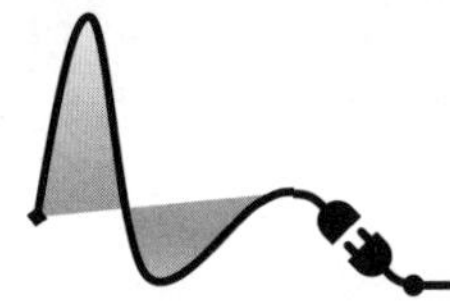

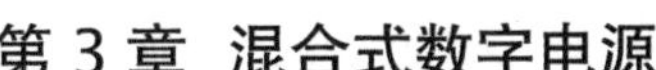

混合式数字的强大在于架构是模拟结构，却有类似数字的除错弹性，明明只是模拟模块，却具有组合并实现设计者巧思的能力。

笔者用这样的 IC 参与设计过很多种应用，例如 PFC、COT DC/DC、PSR Flyback 等，甚至峰值电流模式移相全桥转换器，设计出独特的电源芯片，犹如模拟 IC 设计师一般有意思。

第4章 全数字电源

本书从第 1 章基础理论推导，第 2 仿真验证，第 3 章混合数字控制电源实作，总算是到了一般电源工程师觉得最复杂的一个领域：全数字电源。

本章主要说明如何实现数字电源控制环路，并且承此书传统，笔者同样试着用最简单易懂的方式说明，结合 Microchip 官方提供的工具软件，快速完成整个控制环路程序；期待用这样的方式，让更多工程师能够快速入门全数字电源的领域，甚至期待硬件工程师不再拒全数字控制于千里之外。

实现全数字电源之前，建议读者姑且耐下性子，不厌其烦地再回顾一下 1.8 节提到数字控制简介与整理所需的模块，接着研读此章节会更容易理解细节内容。废话不多说，进入主题，开始逐步完成整个数字控制环路吧！本章将以 dsPIC33CK256MP506 为核心控制器，逐步解释与完成全数字控制设计。

4.1 建立基础程序

4.1.1 建立基础程序环境

使用 Microchip 的产品进行开发的好处在此显露无遗，混合式数字电源开发所使用的开发环境与烧录工具，跟全数字电源开发所需的开发环境与烧录工具全都一样，不用重学新的软件，不需重新适应新的烧录工具，相当方便。

同样使用 MPLAB X IDE 作为开发环境进行建立基础程序环境。

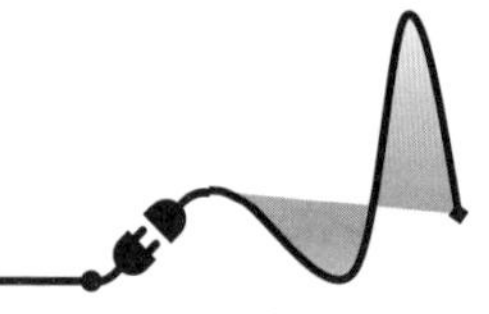

➢ 步骤一：建立一个程序项目

首先开启 MPLAB X IDE，并选择 File>New Project 菜单项，随后出现 New Project 设定窗口的 Step 1. Choose Project（见图 4.1.1），在对话框中选择 Standalone Project 后单击 Next 。

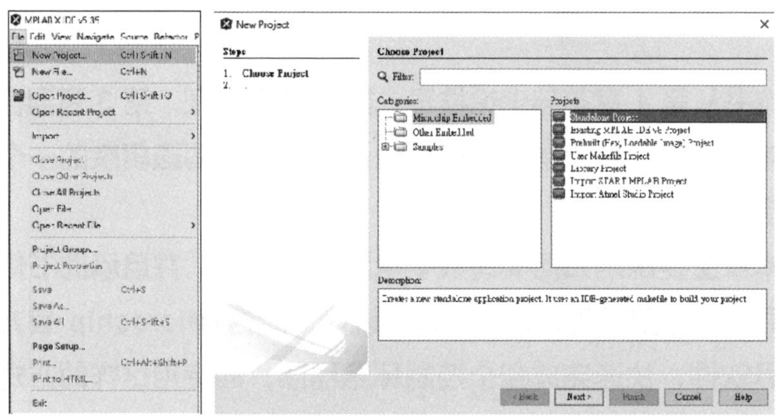

图 4.1.1　New Project 设定窗口（Choose Project）

Step 2. Select Device（见图 4.1.2），在文本框中输入 dsPIC33 编号 dsPIC33CK256MP506 后单击 Next。

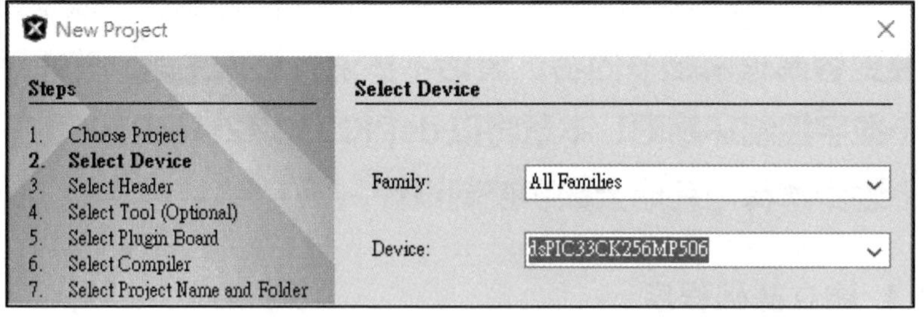

图 4.1.2　New Project 设定对话框（Select Device）

选择 dsPIC33 后，MPLAB X IDE 会自动根据选择直接进入 Step 4。

Step 4. Select Tool (Optional)（见图 4.1.3），于窗口中选择读者所持有的烧录器，后单击“Next >”，若不确定使用何种烧录器，可以任选，于烧录时再重新选择也可以。

烧录器选择后，例如笔者选用较为高端的 ICD 4，MPLAB X IDE 会自动根据选择，直接进入 Step 6。

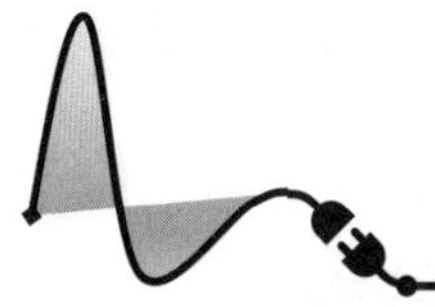

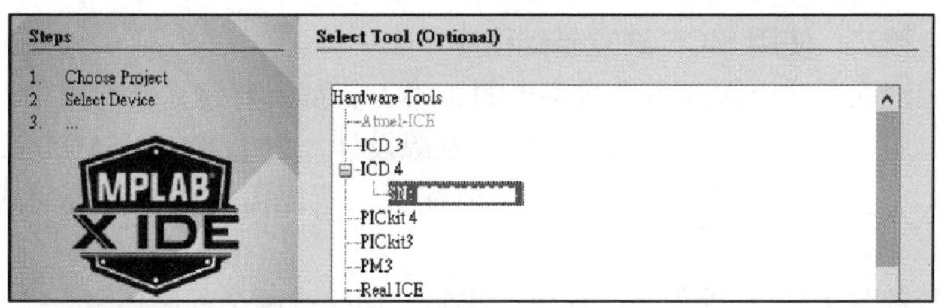

图 4.1.3　New Project 设定窗口（Select Tool – Optional）

Step 6. Select Compiler（见图 4.1.4），于窗口中选择读者所安装的编译程序（请注意：版本差异可能造成实验结果不同），笔者当前使用 XC16 v1.61 版，后单击“Next >”。

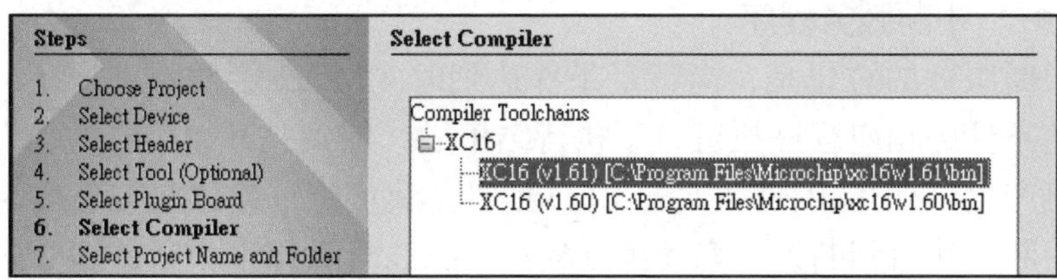

图 4.1.4　New Project 设定窗口（Select Compiler）

Step 7. Select Project Name and Folder（见图 4.1.5），于窗口中选择读者所指定的项目储存位置，并替项目取个项目名称，例如 VMC Buck，最后单击“Finish”。

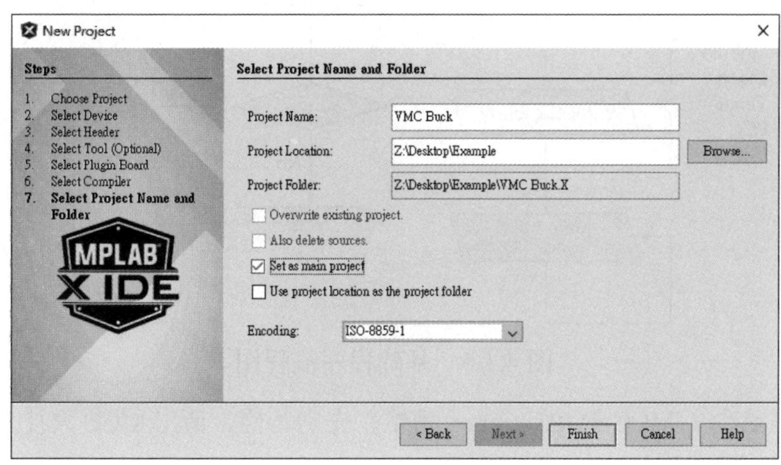

图 4.1.5　New Project 设定窗口（Project Name and Folder）

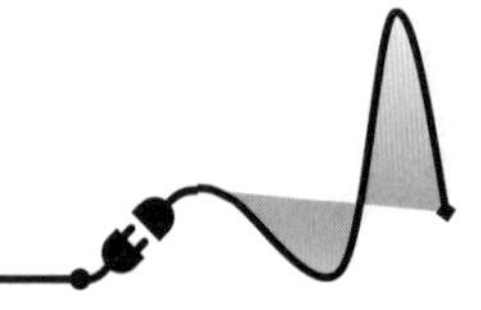

➢ 步骤二：使用 MCC 建立基础程序

无论混合式电源还是全数字电源，第一步都需要建立基础程序，然后才是应用层。这次不同于混合式数字电源设计，少了 MCC SMPS Library 的帮忙，更多细节需要用户亲自操刀配置，所以需要先知道要完成什么目标。

参考图 4.1.6 基础程序流程图，我们希望完成两个程序环路：

- **主程序**

当 MCU 开机后，逐步执行各个模块的初始化，接着进入一个无穷循环 while(1)，一般称为主程序循环，要让程序跑到主程序循环内，便需要初始化 MCU 的基本工作时钟（Clock）。

- **中断服务程序**

中断服务的意思是，当特定条件达到时，MCU 会暂停主程序，跳转到特定条件的相应程序执行，于执行结束后，回到一开始跳转的地方。笔者举例产生一个 1s 闪烁一次的 LED 信号，我们将一起建立一个每 5ms 一次的中断，然后判断是否累计满 0.5s，未满 0.5s 就结束中断，满 0.5s 就翻转 LED 状态。

其中会用到三个模块：中断管理模块，定时器（Timer）与 I/O 模块，所以初始化需要包含这三个模块。

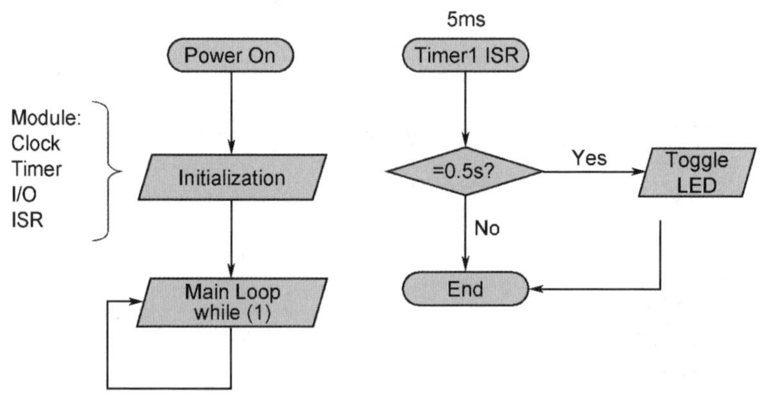

图 4.1.6　基础程序流程图

虽然少了 MCC SMPS Library 帮忙，先别苦恼，请出 MCC 大神来帮忙还是游刃有余呢！

步骤一已经建立一个基本程序项目，接下来就是 MCC 上场的时候了！

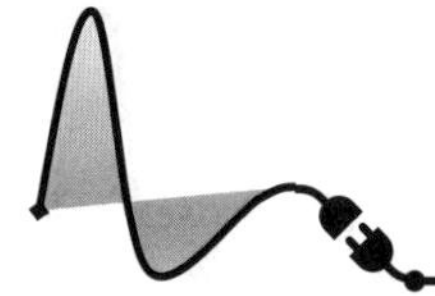

如图 4.1.7 所示，于 MPLAB X IDE 环境中，单击 MCC 按钮，调用 MCC 工具，通常会先出现一个窗口，询问随后 MCC 的设定参数要存储于哪？文件名？没有特别需求的话，通常直接单击“存档”即可，存储于同一个项目路径下。

于 MCC 窗口中，找到“Resource Management [MCC]”子窗口，然后单击“System Module”，并于 System Module 窗口中，仔细比对笔者的设定，尤其是粗框线的部分，如图 4.1.8 所示。

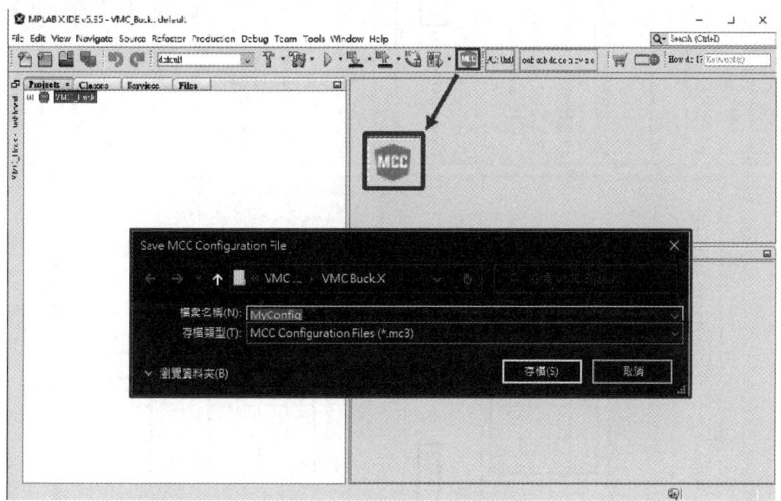

图 4.1.7　开启 MCC

其中几点特别说明：

- PLL：勾选以进行数字倍频。
- Fosc/2：MCU 基本工作频率 100MHz（dsPIC33CK 为 100MIPS）。
- FVCO/4：笔者将用于 ADC 模块的基本工作频率 400MHz。
- FVCO/2：笔者将用于 PWM 模块的基本工作频率 500MHz。
- ICD：笔者烧录器接于 Communicate on PGC2 and PGD2，请依实际引脚设定。

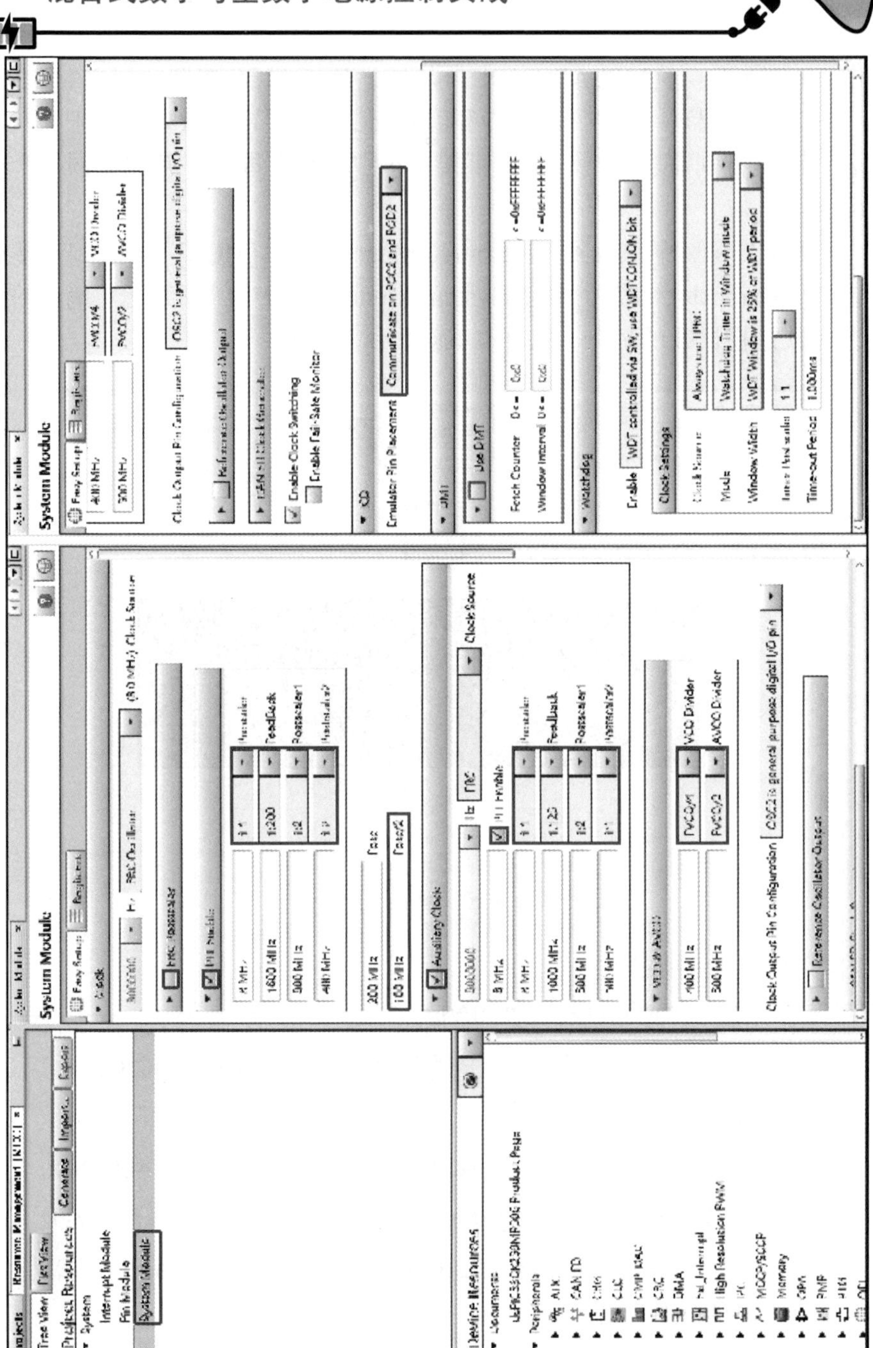

图 4.1.8　设定系统基本工作频率

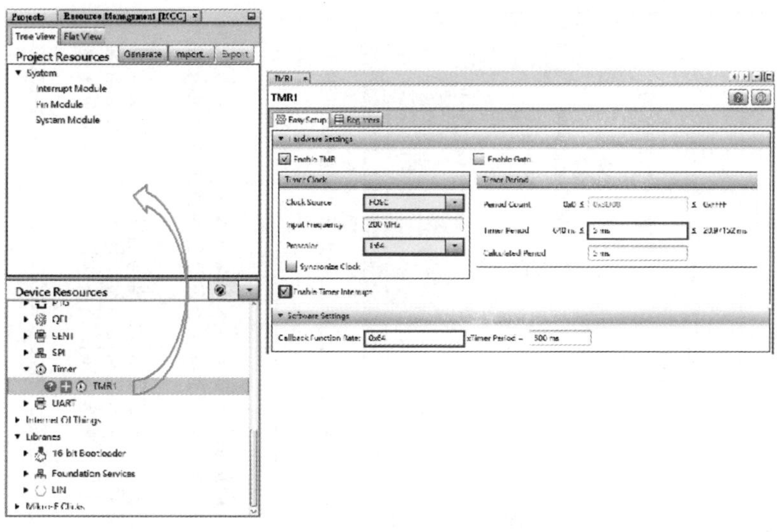

图 4.1.9 设定 TMR1

于 MCC 窗口中，找到“Device Resources”子窗口，然后滚动子窗口以寻找“Timer”/“TMR1”，双击“TMR1”，并着手设定 TMR1，如 4.1.9 所示。其中主要设定基频来源（FOSC），并设置除频 64 倍、5ms 周期时间与开启中断。

另外有个“Software Settings”，笔者设定为 0×64，刚好得到 500ms 的软件定时器。也就是 TMR1 会每隔 5ms 进入中断一次，并且中断自动另外再计数 0×64 次，达 0×64 次时（当好是 500ms），自动另外执行特定应用程序。该应用程序默认是空的，我们将于该处写入翻转 LED 的一行程序。接着于 MCC 窗口中，找到“Pin Manager: Grid View”子窗口，如图 4.1.10 所示，将 Port D #15 脚设定为输出引脚（需同时确认封装是否正确，笔者使用 TQFP64），并于“Pin Module”窗口中，给 RD15（Port D #15）取个名字：LED。

至此，MCC 第一阶段任务完成，按下 Generate 按钮产生第一版程序啰！

先别急着烧录程序哦！还有一件事要做，我们希望产生 0.5s 翻转一次 LED 引脚的功能，所以需要编写此“应用程序”。因为应用程序是工程师决定的，MCC 无法代劳。参考图 4.1.11，于“Projects”中，选择 VMC_Buck 项目，找到“Source Files”/“MCC Generated Files”/“tmr1.c”，并单击“tmr1.c”。于“tmr1.c”中加入两行程序：

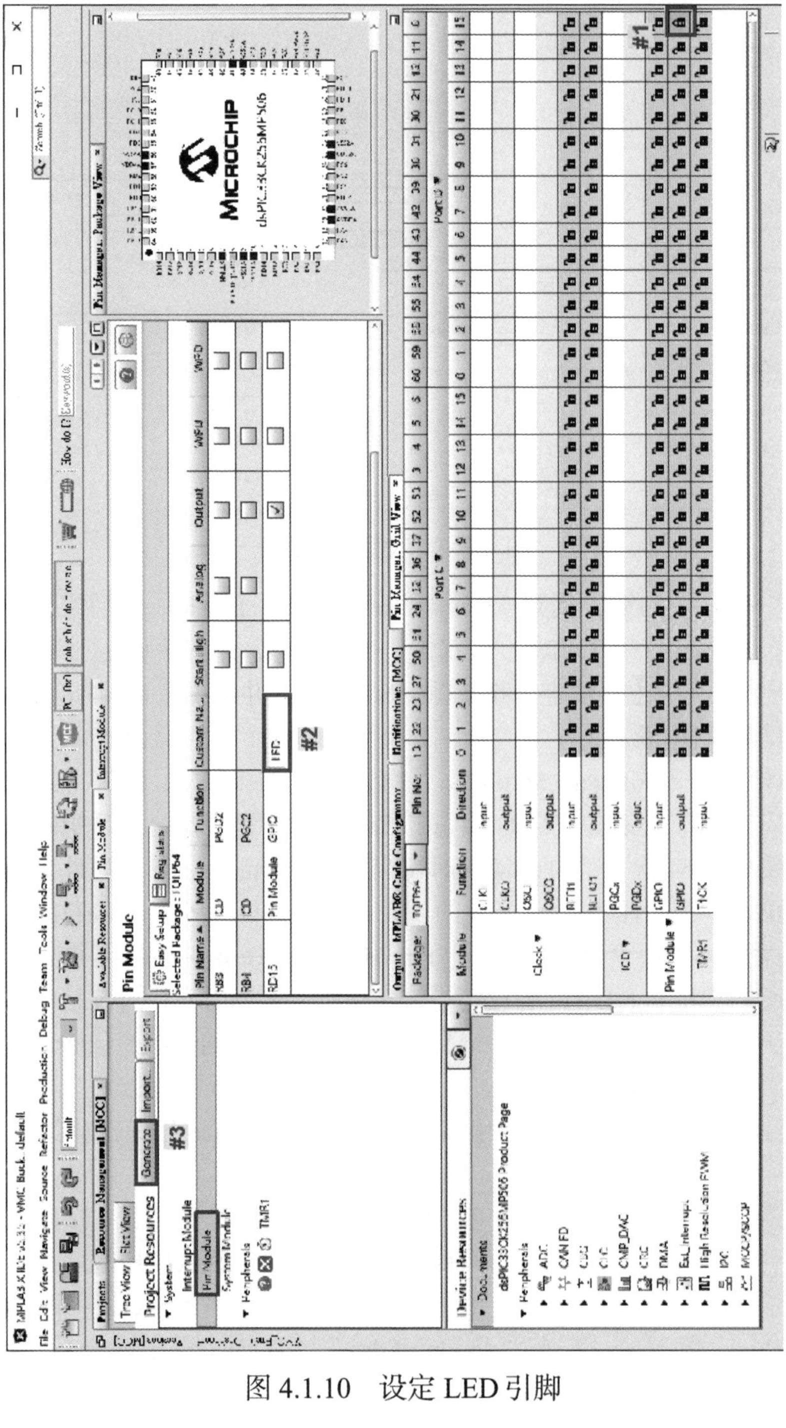

图 4.1.10　设定 LED 引脚

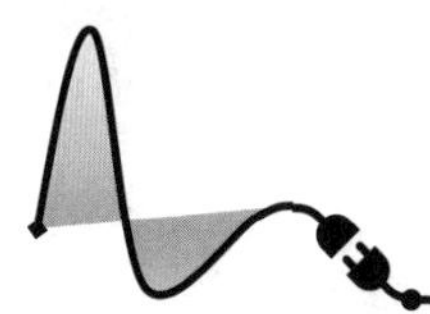

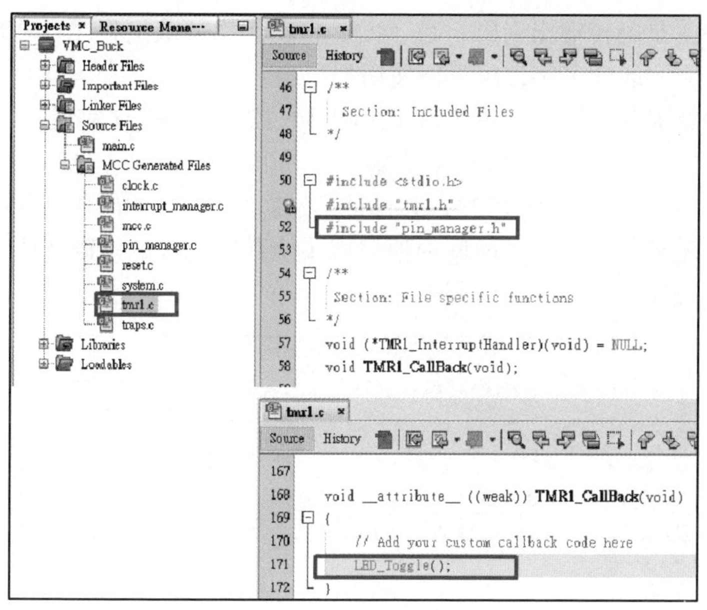

图 4.1.11　翻转 LED 引脚

- #include “pin_manager.h”

让 tmr1.c 这个程序档案可以读取 pin_manager.h 中已经由 MCC 预先写好的引脚翻转程序。

对于任何初次接触的 MCU，对 I/O 引脚翻转是最基本的练习。笔者写这个范例有两个主要目的：

- I/O 引脚翻转是最基本的练习；
- LED 闪烁同时也是初学者非常好用的故障显示机制。

例如笔者常见初学者不小心写错程序，可能是程序运行时间分配错误，或是其他中断执行不正确，都将引起 LED 闪烁速率变得非常怪异，工程师能很快发现程序已经开始出现严重时间分配的错误，是不需复杂测量就能发现问题的好方法。

或许读者会问，眼睛看得出来？这就是为何要用 0.5s 翻转一次，刚好 1Hz！眼睛对于 1Hz 具配足够敏感度，包含亮与灭的时间不等长都看得出来呢，读者不妨试试。

- *LED_Toggle*();

TMR1_CallBack 每隔 0.5s 会自动执行一次，也就是执行这一行程序。

这行程序就是翻转输出引脚，是 MCC 自动产生的范例程序，并且“LED”就是我们刚刚取的名字，很方便使用吧！

接着就能开心按下烧录按钮（见图 4.1.12），当烧录完成后，LED 引脚应该可以测量到 0.5s 翻转一次的信号，亦即 1Hz 信号（见图 4.1.13）。

对于第一次使用 dsPIC33，并且是第一次写 MCU 的硬件工程师，此时应该小小感动一下，很短时间内便完成了全数字电源的基础程序，包含一点点应用程序。

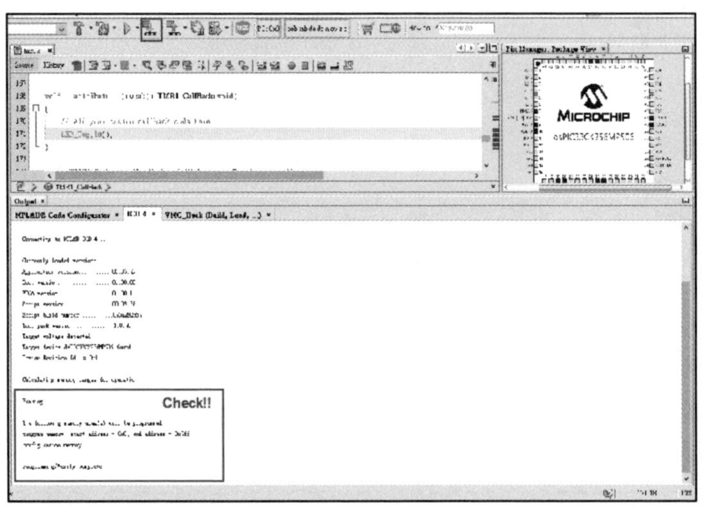

图 4.1.12　烧录程序

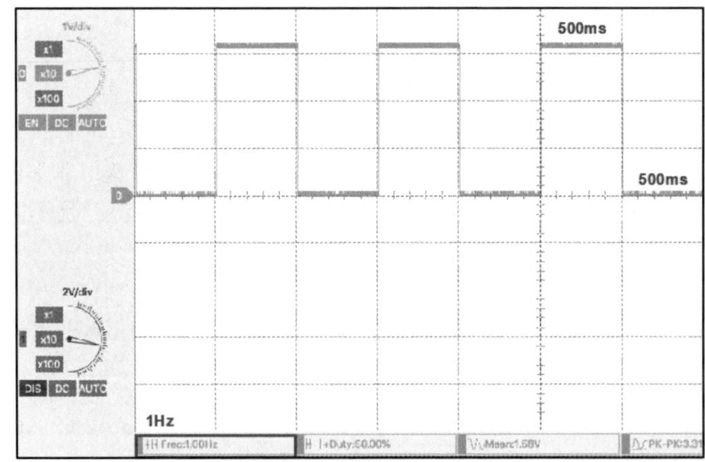

图 4.1.13　LED 翻转信号

4.1.2 基础程序之开回路控制

然而测试闭回路控制之前，笔者总是不厌其烦的建议所有电源工程师，千万别急，测试闭回路控制之前，是否应该确认硬件是否正确？至少得确认下面几件事：

- ✓ PWM 输出逻辑与脚位是否正确？
- ✓ PWM 频率是否正确？
- ✓ Deadtime 是否正确？
- ✓ 加到满载是否异常？

哪怕不小心控制失败把电源烧了，至少确定之前硬件功率级是没问题的，所以产生开回路控制程序是对于测试电源相当重要的第一步。幸好，MCC 产生开回路控制程序只需几个步骤即可，相当简单。同样的，笔者希望读者写程序前，尽量习惯先知道流程图的变化，才知道前后改了什么。如图 4.1.14 所示，承接前一节的程序，预计新增使用 PWM 模块，并且固定 Duty 为 40%。预计使用 PWM1，频率 350kHz，固定 40%占空比，并且 Deadtime 为 150ns。于 MCC 窗口中，找到“Device Resources”子窗口，然后滚动子窗口以寻找“High Resolution PWM”/“PWM”，双击“PWM”，并着手设定 PWM，如图 4.1.15 所示。

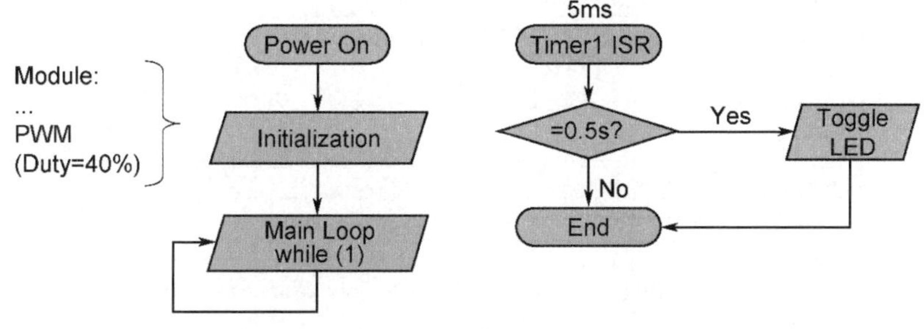

图 4.1.14 开回路控制程序流程图

在图 4.1.15 (a)中，主要设定基频来源（APLL – Auxiliary Clock with PLL Enabled）500MHz，并启用 PWM Generator 与 High Resolution 模式，另外 PWM Generator 选用“PWM Generator 1”。

在图 4.1.15 (b)和(c)中，主要设定 PWM 频率为 350kHz，占空比初始值为 40%，Deadtime 设定为 150ns，更新条件设为“Duty Cycle”更新，并且同步于“SOC Update”，亦即同步于 PWM H 的上升沿。其余笔者使

用预设设定，读者还是需要比对一下，避免 MCC 版本不同而默认值不同。相信读者已经很熟悉接下来的按钮：产生程序与烧录，如图 4.1.16 所示。

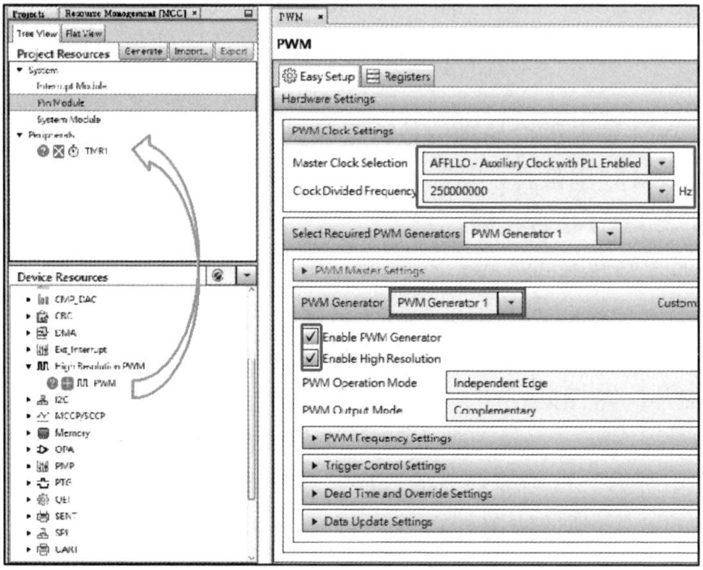

(a)

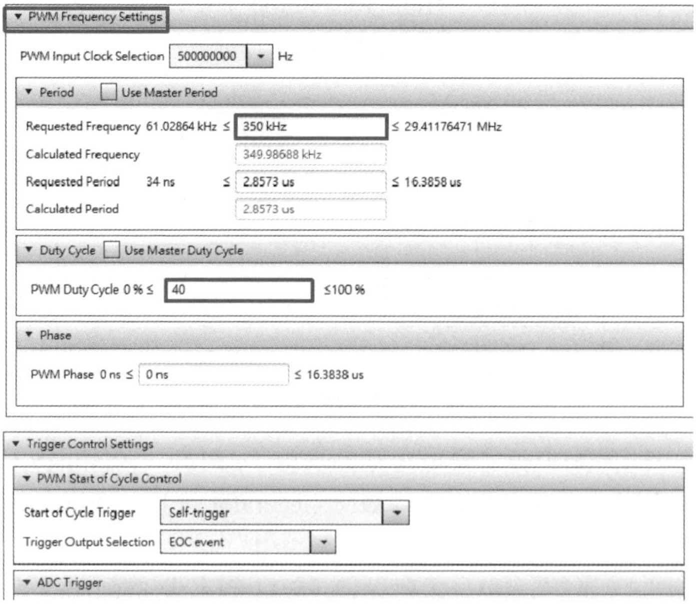

(b)

图 4.1.15　设定 PWM

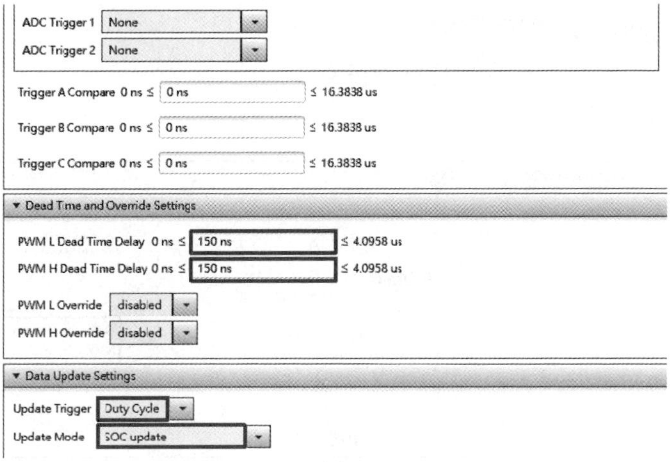

(c)

图 4.1.15 设定 PWM（续）

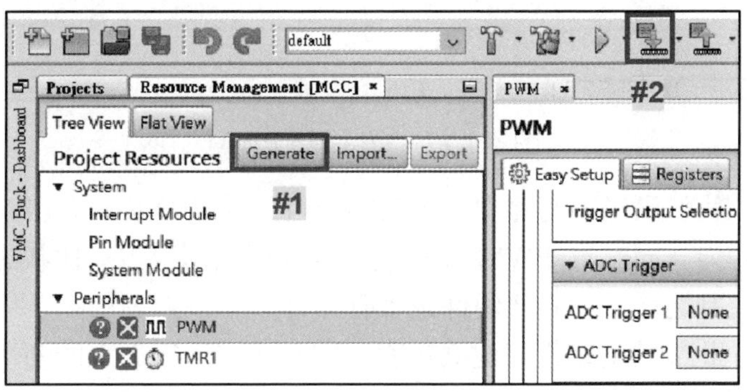

图 4.1.16 产生程序与烧录

此时可确认下面几个参数：

- PWM 输出逻辑与脚位是否正确？
  正确（笔者手上的板子正确）。
- PWM 频率是否正确？
  350.95kHz，稍微偏移 350kHz 设定值。
- Deadtime 是否正确？
  正确，符合设定 150ns。
- 占空比是否 40%？
  稍微偏移至 34.63%，因为设定 40%并不包含 Deadtime。

4

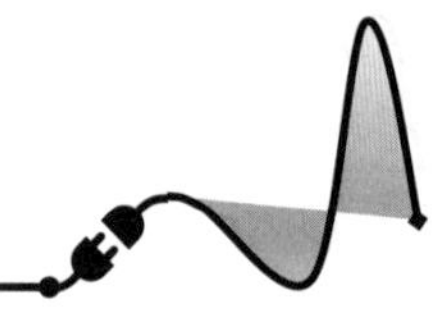

- **加到满载是否异常？**

  正常（笔者手上的板子正常）。

图 4.1.17 为开回路 PWM。

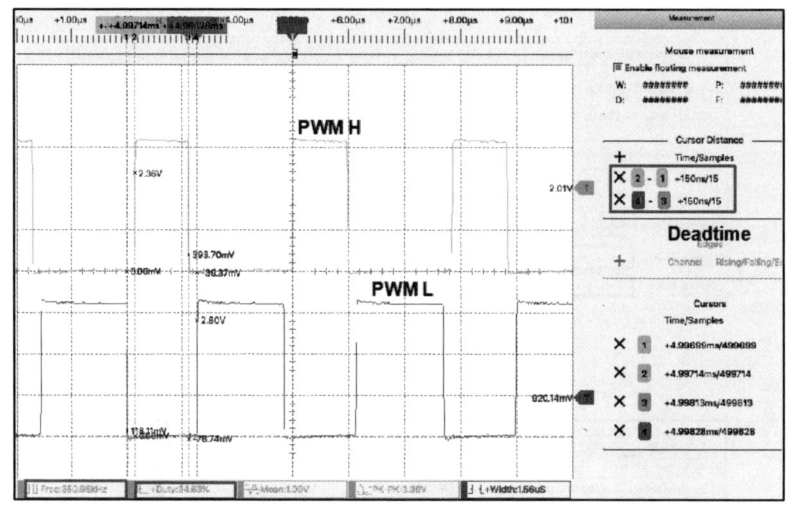

图 4.1.17　开回路 PWM

至此，我们已经一起建立一个新的项目，并且增加一个 LED 引脚作为基本除错功能，同时将 PWM 模块设定为开回路固定占空比状态，以利进行闭回路控制之前，先确认硬件是否有异常。

另外，此节的基础程序建立过程，同时适用于接下来的两个小节（全数字电压模式 Buck Converter 实作与全数字峰值电流模式 Buck Converter 实作）。由于是重复的步骤，后面就不再详述，请读者需要的时候，回到 4.1 节回顾一下如何建立基础程序与建立开回路控制程序，是接下来所有实验的基础。

接下来将着手进行闭回路控制的部分。

4.2 全数字电压模式 BUCK CONVERTER 实作

接下来要实作的是全数字电压模式 Buck Converter，将会使用 Microchip 对于全数字电源设计的两个现有工具：DCDT（Digital Compensator Design Tool）与全数字补偿器函数库 SMPS Library。

为了让读者更贴近实务应用层面，进而善用工具，于此全数字电源实

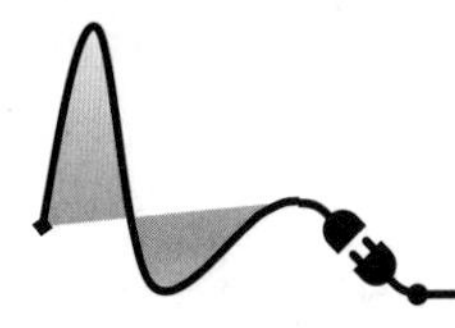

作的章节中，将说明如何快速贴近实际的 Plant，然后将 Plant 与仿真章节所计算好的补偿参数于 DCDT 中整合，产生真实参数让 MCU 计算，最后比对验证计算结果与实务差异。

参考图 4.2.1，模拟电压模式 Buck Converter 中，Plant 通常是指输入电压至输出电压之间的传递函数。另外还有反馈增益、补偿器增益与 PWM 增益。

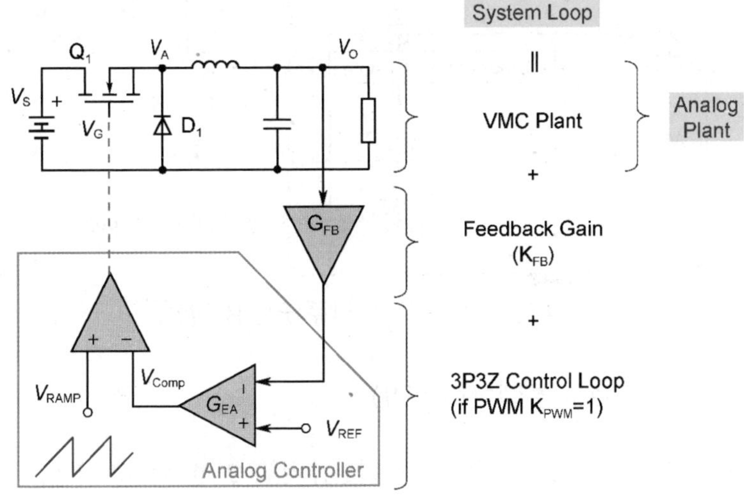

图 4.2.1　模拟控制系统整体增益

其中假设反馈增益与补偿器增益不变，那么模拟控制器转为数字控制器的过程中，有什么会改变?

参考图 4.2.2，全数字电压模式 Buck Converter 中，多了 ADC 增益，并且反馈增益以及 PWM 增益通常跟模拟不同，毕竟模拟是实际电压，而数字是数字计数器，两者比例基本不一样。

前面对于补偿器的设计，都是基于模拟控制器结构基础，因此为了沿用已经设计好的补偿器参数，整体的增益就必须一样，需要计算 K_{UC} 进行消除不同的增益，让数字与模拟的系统增益相同，系统控制效能才能一致。（关于 K_{UC}，可回顾 1.8 节的 K_{UC} 参数计算说明）K_{UC} 将于 DCDT 工具中修正。

而有些书籍于 Plant 中包含反馈增益，笔者为方便读者真实理解细节差异，并对比 Mindi 方式所建立的 Plant（4.2.1 小节）与实际 K_P 控制所测量的 Plant（4.2.2 小节），本小节所提及的 Plant 将“不”包含反馈

4

增益。

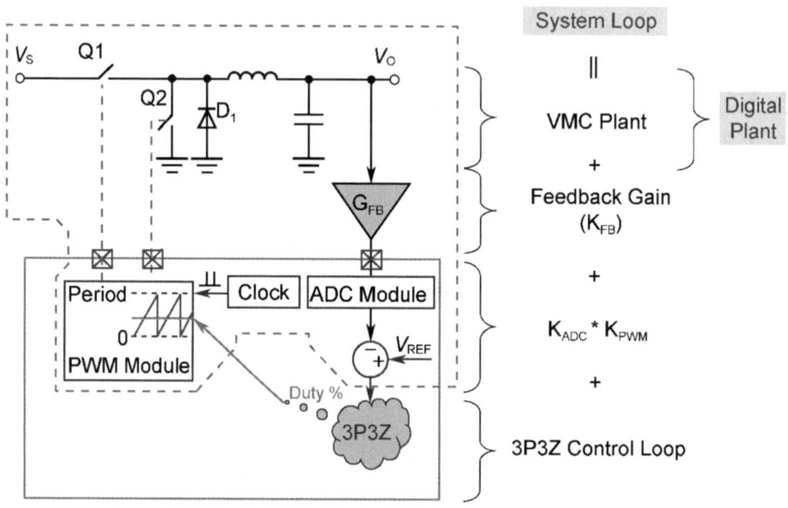

图 4.2.2　全数字控制系统整体增益

4.2.1 建立 Plant 模型（MINDI）

最简单且实际的方法，不外乎直接引用第 2 章 Mindi 平台上已经设计好的仿真电路图，若读者觉得仿真跟实务有些差异，可以直接根据实际参数，修改 Mindi 仿真电路图。例如第 3 章进行实际测量时，发现 *LC* 参数并非理论值，有些偏移，但可以接受，若读者觉得偏移过大，可根据实际偏移量修正 Mindi 仿真电路图即可。当修改适宜，仿真跟实务很接近，那么该 Plant 可以让 DCDT 直接取用，该有多好呢？是的，还真的可以！

通过直接修改图 2.4.1，移除反馈电阻 R_1 与 R_4（Plant 将不包含反馈增益），将反馈与输出断开成开回路，并将原 Type-3 补偿器改成电压跟随器（Gain=1），而原本 PWM Gain 就是 1，不需要修改，得图 4.2.3。依据这样的修改，测量到的波特图结果将是图 4.2.1 中的模拟 Plant（Analog Plant）之仿真结果，如图 4.2.4 所示。

当 Plant 不包含反馈增益的情况下，可以参考回顾第 2 章的图 2.4.14，DC 增益约 21dB。

比对结果，DC 增益相同，但有一差异：由于开回路利用 OPA 正输入

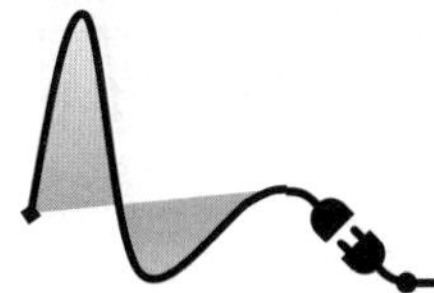

引脚注入信号，因此并非负反馈状态，测量到的相位不需要减 180°，例如 *LC* 谐振点就是-90°。

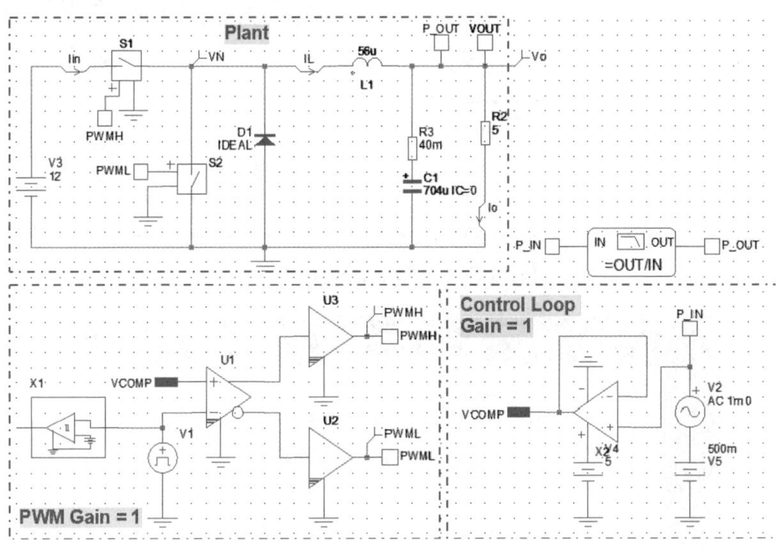

图 4.2.3　Mindi 仿真电路图

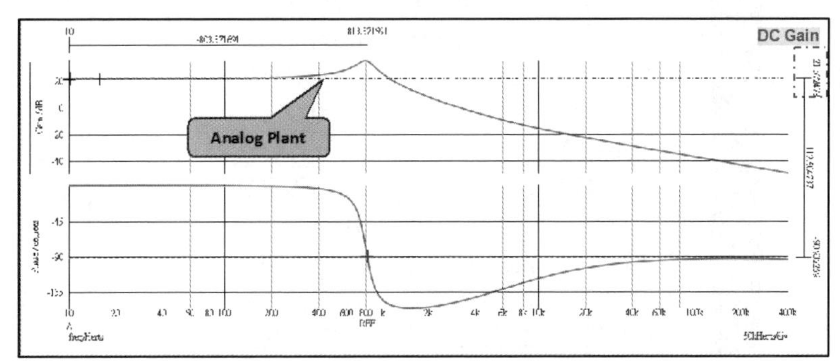

图 4.2.4　Analog Plant

接着于图 4.2.5 波特图曲线上按下鼠标右键调出功能窗口，选择“Copy to Clipboard”/“Graph Date”，然后出现曲线选择窗口，选择“Select All”后，单击“Ok”。

此时波特图数据已经复制于剪贴簿上。

请于计算机上新增一个 Excel 文件，请注意：文件名须选择 *.CSV。

将复制于剪贴簿的数据贴上 CSV 后存储，此文件后面会用到，至此 Mindi 建立 Plant 已经完成（见图 4.2.6），是不是相当的简单快速又利落？

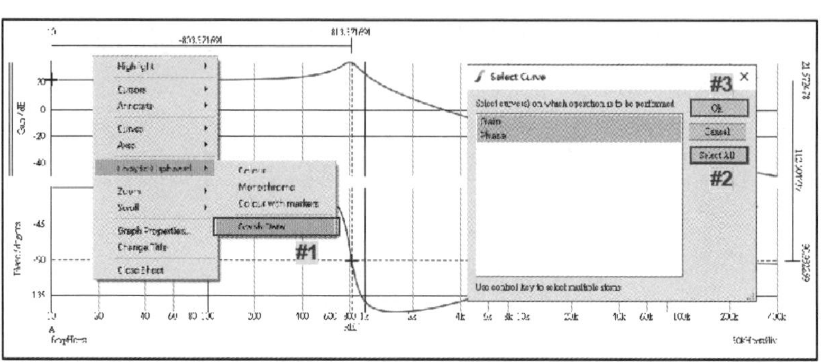

图 4.2.5　复制曲线数据

	A	B	C	D
1	freq	Gain	Phase	
2	10	21.57247787	-0.05844311	
3	10.23292992	21.57254106	-0.05980562	
4	10.47128548	21.57260723	-0.06119995	
5	10.71519305	21.57267652	-0.06262684	
6	10.96478196	21.57274907	-0.06408708	
7	11.22018454	21.57282504	-0.06558143	
8	11.48153621	21.5729046	-0.0671107	
9	11.74897555	21.5729879	-0.06867571	
10	12.02264435	21.57307513	-0.07027731	
11	12.30268771	21.57316647	-0.07191635	
12	12.58925412	21.57326212	-0.07359372	
13	12.88249552	21.57336228	-0.07531032	
14	13.18256739	21.57346716	-0.07706707	
15	13.48962883	21.57357698	-0.07886492	
16	13.80384265	21.57369198	-0.08070485	

图 4.2.6　Mindi Plant CSV 文件

目前仿真系统没有办法仿真 ADC 采样延迟所导致的相位损失，并且大多数仿真软件就算可以仿真 ZOH，也无法有效真实仿真 ADC 行为，因为真实的 ADC 之触发时机是可以改变的，但仿真却没办法。并且此实验案例 PWM 是 350kHz，带宽 10kHz，相差 20 倍以上，奈奎斯特影响程度相对很小，因此此案例使用 Mindi 即可，没有太大差别。

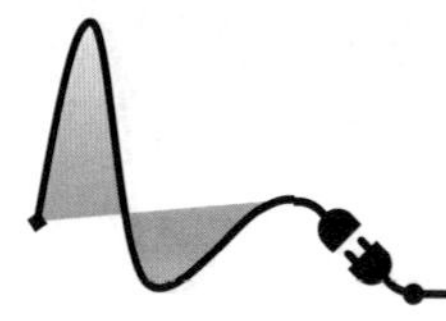

4.2.2 建立 Plant 模型（K_P控制）

使用 Mindi 建立 Plant 是简单且快速的方法，但若对于很需要更贴近实际参数的工程师，使用仿真的方式，反复调整直到近似，往往更花时间，因此本小节另外提供一个笔者常使用的方法，称为 *Kp* 控制法。

K_P 控制法即为典型 PID 控制法中，仅取 K_P 比例控制器部分，不存在积分与微分控制，单纯比例控制，因此能用来呈现系统的实际 Plant，包含 ADC 采样频率的影响。图 4.2.3 Mindi 仿真电路图中的 Control Loop 增益为 1，也是同样的道理。

那么 Control Loop 增益为 1 就好，为何需要特别加入 K_P 控制这么麻烦呢？参考图 4.2.7，先猜想一下原因，有助于自我解决问题的能力哦！

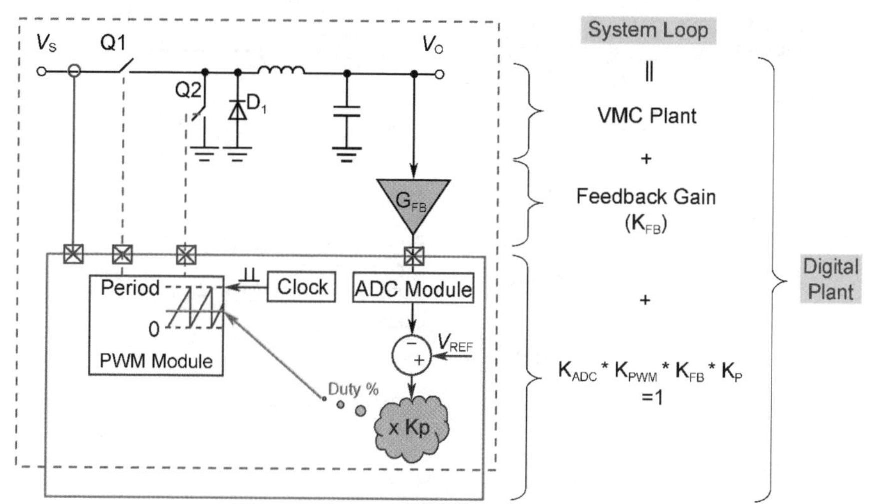

图 4.2.7 *Kp* Control v.s. Digital Plant

还记得模拟转数字控制后，会增加 ADC 增益、反馈增益与不同的 PWM 增益？是的，因为这些增益改变，导致若控制器维持增益为 1，测量到的 Plant 就包含了增加的 ADC 增益与不同的 PWM 增益，使得模拟计算好的 Type-3 补偿控制器，无法直接用于数字补偿控制器。所以 K_P 控制的根本核心目的，便是利用K_P增益，抵消转数字平台所改变的增益，使进出 MCU 控制器之间的增益恢复为 1。这样模拟计算好的 Type-3 补偿控制器，又能直接套用于数字补偿控制器了。

换言之，其实 K_P 就是第 1 章所提的 K_{UC}，只要将 ADC 模块造成的增

益 K_{ADC}、PWM 模块造成的增益 K_{PWM} 以及反馈线路造成的增益 K_{FB} 等，通通都抵消掉，整个系统除了 Plant 之外的增益皆为 1，那么系统就剩下 VMC Plant（同时也是 Digital Plant，包含采样频率影响）。进行编写 K_P 程序时，同样的步骤过程，我们应该先了解要写什么程序，才着手进行编写。图 4.2.8 呈现了 K_P 控制的程序流程图，我们需要增加使用 ADC 模块，并且由 PWM 触发 ADC 模块，进而产生同步于 PWM 的 ADC 采样与计算周期，而于计算周期中，写入 K_P 控制。

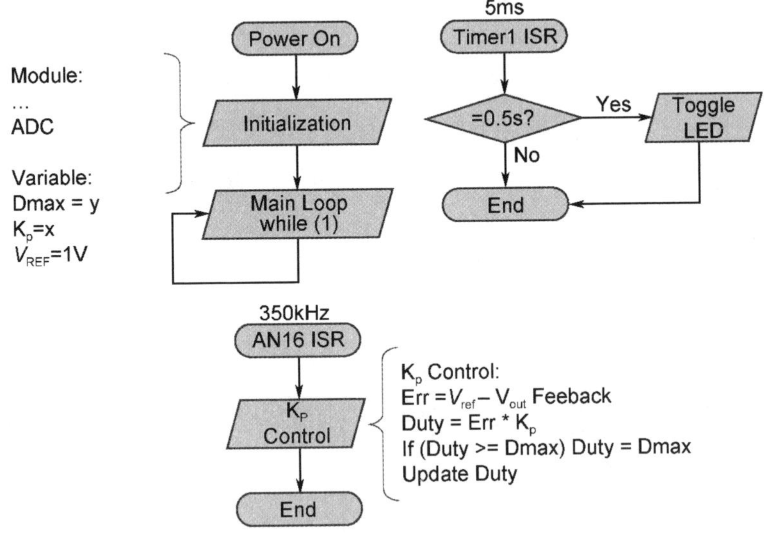

图 4.2.8　*Kp* 控制程序流程图

另外加上：

- **D_{max} 最大占空比限制值：**

目标 PWM 频率为 350kHz，实际 MCC 自动计算而产生周期值为 11421，假设最大占空比为 90%，D_{max} 则为 10279。

- ***Kp* 值：**

反馈增益为 1/5.02(分电压电阻 1k 与 4.02k），ADC 分辨率是 12 位（=4095），ADC 参考电压是 V_{dd}（=3.3V），PWM 周期值为 11421，那么：

$$K_P = \frac{1}{(\frac{1}{5.02}) \times (\frac{4095}{3.3}) \times (\frac{1}{11421})} \approx 46.2$$

- **V_{REF} 参考值：**

模拟环路控制时，设定为 1V，换算成数字值：

$$V_{\text{REF}} = 1\text{V} \times \frac{4095}{3.3\text{V}} \approx 1241$$

图 4.2.9 为 PWM 周期值。

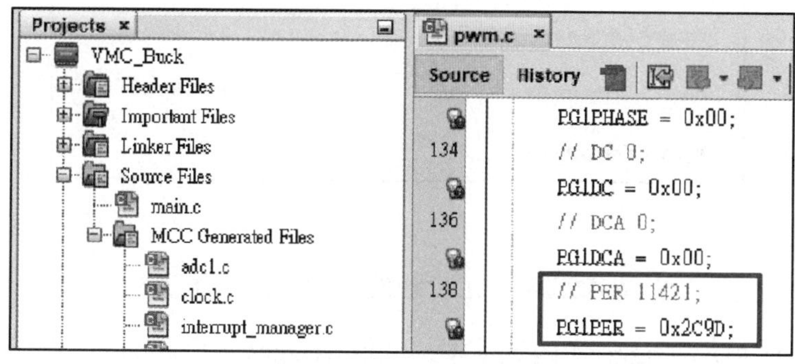

图 4.2.9　PWM 周期值

接下来，需要增加与修改模块，当然得请出 MCC 大神协助一下。

首先，我们希望由 PWM 触发 ADC 模块，进而产生同步于 PWM 的 ADC 采样与计算周期，所以需要于 PWM 模块设定中，增加 ADC 触发信号，以便 ADC 模块能同步于 PWM。参考图 4.2.10，于 MCC 的 PWM 模块设定中，将开回路控制用的占空比 40%，改成 0%。

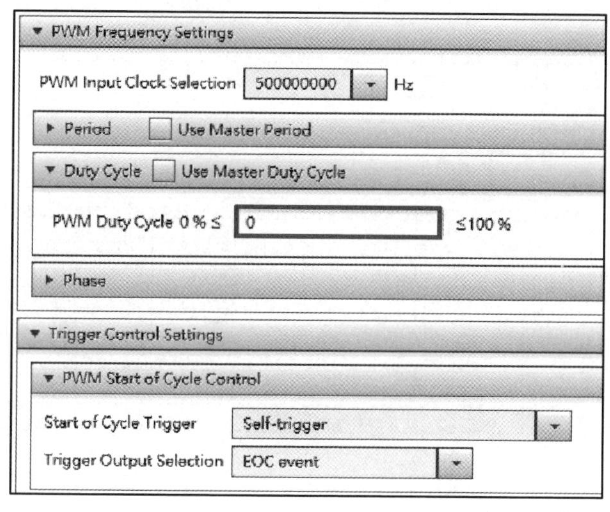

（a）

图 4.2.10　ADC 触发来源设定

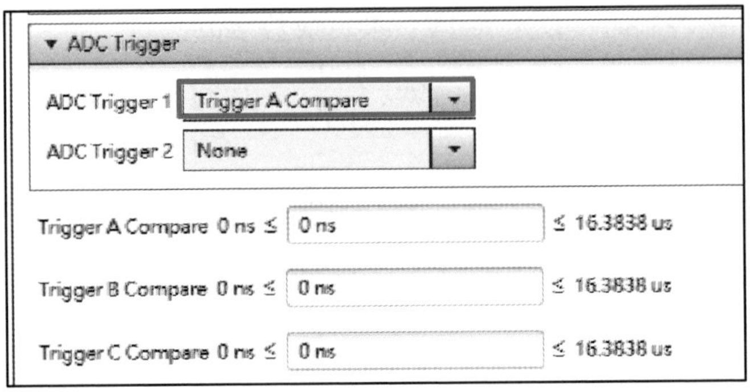

（b）

图 4.2.10　ADC 触发来源设定（续）

并于 ADC Trigger 1 的选项中，选取 Trigger A Compare。而 Trigger A Compare 维持 0 ns。最后会有另外一小段分享谈及此处。

于 MCC 窗口中，找到“Device Resources”子窗口，然后滚动子窗口以寻找“ADC”/“ADC1”，双击“ADC1”，并着手设定 ADC1，如图 4.2.11(a)，主要设定基频来源（PLLVCO/4）400MHz，并启用 AN16 与中断功能，同时也选择 PWM Trigger1 为触发源。

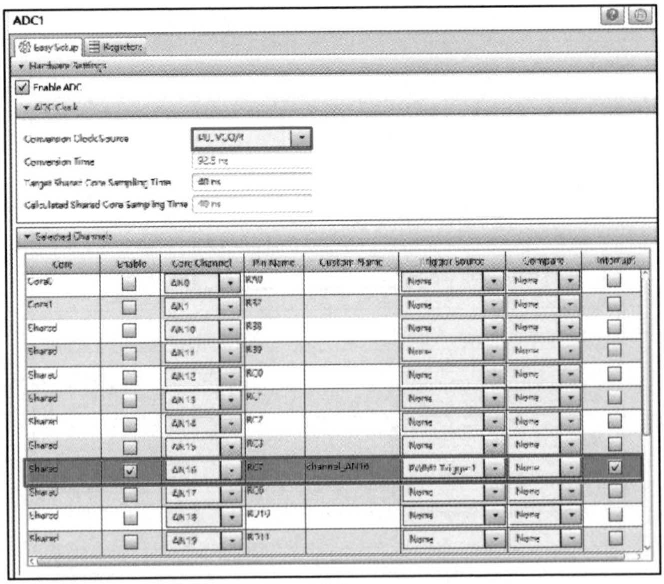

(a)

图 4.2.11　ADC 模块设定

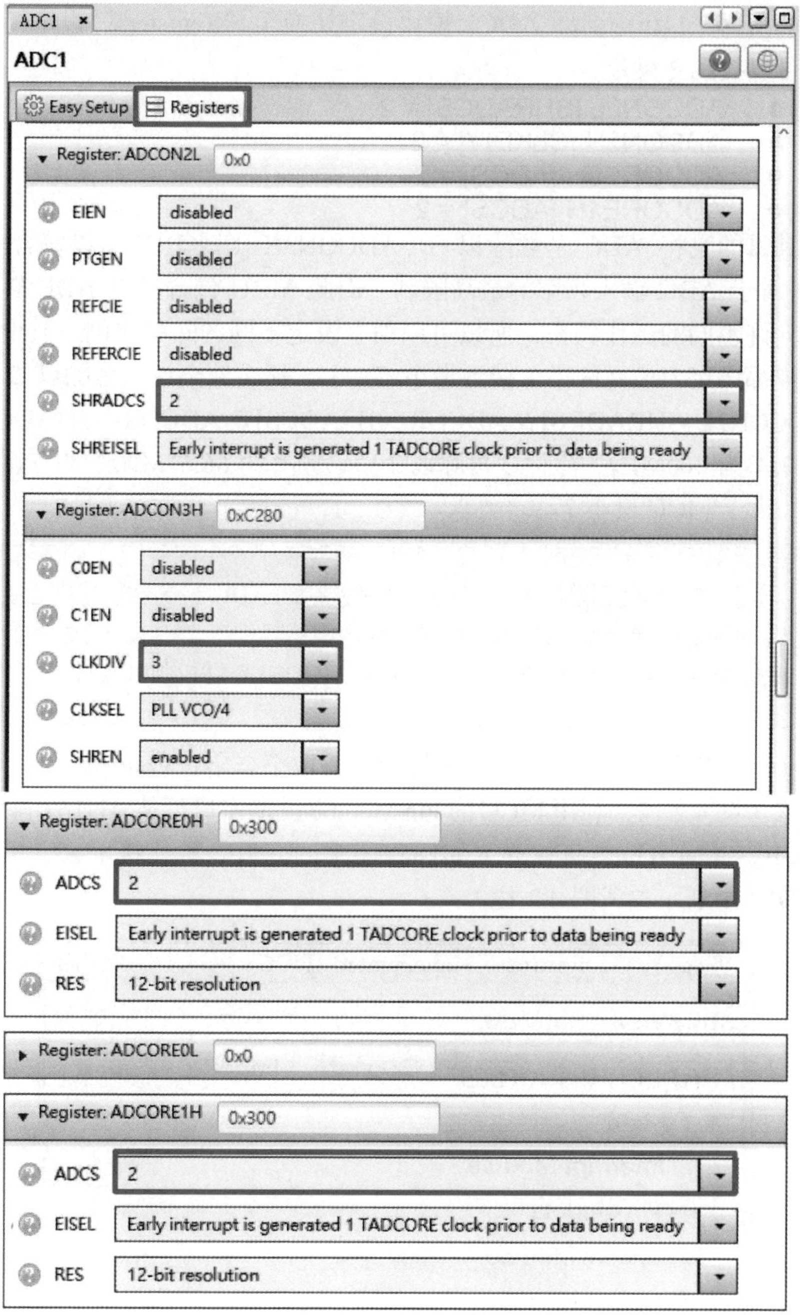

ADC1 ×

ADC1

Easy Setup | Registers

Register: ADCON2L　0x0

EIEN	disabled
PTGEN	disabled
REFCIE	disabled
REFERCIE	disabled
SHRADCS	2
SHREISEL	Early interrupt is generated 1 TADCORE clock prior to data being ready

Register: ADCON3H　0xC280

C0EN	disabled
C1EN	disabled
CLKDIV	3
CLKSEL	PLL VCO/4
SHREN	enabled

Register: ADCORE0H　0x300

ADCS	2
EISEL	Early interrupt is generated 1 TADCORE clock prior to data being ready
RES	12-bit resolution

Register: ADCORE0L　0x0

Register: ADCORE1H　0x300

ADCS	2
EISEL	Early interrupt is generated 1 TADCORE clock prior to data being ready
RES	12-bit resolution

(b)

图 4.2.11　ADC 模块设定（续）

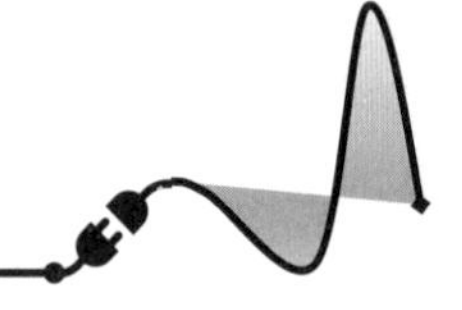

如图 4.2.11(b)所示，ADC1 模块设定切换至“Registers”设定模式，依序可以找到并设定：

- ADCON2L [SHRADCS] = 2
- ADCON3H [CLKDIV] = 3
- ADCORE0H [ADCS] = 2
- ADCORE1H [ADCS] = 2

其目的是将 ADC 基频除以 3（ADCON3H [CLKDIV]）以符合 Data Sheet 对于 ADC 输入频率的最高限制。而此 MCU 包含三组 ADC 转换模块，允许不同的工作频率，所以可以独立设定不同的除频比例，假设跟笔者一样都设定为最高频率（接近最小 T_{AD}），那么就全设定为除以 2 即可（ADCON2L [SHRADCS] & ADCORE0H [ADCS] & ADCORE1H [ADCS]）。输入频率为 400MHz，除以 3 再除以 2 后，频率约 66.67MHz，得 T_{AD} 约为 15ns，大于 MCU 最小 T_{AD} 之要求。

> 注意 T_{AD} 是受到限制的，并直接限制芯片的 ADC 最高转换速度之关键参数，不同芯片有不同限制值，此颗芯片限制不得低于 14.3ns。可参考 Data Sheet DS70005349G 的 TABLE 33-36: ADC MODULE SPECIFICATIONS。

为了程序的可读性，可以顺便帮 AN16 取个名字：VoutFB。

参考图 4.2.12，利用 MCC 的 Pin Module 设定窗口可替 AN16 引脚命名 VoutFB，此命名也会直接导入实际程序中的变量名称，接下来，设定中断 ADC1 中断（参考图 4.2.13）。

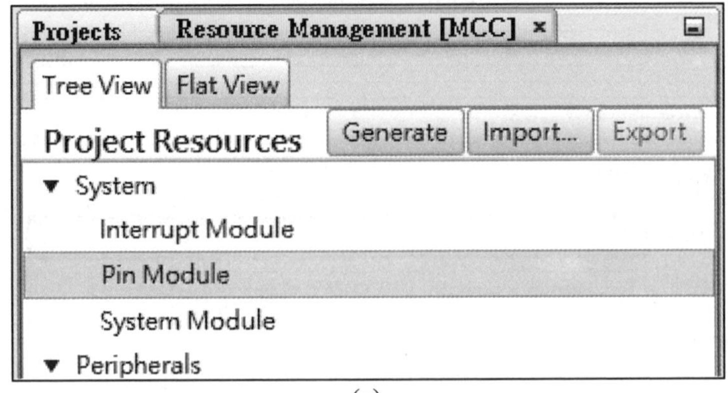

(a)

图 4.2.12　ADC引脚命名

Pin Module

Easy Setup | Registers

Selected Package : TQFP64

Pin Name ▲	Module	Function	Custom Name	Start High	Analog	Output	WPU	WPD	OD
RB3	ICD	PGD2		☐	☐	☐	☐	☐	☐
RB4	ICD	PGC2		☐	☐	☐	☐	☐	☐
RB14	PWM	PWM1-H		☐		☑	☐	☐	☐
RB15	PWM	PWM1-L		☐		☑	☐	☐	☐
RC7	ADC1	AN16	VoutFB	☐	☑	☐	☐	☐	☐
RD15	Pin Module	GPIO	LED	☐		☑	☐	☐	☐

(b)

图 4.2.12　ADC引脚命名（续）

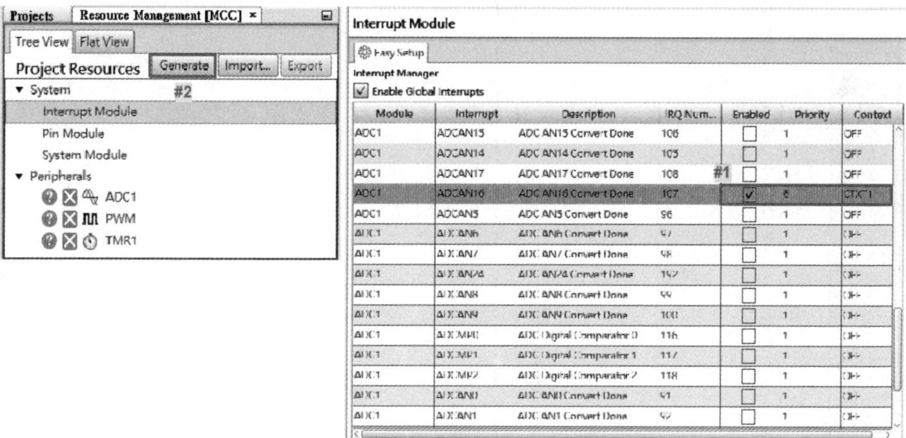

图 4.2.13　ADC 模块之中断设定

- **启用 ADCAN16 中断**
- **设定中断优先权至最高 6**

控制环路通常必须是最高，避免受到其他中断干扰，而导致电源控制失效。

- **设定 Context**

Context 的概念于 1.8.6 小节有详述，读者可以去回顾一下。

此案例我们于中断优先权 6 的中断基础上，选择使用 Context #1（CTXT1）。

设定完最后一个模块后，即可产生程序，放心按下 Generate 吧！

MCC 已经建立整个程序结构，接下来需要的是人工写上 K_P 控制，参

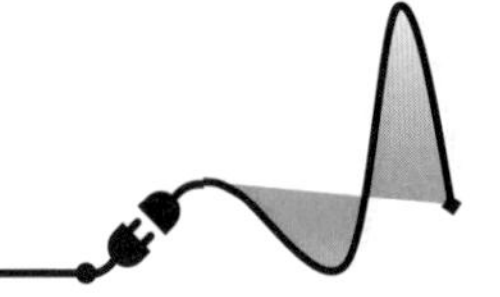

考图 4.2.14，于 VMC_Buck 项目中，找到“Source Files”/“MCC Generated Files”/“adc1.c”，双击打开“adc1.c”，并于文件中找到 _ADCAN16Interrupt (void) 中断服务程序。

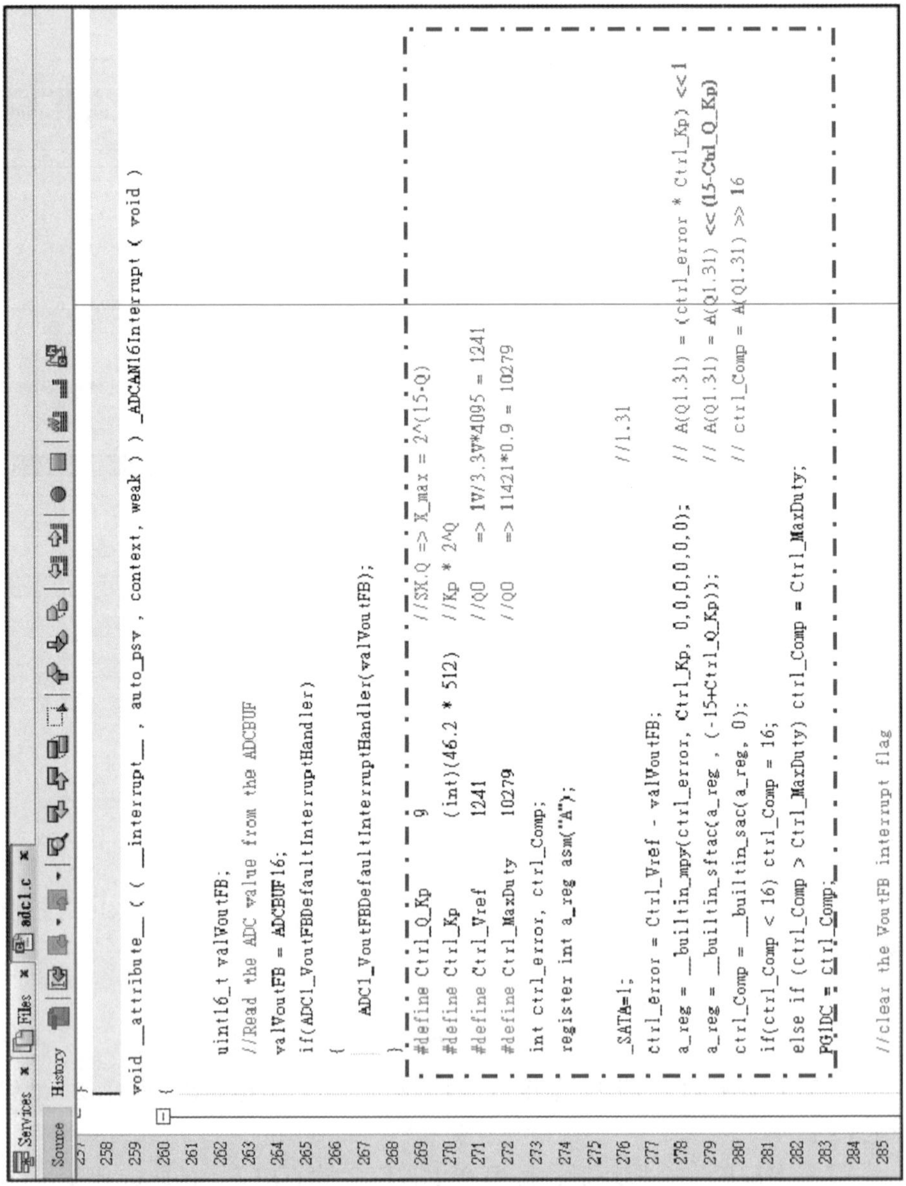

```
}

void __attribute__ ( ( __interrupt__ , auto_psv , context, weak ) ) _ADCAN16Interrupt ( void )
{

    uint16_t valVoutFB;
    //Read the ADC value from the ADCBUF
    valVoutFB = ADCBUF16;
    if(ADC1_VoutFBDefaultInterruptHandler)
    {
        ADC1_VoutFBDefaultInterruptHandler(valVoutFB);
    }
    #define Ctrl_Q_Kp        9                    //SX.Q => X_max = 2^(15-Q)
    #define Ctrl_Kp          (int)(46.2 * 512)    //Kp * 2^Q
    #define Ctrl_Vref        1241                 //Q0    => 1V/3.3V*4095 = 1241
    #define Ctrl_MaxDuty     10279                //Q0    => 11421*0.9 = 10279
    int ctrl_error, ctrl_Comp;
    register int a_reg asm("A");

    _SATA=1;                                                  //1.31
    ctrl_error = Ctrl_Vref - valVoutFB;
    a_reg = __builtin_mpy(ctrl_error, Ctrl_Kp, 0,0,0,0,0,0);  // A(Q1.31) = (ctrl_error * Ctrl_Kp) <<1
    a_reg = __builtin_sftac(a_reg , (-15+Ctrl_Q_Kp));         // A(Q1.31) = A(Q1.31) << (15-Ctrl_Q_Kp)
    ctrl_Comp = __builtin_sac(a_reg, 0);                      // ctrl_Comp = A(Q1.31) >> 16
    if(ctrl_Comp < 16) ctrl_Comp = 16;
    else if (ctrl_Comp > Ctrl_MaxDuty) ctrl_Comp = Ctrl_MaxDuty;
    PG1DC = ctrl_Comp;

    //clear the VoutFB interrupt flag
```

图 4.2.14　K_P控制应用程序

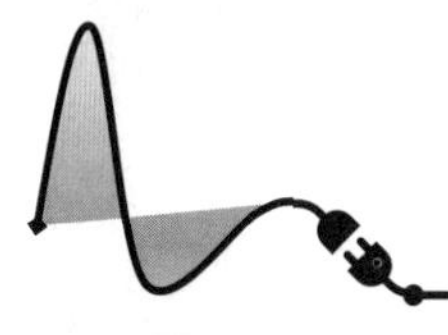


```
#define Ctrl_Q_Kp        9                      //SX.Q => X_max =
#define Ctrl_Kp          (int)(46.2 * 512)      //Kp * 2^Q
#define Ctrl_Vref        1241                   //Q0     => 1V/3.
#define Ctrl_MaxDuty     10279                  //Q0     => 11421
int ctrl_error, ctrl_Comp;
register int a_reg asm("A");

_SATA=1;
ctrl_error = Ctrl_Vref - valVoutFB;
a_reg = __builtin_mpy(ctrl_error, Ctrl_Kp, 0,0,0,0,0,0);
a_reg = __builtin_sftac(a_reg , (-15+Ctrl_Q_Kp));
ctrl_Comp = __builtin_sac(a_reg, 0);
if(ctrl_Comp < 16) ctrl_Comp = 16;
else if (ctrl_Comp > Ctrl_MaxDuty) ctrl_Comp = Ctrl_MaxDuty;
PG1DC = ctrl_Comp;
```

找到该程序段后，应该是几乎空的，只有一点点程序，用于基本 ADC 读值。虚线框框便是读者需要写入的 K_P 控制应用程序段。细节动作部分，可参考笔者写的程序批注，方便了解计算过程。

整数 6 位表示整数最大值约 64，要是读者其他实际应用超过 64 呢？例如 100，需要 7 位表示整数部分（小于 128），因此需要改为 S7.8，可以修改如下方两行即可：

```
#define    Control_Q_Kp        8
#define    Control_Kp          (int) (100 * 256)
```

简单而言，K_P=46.2，以 15 位 Q 格式换算，可以表示为 Q9，或以 S6.9 表示更为直接，1 个符号位，6 个位表示整数，9 个位表示小数。

整个过程先是参考值减去反馈值，然后以 Q9 方式乘上 K_P 后，将结果做极大与极小值范围限制，再填写到 PG1DC 缓存器（PWM1 的占空比缓存器）。

最后依然是那个最熟悉的动作：按下 烧录按钮！

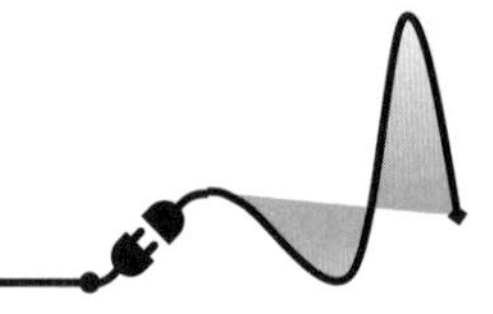

并可着手实际测量 K_P 控制下的 Digital Plant，如图 4.2.15 示意图。笔者使用 Bode-100 作为测量设备，图 4.2.16 为其测量结果。

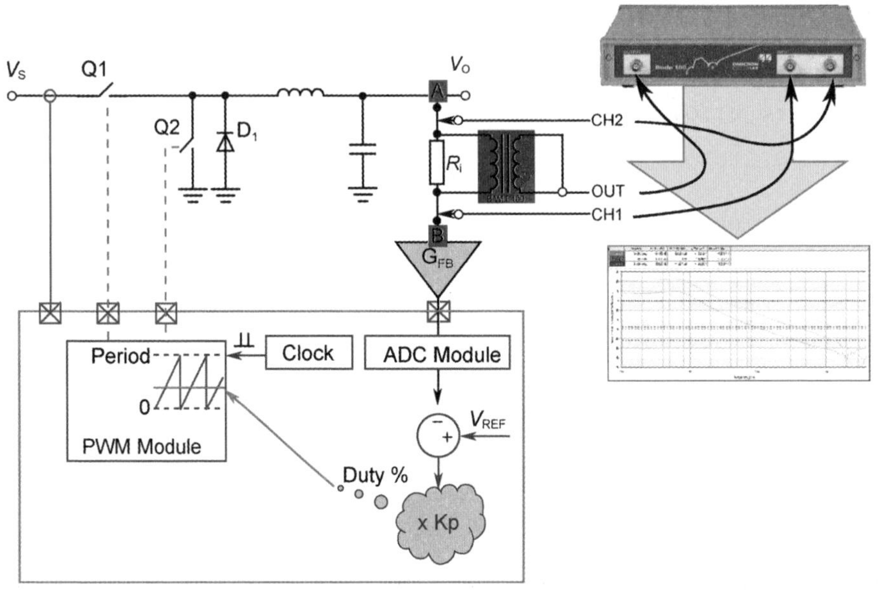

图 4.2.15　K_P 控制测量 Plant

图 4.2.16 中两条增益曲线，一者为混合式数字控制章节所测量到的 Plant，一者目前 K_P 控制测量到的全数字控制下的 Plant，两者基本吻合，最大的差异在于数字控制增加了 ADC 350kHz 的采样频率，因此（350kHz / 2）后的高频段，可以看出数字控制系统衍生的采样频率效应问题。图中更可以发现，采样频率效应问题似乎发生在更早的时间点？

低于（350kHz / 2），通常是因为控制延迟的“K”太大，加上控制计算延迟，会使得相位落后加速，导致频率看起来位移到更低频处，实则是延迟所导致。另外两相位曲线相差 180°，则是因为测量相对位置不同，全数字的相位曲线是从负反馈点看进去，而混合式数字的相位曲线是从 Vcomp（OPA 输出）看进去。

因全数字测量有负反馈的影响，所以有这 180° 的差异，但实际上都是正确的，差别仅是“相对相位”之于测量位置而已。成功得到结果后，别忘了要存储到 CSV 文件中，以利接下来章节引用。Bode-100 的计算机端软件 Bode Analyzer Suite 支持直接导出，并存成 CSV 文件，参考图 4.2.17。

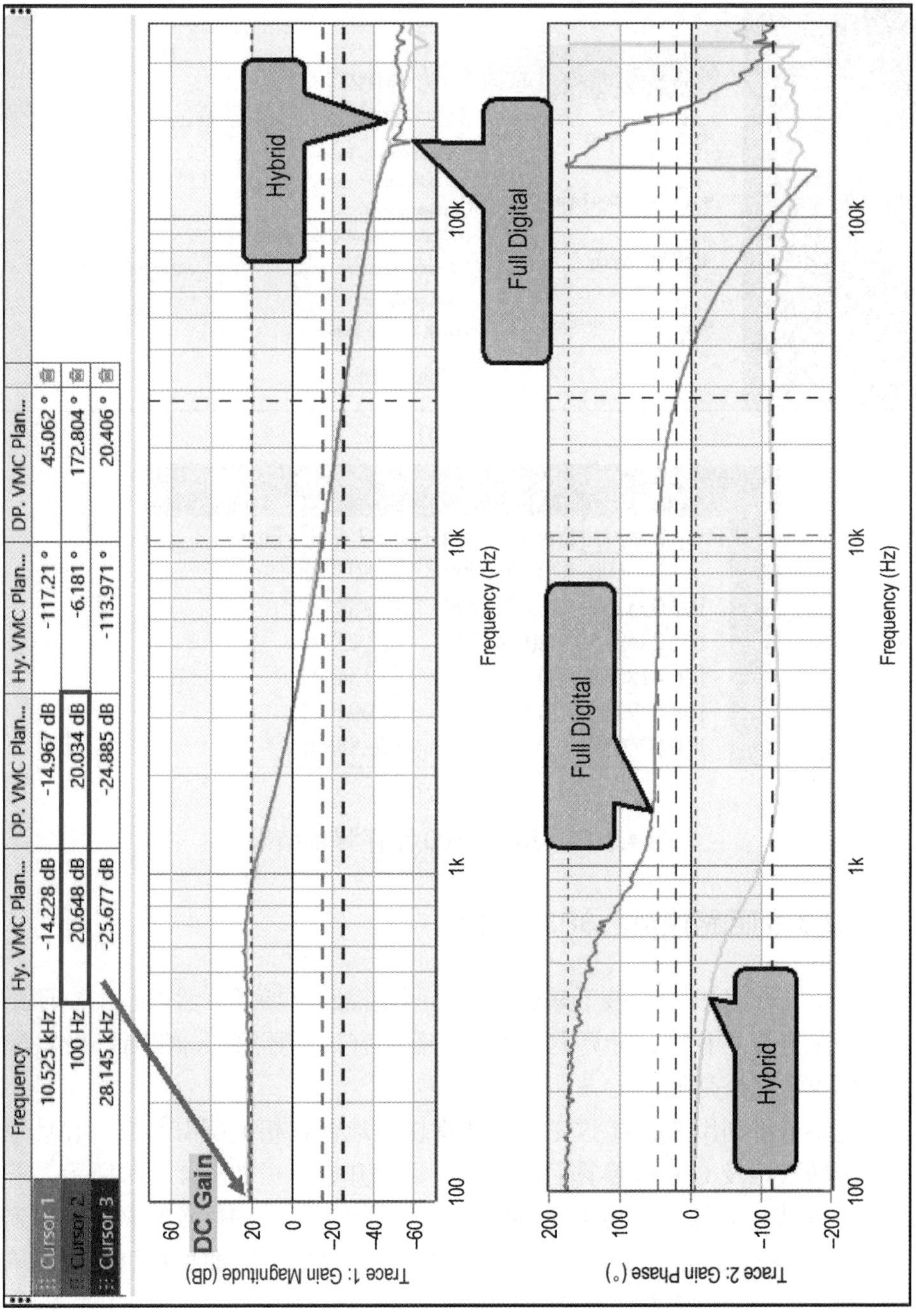

	Frequency	Hy. VMC Plan...	DP. VMC Plan...	Hy. VMC Plan...	DP. VMC Plan...
Cursor 1	10.525 kHz	-14.228 dB	-14.967 dB	-117.21 °	45.062 °
Cursor 2	100 Hz	20.648 dB	20.034 dB	-6.181 °	172.804 °
Cursor 3	28.145 kHz	-25.677 dB	-24.885 dB	-113.971 °	20.406 °

图 4.2.16　实际测量 Plant 之结果

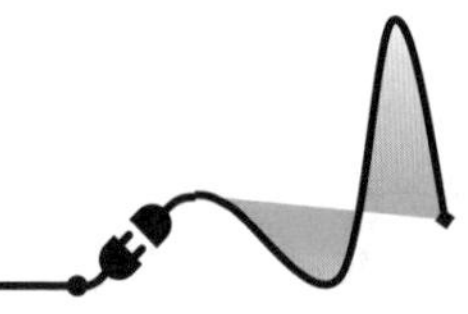

New measurement
Open
Recent
Save
Save as
Export
Options

CSV Export
Excel Export
Calibration Export
PDF Report
Touchstone Export

CSV Export
Current settings
Include settings header:
Include active memory traces:
Include output level:
Include real & imaginary values:
Decimal separator: Auto (System)
Field separator: Comma
Open file after saving:
Set as default
Save as...

(a)

	A	B	C	D
1	Frequency (H	Trace 1: Gain	Trace 2: Gain: Phase (°)	
2	100	20.0336206	172.803778	
3	102.095159	20.4216799	175.388382	
4	104.234215	20.647923	177.15824	
5	106.418088	20.1917339	172.134847	
6	108.647716	20.8095182	174.992971	
7	110.924058	20.4632359	176.88806	

(b)

图 4.2.17 Bode-100 储存测量结果

4.2.3 闭回路控制之 3P3Z 参数

有了开回路 Plant，接下来就得换闭回路控制上场了，然而写控制环路之前，总得算之有物，计算需要参数，若空有计算环路，却没有 3P3Z 参数，那也是白搭是吧！

此小节将利用 DCDT 这工具，非常快速地得到相关所需参数，并且是经过 Z 转换以及 Q 格式换算后的参数，那就开始吧！如图 4.2.18 所示，若 DCDT 安装正确的话，应可于 MPLAB X IDE 的 Tools 菜单单中，找到 DCDT（Digital Compensator Design Tool），选择后，随即出现第一层菜单，请选择单环路控制系统，接着请替这个控制环路设计项目取个名字，例如 VMC。此名字并非参数名字，而是一颗 MCU 可能控制多组环路，DCDT 支持多组环路独立设计，以项目名称作为区分方式，因此每个项目需要取

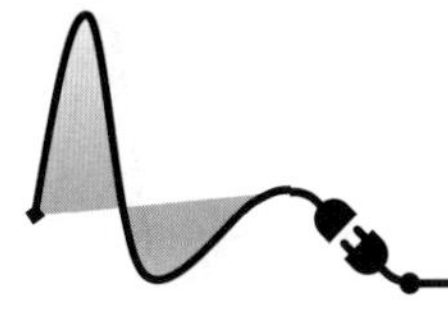

个名字。

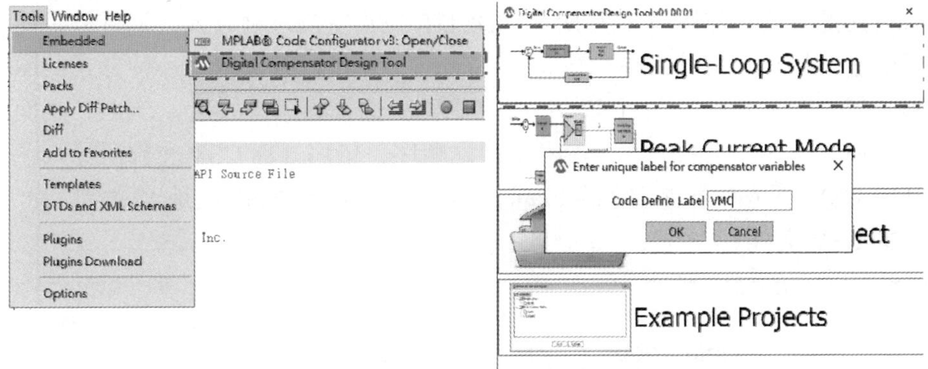

图 4.2.18 开启 DCDT 之单环路控制系统

而每个项目最后还能给不同的参数予以不同的名称，好比 VMC 这个项目，实际应用可能需要轻载一组参数，重载一组参数，则可以共享这个项目，但最后产生参数时，分成两次，给予两次不同参数名称即可。

单击第一层菜单后，第二层菜单如图 4.2.19 所示，选择先设定反馈增益，选择“RC Network”方式，并输入上拉电阻 4.02kΩ，下拉电阻 1kΩ，滤波电容根据实际输入，更重要的是确认 ADC 增益输入是否正确，ADC 分辨率 12 位，参考电压 V_{dd} 为 3.3V，转换延迟也已经被 Plant 所包含，所以填 0 即可（或者填写 CK 系列的转换延迟 250ns），接着单击“NEXT”。

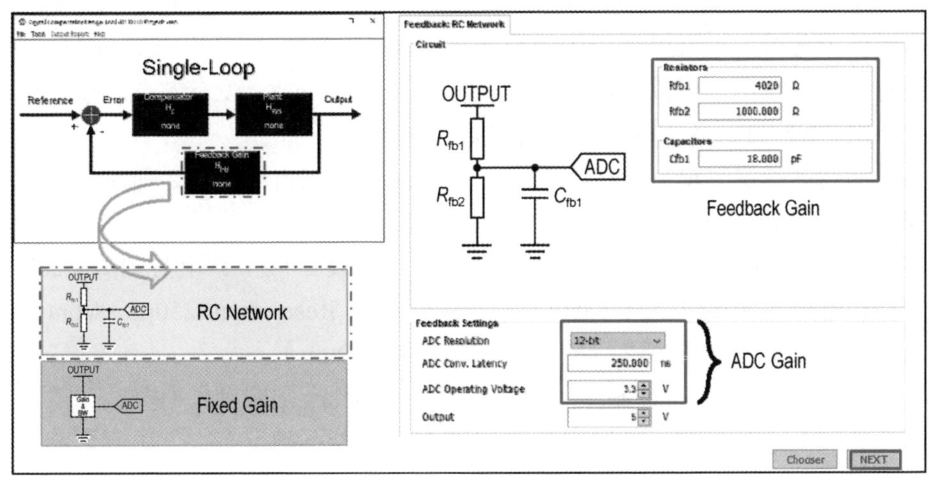

图 4.2.19 设定 DCDT 之反馈增益

单击“NEXT”后，DCDT 会回到第二层菜单，选择设定 Plant，选择 Import 的方式，如图 4.2.20 所示。DCDT 一共支持三种方式，笔者最常使用的是直接导入方式或是“Poles & Zeros”方式。无论用哪一种方式，原则上就是顺手就行，贴近实际情况更重要。选择导入方式后，DCDT 画面会切换至图 4.2.21 的样子，参考图中之顺序，依序开启 CSV 文件后导入，其中 CSV 便是前面所建立的 Plant，读者可以选择 Mindi 或是 K_P 控制所产生的 CSV 文件。

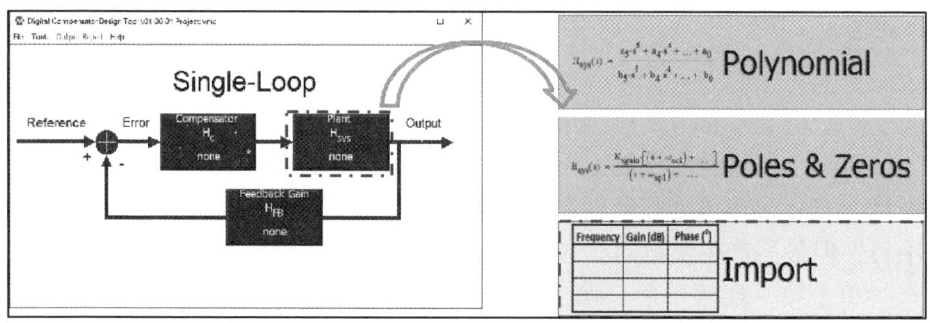

图 4.2.20　设定 DCDT 之导入 Plant（一）

笔者偶尔遇到 DCDT 导入 CSV 时卡住，笔者发现是 CSV 文件内的第一列文字导致，因此若遇到卡住的问题，可以尝试把 CSV 文件内的第一列文字删除即可。

图 4.2.21 包含导入后的波特图，笔者选用 Bode-100 所测量到的实际曲线作为参考（也可以采用 Mindi 产生的 Plant 参数），导入 DCDT 后若没有出现波特图，可以查看一下是否右下方的“Plant”没有勾选。接着再次单击“NEXT”后，DCDT 会回到第二层菜单。

回到第二层菜单后，选择设定 Compensator，如图 4.2.22 所示，选择 3P3Z Compensator。

参考第 2 章的 Type-3 极零点设计结果（见表 2.4.2），填写到图 4.2.23 中。接着填写 PWM 频率=350kHz，PWM Max Resolution=250ps，Control Output Min./Max.分别填入 16 与 10279（=90% Duty）。

关于 Computational Delay 与 Gate Drive Delay 则跟硬件有关，一般应用开关频率不是非常高，通常几百 kHz 左右，若不确定多大，由于影响很小可暂时忽略。PWM Sampling Ratio 则是 ADC 触发的除频，这实验 ADC 与 PWM 同步，所以指定为 1 倍除频比例。

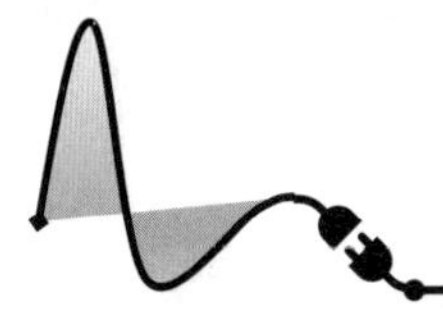

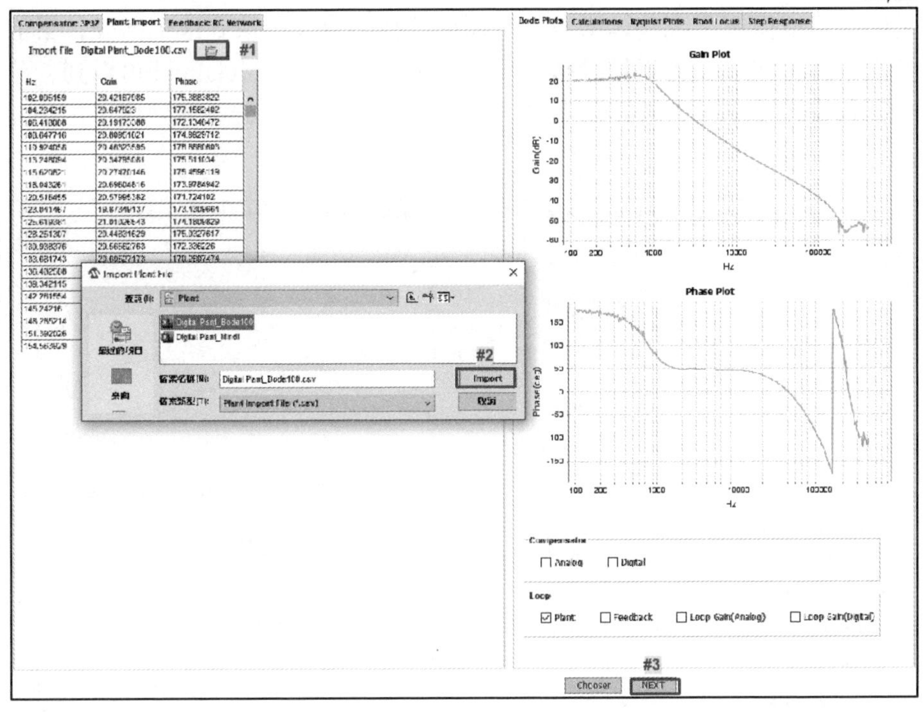

图 4.2.21 设定 DCDT 之导入 Plant（二）

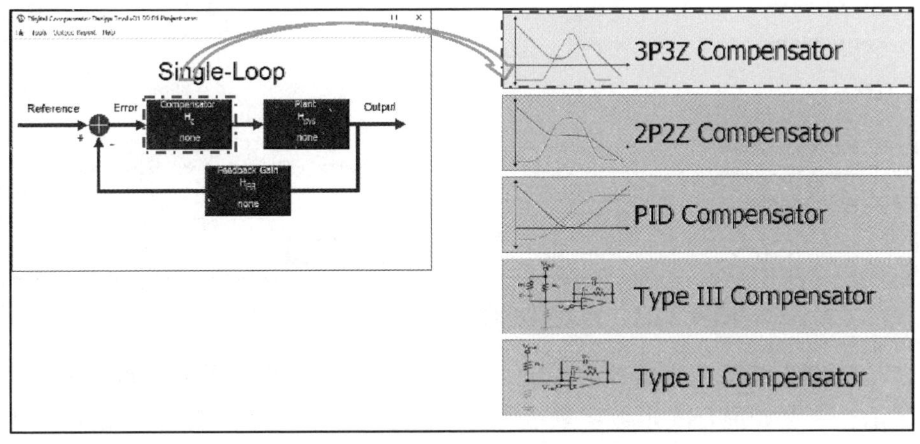

图 4.2.22 设定 DCDT 之 Compensator（一）

图 4.2.23 的 K_{DC} 这个参数是什么呢？3P3Z 不是计算好了吗？K_{DC} 是什么用途？

这个参数相当好用，可用来根据现实需求，微调 3P3Z 的增益，也就

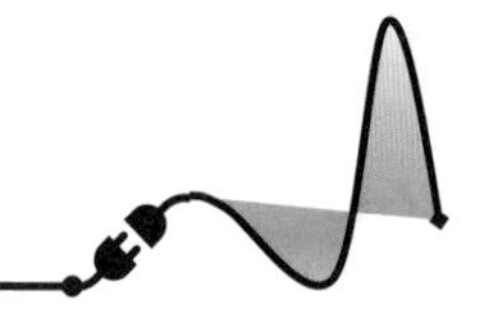

是同时可以微调系统整体增益。后面设计技巧分享会谈到这个部分，目前设定为 1 即可。完整系统波特图可于右下方勾选 Loop Gain 即可看到，分成Analog与Digital的主要差异来自于是否考虑奈奎斯特频率效应，Analog模式并不考虑奈奎斯特频率效应。

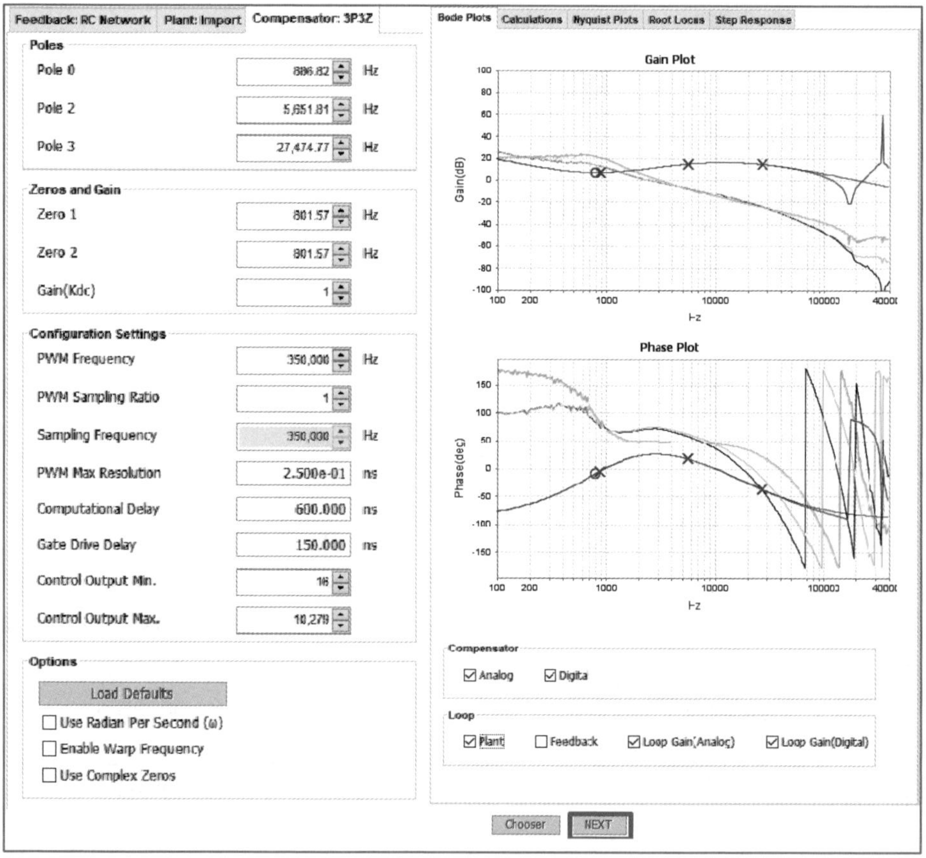

图 4.2.23　设定 DCDT 之 Compensator（二）

DCDT 波特图支持放大功能，可通过鼠标圈选放大区域，如图 4.2.24 所示，带宽如混合式半数字章节所提，由于 Plant 偏移，带宽 F_C 偏移至约 11kHz 左右。放大后可以观察到：为何设计带宽移到了 2.5kHz 之处？不应该是 10~11kHz 吗？

这是因为 DCDT 绘出的 Loop Gain 波特图包含了 K_{FB}（参数计算没问题，仅是波特图显示差异），因此若希望通过 DCDT 的波特图功能直接观察与设计控制环路，可手动暂时于 K_{DC} 填写 K_{FB} 比例，消除 Loop Gain 波特图中的 K_{FB} 增益，图 4.2.24 同时显示 K_{DC}=1 与 K_{DC}=K_{FB} 的差异。

> 请注意，以 K_{DC} 消除 K_{FB} 仅是用于观察 DCDT 波特图，观察后需要改回 1 或设计者需要的正确值，否则 DCDT 会根据此 K_{DC} 进而产生补偿参数，造成系统增益真的被提升 K_{FB} 倍，需要特别注意。

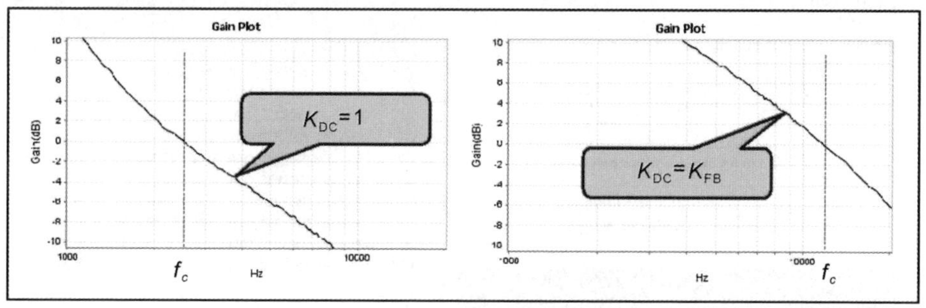

图 4.2.24　系统开回路带宽

当补偿器设定完毕后，切换到"Calculations"页面，选择"Implement K_{UC} Gain"（将 K_{UC} 自动导入补偿器中，进行对消），也选择"Normalization"（全部转换成 Q15 格式），参考图 4.2.25。

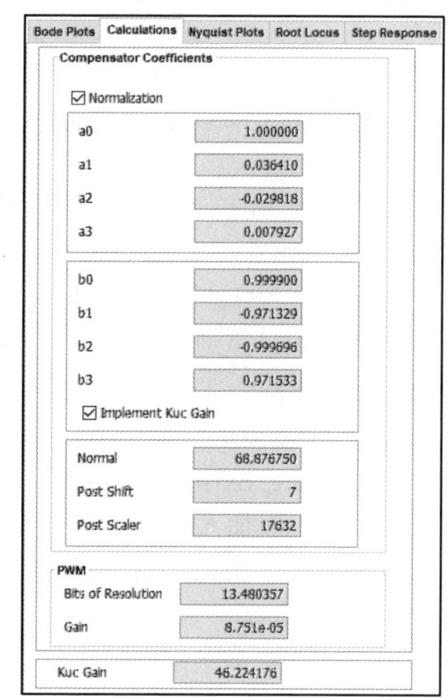

图 4.2.25　DCDT 之控制参数

读者应该也同时发现，咦？K_{UC} Gain？好熟悉的参数。没错，DCDT 其实也可以协助自动计算 K_{UC}，跟我们前面手算 K_p 控制参数是一致的。笔者刻意先让读者习惯自己计算，工具用来验证。凡事都相信工具，有时电源出错了，却不知道原因，那就伤脑筋啰！

图 4.2.25 同时也显示了 3P3Z 的控制参数，表示参数计算已经完成，接下来就是存储这些参数。参

考图4.2.26，选择DCDT主窗口上的“Output Report”/“Generate Code...”，此时出现的另一个小窗口。我们给这组参数取个名称，例如 VMC3P3Z，并单击 OK。DCDT 工具将于项目目录下，自动建立一个新的目录 dcdt，并将结果存于 dcdt/vmc/dcdt_generated_code 底下的一个.h 文件，.h 的名称包含刚刚替这组参数所取的名称 vmc3p3z_dcdt.h。

文件中的内容，便是一系列的#define 参数值，将于下一节被 SMPS Library 所引用。

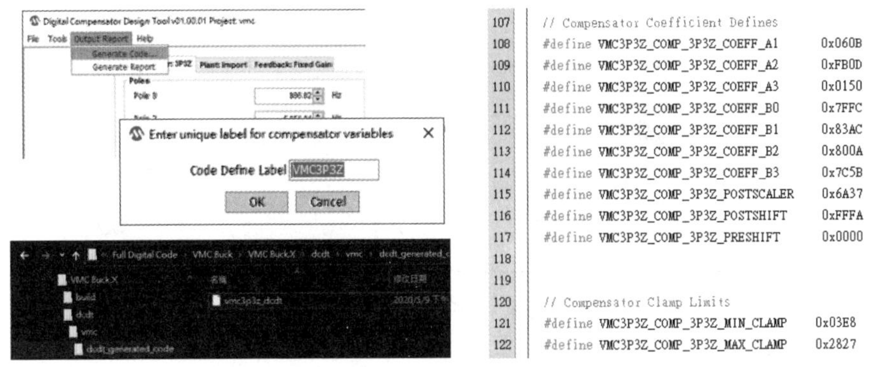

图 4.2.26 DCDT 之储存控制参数

4.2.4 闭回路控制之控制环路计算

请先行至 Microchip 官方网页下载 Digital Compensator Design Tool 所搭配的 SMPS Control Library，此书目录有相关链接，请参考。

参考图 4.2.27，于 VMC Buck 项目底下建立一个 lib 目录后，将下载后的文件解压缩，找到根目录底下的 smps_control.h，以及找到目录 src 底下 smps_3p3z_dspic_v2.s，复制这两个文件到 VMC Buck 项目的目录 lib 底下。

MPLAB X IDE 主画面下，于项目底下的 Header Files 按下鼠标右键，选择“Adding Existing Item...”，将 smps_control.h 与 DCDT 产生的 vmc3p3z_dcdt.h 加入此项目中（见图 4.2.28）。于项目底下的 Source Files 按下鼠标右键，选择“Adding Existing Item...”，将 smps_3p3z_dspic_v2.s 加入此项目中。

接着这个步骤稍微麻烦一些，我们将建立一个汇编语言文件，并写入程序，目的是用来对 3P3Z 补偿控制器做初始化。参考图 4.2.30，于项目底下的 Source Files 按下鼠标右键，选择“New”，选择“Empty File...”(若

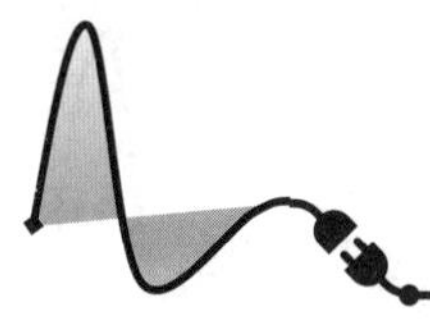

没看到，表示第一次使用，请选择 Other...就会看到)，接着出现对话窗口，输入文件名为：Init_alt_w_registers_3p3z.S，然后选择 Finish 完成。

（文件名可以自行定义，笔者使用这文件名，仅是方便理解。）

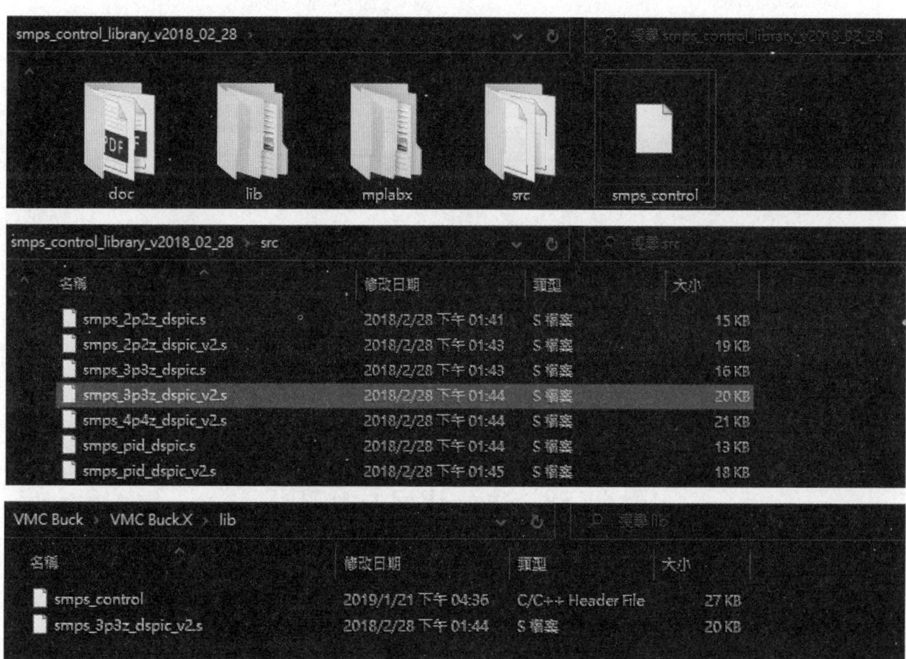

图 4.2.27　SMPS Control Library 源码

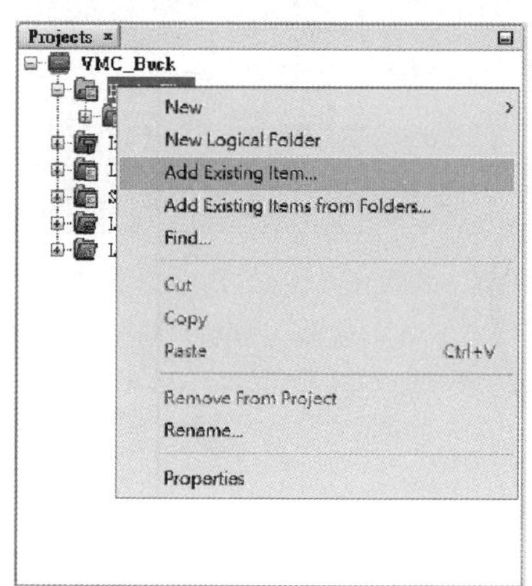

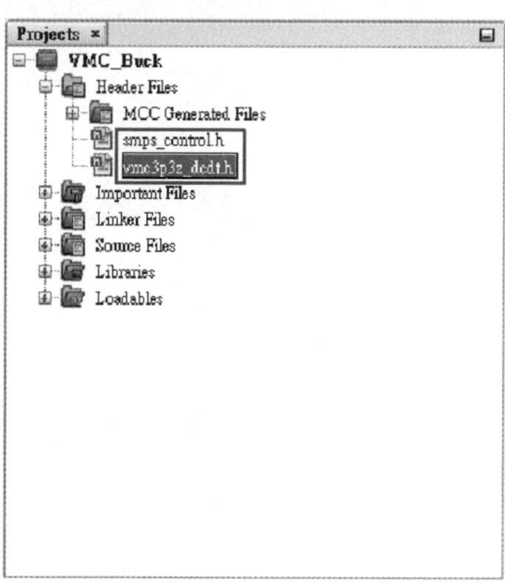

图 4.2.28　导入 Header Files

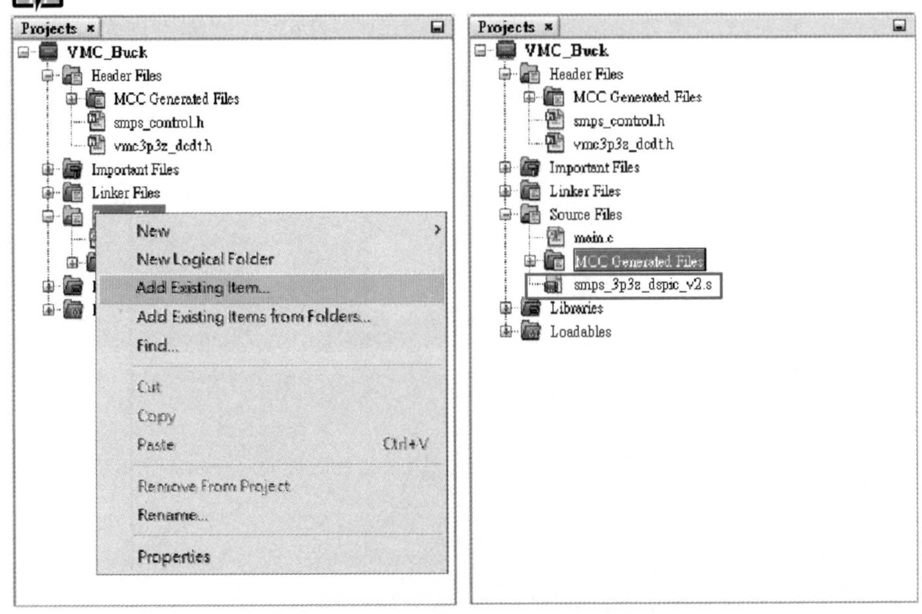

图 4.2.29　导入 3P3Z 计算源码

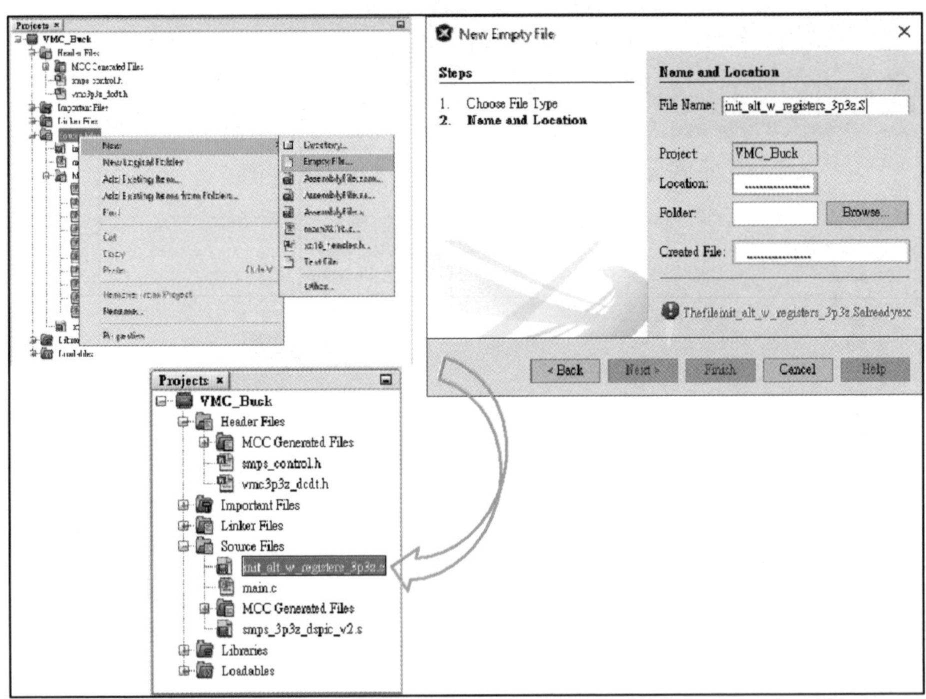

图 4.2.30　建立汇编语言文件

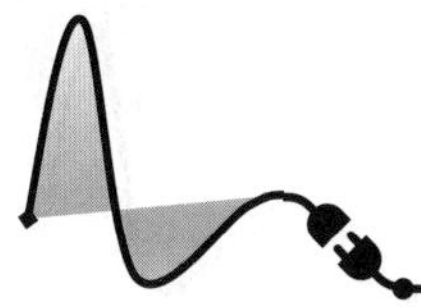

建立 Init_alt_w_registers_3p3z.S 后，双击开启这个空白汇编语言文件，参考图 4.2.31，输入汇编程序代码，“;”后方皆为批注，可以不用跟着写入。

init_alt_w_registers_3p3z.S ×

Asm Source　History

```
    .include "p33CK256MP506.inc"
    #include "vmc3p3z_dcdt.h"

    .data    ; Tell assembler to add subsequent data to the data section
    .text    ; Begin program instructions
        .global _InitAltRegContext1Setup

     _InitAltRegContext1Setup:

     CTXTSWP #0x1    ;Swap to Alternate W-Reg context #1

     ; Note: w0 register will be used for compensator control reference para
     ; Initialize Alternate Working Registers context #1
     mov #ADCBUF16,            w1     ; Address of the ADCBUF16 register  (In
     mov #PG1DC,               w2     ; Address of the PWM1 target register (

     ; w3, w4, w5 used for ACCAx registers and for MAC/MPY instructions
     ; Initialize registers to '0'
     mov 0, w3
     mov 0, w4
     mov 0, w5
     mov #VMC3P3Z_COMP_3P3Z_POSTSCALER,    w6
     mov #VMC3P3Z_COMP_3P3Z_POSTSHIFT,     w7
     mov #_triggerSelectFlag,              w8     ; Points to user options st
     mov #_controller3P3ZCoefficient,      w9
     mov #_controller3P3ZHistory,          w10
     mov #VMC3P3Z_COMP_3P3Z_MIN_CLAMP,     w11
     mov #VMC3P3Z_COMP_3P3Z_MAX_CLAMP,     w12

     CTXTSWP #0x0  ; Swap back to main register set

     return        ; Exit Alt-WREG1 set-up function

    .end
```

图 4.2.31　初始化 3P3Z 补偿控制器

关于 w 工作缓存器所默认定义的说明，可于 smps_3p3z_dspic_v2.s 内找到，如图 4.2.32 所示。

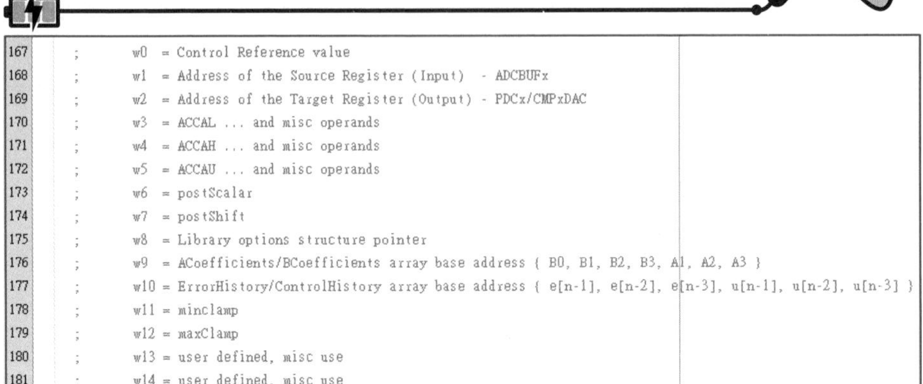

```
;       w0  = Control Reference value
;       w1  = Address of the Source Register (Input)  - ADCBUFx
;       w2  = Address of the Target Register (Output) - PDCx/CMPxDAC
;       w3  = ACCAL ... and misc operands
;       w4  = ACCAH ... and misc operands
;       w5  = ACCAU ... and misc operands
;       w6  = postScalar
;       w7  = postShift
;       w8  = Library options structure pointer
;       w9  = ACoefficients/BCoefficients array base address { B0, B1, B2, B3, A1, A2, A3 }
;       w10 = ErrorHistory/ControlHistory array base address { e[n-1], e[n-2], e[n-3], u[n-1], u[n-2], u[n-3] }
;       w11 = minclamp
;       w12 = maxClamp
;       w13 = user defined, misc use
;       w14 = user defined, misc use
```

图 4.2.32　Alternate Working Register 使用定义

库的导入还需一个步骤，header files 放在不同目录下，若不另外设定告知项目，编译程序时，会发生找不到 header files 的窘境。

方法很简单，于 VMC Buck 项目名称上，按下鼠标右键，选择最下方的“Properties”，调出 Project Properties 对话窗口。

如图 4.2.33 所示，左边找到 XC16(Global Options)，右边选择 Global Options 后，应可以滚动菜单而找到“Common include dirs”，将两个目录加入自动搜寻的路径中。

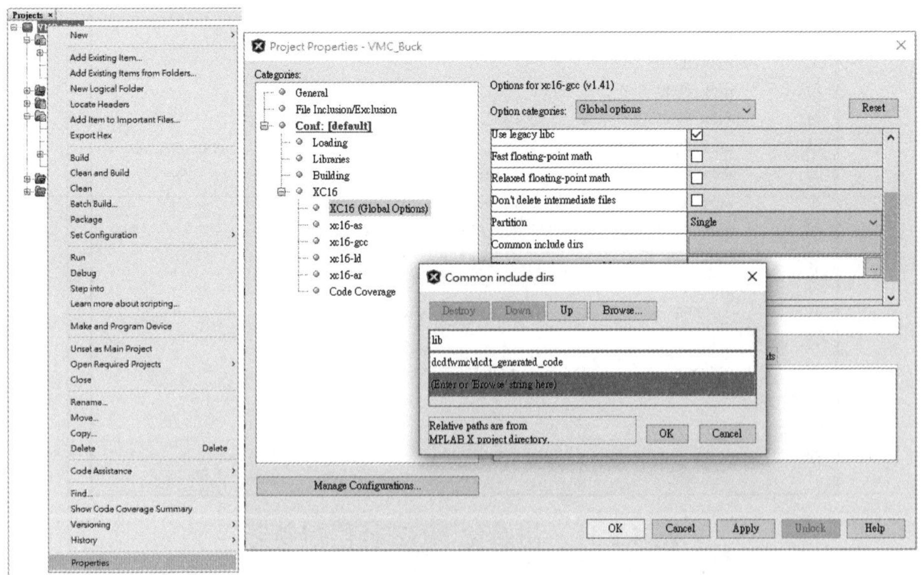

图 4.2.33　路径延伸

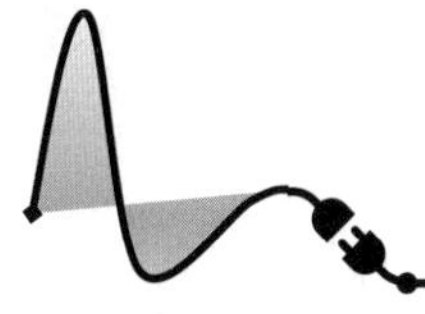

- lib：用来放置 SMPS Control Library 复制过来的文件。
- dcdt\vmc\dcdt_generated_code：用来放置 DCDT 产生的 Header Files。

步骤到此，已经将 3P3Z 的库整合到 VMC Buck 项目中了，接下来就剩下写程序引用库程序就能完成闭回路控制。主程序 main.c 中，参考图 4.2.34，首先加入一段简单的延迟子程序，另于 main() loop 底下，加入两段程序，第一段程序用于调用补偿器初始化程序，第二段于 while loop 内，用于简单的输出软启动。main.c 主程序另外还需要声明所需的变量与初始化子程序，参考图 4.2.35。因为仅是基本声明，笔者就不再赘述。真的是最后啰，主程序负责声明变量、初始化以及缓启动，还有一段关键的程序还没写，就是闭回路控制程序。参考图 4.2.36，再次打开 adc1.c，加入两段程序，一者导入 smps_control.h:

#include “smps_control.h”

```
void Delay(void)
{
    int i=0;
    for(i=0;i<400;i++) Nop();
}
int main(void)
{
    initVMC3p3zContextCompensator();

    // initialize the device
    SYSTEM_Initialize();

    while (1)
    {
        // Add your application code
        if(VMC_3p3z_Vref < 1241)
        {
            VMC_3p3z_Vref++;
            Delay();
        }
    }
    return 1;
}
```

图 4.2.34　主程序

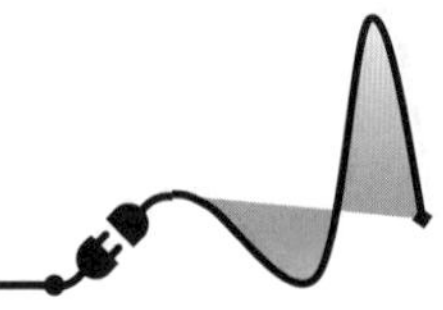

```
#include "mcc_generated_files/system.h"
#include "smps_control.h"
#include "vmc3p3z_dcdt.h"

int16_t VMC_3p3z_Vref = 0;
//For 3p3z Control with Context
void InitAltRegContext1Setup(void);
int16_t controller3P3ZCoefficient[7]__attribute__((space(xmemory)));
int16_t controller3P3ZHistory[6]    __attribute__((space(ymemory), far));
//For options of 3p3z Control with Context
uint16_t triggerSelectFlag;
volatile unsigned int* trigger;
volatile unsigned int* period;

void initVMC3p3zContextCompensator(void)
{
    triggerSelectFlag = 0;  //00 = No Trigger Enabled;
                            //01 = Trigger On-Time Enabled;
                            //10 = Trigger Off-Time Enabled
    //3p3z Control Loop Initialization
    InitAltRegContext1Setup();
    VMC_3p3z_Vref = 0;
    // Clear histories
    controller3P3ZHistory[0] = 0;
    controller3P3ZHistory[1] = 0;
    controller3P3ZHistory[2] = 0;
    controller3P3ZHistory[3] = 0;
    controller3P3ZHistory[4] = 0;
    controller3P3ZHistory[5] = 0;
    //Set Buck coefficients
    controller3P3ZCoefficient[0] = VMC3P3Z_COMP_3P3Z_COEFF_B0;
    controller3P3ZCoefficient[1] = VMC3P3Z_COMP_3P3Z_COEFF_B1;
    controller3P3ZCoefficient[2] = VMC3P3Z_COMP_3P3Z_COEFF_B2;
    controller3P3ZCoefficient[3] = VMC3P3Z_COMP_3P3Z_COEFF_B3;
    controller3P3ZCoefficient[4] = VMC3P3Z_COMP_3P3Z_COEFF_A1;
    controller3P3ZCoefficient[5] = VMC3P3Z_COMP_3P3Z_COEFF_A2;
    controller3P3ZCoefficient[6] = VMC3P3Z_COMP_3P3Z_COEFF_A3;
}
```

图 4.2.35　3P3Z 变量声明与初始化子程序

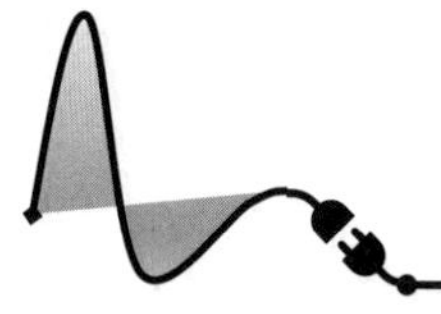

一者将控制参考值 VMC_3p3z_Vref 存到工作缓存器 w0 中，然后调用 3P3Z 库计算控制环路：

```
asm volatile (“mov _VMC_3p3pz_Vref, w0”);
SMPS_Controller3P3ZUpdate_HW_Accel();
```

请注意，图 4.2.36 中另外两行 LED_SetHigh 与 LED_SetLow 是用于测量此中断执行时间，可不需要加入。若要加入此功能，请记得：

（1）关闭 LED 原本 0.5Hz 闪烁的功能。

（2）需要另外加入 #include “pin_manager.h”。

```
#include "adc1.h"
#include "smps_control.h"


void __attribute__ ( ( __interrupt__ , auto_psv , context, weak ) ) _ADCAN16Interrupt ( void )
{
    LED_SetHigh();

    asm volatile ("mov _VMC_3p3z_Vref, w0");
    SMPS_Controller3P3ZUpdate_HW_Accel();

    LED_SetLow();
    //clear the VoutFB interrupt flag
    IFS6bits.ADCAN16IF = 0;
}
```

图 4.2.36　闭回路控制计算

其中 3P3Z 库不仅计算，也同时配合 DCDT 产生的设定，限制极大与极小值后，更新占空比缓存器，一气呵成，因此补偿控制器的 3P3Z 计算，就是将参考值填入工作缓存器 w_0 后调用库，两行结束。

另外，读者可能发现，LED 判断引脚，怎么移到这里了呢？这不是必要行为，但很有用，因为设计者通常需要确认完整计算时间，才能优化控制环路触发点（后面会讨论这部分），因此笔者将原 TMR1 内的翻转 LED 那一行程序暂时移除，将 LED 移至此处以测量计算时间。接着再次搬出 Bode-100 神器，测量架构参考图 4.2.37，以及结果如图 4.2.38 所示。

图 4.2.38 包含两张图，一张 Bode-100 实测图，一张 DCDT 仿真图，两者相当近似。根据实测，G.M. 基本没有问题，带宽确实偏移到 11.503kHz，但是 P.M.=38.991°，明显不足 45°，这系统需要进行改善。读者或许心里会出现一个疑问，相位裕量怎么掉这么多？

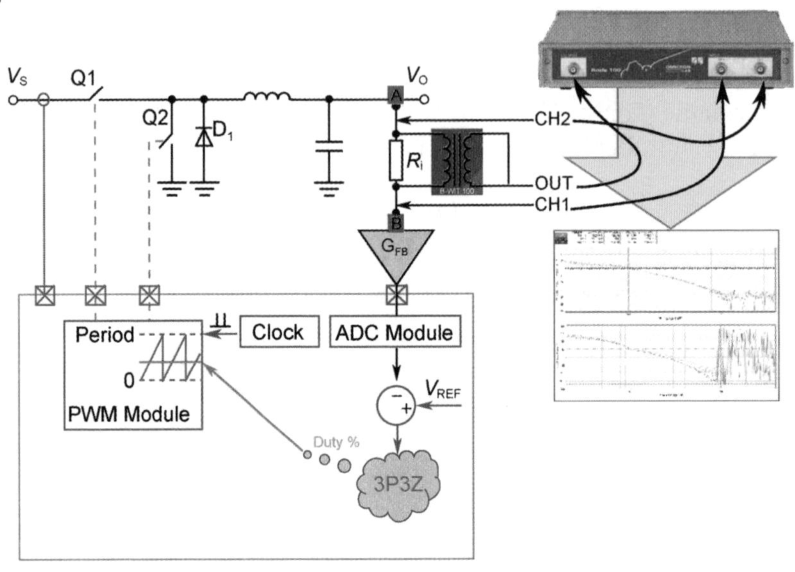

图 4.2.37　测量 3P3Z 系统开回路波特图

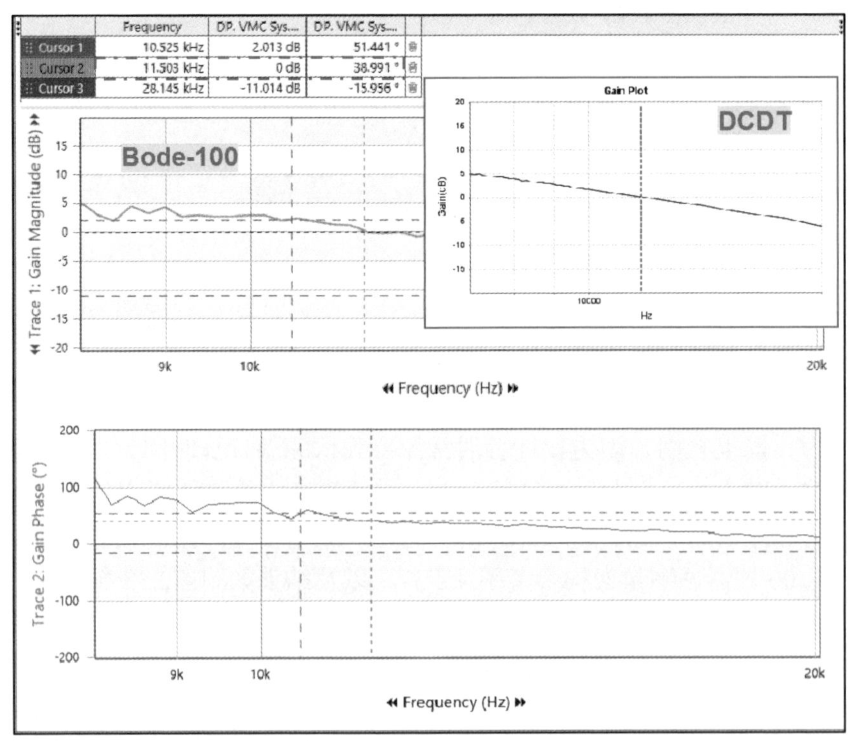

图 4.2.38　3P3Z 系统开回路波特图

还记得奈奎斯特频率问题吗？原因来自于数字补偿控制器对于奈奎斯特频率有着不可抗力之影响，但之前才说 PWM 频率高，应该影响很小？

怎么掉这么多呢？若读者有这样的疑问，说明能够前后开始贯通了。PWM 频率高，ADC 同步于 PWM，理应奈奎斯特频率影响很小，但别忘了一点，两种情况下会加剧影响：

➢ 带宽往高频偏移

越是高频，相位裕量掉更多，后面有实测可以观察，而我们实测的偏移从 10kHz 往高频偏移，相位裕量加速变差。

➢ 计算相位损失的 K 值变大

笔者刻意在 MCC 设定时，埋了一个伏笔，ADC 的触发来源与 PWM 上升沿完全同步，也就是 K=1，是最差情况下，相位裕量会掉得更多。这样的安排是希望读者理解，全数字控制需要注意这一差异，影响很大，后面就会教读者如何改善。

4.2.5 系统改善与设计技巧分享

➢ 技巧一：精准小范围调降带宽（调整 K_{DC}）

为了改善相位裕量，我们一起尝试把带宽精准修正回 10kHz，看相位裕量是否有改变？从 Bode-100 测量到如图 4.2.39 所示数据，10kHz 位置的增益约为 2.782dB，换言之，只要整体增益下修 2.782dB，带宽应该会被修正到 10kHz。

	Frequency	DP. VMC Sys....	DP. VMC Sys....
Cursor 1	10.525 kHz	2.013 dB	51.441 °
Cursor 2	10 kHz	2.782 dB	69.362 °
Cursor 3	28.145 kHz	-11.014 dB	-15.956 °

图 4.2.39 实际待修正的增益

要修正整体增益，修改 K_{DC} 是最直接的方法，目前是 1，新 K_{DC} 比例可计算得：

$$K_{DC} = 1 \times \frac{1}{10^{(\frac{2.782dB}{20})}} \approx 0.726$$

确认新 K_{DC} 后，回到 DCDT 的 3P3Z 画面，修改 K_{DC} 为 0.726，参考图

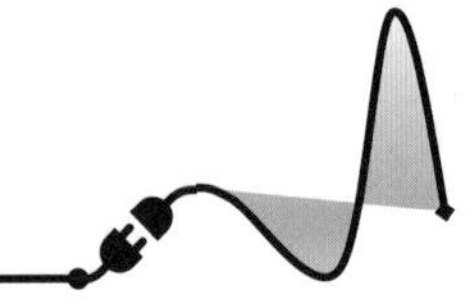

4.2.40。然后再次选择 Generate Code，自动覆盖参数（若需保留参数，请先复制到别的地方），即可重新烧录测试了。

Zeros and Gain

Zero 1	801.57	Hz
Zero 2	801.57	Hz
Gain(Kdc)	0.726	

图 4.2.40 DCDT 中输入新 K_{DC}

烧录后测试结果如图 4.2.41 所示，带宽精准地落在 10kHz 上，并且相位裕量上升至 51.239°（满足 45°以上）。

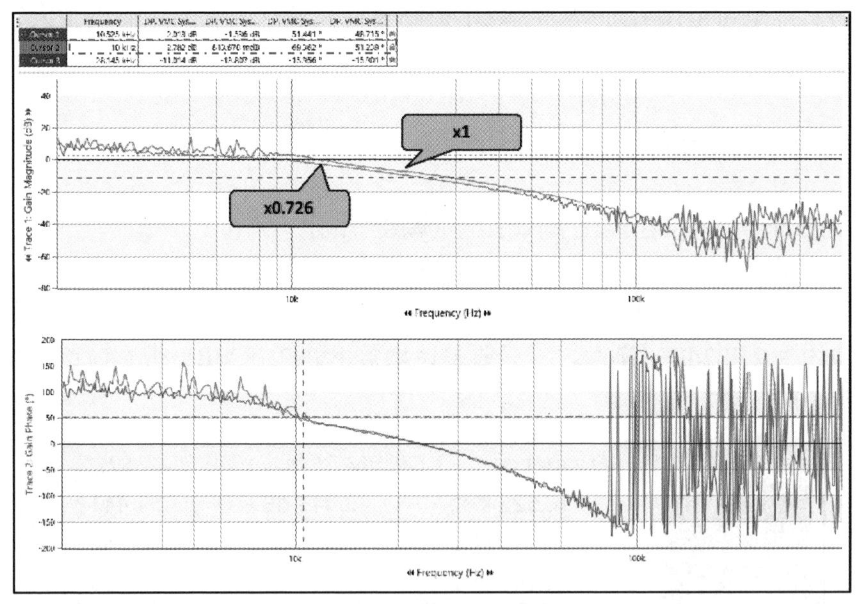

图 4.2.41 测量 K_{DC} 修正后的系统开回路波特图

➢ 技巧二：精准大范围调整带宽（调整 F_0）

技巧一直接修正增益，进而微调带宽，但不影响相位。

技巧二之方式，则是直接修正 F_0，同时修正带宽与影响相位，根据式（1.6.23），带宽正比于 F_0，因此通过此正比关系，就能精准微调带宽：

$$\text{新 } F_0 = 886.82\ \text{Hz} \times \frac{10\ \text{kHz}}{11.503\ \text{kHz}} \approx 770.95\ \text{Hz}$$

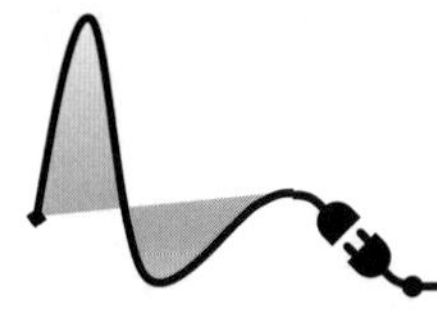

F_0也就是 3P3Z 中的 F_{P_0}，确认新 F_{P_0}后，回到 DCDT 的 3P3Z 画面，修改 Pole 0 为 770.95 Hz，参考图 4.2.42。

Poles		
Pole 0	770.95	Hz
Pole 2	5,651.81	Hz
Pole 3	27,474.77	Hz

图 4.2.42　DCDT 中输入新 Pole 0

然后再次选择 Generate Code，自动覆盖参数（若需保留参数，请先复制到别的地方），即可重新烧录测试了。烧录后测试结果如图 4.2.43 所示，带宽落在 10kHz 上，并且相位裕量上升至 55.018°（满足也 45°以上）。同样是微调带宽，但通常相位裕量会比技巧一好一点。

	Original	0.726	772Hz	Original	0.726	772Hz
Frequency	DP. VMC Sys...	DP. VMC Sys...	DP. VMC Sys...	DP. VMC Sys...	DP. VMC Sys...	DP. VMC Sys...
10.525 kHz	2.013 dB	-1.536 dB	176.123 mdB	51.441 °	48.715 °	45.66 °
10 kHz	2.782 dB	-613.678 mdB	943.443 mdB	69.362 °	51.239 °	55.018 °
28.145 kHz	-11.014 dB	-13.807 dB	-12.332 dB	-15.956 °	-15.901 °	-15.493 °

图 4.2.43　测量 F_{P_0}修正后的带宽与相位裕量

➢ 技巧三：改善奈奎斯特频率影响

笔者将 LED 除错引脚改至 ADC1 测量控制环路计算时间，也就是图 4.2.44 中的 CH0，其下降沿就是计算结束的瞬间。

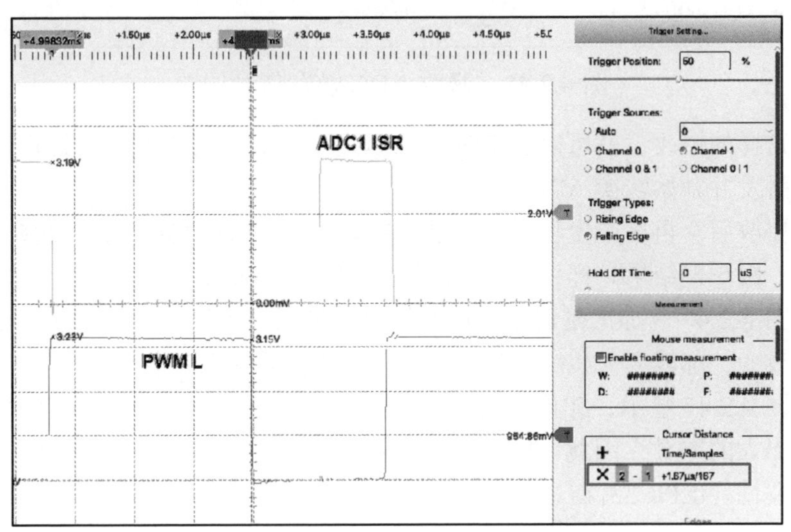

图 4.2.44　ADC 触发信号改善测量

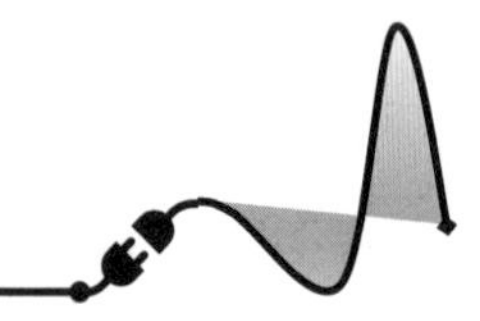

而 CH1 为 PWM L，其下降沿就是一整个 PWM 周期结束的瞬间。两者之间的时间差距，就是相位裕量计算的参数 K。换言之，所能改善的差距，就是想办法让两个下降沿尽量靠近，可以最大幅度改善奈奎斯特频率影响程度，优化这方面的相位裕量改善。从测量结果看出相距 1.67μs，假设保留 300ns 作为程序裕量，若能把 ADC 的触发信号延迟 1.37μs，奈奎斯特频率影响将大幅改善。此部分，为方便比对，笔者直接使用方法技巧一的结果进行比对，将技巧一的程序再加入 ADC 触发功能，并比对结果。

使用 MCC 回到 PWM 模块设定，滚动菜单到 Trigger Control Settings 部分，将 Trigger A Compare 改为 1.37μs，如图 4.2.45 所示。

Trigger Control Settings
PWM Start of Cycle Control
Start of Cycle Trigger: Self-trigger
Trigger Output Selection: EOC event
ADC Trigger
ADC Trigger 1: Trigger A Compare
ADC Trigger 2: None
Trigger A Compare 0 ns ≤ 1.37 us ≤ 16.3838 us
Trigger B Compare 0 ns ≤ 0 ns ≤ 16.3838 us
Trigger C Compare 0 ns ≤ 0 ns ≤ 16.3838 us
(1.67μs－300ns)
= 1.37μs

图 4.2.45　修改 ADC 触发信号位置

这样的修改，就可以将 Trigger A 延迟 1.37μs，ADC 也就会延迟 1.37μs 才被触发并开始转换 ADC。

修改后，再次产生程序并烧录，检查一下 LED 引脚信号，如图 4.2.46 所示，跟预期结果一样，时间差距缩短到剩下 300ns。

图 4.2.47 为加入延迟触发后的效果测量图，明显可以看出这一点点的程序改变，却能大大减缓相位掉的速度，进而再次改善相位裕量。

图 4.2.47 显示，相位裕量从约 51° 改善到 61° ，足足增加 10° ，这是相当大的差异，因此可以证明延迟触发的重要性，间接也证明快速计算的必要性。dsPIC33 在这方面改善能力极为优越，很适合解决全数字电源相位裕量问题。

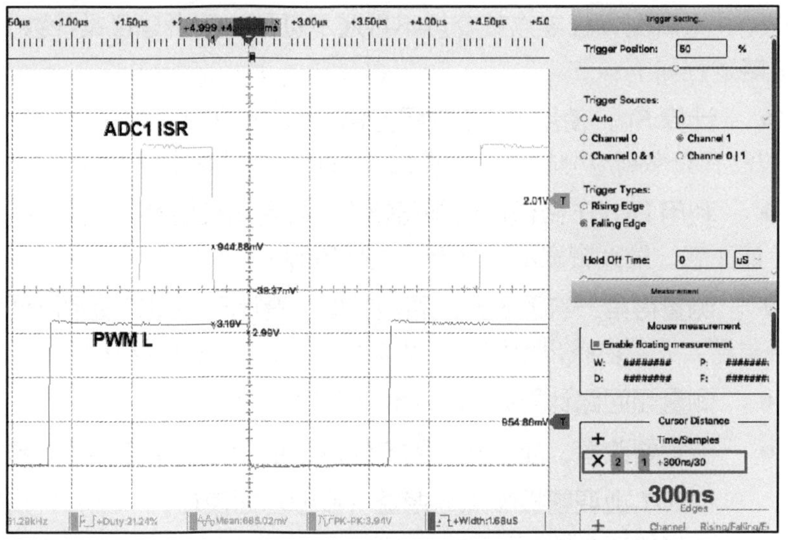

图 4.2.46 ADC 触发信号测量

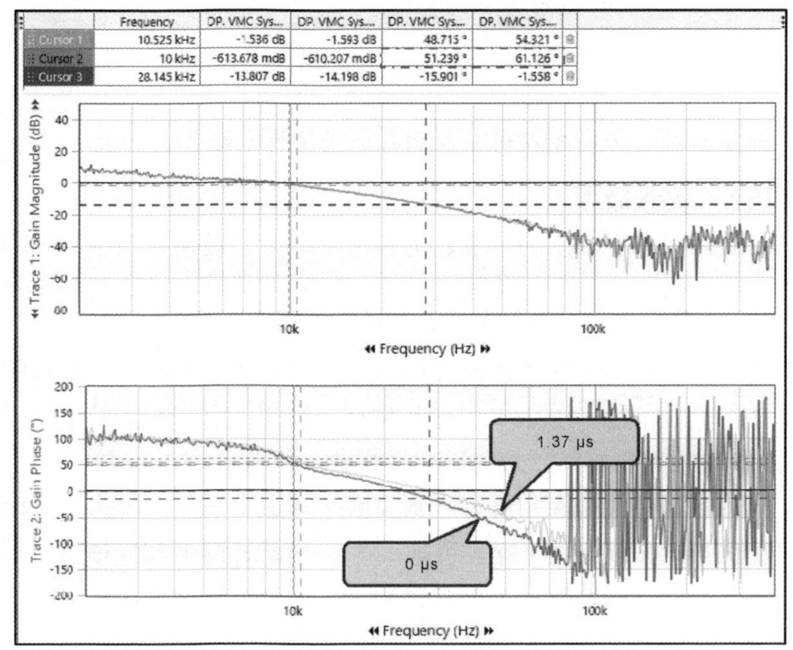

图 4.2.47 测量触发位置修正后的系统开回路波特图

➢ 技巧四：善用 DCDT

接续技巧三的想法，既然数字控制器可以随意调整极零点，那么根据

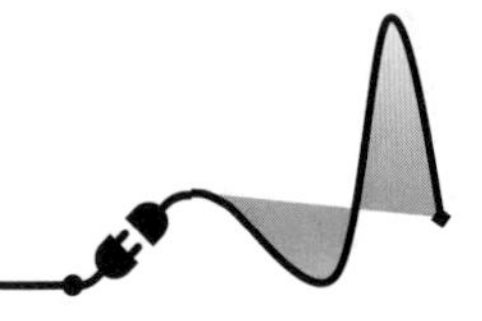

实际误差，重新配置极零点就变得不再遥不可及。笔者建议设计数字控制器的概略过程如下：

- **计算 *Kp*，使用 *Kp* 控制取得真实的 Plant**

(若没有频率响应分析仪，可使用 Mindi 建立最基本的 Plant。)

- **利用 DCDT 做模拟控制器转换，或是直接随需求配置极零点**

（请注意，最大带宽尽量低于奈奎斯特频率 10 倍以上。）

- **测量得第一次系统开回路波特图，并比对 DCDT 是否近似?**

若差异太大，应找出原因，以利未来调整，缩短开发时间。

- **测量闭回路计算时间，优化 ADC 触发位置**
- **若需要改善，应重新回到 DCDT，因近似于真实结果，直接在 DCDT 上调整极零点与增益（参考前面技巧一～三），得所需的规格，包含：**
  - 直流增益
  - 带宽
  - P.M.
  - G.M.

关键在理解要调整什么与怎么配合使用工具，整个过程其实不复杂。

➢ **技巧五：高频极点**

只要是谈到数字控制的章节，笔者反复强调奈奎斯特频率的影响及其重要性，系统带宽于高频处受到奈奎斯特频率的拉扯，增益与相位都快速下降，有没有联想到一件关联性很强烈的事情?

回顾 1.6.4 开回路传递函数 $T_{OL}(s)$，我们于系统中摆放一个高频极点（F_{HFP}: High Frequency Pole），使相位裕量产生“衰减”的效果，递减幅度是每 10 倍频衰减 45°，最终得到想要的 P.M.设计目标＝70°。

这样的方式在模拟控制可行，到了数字却适得其反，因为奈奎斯特频率的拉扯影响，相位裕量下降，再加上 F_{HFP} 也刻意降低相位裕量，造成相位裕量下降太多，因此我们可以观察到，在混合数字的实作章节，相位裕量高达 70°，为何到了全数字，剩下 50°？

所以技巧五来检查一下相位裕量变差的原因：

- **ADC 零阶保持（ZOH）**

  第 1 章说明了 ZOH 会造成相位落后，计算公式如下：

$\phi_{ZOH} = 360° \times F_C \times T_S$

此案例而言，改善方法只能加快 ADC 采样频率，但 ADC 已经跟 PWM 同步，已经处于最佳状态。

- **强调奈奎斯特频率的影响**

  第 1 章也说明了计算环路延迟亦会造成相位落后，计算公式如下：

  $\phi_{Delay} = 360° \times F_C \times k \times T_S$

  技巧二已经说明优化的方式，此案例而言，已经处于最佳状态。

- **高频极点配置**

  如同刚刚所提，我们于系统中摆放一个高频极点，是为了得到想要的 P.M.设计目标，但半路杀出奈奎斯特频率，造成相位落后过头，因此数字控制需要重新考虑高频极点配置的位置，不建议与模拟控制相同。

  改善裕量的同时，也滤掉高频噪声，所以建议位置改为 PWM 频率的一半：

  $$F_{HFP} = \frac{F_{PWM}}{2}$$

根据这样的想法，如图 4.2.48 所示，回到 DCDT 将高频极点改至 350kHz/2=175kHz，然后再次产生参数与烧录，看看是否有差别?

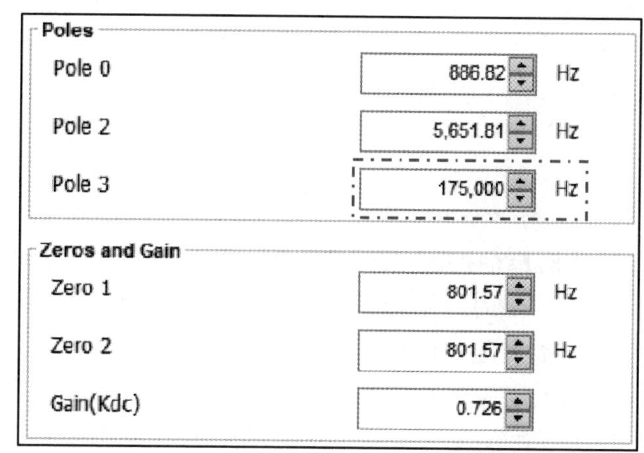

图 4.2.48 重新配置高频极点

结果参考图 4.2.49。

最后的测量结果可以看出高频极点移动后，相位裕量得以降低高频极点之影响，进而恢复到更高的裕量，10kHz 频率下，达到 67.218°。

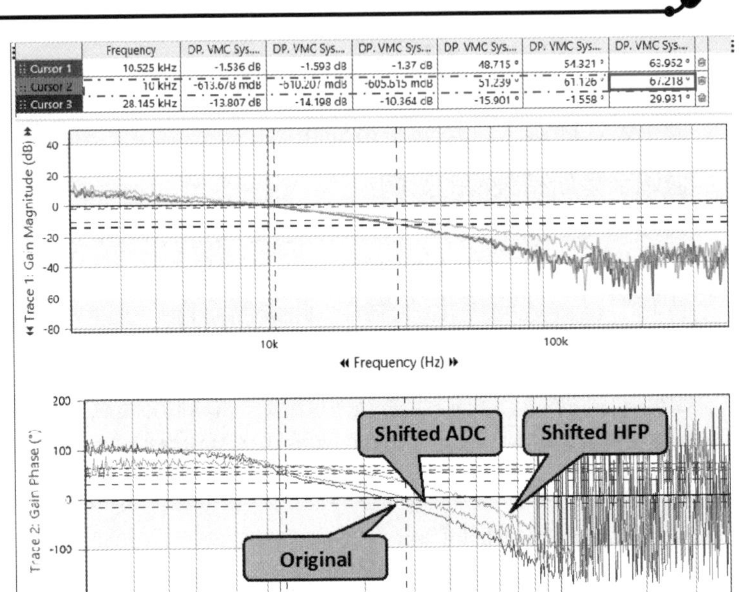

图 4.2.49　高频极点的影响

笔者通过 Bode-100，可同时显示每次的测量结果，直接同框比较，轻松观察明显的差异，并且数据上可以看出相位裕量的技巧一改善到约 51°、技巧三改善到约 61° 与技巧五进阶改善到约 67°。

> 调整数字控制环路时，无论哪种控制模式，高频极点 HFP 皆可考虑配置于 $F_{\mathrm{PWM}}/2$。

➢　技巧六：自适应增益控制（AGC：Adaptive Gain Control）

1.6 节计算 $G_{\mathrm{Plant}}(s)$时，解释了关于输入电压对于带宽的影响，而技巧二通过调整 F_0以精准大范围调整带宽位置，那么反过来思考，可否通过 F_0 的调整，而不受输入电压的影响，让带宽固定？简单来说，是否可以测量输入电压，并根据实际的输入电压，反向调整 F_0，使得整体系统增益维持不变？是的，答案是可以的，也就是技巧六所要延伸的技巧。

回想一下式（1.6.23），$\omega_{\mathrm{P_0}}$线性反比于 V_{S}（输入电压），如下：

$$\boldsymbol{\omega_{\mathrm{P\_0}} = \frac{V_{\mathrm{Ramp}} \times \omega_0}{V_{\mathrm{S}}} = \frac{V_{\mathrm{Ramp}}}{V_{\mathrm{S}}} \times \omega_{\mathrm{C}} \times \sqrt{1 + \left(\frac{\omega_{\mathrm{C}}}{\omega_{\mathrm{P\_HFP}}}\right)^2}}$$

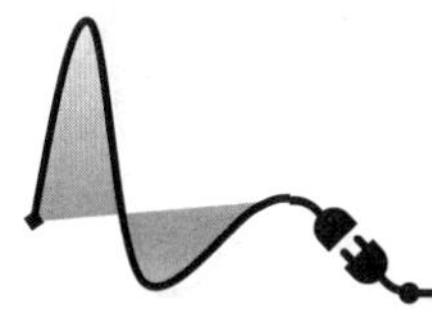

白话文翻译一下：当输入电压上升一倍，ω_{P_0} 则需要下降一半，即可让 ω_C 保持不变。再回想一下式（1.8.28）~式（1.8.34），寻找一下 ω_{P0}(亦即 ω_{P_0})，聪明如你应该已经发现，只有 B 系数与 ω_{P0} 有直接关联，如下：

$$B_0=\frac{[T_S\omega_{P0}\omega_{P1}\omega_{P2}(2+T_S\omega_{Z1})(2+T_S\omega_{Z2})]}{[2\omega_{Z1}\omega_{Z2}(2+T_S\omega_{P1})(2+T_S\omega_{P2})]}$$

$$B_1=\frac{\{T_S\omega_{P0}\omega_{P1}\omega_{P2}[-4+3T_S^2\omega_{Z1}\omega_{Z2}+2T_S(\omega_{Z1}+\omega_{Z2})]\}}{[2\omega_{Z1}\omega_{Z2}(2+T_S\omega_{P1})(2+T_S\omega_{P2})]}$$

$$B_2=\frac{\{T_S\omega_{P0}\omega_{P1}\omega_{P2}[-4+3T_S^2\omega_{Z1}\omega_{Z2}-2T_S(\omega_{Z1}+\omega_{Z2})]\}}{[2\omega_{Z1}\omega_{Z2}(2+T_S\omega_{P1})(2+T_S\omega_{P2})]}$$

$$B_3=\frac{[T_S\omega_{P0}\omega_{P1}\omega_{P2}(-2+T_S\omega_{Z1})(-2+T_S\omega_{Z2})]}{[2\omega_{Z1}\omega_{Z2}(2+T_S\omega_{P1})(2+T_S\omega_{P2})]}$$

更深入地思考一番，答案呼之欲出，所以 B 系数与输入电压成线性反比时，ω_{P0} 获得调整，ω_C 即可保持不变。简单的做法是产生一个系数，其反比于输入电压，并且于每一次补偿控制器计算前，乘上所有 B 系数，让 B 系数保持与输入电压一定的反比关系，随后才进入补偿控制计算，如图 4.2.50(a)所示。方法简单，但却增加计算量，K 值上升，相位裕量下降，该怎么办呢？既然是计算耗费时间引起的问题，那么如何缩短计算时间呢？

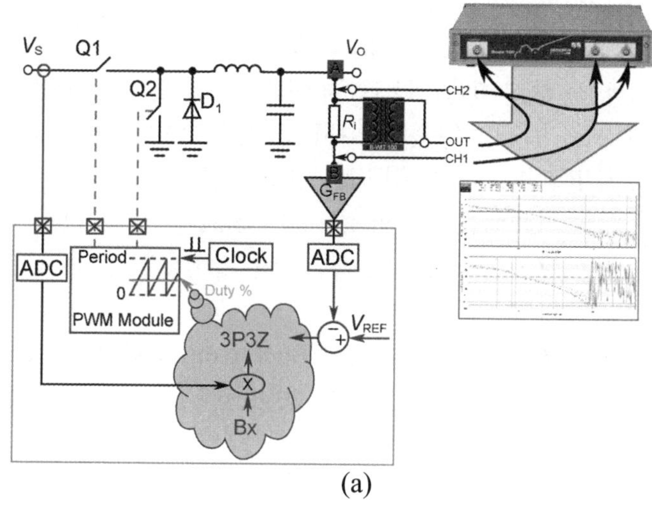

(a)

图 4.2.50　全数字 AGC 前馈补偿示意图

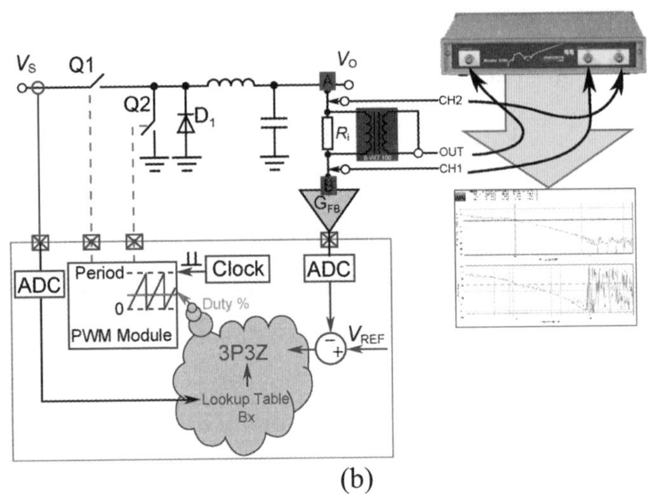

(b)

图 4.2.50　全数字 AGC 前馈补偿示意图（续）

参考图 4.2.50(b)，将计算改为查表法，是最为简单且便利的方法。当然，有利必有弊，需要耗费较多的存储空间，又由于需要节省存储空间，建立之表格可能需要一定程度降低分辨率，因此查表法实际应用虽快速，但输入电压与 B 系数之间通常存在一定程度的差距误差。

4.3 全数字峰值电流模式 BUCK CONVERTER 实作

接下来要实作的是全数字峰值电流模式 Buck Converter，将会使用 Microchip 对于全数字电源设计的两个现有工具：DCDT（Digital Compensator Design Tool）与全数字补偿器函数库 SMPS Library。

为了让读者更贴近实务应用层面，进而善用工具，于此全数字电源实作的章节中，将说明如何快速贴近实际的 Plant，然后将 Plant 与仿真章节所计算好的补偿参数于 DCDT 中整合，产生真实参数让 MCU 计算，最后比对验证计算结果与实务差异。

参考图 4.3.1，模拟峰值电流模式 Buck Converter 中，Plant 通常是指 OPA 输出至输出电压之间的传递函数。另外还有反馈增益、补偿器增益与峰值电流环路增益。

其中假设反馈增益与补偿器增益不变，那么模拟控制器转为数字控制器的过程中，有什么会改变?

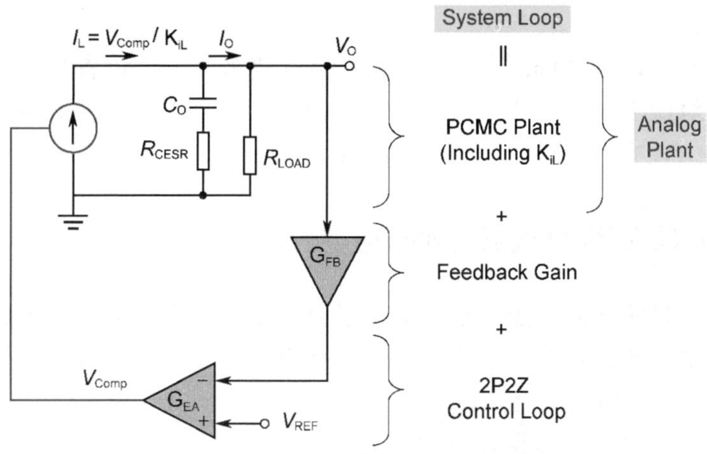

图 4.3.1 模拟控制系统整体增益

参考图 4.3.2，全数字峰值电流模式 Buck Converter 中，多了 ADC 增益，并且反馈增益与 DAC 增益，若不修正，模拟与数字环路之间的比例基本不一样。

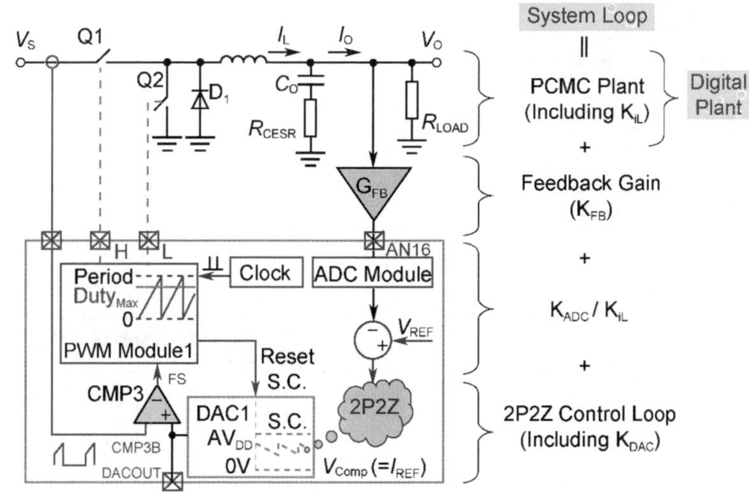

图 4.3.2 全数字控制系统整体增益

前面对于补偿器的设计，都是基于模拟控制器结构基础，因此为了沿用已经设计好的补偿器参数，整体的增益就必须一样，所以需要计算 K_{UC} 进行消除不同的增益，让数字与模拟的系统增益相同，系统控制效能才能一致。（关于 K_{UC}，可回顾 1.8 节的 K_{UC} 参数计算说明）K_{UC} 将于 DCDT 工具中修正。

而有些书籍于 Plant 中包含反馈增益，笔者为方便读者真实理解细节差异，并对比 Mindi 方式所建立的 Plant（4.3.1 小节）与实际 K_P 控制所测量的 Plant（4.3.2 小节），本节所提及的 Plant 将“不”包含反馈增益。

4.3.1 建立 Plant 模型（MINDI）

最简单且实际的方法，不外乎直接引用第 2 章 Mindi 平台上已经设计好的仿真电路图，若读者觉得仿真跟实务有些差异，可以直接根据实际参数，修改 Mindi 仿真电路图。

例如第 3 章进行实际测量时，发现 LC 参数并非理论值，有些偏移，但可以接受，若读者觉得偏移过大，可根据实际偏移量修正 Mindi 仿真电路图即可，如图 4.3.3 所示。当修改适宜，仿真跟实务很接近，那么该 Plant 可以让 DCDT 直接取用，该有多好呢？是的，还真的可以！

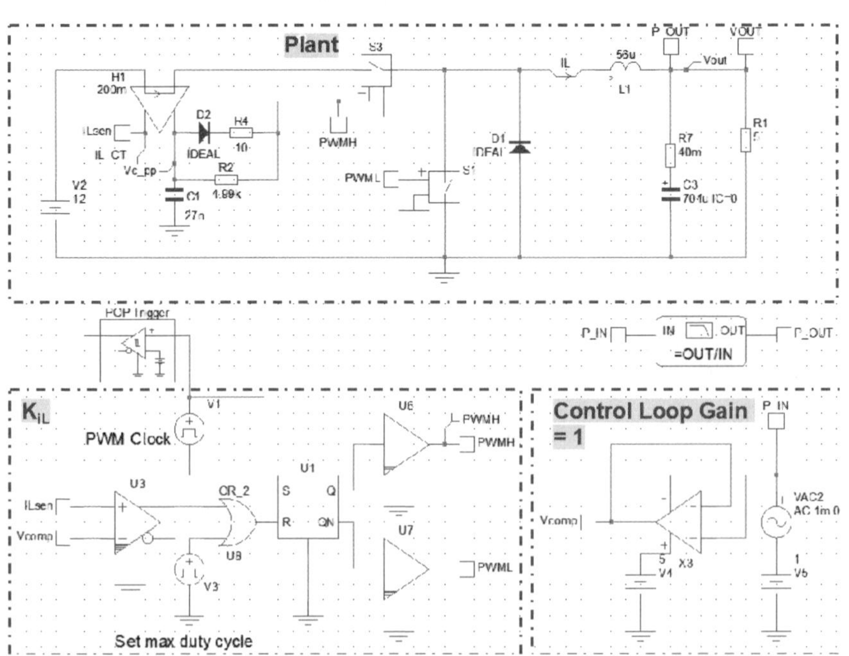

图 4.3.3　Mindi 仿真电路图

通过直接修改图 2.5.4，移除反馈电阻 R_5 与 R_6（Plant 将不包含反馈增益，但包含 K_{iL}），将反馈与输出断开成开回路，并将原 Type-2 补偿器改成电压跟随器（Gain=1），而原本 K_{iL} 硬件由于没有改变，增益就没改变，不需要修改。

依据这样的修改，量到的波特图结果将是图 4.3.1 中的模拟 Plant（Analog Plant）之仿真结果，如图 4.3.4 所示。

当 Plant 不包含反馈增益的情况下，可以参考回顾第 2 章的图 2.5.35。

比对结果，有一差异：由于开回路利用 OPA 正输入引脚注入信号，因此并非负反馈状态，因此图 4.3.4 的角度已经是正确角度，量到的相位不需要减 180°。

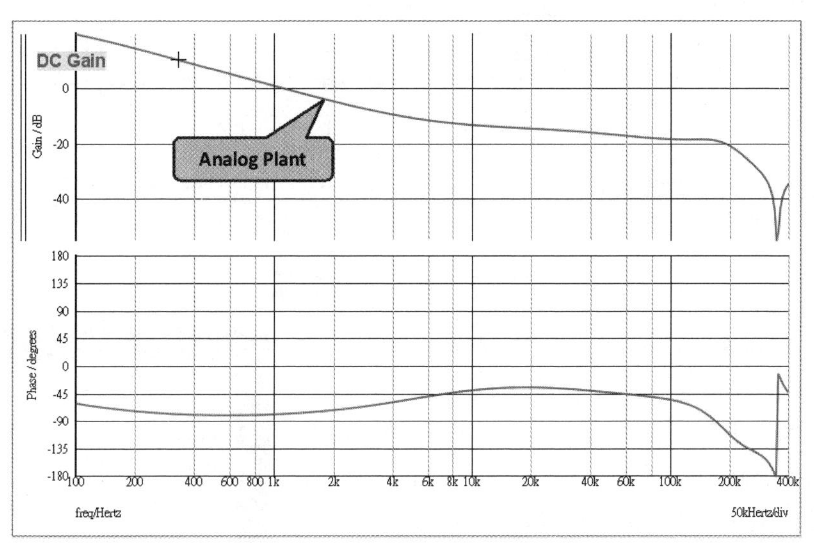

图 4.3.4 Analog Plant

接着于图 4.3.5 波特图曲线上按下鼠标右键调出功能窗口，选择“Copy to Clipboard”/“Graph Date”，然后出现曲线选择窗口，选择“Select All”后，单击“Ok”。

此时波特图数据已经复制于剪贴簿上。

> 目前仿真系统没有办法仿真 ADC 采样延迟所导致的相位损失，并且大多数仿真软件就算可以仿真 ZOH，也无法有效真实仿真 ADC 行为，因为真实的 ADC 之触发时机是可以改变的，但仿真却没办法。并且此实验案例 PWM 是 350kHz，带宽是 10kHz，相差 20 倍以上，奈奎斯特影响程度相对很小，因此此案例使用 Mindi 即可，没有太大差别。

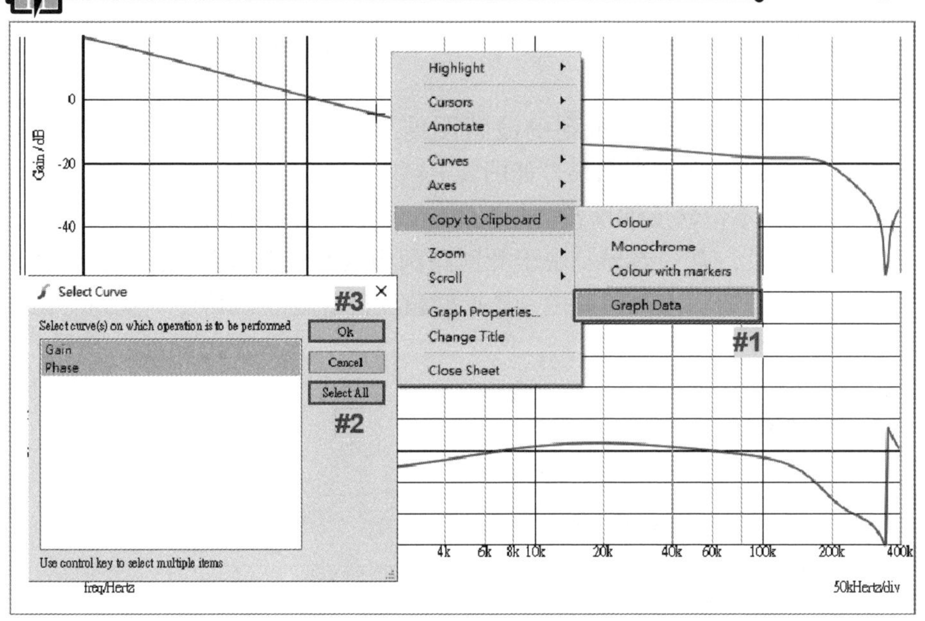

图 4.3.5 复制曲线数据

如图 4.3.6 所示，请于计算机上新增一个 Excel 文件，请注意：文件名需选择 *.CSV。将复制于剪贴簿的数据贴上 CSV 存储，此文件后面会用到，至此 Mindi 建立 Plant 已经完成啰，是不是相当的简单快速又利落？

	A	B	C
1	freq	Gain	Phase
2	100	19.8073781	-59.99586
3	102.329299	19.6538895	-60.531626
4	104.712855	19.498782	-61.059966
5	107.151931	19.3420964	-61.580755
6	109.64782	19.1838736	-62.093878
7	112.201845	19.0241545	-62.599232
8	114.815362	18.8629802	-63.096725

图 4.3.6 Mindi Plant CSV 文件

4.3.2 建立 Plant 模型（K_P控制）

使用 Mindi 建立 Plant 是简单且快速的方法，但若对于很需要更贴近实际参数的工程师，使用仿真的方式，反复调整直到近似，往往更花时间，因此本小节另外提供一个笔者常使用的方法，称为 K_P 控制法。

Kp 控制法即为典型 PID 控制法中，仅取 *Kp* 比例控制器部分，不存在积分与微分控制，单纯比例控制，因此能用来呈现系统的实际 Plant，包含 ADC 采样频率的影响。图 4.3.3 Mindi 仿真电路图中的 Control Loop 增益为 1，也是同样的道理。

那么 Control Loop 增益为 1 就好，为何需要特别加入 *Kp* 控制这么麻

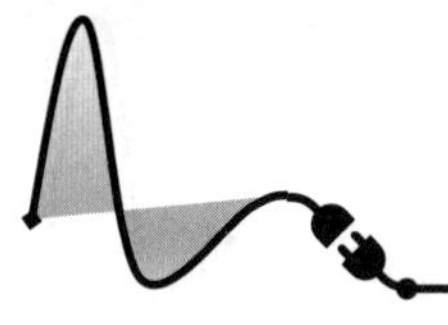

烦呢？

参考图 4.3.7，先猜想一下原因，有助于自我解决问题的能力哦！

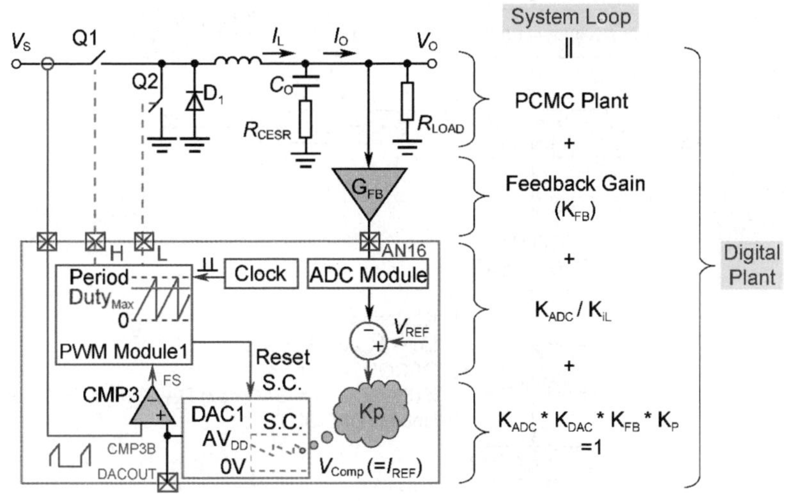

图 4.3.7 *Kp* Control 和 Digital Plant

还记得模拟转数字控制后，会增加 ADC 增益、反馈增益与 DAC 增益？是的，因为这些增益改变，导致若控制器维持增益为 1，量到的 Plant 就包含了增加的三个增益，使得模拟计算好的 Type-2 补偿控制器，无法直接用于数字补偿控制器。

所以 *Kp* 控制的根本核心目的，便是利用 *Kp* 增益，抵消转数字平台所改变的增益，使进出 MCU 控制器之间的增益恢复为 1。这样模拟计算好的 Type-2 补偿控制器，又能直接套用于数字补偿控制器了。

换言之，其实 *Kp* 就是第 1 章所提的 K_{UC}，只要将 ADC 模块造成的增益 K_{ADC}、DAC 模块造成的增益 K_{DAC} 以及反馈线路造成的增益 K_{FB}，通通都抵消掉，整个系统除了 Plant（含 K_{iL}）之外的增益皆为 1，那么系统就剩下 PCMC Plant（同时也是 Digital Plant，包含采样频率影响）。

进行编写 *Kp* 程序时，同样的步骤过程，我们应该先了解要写什么程序，才着手进行编写。

图 4.3.8 呈现了 *Kp* 控制的程序流程图，我们需要增加使用 ADC、DAC 与比较器模块，并且由 PWM 触发 ADC 模块，进而产生同步于 PWM 的 ADC 采样与计算周期，而于计算周期中，写入 *Kp* 控制。

另外加上：

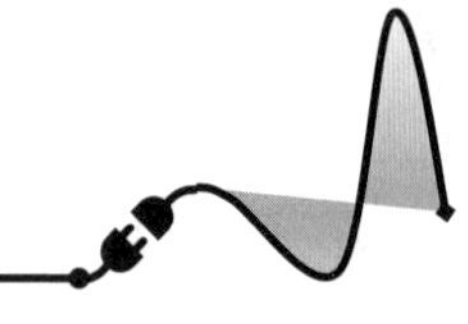

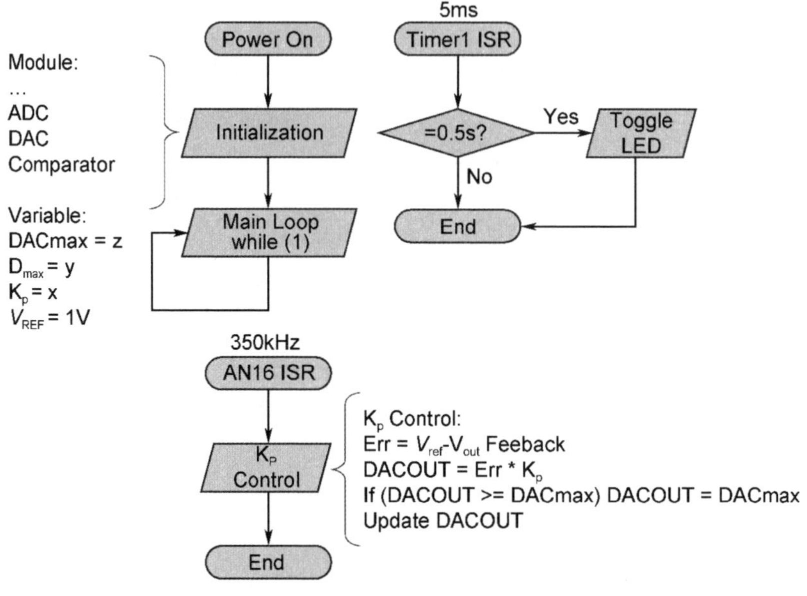

图 4.3.8　*Kp* 控制程序流程图

➢　*DAC_{max}*最大 DAC 输出：

CK 系列的 DAC 是 12 位，参考电压为 3.3V。读者需要根据最大允许峰值电流换算与限制 DAC 的最大输出量。

例如：假设为 3000 Counts = 3000/4095 × 3.3/0.2＝12A。

➢　*D_{max}*最大占空比限制值：

参考图 4.3.9，目标 PWM 频率为 350kHz，实际 MCC 自动计算而产生周期值为 11421，假设最大占空比为 90%，Dmax 则为 10279。

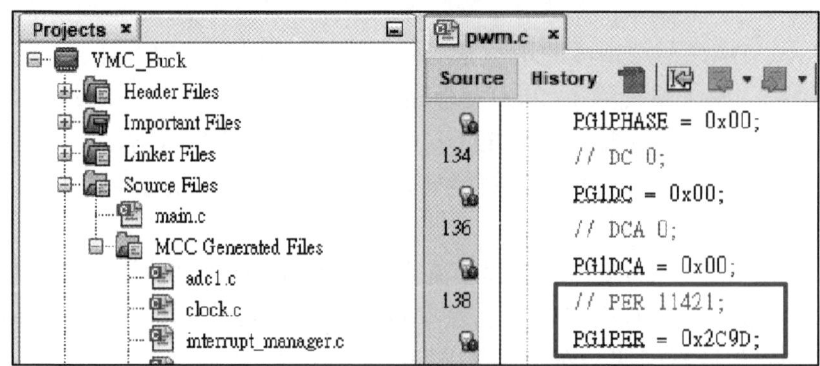

图 4.3.9　PWM 周期值

➢ *Kp* 值：

反馈增益为 1/5.02(分电压电阻 1k 与 4.02k），ADC 分辨率是 12 位（=4095），ADC 参考电压是 V_{dd}（=3.3V），DAC 分辨率是 12 位（=4095），DAC 参考电压是 AV_{dd}（=3.3V），那么：

$$K_P = \frac{1}{(\frac{1}{5.02}) \times (\frac{4095}{3.3}) \times (\frac{3.3}{4095})} = 5.02$$

➢ V_{REF} 参考值：

模拟环路控制时，设定为 1V，换算成数字值：

$$V_{REF} = 1V \times \frac{4095}{3.3V} \approx 1241$$

了解要增加的模块与相关参数后，就可以开始进行程序的部分，但每次都从头来过也是挺耗费时间的，因此这实验同样直接沿用 4.1 节的开回路程序即可，顺便学一下更新项目名称，以符合峰值电流模式的项目属性。

于目前项目名称“VMC_Buck”上单击鼠标右键，调用出功能选项，选择“Rename...”，随后出现对应的修改窗口，如图 4.3.10 所示。如范例，将项目名称修改为“PCMC_Buck”，并且勾选“Also Rename Project Folder”，同时一并修改实际目录名称，最后单击 Rename”。

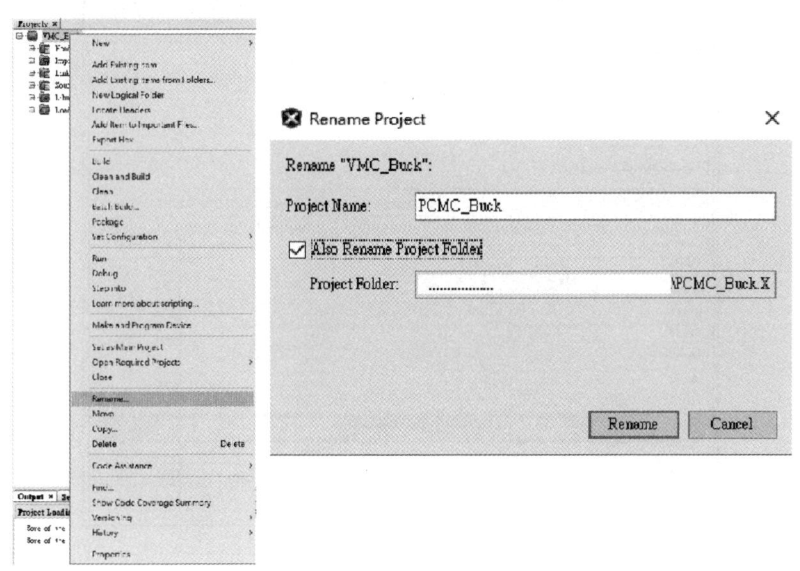

图 4.3.10　同时修改项目名称与目录名称

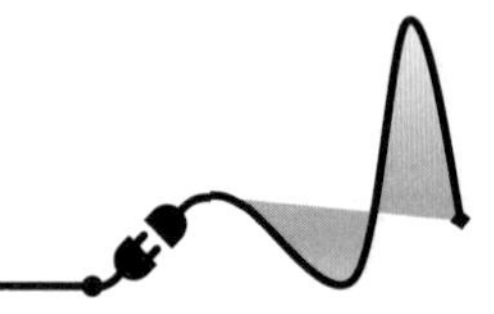

接下来，需要增加与修改模块，当然得请出 MCC 大神协助一下。

于 MCC 窗口中，找到“Device Resources”子窗口，然后滚动子窗口以寻找“ADC”/“ADC1”，双击“ADC1”，并着手设定 ADC1，如图 4.3.11(a)所示，主要设定基频来源（PLLVCO/4）400MHz，并启用 AN16 与中断功能，同时也选择 PWM Trigger1 为触发源。

如图 4.3.11(b)所示，ADC1 模块设定切换至“Registers”设定模式，依序可以找到并设定：

- ADCON2L [SHRADCS] = 2
- ADCON3H [CLKDIV] = 3
- ADCORE0H [ADCS] = 2
- ADCORE1H [ADCS] = 2

其目的是将 ADC 基频除以 3（ADCON3H [CLKDIV]）以符合 Data Sheet 对于 ADC 输入频率的最高限制。而此 MCU 包含三组 ADC 转换模块，允许不同的工作频率，所以可以独立设定不同的除频比例。假设跟笔者一样都设定为最高频率（接近最小 T_{AD}），那么就全设定为除以 2 即可（ADCON2L [SHRADCS] & ADCORE0H [ADCS] & ADCORE1H [ADCS]）。输入频率为 400MHz，除以 3 再除以 2 后，频率约为 66.67MHz，得 T_{AD} 约为 15ns，大于 MCU 最小 T_{AD} 之要求。

(a)

图 4.3.11　ADC 模块设定

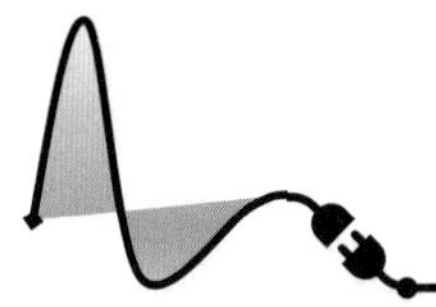

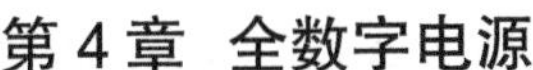

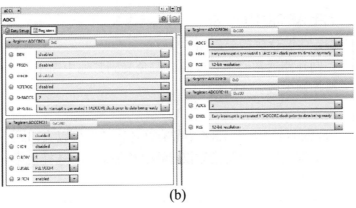

(b)

图 4.3.11 ADC 模块设定（续）

注意 T_{AD} 是受到限制的，也是直接限制芯片的 ADC 最高转换速度之关键参数，不同芯片有不同限制值，此颗芯片限制不得低于 14.3ns。参考 Data Sheet DS70005349G 的 TABLE 33-36: ADC MODULE SPECIFICATIONS。

为了程序可读性，可以顺便帮 AN16 取个名字：V_{out}FB。参考图 4.3.12，利用 MCC 的 Pin Module 设定窗口，可以替 AN16 这引脚命名 V_{out}FB，此命名也会直接导入实际程序中的变量名称。接下来 MCC 选择设定 Interrupt Module，设定中断 ADC1 中断（参考图 4.3.13）。

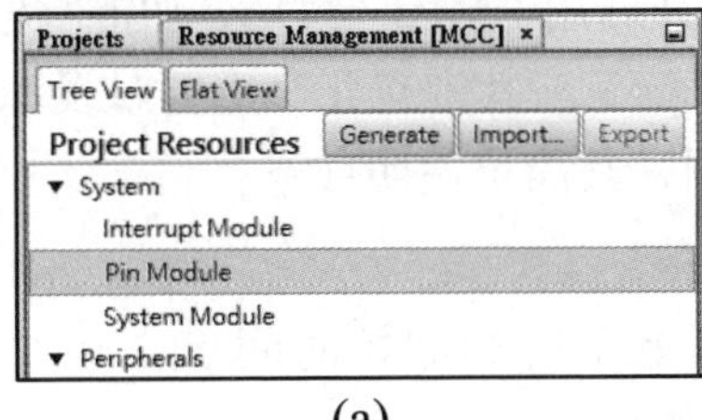

(a)

(b)

图 4.3.12 ADC 引脚命名

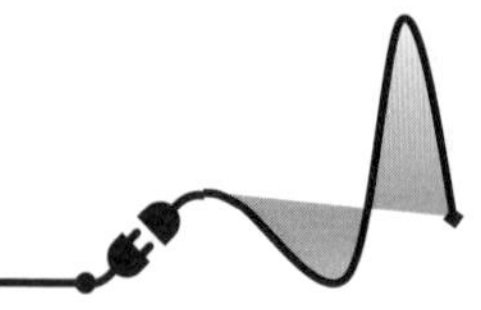

- **启用 ADCAN16 中断**
- **设定中断优先权至最高 6**

  控制环路通常必须是最高，避免受到其他中断干扰，而导致电源控制失效。
- **设定 Context**

  Context 的概念于 1.8.6 小节有详述，读者可以去回顾一下。

  此案例我们于中断优先权 6 的中断基础上，选择使用 Context #1（CTXT1）。

Interrupt Manager

☑ Enable Global Interrupts

Module	Interrupt	Description	IRQ Num...	Enabled	Priority	Context
ADC1	ADCAN15	ADC AN15 Convert Done	106	☐	1	OFF
ADC1	ADCAN14	ADC AN14 Convert Done	105	☐	1	OFF
ADC1	ADCAN17	ADC AN17 Convert Done	108	☐	1	OFF
ADC1	ADCAN16	ADC AN16 Convert Done	107	☑	6	CTXT1
ADC1	ADCAN5	ADC AN5 Convert Done	96	☐	1	OFF
ADC1	ADCAN6	ADC AN6 Convert Done	97	☐	1	OFF

图 4.3.13　ADC 模块之中断设定

接着新增比较器与 DAC 模块，于 MCC 窗口中，找到“Device Resources”子窗口，然后滚动子窗口以寻找“CMP_DAC”/“CMP3”，双击“CMP3”，并着手设定 CMP3，如图 4.3.14 所示，主要设定基频来源（FPLLO）400MHz，并启用 CMP3 与 DAC 功能与输出，同时也设定斜率补偿部分（Slope Settings）。其中有几个重要触发源，参考图 4.3.14 下方的斜率补偿曲线示意图，其简单说明如下：

- **Start Signal:**

  斜率补偿开始下降的起始时间点之触发信号，本范例设置为 PWM1 的 PWM 起始点。
- **Stop Signal A:**

  强制斜率补偿结束的时间点 A 之触发信号，恢复初始电压，为下一周期做准备，本范例设置为 PWM1 的最大占空比时间点。
- **Stop Signal :**

  强制斜率补偿结束的时间点 B 之触发信号，恢复初始电压，为下一周期做准备，本范例设置为比较器 3（CMP3）动作的时间点，也就是当峰值电流等于电流参考命令时，PWM1 High 输出关闭，同时强制斜率补偿结束。

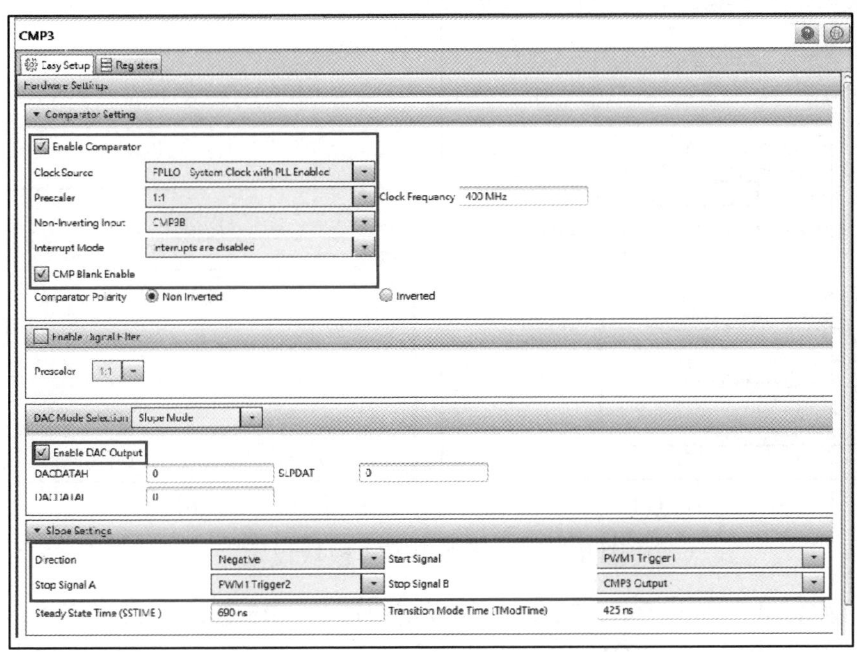

图 4.3.14　新增比较器与 DAC 模块

紧接着需要修改 PWM 模块的设定，因为峰值电流模式不同于电压模式，需要让比较器有权限关闭 PWM，以达到峰值电流控制的目的。

于 MCC 中，选择设定 PWM 模块，并将 PWM 占空比改为 90%，目的是当峰值电流不足以触发比较器动作时，最大占空比需要受到限制，此例子设置为 90%。另外相应于前述的“Start Signal”与“Stop Signal A”，可参考此例做法，将：

- ADC Trigger 1 设置为 Trigger A Compare
- Trigger A Compare 设置为 0ns
  同步于 PWM1 的每一次 PWM 周期的起始时间点。
- ADC Trigger 2 设置为 Trigger B Compare
- Trigger B Compare 设置为 2.5714μs

同步于 PWM1 的每一次 PWM 周期的 90%占空比之时间点，如图 4.3.15(a)所示。

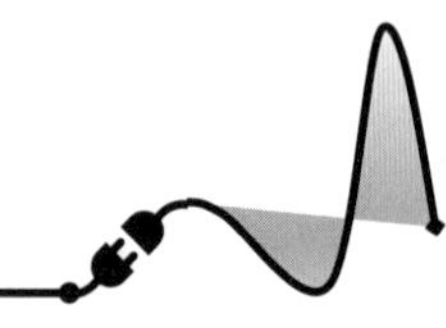

(a) (b)

图 4.3.15 修改 PWM 模块设定

如图 4.3.15(b)所示，PWM 模块设定切换至“Registers”设定模式，找到 PG1CLPCIH 与 PG1CLPCIH 两缓存器并修改设定，其设定原理较为复杂，可参考文件（DS70005320C）的 5.4 节（Cycle-by-Cycle Current Limit Mode），笔者撷取部分说明内容如下：

```
PG1CLPCIL              = 0x1A1B;
/* TERM=0b001, Terminate when PCI source transitions from active to inactive*/
/* TSYNCDIS=0, Termination of latched PCI delays till PWM EOC (for Cycle by
   cycle mode) */
/*AQSS=0b010, LEB active is selected as acceptance qualifier */
/*AQPS=1, LEB active is inverted to accept PCI signal when LEB duration is
  over*/
/*PSYNC=0, PCI source is not synchronized to PWM EOC so that current limit
  resets PWM immediately*/
/*PSS=0bxxxx, ACMP1 out is selected as PCI source signal */
/*PPS=0; PCI source signal is not inverted*/
PG1CLPCIH              = 0x0300;
/*ACP=0b011, latched PCI is selected as acceptance criteria to work when comp1
  out is active*/
/*TQSS=0b000, No termination qualifier used so terminator will work straight
  away without any qualifier*/
```

其关键的时序图，也于该文件中有所解释，如图 4.3.16 所示。

至此，MCC 所需的操作过程已经结束，可以按下 MCC 的“Generate”按钮。MCC 产生相应的程序与设定后，接下来需要的是人工写上 *K*p 控制，参考图 4.3.17。

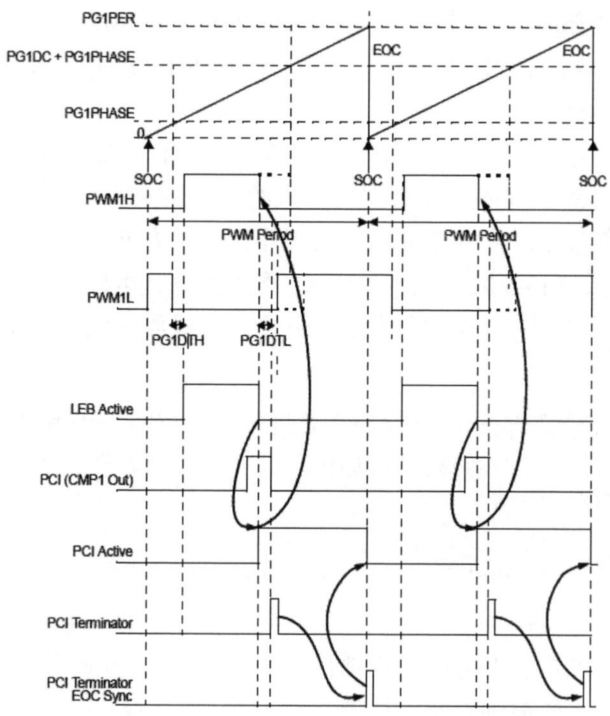

图 4.3.16 Cycle-by-Cycle Current Limit Mode

```
void __attribute__ ( ( __interrupt__ , auto_psv , context, weak ) ) _ADCAN16Interrupt ( void )
{
    uint16_t valVoutFB;
    //Read the ADC value from the ADCBUF
    valVoutFB = ADCBUF16;

    #define Ctrl_Q_Kp        12                    //SX.Q => X_max = 2^(15-Q)
    #define Ctrl_Kp          (int)(5.02 * 4095)    //Kp * 2^Q
    #define Ctrl_Vref        1241                  //Q0    => 1V/3.3V*4095 = 1241
    #define Ctrl_MaxDACOUT   3000                   //Q0    => 0.2/3.3*4095 = 248 @1A=0.2V
    #define Ctrl_SLPDAT      4                     //40mV/us
    #define Ctrl_DACLow      129

    int ctrl_error, ctrl_Comp;
    register int a_reg asm("A");
    _SATA=1;                                                    //1.31
    ctrl_error = Ctrl_Vref - valVoutFB;
    a_reg = __builtin_mpy(ctrl_error, Ctrl_Kp, 0,0,0,0,0,0);    // A(Q1.31) = (ctrl_error * Ctrl_Kp) << 1
    a_reg = __builtin_sftac(a_reg , (-15+Ctrl_Q_Kp));           // A(Q1.31) = A(Q1.31) << (15-Ctrl_Q_Kp)
    ctrl_Comp = __builtin_sac(a_reg, 0);                        // ctrl_Comp = A(Q1.31) >> 16
    if(ctrl_Comp <= Ctrl_DACLow)
    {
        if(ctrl_Comp < 0)   ctrl_Comp = 0;
        SLP3DAT  = Ctrl_SLPDAT;
        DAC3DATH = ctrl_Comp;
        DAC3DATL = 0;
    }
    else
    {
        if(ctrl_Comp > Ctrl_MaxDACOUT)   ctrl_Comp = Ctrl_MaxDACOUT;
        SLP3DAT  = Ctrl_SLPDAT;
        DAC3DATH = ctrl_Comp;
        DAC3DATL = ctrl_Comp -  Ctrl_DACLow;
    }

    if(ADC1_VoutFBDefaultInterruptHandler)
    {
        ADC1_VoutFBDefaultInterruptHandler(valVoutFB);
    }
    //clear the VoutFB interrupt flag
    IFS6bits.ADCAN16IF = 0;
}
```

图 4.3.17 *Kp* 控制应用程序

于 PCMC_Buck 项目中，找到“Source Files”/“MCC Generated Files”/“adc1.c”，双击打开“adc1.c”，并于文件中找到_ADCAN16Interrupt (void) 中断服务程序。

找到该程序段后，应该是几乎空的，只有一点点程序，用于基本 ADC 读值。虚线框框便是读者需要写入的 *K*p 控制应用程序段。

细节动作部分，可参考笔者写的程序批注，方便了解计算过程。

简单而言，*K*p=5.02，以 15 位 Q 格式换算，可以表示为 Q12，或以 S3.12 表示更为直接，1 个符号位，3 个位表示整数，12 个位表示小数。

整数 3 位表示整数最大值约 8，要是读者的其他实际应用超过 8 呢？例如 100，需要 7 位表示整数部分（小于 128），因此需要改为 S7.8，可以修改如下方即可：

```
#define    Control_Q_Kp        8
#define    Control_Kp          (int) (100 * 256)
```

整个过程先是参考值减去反馈值，然后以 Q12 方式乘上 *K*p 后，将结果做极大与极小值范围限制，再填写到 DAC 缓存器：

- DAC3DATH：
  此缓存器设定 DAC 输出的起始电压。
- DAC3DATL：
  此缓存器设定 DAC 输出的最低电压（斜率补偿结束电压）。
- SLP3DAT：
  此缓存器设定 DAC 输出的斜率。
  其计算参考公式可参考模块参考手册（DS70005280C）如下：

Equation 4-4: Determining the SLPxDAT Value[1]

$$SLPxDAT = \frac{(DACxDATH - DACxDATL) \cdot 16}{(T_{SLOPE\_DURATION})/T_{DAC}}$$

Where:

DACxDATH = DAC value at the start of slope

DACxDATL = DAC value at the end of slope

$T_{SLOPE\_DURATION}$ = Slope duration time in seconds

T_{DAC} = 2/F_{DAC} in seconds

Note 1: Multiplication by 16 sets the SLPxDAT value in 12.4 format.

假设使用同样的设计，我们希望斜率是 40mV/μs，可计算得：

$$40\text{mV} \times \frac{4095}{3.3} \approx 50 \text{ counts}$$

而比较器的输入频率于前面MCC设定时，采用400MHz，得以反算：

$$\text{SLPxDAT} = \frac{50 \times 16}{1\mu\text{s} \times \frac{400\text{MHz}}{2}} = 3.971 \approx 4$$

接着可得：

$$\text{DATH} - \text{DATL} = \frac{50}{1\mu\text{s}} \times \frac{90\%}{350\text{kHz}} \approx 129$$

所以图 4.3.17 中的程序可以看到，SLP3DAT 保持等于 4，DAC3DATH 等于控制输出 ctrl_Comp，而 DAC3DATL 则固定保持等于（DAC3DATH-129）。

另外，当 DAC3DATH 小于或等于 129 时，DAC3DATL 等于 0。

最后依然是那个最熟悉的动作：按下烧录按钮！

并可着手实际测量 *K*p 控制下的 Digital Plant，如图 4.3.18 示意图。

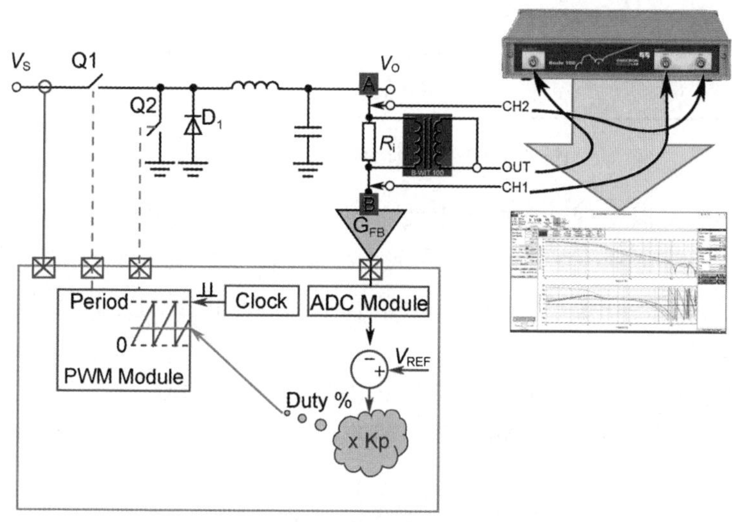

图 4.3.18　*K*p 控制测量 Plant

笔者使用 Bode-100 作为测量设备，图 4.3.19 为其测量结果。对比图 4.3.4 之 Mindi 仿真结果，可以看出，曲线大致相同。而实际数字控制增加了 ADC 350kHz 的采样频率，因此（350kHz / 2）后的高频段，可以看出数字控制系统衍生的采样频率效应问题。

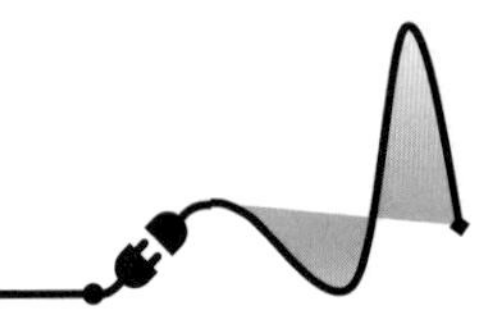

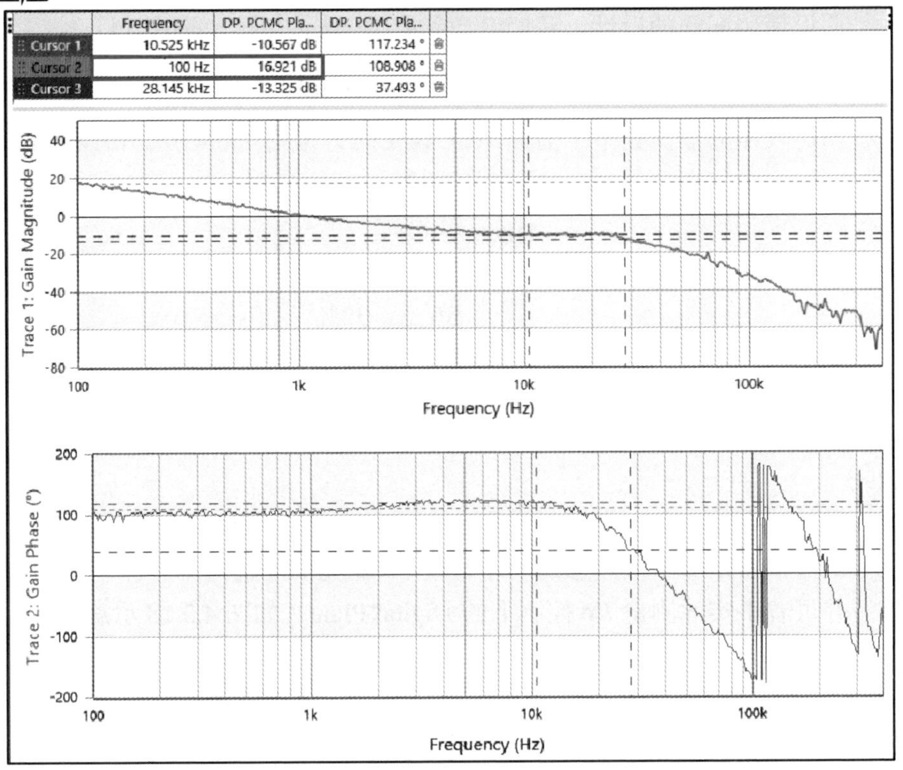

图 4.3.19　实际测量 Plant 之结果

图中更可以发现，采样频率效应问题同样发生在更早的时间点?

低于（350kHz / 2），通常是因为控制延迟的“*K*”太大，加上控制计算延迟，会使得相位落后加速，导致频率看起来位移到更低频处，实则是延迟所导致。

与此同时，前面 MCC 设定 DAC 时，有开启 DAC 输出至引脚功能，因此可以顺便测量一下 DAC 实际输出信号，以确认设定是否正确，如图 4.3.20 所示。

成功得到结果后，别忘了要存储到 CSV 文件，以利接下来章节引用。Bode-100 的计算机端软件 Bode Analyzer Suite 支持直接导出，并存成 CSV 文件，参考图 4.3.21。

偶尔遇到 DCDT 导入 CSV 时会卡住，笔者发现是 CSV 文件内的第一列文字导致，因此若遇到卡住的问题，可以尝试把 CSV 文件内的第一列文字删除即可。

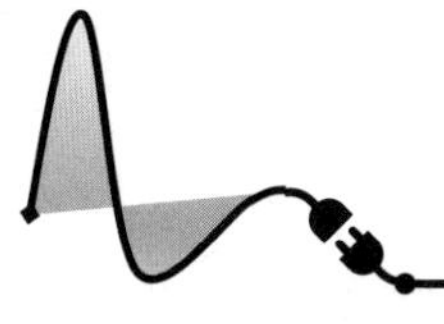

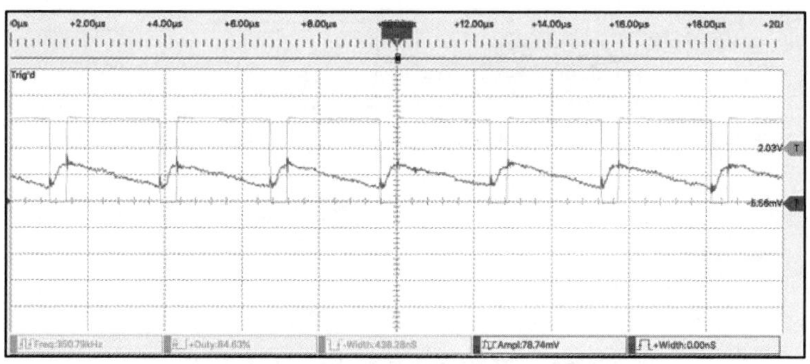

图 4.3.20　斜率补偿信号测量

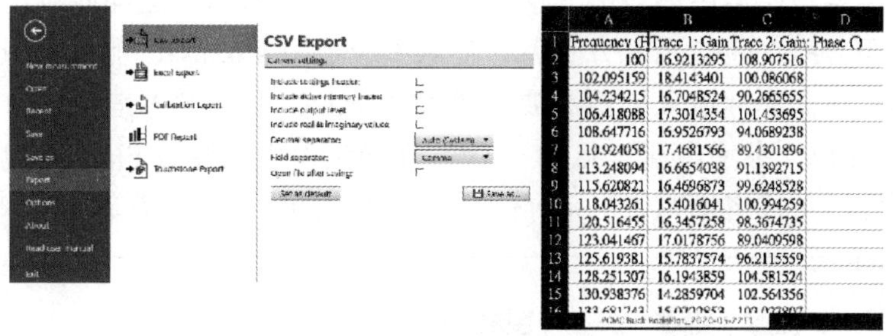

图 4.3.21　Bode-100 储存测量结果

4.3.3 闭回路控制之 2P2Z 参数

有了开回路 Plant，接下来就得换闭回路控制上场了，然而写控制环路之前，总得算之有物，计算需要参数，若空有计算环路，却没有 2P2Z 参数，那也是白搭是吧！此节将利用 DCDT 这工具，非常快速地得到相关所需要参数，并且是经过 Z 转换与 Q 格式参数，那就开始吧！

参考图 4.3.22，若 DCDT 安装正确的话，应可于 MPLAB X IDE 的 Tools 菜单中，找到 DCDT（Digital Compensator Design Tool），选择后，随即出现第一层菜单，请选择单环路控制系统，接着请替这个控制环路设计项目取个名字，例如 PCMC。

此名字并非参数名字，而是一颗 MCU 可能控制多组环路，DCDT 支持多组环路独立设计，以项目名称作为区分方式，因此每个项目需要取个名字。而每个项目最后还能给不同的参数予以不同的名称，好比 PCMC 这个项目，实际应用可能需要轻载一组参数，重载一组参数，则可以共享这个项目，但最后产生参数时，分成两次，给予两次不同参数名称即可。

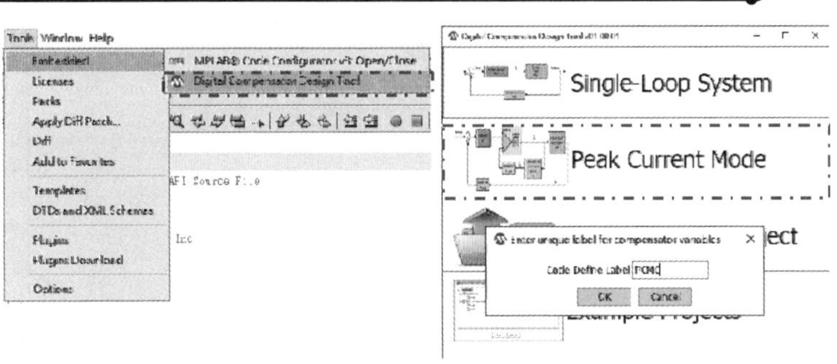

图 4.3.22　开启 DCDT 之峰值电流模式

单击第一层菜单后，第二层菜单如图 4.3.23 所示，选择先设定反馈增益，选择“RC Network”方式，并输入上拉电阻 4.02kΩ，下拉电阻 1kΩ，滤波电容根据实际输入，更重要的是确认 ADC 增益输入是否正确，ADC 分辨率 12 位，参考电压 Vdd 为 3.3V，转换延迟也已经被 Plant 所包含，所以填 0 即可（或者填写 CK 系列的转换延迟 250ns），接着单击“NEXT”。

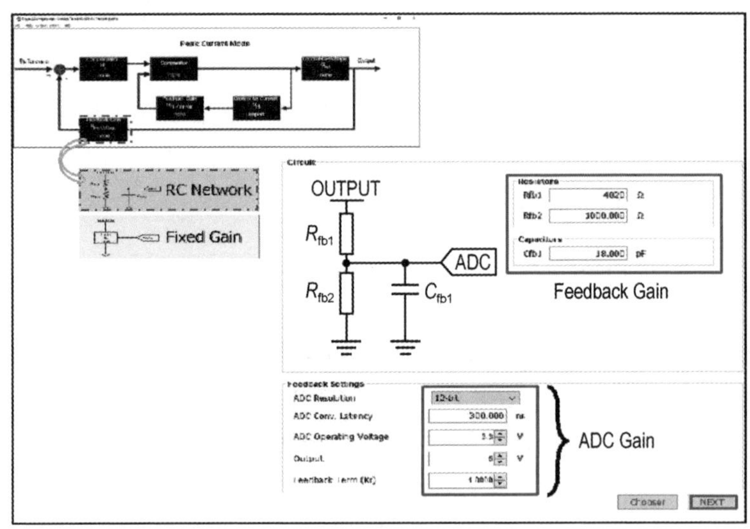

图 4.3.23　设定 DCDT 之反馈增益

单击“NEXT”后，DCDT 会回到第二层菜单，选择设定 G_{vd}，选择 Import 的方式，如图 4.3.24 所示。DCDT 一共支持三种方式，笔者常使用的是直接导入方式或是“Poles & Zeros”方式。无论用哪一种方式，原则上就是顺手就行，贴近实际情况更重要。选择导入方式后，DCDT 画面会切换至图 4.3.25 的样子，参考图中之顺序，依序开启 CSV 文件后导入，其中 CSV 便是前面所建立的 Plant，读者可以选择 Mindi 或是 *Kp* 控制所产生的 CSV 文件。

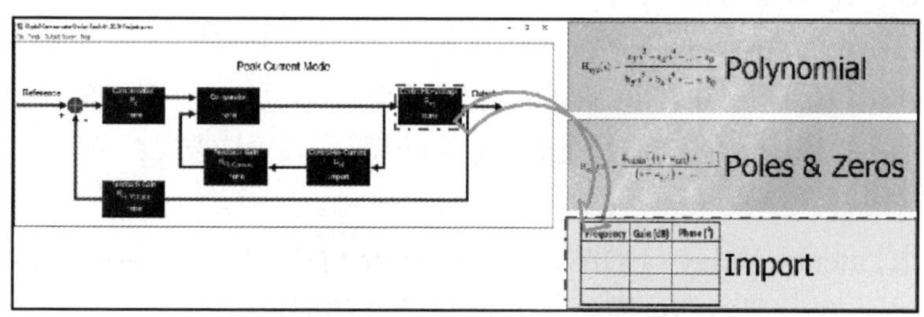

图 4.3.24　导入 Gvd 之界面

图 4.3.25 包含导入后的波特图，笔者选用 Bode-100 所测量到的实际曲线作为参考（也可以采用 Mindi 产生的 Plant 参数），导入 DCDT 后若没有出现波特图，可以查看一下是否右下方的“Plant”没有勾选。接着再次单击“NEXT”后，DCDT 会回到第二层菜单。

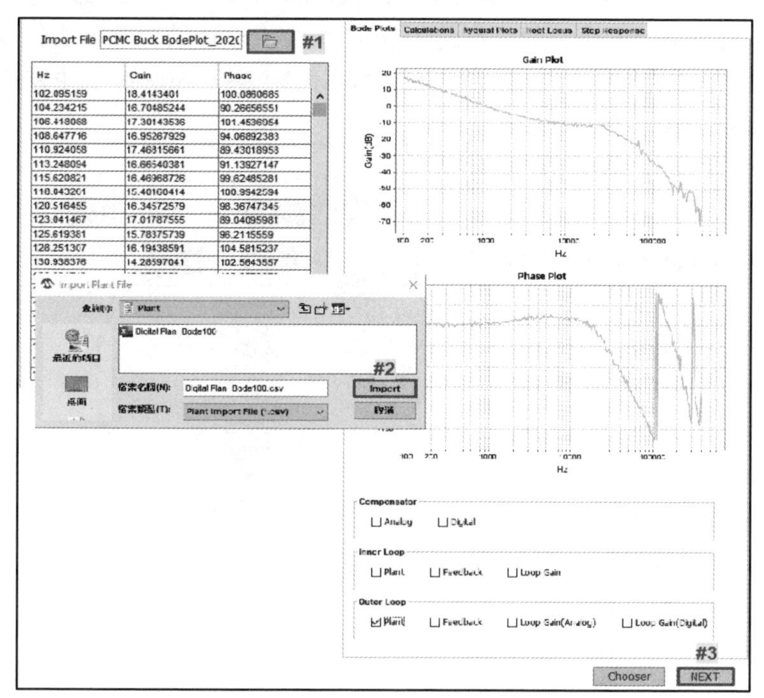

图 4.3.25　导入 G_{vd}（导入 CSV 档案）

接着采用类似步骤依序设定 G_{id}、H_{FB} 与比较器。

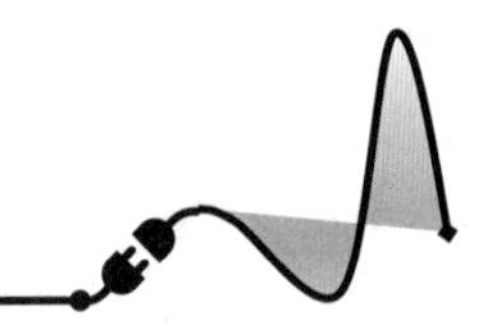

> 提醒一点，前面 K_P 控制测量已经包含 G_{id}、H_{FB} 与比较器，因此接下来设定，仅需确认增益与相关分辨率即可。

设定比较器时，需注意 DAC 分辨率与参考电压是否正确，因为这部分便是 DAC 增益，将会直接影响 K_{UC} 计算。若输入错误，将直接影响系统开回路增益之结果。

另外 Latency Delay 与 DAC Setting Time 可于 MCU 手册中查得，其中 DAC Setting Time 为 DAC 模块真实设定所需的时间。

> 换句话说，设定 DAC 需要时间，在情况允许之下，较好的 DAC 更新时机应该于下一周 PWM 开始前 750ns 以上，更新 DAC 缓存器。

照着图 4.3.26~28，依序设定 G_{id}、H_{FB} 与比较器后，剩下最重要的重头戏，回到第二层菜单后，选择设定 Compensator，如图 4.3.29(a)所示，选择 2P2Z Compensator。参考第 2 章的 Type-2 极零点设计结果（表 2.5.4），填写到图 4.3.29(b)中。接着填写 PWM 频率=350kHz，PWM Max Resolution=250ps，Control Output Min./Max.分别填入 16 与 3000（=DACmax）。关于 Computational Delay 与 Gate Drive Delay 则跟硬件有关，一般应用开关频率不是非常高，通常几百 kHz 左右，若不确定多大，由于影响很小可暂时忽略。PWM Sampling Ratio 则是 ADC 触发的除频，这实验 ADC 与 PWM 同步，所以指定为 1 倍除频比例。K_{DC} 这个参数是什么呢？2P2Z 不是计算好了吗？K_{DC} 是什么用途？这个参数相当好用，可用来根据现实需求，微调 2P2Z 的增益。换言之，

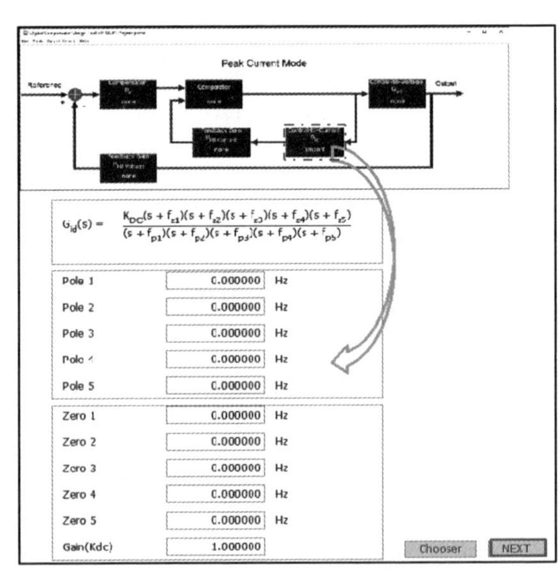

图 4.3.26　设定 DCDT 之 G_{id}

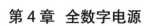

也就是同时可以微调系统整体增益。该部分可参考 4.2.5 之应用说明，当前设定为 1 即可。

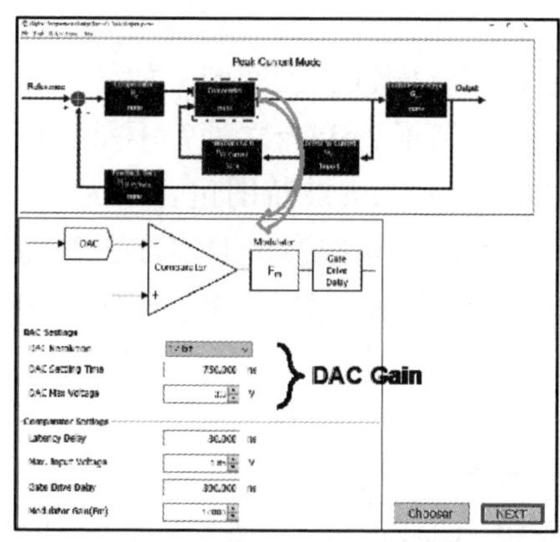

图 4.3.27　设定 DCDT 之比较器

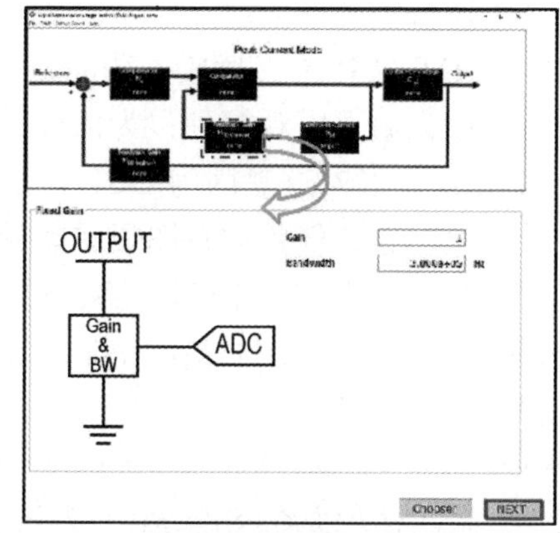

图 4.3.28　设定 DCDT 之 H_{FB}

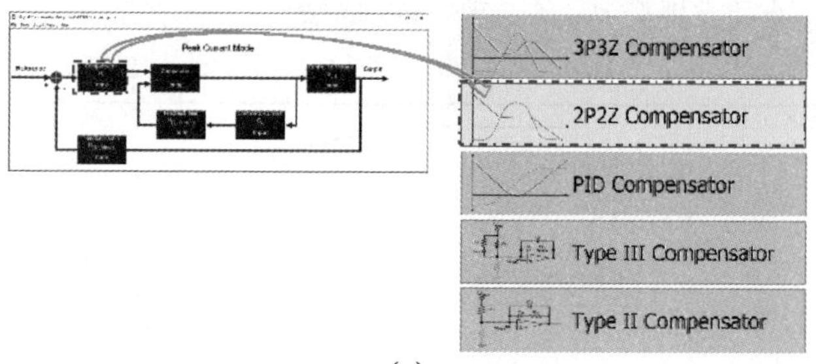

(a)

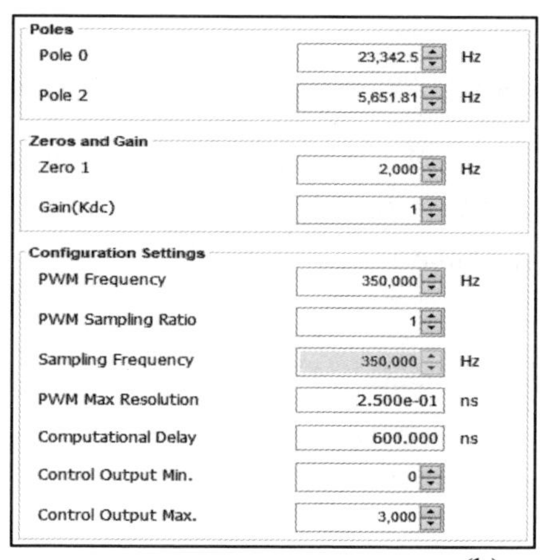

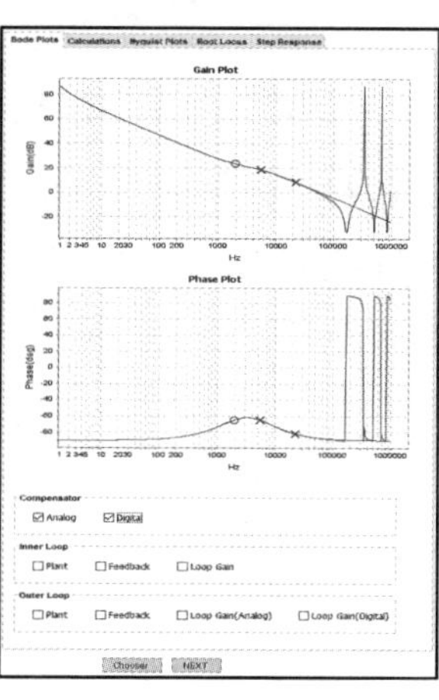

(b)

图 4.3.29　设定 DCDT 之 Compensator

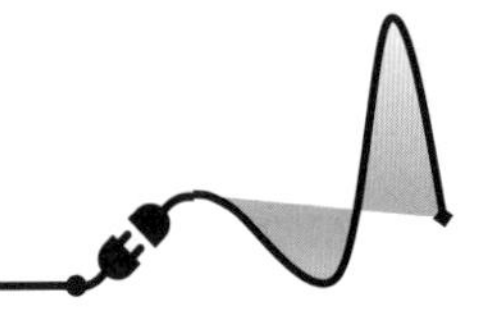

完整系统波特图可于右下方勾选 Loop Gain 即可看到，分成 Analog 与 Digital 的主要差异来自于是否考虑奈奎斯特频率效应，Analog 模式并不考虑奈奎斯特频率效应。

DCDT 波特图支持放大功能，可通过鼠标圈选放大区域，如图 4.3.30 所示。放大后可以观察到：为何设计带宽移到了 2.5kHz 之处？不是应该是 10~11kHz 左右？这是因为 DCDT 绘出的 Loop Gain 波特图包含了 K_{FB}（参数计算没问题，仅是波特图显示差异），因此若希望通过 DCDT 的波特图功能直接观察与设计控制环路，可手动暂时于 K_{DC} 填写 K_{FB} 比例，消除 Loop Gain 波特图中的 K_{FB} 增益，图 4.3.30 同时显示 K_{DC}=1 与 K_{DC}=K_{FB} 的差异。

请注意，以 K_{DC} 消除 K_{FB} 仅是用于观察 DCDT 波德图，观察后需要改回 1 或设计者需要的正确值，否则 DCDT 会根据此 K_{DC} 进而产生补偿参数，造成系统增益真的被提升 K_{FB} 倍，需要特别注意。

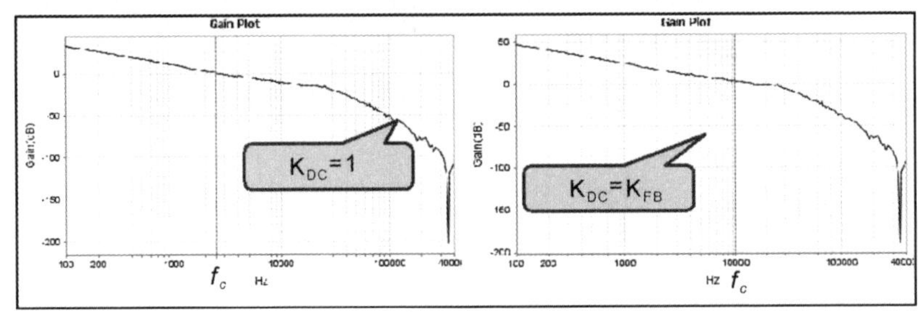

图 4.3.30　系统开回路带宽

当补偿器设定完毕后，切换到“Calculations”页面，勾选“Implement K_{UC} Gain”（将 K_{UC} 自动导入补偿器中，进行对消），也勾选“Normalization”（全部转换成 Q15 格式）。

参考图 4.3.31。

读者应该也同时发现，K_{UC} Gain?好熟悉的参数。没错，DCDT 其实也可以协助自动计算 K_{UC}，跟我们前面手算 Kp 控制参数是一致的。笔者刻意先让读者习惯自己计算，工具用来验证。凡事都相信工具，有时电源出错了，却不知道原因，那就伤脑筋了！

图 4.3.31 同时也显示了 2P2Z 的控制参数，表示参数计算已经完成，接下来就是存储这些参数。参考图 4.3.32，选择 DCDT 主窗口上的

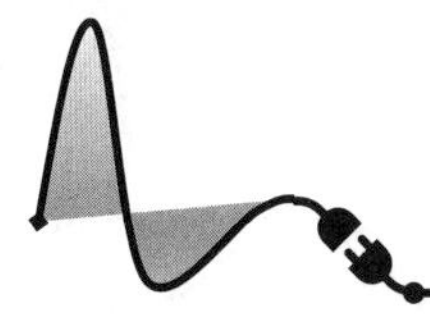

“Output Report” / “Generate Code...”，此时出现的另一个小窗口，则是请我们给这组参数取个名称，例如 PCMC2P2Z，并单击 OK。DCDT 工具将于项目目录下，自动建立一个新的目录 dcdt，并将结果存于 dcdt/vmc/dcdt_generated_code 底下的一个.h 文件，.h 的名称包含刚刚替这组参数所取的名称 pcmc2p2z_dcdt.h。文件中的内容，便是一系列的#define 参数值，将于下一节被 SMPS Library 所引用。

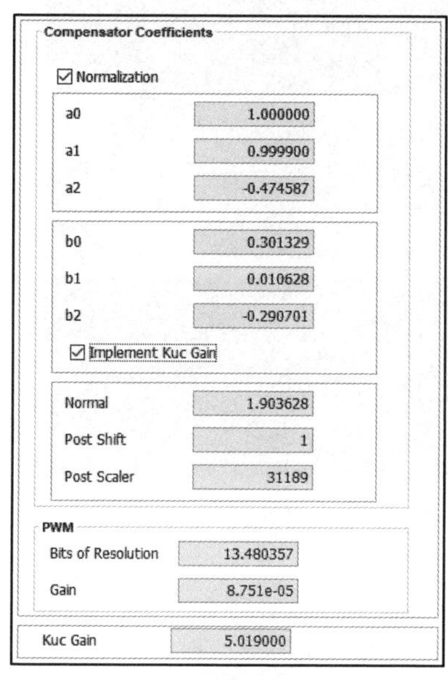

图 4.3.31　DCDT 之控制参数

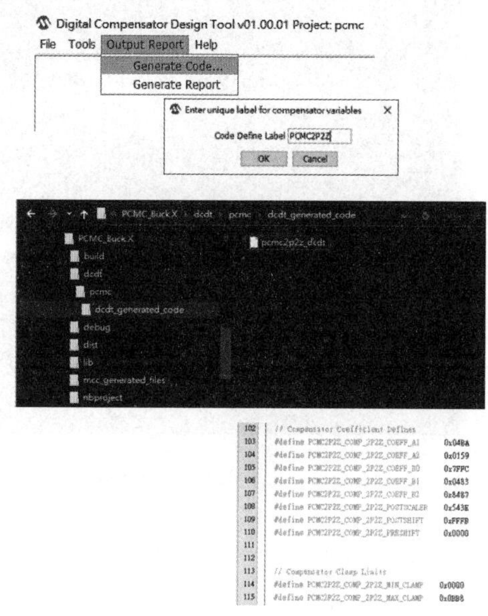

图 4.3.32　DCDT 之储存控制参数

4.3.4 闭回路控制之控制环路计算

请先行至 Microchip 官方网页下载 Digital Compensator Design Tool 所搭配的 SMPS Control Library，此书目录有相关链接，请参考。

参考图 4.3.33，于 PCMC Buck 项目底下建立一个 lib 目录后，将下载后的文件解压缩，找到根目录底下的 smps_control.h，以及找到目录 src 底下 smps_2p2z_dspic_v2.s，复制两个文件到 PCMC Buck 项目的目录 lib 底下。

MPLAB X IDE 主画面下，于项目底下的 Header Files 按下鼠标右键，选择“Adding Existing Item...”，将 smps_control.h 与 DCDT 产生的 pcmc2p2z_dcdt.h 加入此项目中。于项目底下的 Source Files 按下鼠标右键，选择“Adding Existing Item...”，将 smps_2p2z_dspic_v2.s 加入此项目中，

如图 4.3.34 所示。

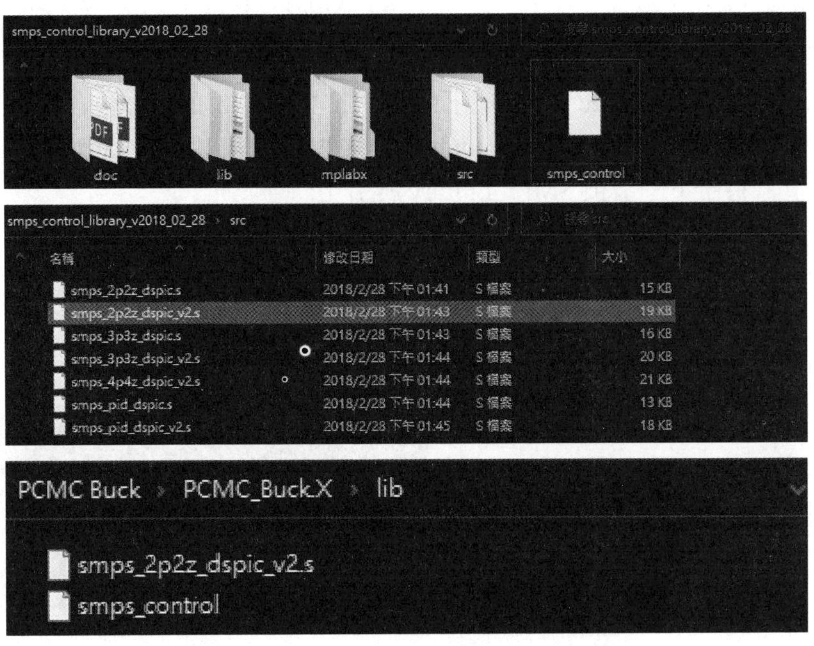

图 4.3.33　SMPS Control Library 源码

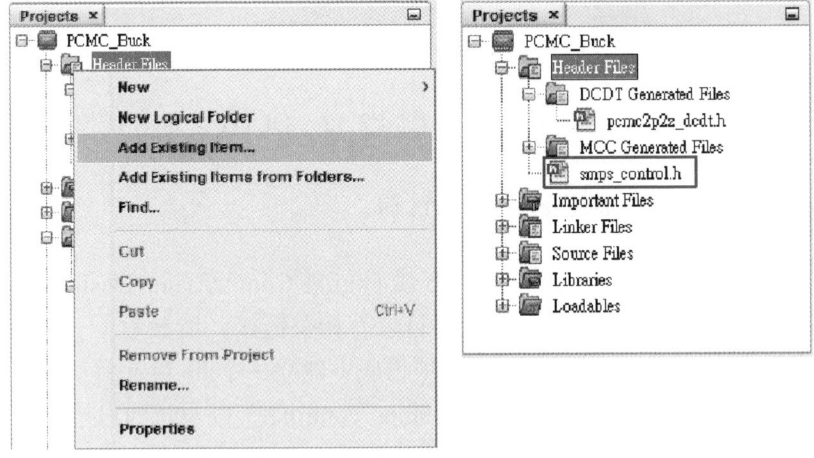

图 4.3.34　导入 Header Files

接着这个步骤稍微麻烦一些，我们将建立一个汇编语言文件，并写入程序，目的是用来对 2P2Z 补偿控制器做初始化。

于项目底下的 Source Files 按下鼠标右键，单击“New”，选择

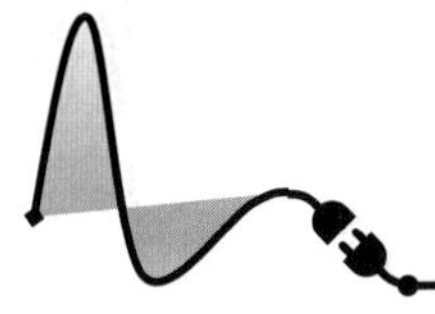

“Empty File...”(若没看到，表示第一次使用，请点选 Other...就会看到)，接着出现对话窗口，输入文件名为：

Init_alt_w_registers_2p2z.S（文件名可以自行定义，笔者使用这文件名，仅是方便理解），如图 4.3.35 所示。

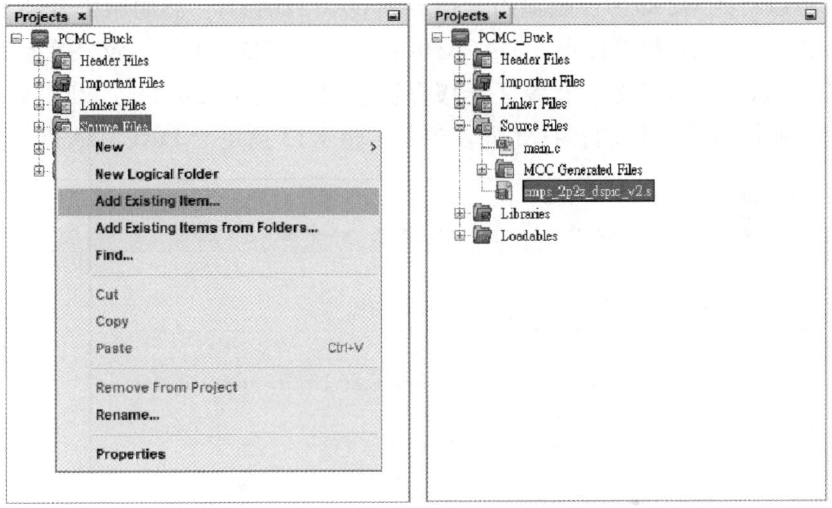

图 4.3.35 导入 2P2Z 计算源码

然后选择 Finish 完成，如图 4.3.36 所示。

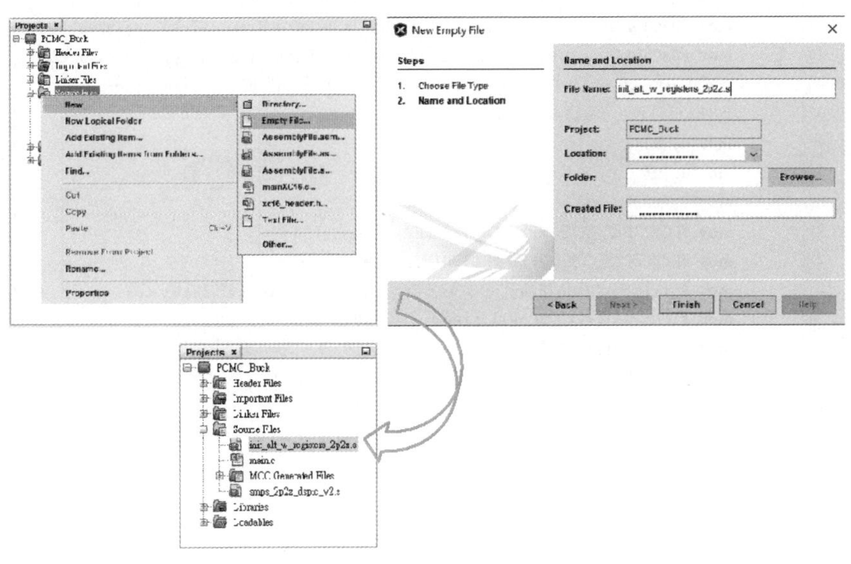

图 4.3.36 建立汇编语言档案

建立 Init_alt_w_registers_2p2z.S 后，双击开启这个空白汇编语言文件，参考图 4.3.37，输入汇编程序代码，“;”后方皆为批注，可以不用跟着写入。

关于 w 工作缓存器所默认定义的说明，可于 smps_2p2z_dspic_v2.s 内找到，参考图 4.3.38。

可以看到 w2 即为控制输出，指定到 DAC3DATH，然而斜率补偿更新时，需要更新两者缓存器（DAC3DATH & DAC3DATL），w2 指定更新 DAC3DATH，还需要一个 w 工作缓存器来更新 DAC3DATL。w13 与 w14 预留给使用者灵活使用，在此笔者规划，将 w13 指定给 DAC3DATL。

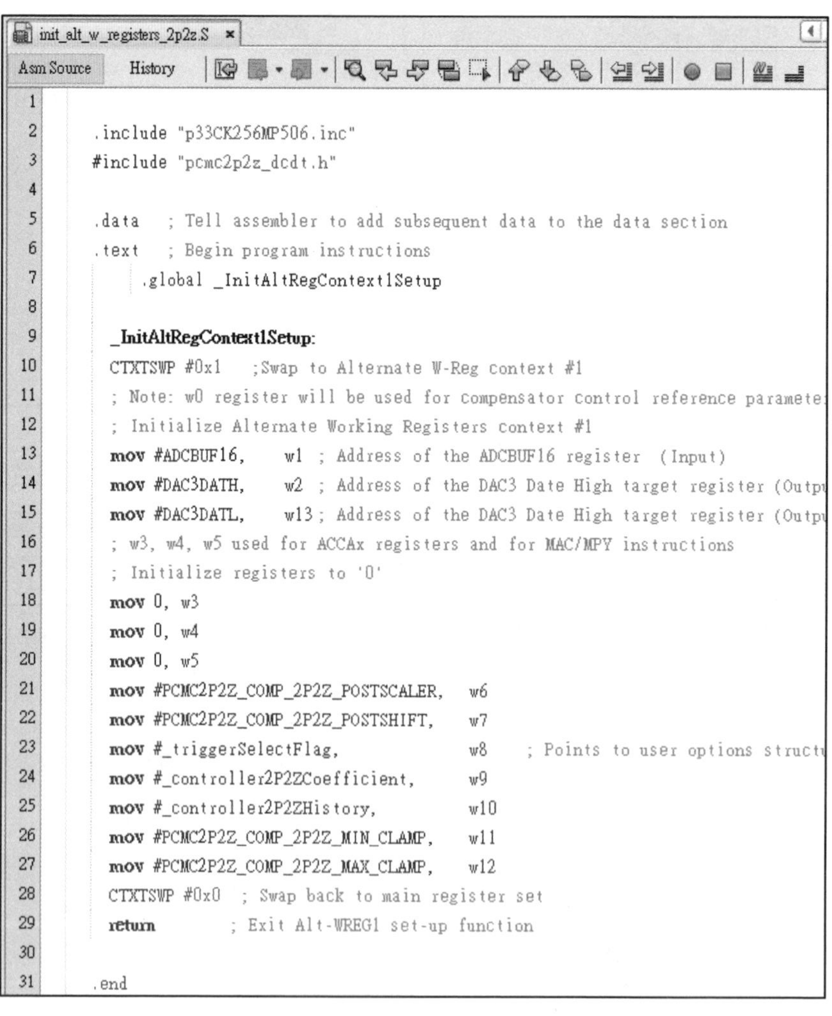

```
init_alt_w_registers_2p2z.S
Asm Source   History

    .include "p33CK256MP506.inc"
    #include "pcmc2p2z_dcdt.h"

    .data   ; Tell assembler to add subsequent data to the data section
    .text   ; Begin program instructions
        .global _InitAltRegContext1Setup

     _InitAltRegContext1Setup:
     CTXTSWP #0x1    ;Swap to Alternate W-Reg context #1
     ; Note: w0 register will be used for compensator control reference paramete
     ; Initialize Alternate Working Registers context #1
     mov #ADCBUF16,     w1  ; Address of the ADCBUF16 register  (Input)
     mov #DAC3DATH,     w2  ; Address of the DAC3 Date High target register (Outp
     mov #DAC3DATL,     w13 ; Address of the DAC3 Date High target register (Outp
     ; w3, w4, w5 used for ACCAx registers and for MAC/MPY instructions
     ; Initialize registers to '0'
     mov 0, w3
     mov 0, w4
     mov 0, w5
     mov #PCMC2P2Z_COMP_2P2Z_POSTSCALER,   w6
     mov #PCMC2P2Z_COMP_2P2Z_POSTSHIFT,    w7
     mov #_triggerSelectFlag,              w8    ; Points to user options struct
     mov #_controller2P2ZCoefficient,      w9
     mov #_controller2P2ZHistory,          w10
     mov #PCMC2P2Z_COMP_2P2Z_MIN_CLAMP,    w11
     mov #PCMC2P2Z_COMP_2P2Z_MAX_CLAMP,    w12
     CTXTSWP #0x0   ; Swap back to main register set
     return         ; Exit Alt-WREG1 set-up function

    .end
```

图 4.3.37　初始化 2P2Z 补偿控制器

```
;       w0  = Control Reference value
;       w1  = Address of the Source Register (Input)  - ADCBUFx
;       w2  = Address of the Target Register (Output) - PDCx/CMPxDAC
;       w3  = ACCAL ... and misc operands
;       w4  = ACCAH ... and misc operands
;       w5  = ACCAU ... and misc operands
;       w6  = postScalar
;       w7  = postShift
;       w8  = Library options structure pointer
;       w9  = ACoefficients/BCoefficients array base address { B0, B1, B2, A1, A2 }
;       w10 = ErrorHistory/ControlHistory array base address { e[n-1], e[n-2], u[n-1], u[n-2] }
;       w11 = minclamp
;       w12 = maxClamp
;       w13 = user defined, misc use
;       w14 = user defined, misc use
```

图 4.3.38 Alternate Working Register 使用定义

于 smps_2p2z_dspic_v2.s 中，找到图 4.3.39 中的最后一行：mov w4, [w2]。

找到后，将图中虚线框内的 5 行程序加入此 s 原文件中。

此 5 行程序的用意，笔者已经利用批注方式，写上基本说明，基本上用于判断控制输出量是否超过 129（原因可参考前两节），根据此条件，判断 DAC3DATL 需要等于 DAC3DATH-129？还是需要等于 0？

```
mov.w w12, w4      ; Update u[n] with maxClamp value

;Additional code for internal slop compensatio module
                                                      Added Code
mov #129, w3          ; w3 = 129
sub w4,w3,w5          ; w5 = u[n] - w3
cpsgt w4, w3          ; Check if u[n] > w3.  If not true, execute next instruction
mov #0, w5            ; w5 = 0
mov w5, [w13]         ; Update the target register (Output):  [w13] = PDCx/CMPxDACL

mov w4, [w2]          ; Update the target register (Output):  [w2] = PDCx/CMPxDACH
```

图 4.3.39 修改 2P2Z 计算源码

库的导入还需一个步骤，header files 放在不同目录下，若不另外设定告知项目，编译程序时，会发生找不到 header files 的窘境。

方法很简单，于 PCMC Buck 项目名称上，按下鼠标右键，选择最下方的“Properties”，调出 Project Properties 对话窗口。

如图 4.3.40 所示，左边找到 XC16(Global Options)，右边选择 Global Options 后，应可以滚动下方菜单而找到“Common include dirs”，将两个目录加入自动搜寻的路径中：

- lib：用来放置 SMPS Control Library 复制过来的文件。

- dcdt\vmc\dcdt_generated_code：用来放置 DCDT 产生的 Header Files。

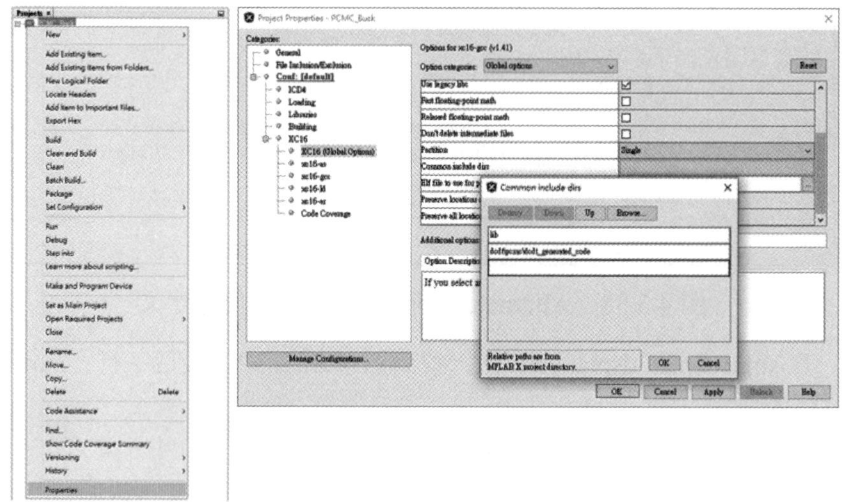

图 4.3.40　路径延伸

步骤到此，已经将 2P2Z 的库整合到PCMC Buck项目中了，接下来就剩下写程序引用这些库程序，就能完成闭回路控制。

主程序 main.c 中，参考图 4.3.41，首先加入一段简单的延迟子程序，另于 *main*() loop 底下，加入两段程序，第一段程序用于调用补偿器初始化程序，第二段于 while loop 内，用于简单的输出软启动。同时也设定 SLP3DAT 固定为 4（原因可参考前两节）。

main.c 主程序另外还需要声明所需的变量与初始化子程序，参考图 4.3.42。因为仅是基本声明，笔者就不再赘述。

```
/*
                    Main application
 */
void Delay(void)
{
    int i=0;
    for(i=0;i<400;i++) Nop();
}
int main(void)
{
    initPCMC2p2zContextCompensator();

    // initialize the device
    SYSTEM_Initialize();

    SLP3DAT = 4;
    while (1)
    {
        // Add your application code
        if(PCMC_2p2z_Vref < 1241)
        {
            PCMC_2p2z_Vref++;
            Delay();
        }
    }
    return 1;
}
/**
 End of File
*/
```

图 4.3.41　主程序

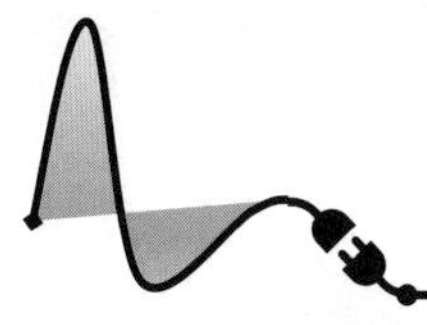


```
#include "mcc_generated_files/system.h"
#include "smps_control.h"
#include "pcmc2p2z_dcdt.h"

int16_t PCMC_2p2z_Vref = 0;
//For 2p2z Control with Context
void InitAltRegContext1Setup(void);
int16_t controller2P2ZCoefficient[5]__attribute__((space(xmemory)));
int16_t controller2P2ZHistory[4]     __attribute__((space(ymemory), far));
//For options of 3p3z Control with Context
uint16_t triggerSelectFlag;
volatile unsigned int* trigger;
volatile unsigned int* period;

void initPCMC2p2zContextCompensator(void)
{
    triggerSelectFlag = 0;  //00 = No Trigger Enabled;
                            //01 = Trigger On-Time Enabled;
                            //10 = Trigger Off-Time Enabled
    //2p2z Control Loop Initialization
    InitAltRegContext1Setup();
    PCMC_2p2z_Vref = 0;
    // Clear histories
    controller2P2ZHistory[0] = 0;
    controller2P2ZHistory[1] = 0;
    controller2P2ZHistory[2] = 0;
    controller2P2ZHistory[3] = 0;
    //Set Buck coefficients
    controller2P2ZCoefficient[0] = PCMC2P2Z_COMP_2P2Z_COEFF_B0;
    controller2P2ZCoefficient[1] = PCMC2P2Z_COMP_2P2Z_COEFF_B1;
    controller2P2ZCoefficient[2] = PCMC2P2Z_COMP_2P2Z_COEFF_B2;
    controller2P2ZCoefficient[3] = PCMC2P2Z_COMP_2P2Z_COEFF_A1;
    controller2P2ZCoefficient[4] = PCMC2P2Z_COMP_2P2Z_COEFF_A2;
}
```

图 4.3.42　2P2Z 变量声明与初始化子程序

真的是最后了，主程序负责声明变量、初始化以及缓启动，还有一段关键的程序还没写，就是闭回路控制程序还没写。参考图 4.3.43，再次打开 adc1.c，加入两段程序，一者导入：

#include smps_control.h
#include pin_manager.h

一者将控制参考值 PCMC_2p2z_Vref 存到工作缓存器 w_0 中，然后调用 2P2Z 库计算控制环路：

asm volatile (“mov _PCMC_2p2z_Vref, w0”);
SMPS_Controller2P2ZUpdate_HW_Accel();

其中 2P2Z 库不仅计算，也同时配合 DCDT 产生的设定，限制极大与极小值后，更新 DAC 缓存器，一气呵成，两行结束。

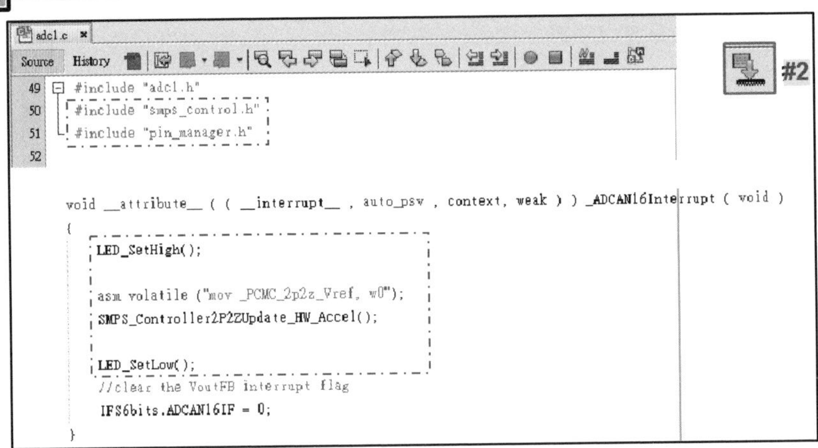

图 4.3.43　闭回路控制计算

另外，读者可能发现，LED 判断引脚怎么移到这里了呢？这不是必要行为，但很有用，因为设计者通常需要确认完整计算时间，才能优化控制环路触发点。因此笔者将原 TMR1 内的翻转 LED 那一行程序暂时移除，将LED移至此处以测量计算时间。程序部分都结束了！接着按下烧录按钮进行烧录，于烧录期间同时搬出 Bode-100 神器，测量架构参考图 4.3.44，测量结果于图 4.3.45。

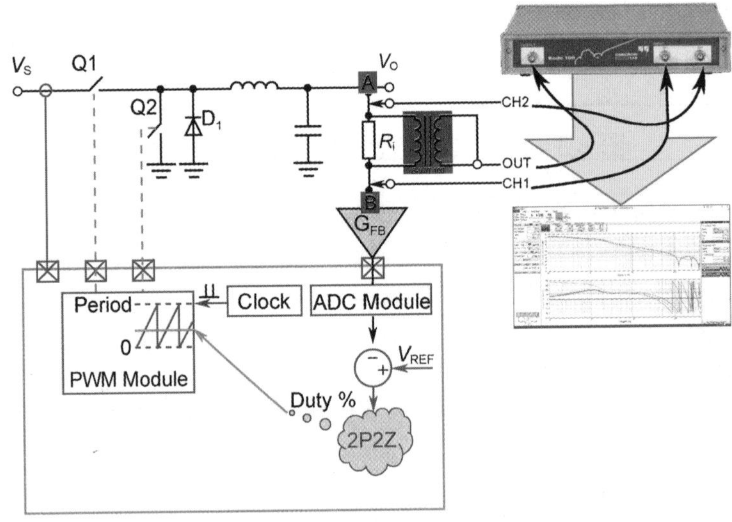

图 4.3.44　测量 2P2Z 系统开回路波德图

图 4.3.45 包含两张图，一张 Bode-100 实测图，一张 DCDT 仿真图，

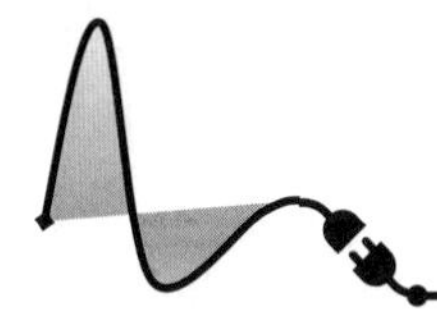

两者近似，根据实测，G.M.基本没有问题，带宽接近 10kHz，但是 P.M.＝37.813°（不足 45°），需要进行改善。读者或许心里会出现一个疑问，相位裕量怎么掉这么多？还记得奈奎斯特频率问题吗？原因来自于数字补偿对于奈奎斯特频率有着不可抗力之影响，但之前才说 PWM 频率高，应该影响很小呀！怎么掉这么多呢？若读者有这样的疑问，说明能够前后开始贯通了。PWM 频率高，ADC 同步于 PWM，理应奈奎斯特频率影响很小，但别忘了两种情况下会加剧影响：

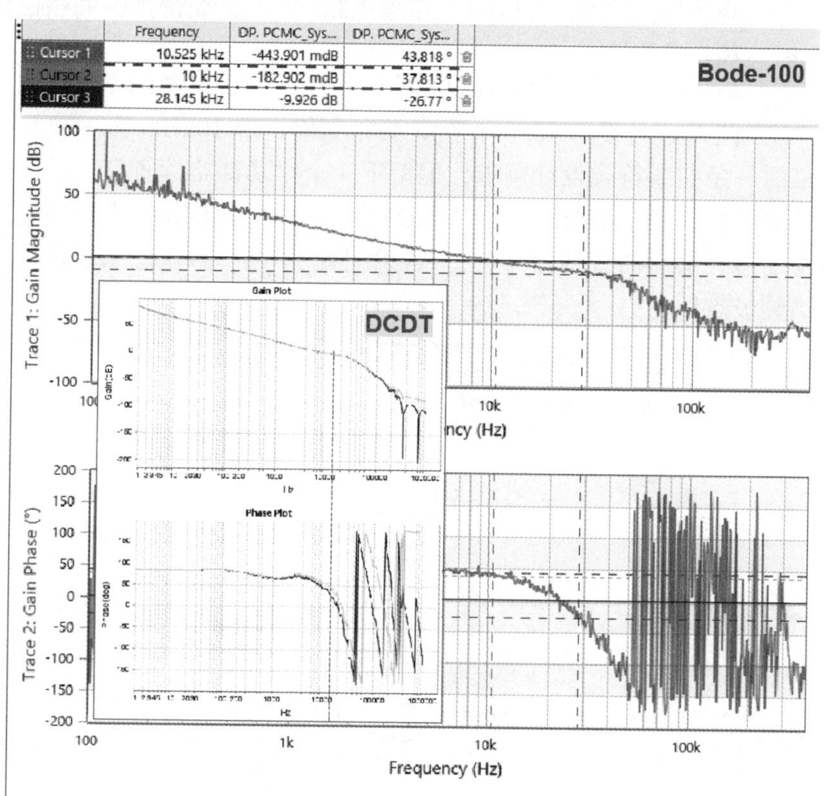

图 4.3.45　2P2Z 系统开回路波德图

➢　带宽往高频偏移

越是高频，相位裕量掉更多，后面有实测可以观察，而我们实测的偏移从 10kHz 往高频偏移，相位裕量加速变差。

➢　计算相位损失的 K 值变大

笔者刻意在 MCC 设定时，埋了一个伏笔，ADC 的触发来源与 PWM

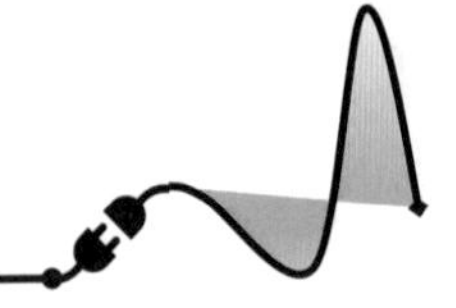

上升沿完全同步，也就是 K=1，是最差情况下，相位裕量会掉得更多。这样的安排是希望读者理解，全数字控制需要注意这一差异，影响很大，后面就会教读者如何改善。

参考图 4.3.46，图中主要包含了三条曲线：

- Original:
  原始设计结果，带宽约为 10kHz，P.M.＝37.813° (不足 45°)。
- 175kHz:
  高频极点到移 175kHz(可参考 4.2.5 小节)，获得足够的相位裕量。
- K_{DC}=0.564:
  高频极点到移 175kHz 改善相位裕量，但带宽受到影响。通过微调 K_{DC}(可参考 4.2.5 小节)，将带宽修正回 10kHz。

最后一条曲线符合设计需求，但留下一个小功课给读者自己试试，顺便给这数字控制做个小结语，第 1 章提过，过大的相位裕量会间接造成系统反应变慢，最后曲线约为 94°，若想配置于 75°，该怎么修正呢？提示：高频极点！

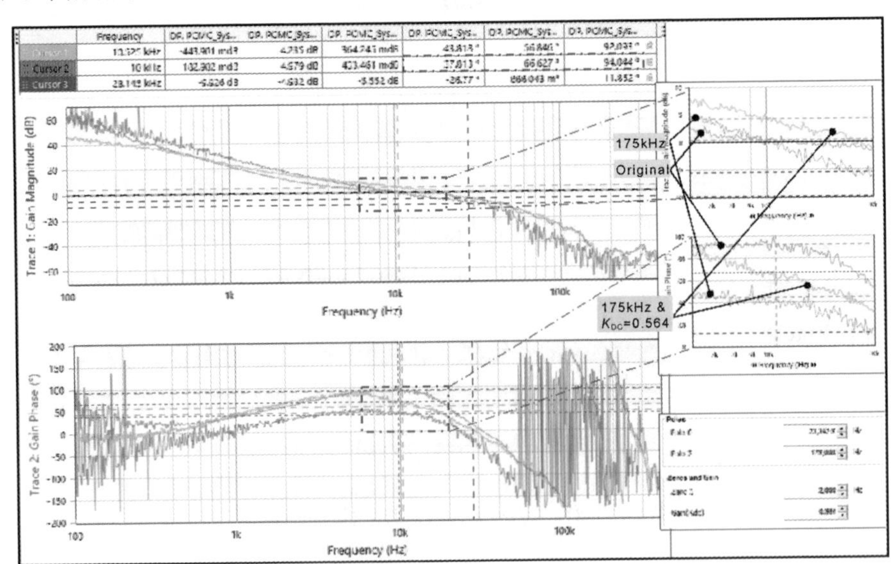

图 4.3.46　相位裕量改善结果

4.4 善用工具：POWERSMARTTM-DCLD

其实 Microchip 全数字电源的工具不只 DCDT，接下来笔者分享另一

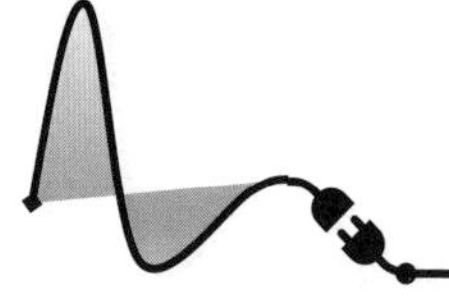

个工具：PowerSmart™-DCLD（Digital Control Library Designer，以下简称 DCLD），但此工具目前还仅是提供给使用者测试使用，并非官方正式工具，使用者自己评估使用。

4.4.1 下载与安装 DCLD

废话不多说，可网络上搜索“PowerSmart DCLD”或下列两个网址下载，网页上包含了很多详细介绍与软件下载链接。笔者当前使用的版本为 0.9.12.645。DCLD 是独立执行的软件，安装就跟一般的软件一样简单，笔者就不再赘述安装过程，仅着重如何使用了。

Microchip PIC&AVR Tools:
https://github.com/microchip-pic-avr-tools
PowerSmart™-DCLD:（参考图 4.4.1）
https://microchip-pic-avr-tools.github.io/powersmart-dcld/

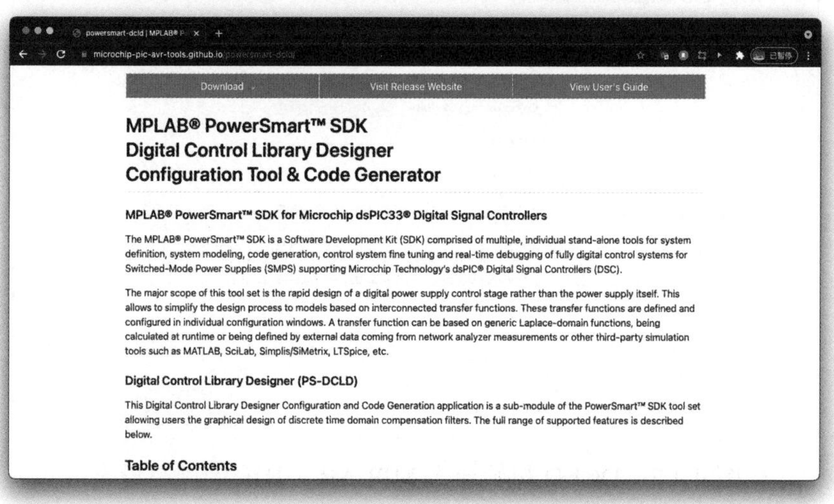

图 4.4.1　PowerSmart™-DCLD 网页

4.4.2 连接 MPLAB X IDE 项目

此工具是针对 Microchip 产品所开发，然而 Microchip 全数字电源的控制芯片不止一个系列，不同系列支持的组合指令又不尽相同，若共享同一个数字电源控制库会间接影响最大效能的发挥。因此 DCLD 支持导入

MPLAB X IDE 项目，辨识控制芯片的编号与相关信息，于产生数字电源控制库时得以优化系统性能，并于最后自动将相应的控制程序库导入 MPLAB X IDE 项目中，替使用者节省相当多时间。

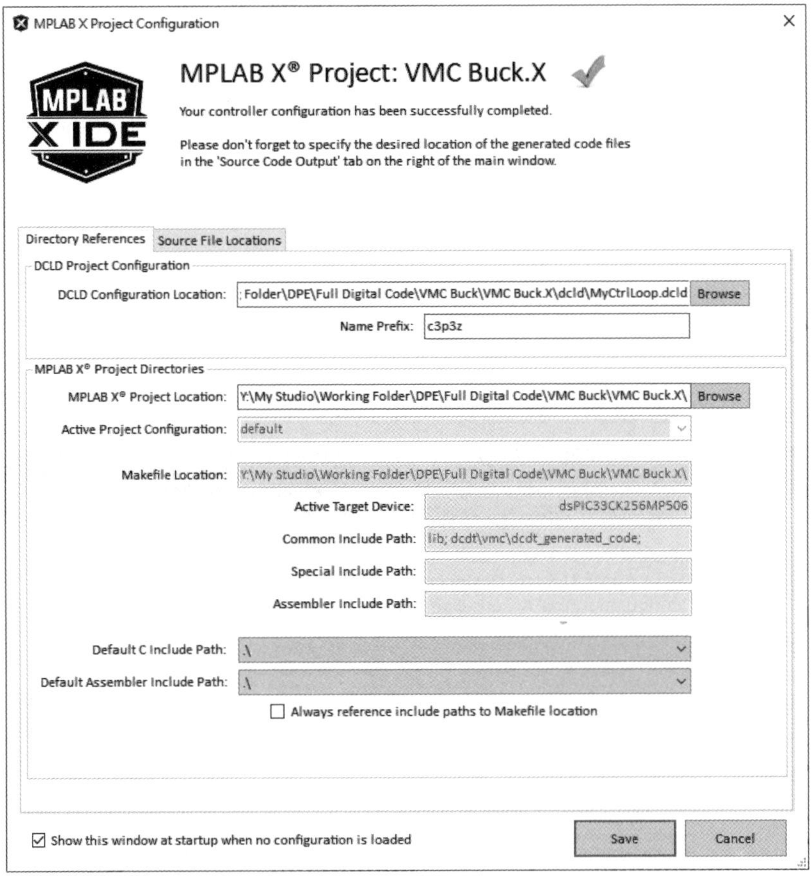

图 4.4.2　DCLD 初始导入 MPLAB X IDE 的项目设定

第一次开启 DCLD 时，会出现如图 4.4.2 所示的界面，目的是用来导入已经建立好的 MPLAB X IDE 项目的相关信息与路径。所以使用 DCLD 前，需要先参考前面章节先建立一个项目，方能顺利将 DCLD 产生的参数与程序加入项目中。接下来以 4.2 节所完成的全数字电压模式 Buck Converter 范例程序作为参考程序，着手进行换成 DCLD 的链接库与参数。DCLD Configuration Location 字段可选择读者想要存储 DCLD 项目的位置，例如笔者于 VMC_Buck.X 项目下手动建立一个名为 dcld 的新目录作为存储位置。Name Prefix 字段用于控制参数的前导名称，所有最后产生的参数前端都会冠上这个名称。MPLAB X Project Location 字段指到 VMC_Buck.X 专案下的 project.xml 文件，路径参考：VMC_Buck.X \ nbproject \ project.xml。

接着按下 Save 即可存储与建立一个 DCLD 项目。

4.4.3 输入增益设定与补偿控制器设计

于主画面的左手边，可找到一台计算器图示（Input Signal Gain 字段旁），单击计算器图示后出现如图 4.4.3 所示的输入增益计算器窗口，因为电压模式控制，选择 Voltage Feedback：R_1=4.02k、R_2=1k、ADC 参考电压 3.3V、ADC 分辨率为 12bit，单击 OK 后继续。

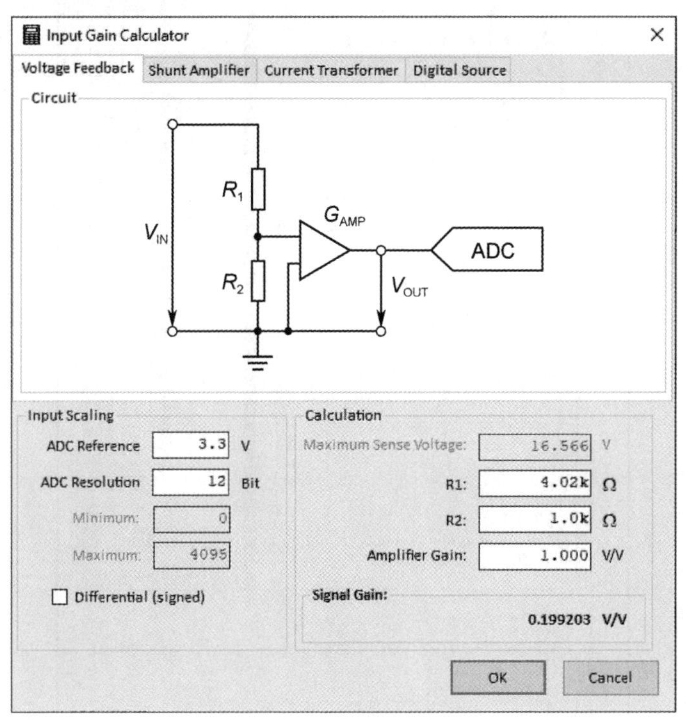

图 4.4.3 输入增益计算器

参考图 4.4.4 DCLD 主画面，依序设定：

- Controller Type: 3P3Z – Basic Voltage Mode Compensator
- Scaling Mode: 1–Single Bit–Shift Scaling
- Compensation Settings:

- Sampling Frequency: 350kHz
- Cross-over Frequency of Pole At Origin: 886.82Hz
- Pole 1: 5.652kHz
- Pole 2: 175kHz
- Zero 1: 801.57Hz
- Zero 2: 801.57Hz

➢ Bode Plot Settings:

- Frequency: 100~400kHz
- Magnitude/Gain: -60~60dB
- Phase: -180~180°
- Options: Enable all options

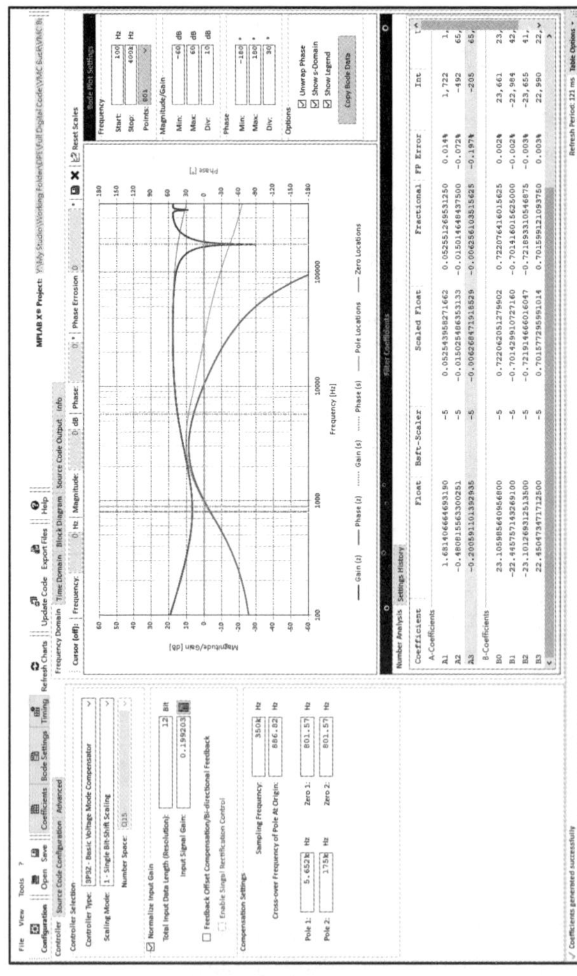

图 4.4.4　DCLD 主画面

其中补偿器设计参数与 4.2 节所使用的参数是一样的。

选用“Show s-Domain”则能同时观察到奈奎斯特频率对增益与相位的影响。DCLD 有一强大功能让笔者爱不释手，它可以自动检查浮点误差（FP Error），当误差过大时，会自动提出警告，例如目前的设定条件下，A3 参数变成黄色，原因是浮点误差高达-0.197%，这将影响控制器于低频积分器的效能，间接造成稳态时，PWM 占空比很可能大幅抖动的现象。

DCLD 强大不仅如此，检查到还不够厉害，能协助修正才有趣，对吧！

如图 4.4.5 所示，将 Scaling Mode 改为 3-或 4-后，再次检查浮点误差，问题是不是轻松秒杀呢？

于此例子中，我们就选“4 – Fast Floating Point Coefficient Scaling”。

Controller Selection
Controller Type: 3P3Z - Basic Voltage Mode Compensator
Scaling Mode: 3 - Dual Bit-Shift Scaling
1 - Single Bit-Shift Scaling
2 - Single Bit-Shift with Output Factor Scaling
3 - Dual Bit-Shift Scaling
4 - Fast Floating Point Coefficient Scaling
Normalize Input Gain
Total Input Data Length (Resolution): 12 Bit
Input Signal Gain: 0.199203
Feedback Offset Compensation/Bi-directional Feedback
Enable Singal Rectification Control

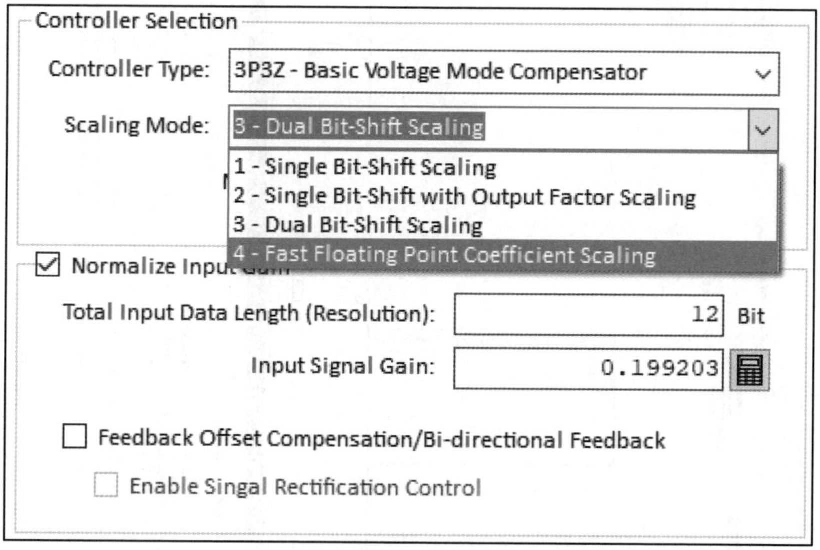

图 4.4.5　选择补偿控制器的 Scaling Mode

主画面切到 Time Domain 分页时，可以看到图 4.4.6 的画面，此画面不直接影响最后产生的程序与参数，而是使用者可以直观地观察补偿控制器的运行时间与各个重要时序的时间点。

例如笔者设定 P W M频率为 350kHz，并将 Control Loop Call Event 改为“1 – ADC Interrupt Trigger”，仿真实际状况，并于“Trigger at”位置改成 User Defined，这样就可以用鼠标移动 Trigger 位置，直观知道可位移多少。还记得位移能改善相位裕量吗？

同时也协助预估 CPU 资源，以这例子为例，占用了约 35.4%，表示还保留了不少时间给其他程序。是不是顿时觉得 dsPIC33 做电源还挺游刃有余的呢?

主画面切到 Block Diagram 分页时，可以看到图 4.4.7 的画面，协助使用者理解 MCU 固件的方块图框架以及计算流程原理。

其中亦包含转移函数数学式，方便用户使用单一界面就能查询各方面所需知道的信息。

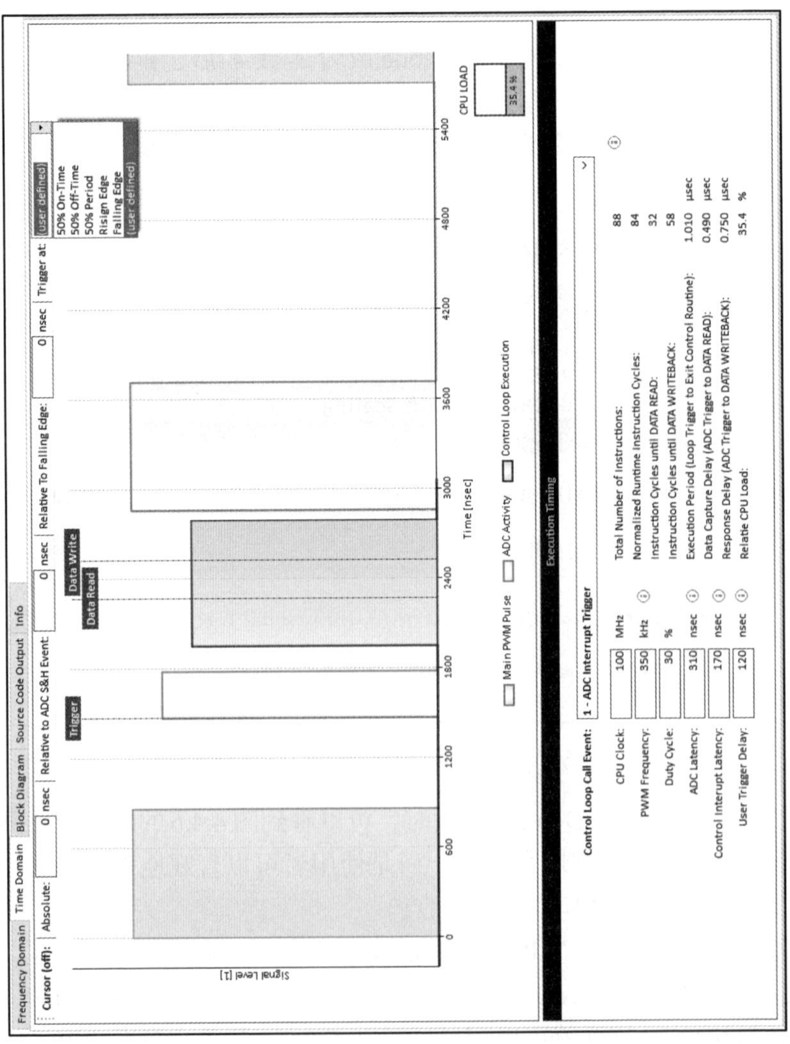

图 4.4.6　Time Domain 参考

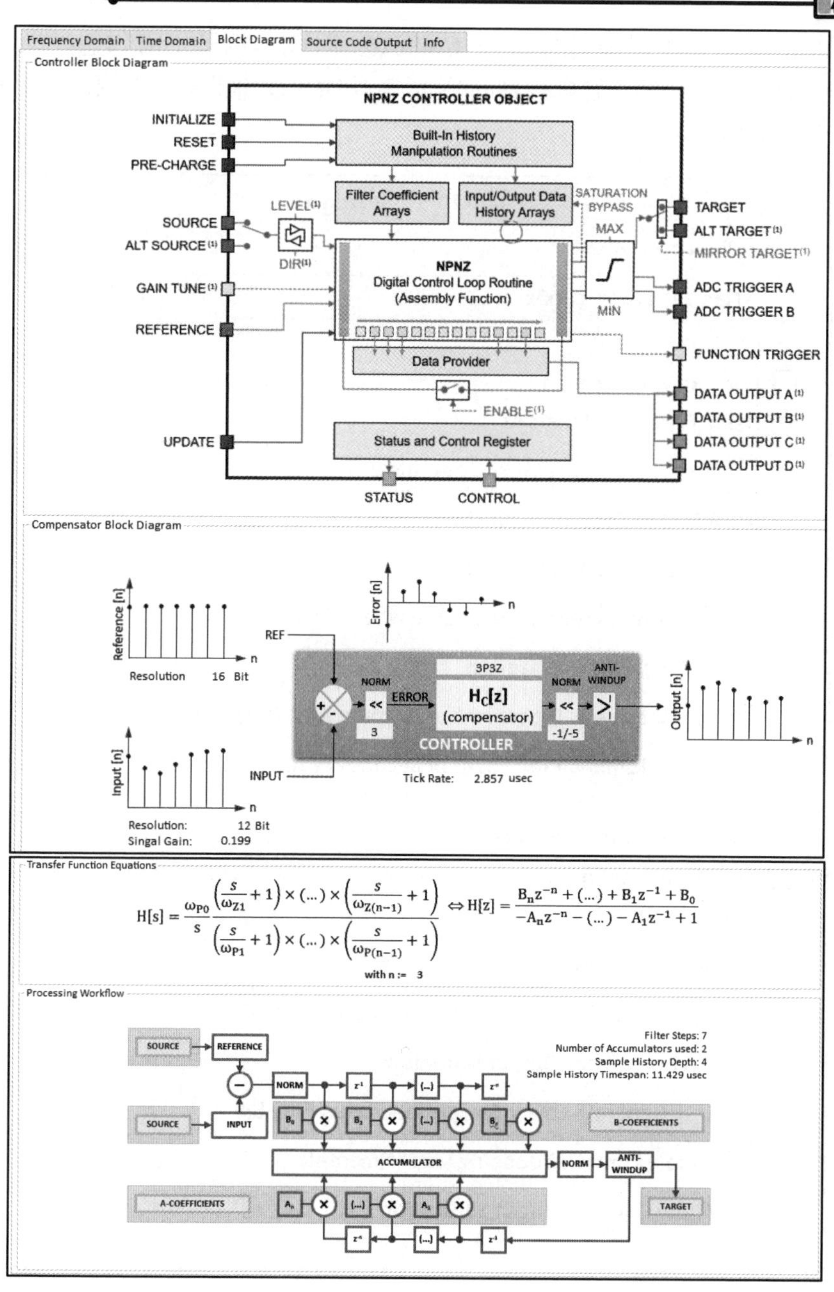

$$H[s]=\frac{\omega_{P0}}{s}\frac{\left(\frac{s}{\omega_{Z1}}+1\right)\times(\ldots)\times\left(\frac{s}{\omega_{Z(n-1)}}+1\right)}{\left(\frac{s}{\omega_{P1}}+1\right)\times(\ldots)\times\left(\frac{s}{\omega_{P(n-1)}}+1\right)}\Leftrightarrow H[z]=\frac{B_nz^{-n}+(\ldots)+B_1z^{-1}+B_0}{-A_nz^{-n}-(\ldots)-A_1z^{-1}+1}$$

图 4.4.7　DCLD 的补偿控制器方块图

接下来先别急着产生程序。单击“Source Code Configuration”，进行一些细项功能的设定，如图 4.4.8 所示。由于笔者所教学的范例中使用了

Context 功能，不需要另外管理 Context，因此本例子不需勾选“Context Management”，读者需自行判断是否需要 DCLD 协助管理 WREG 与 ACC 缓存器的备份与使用。

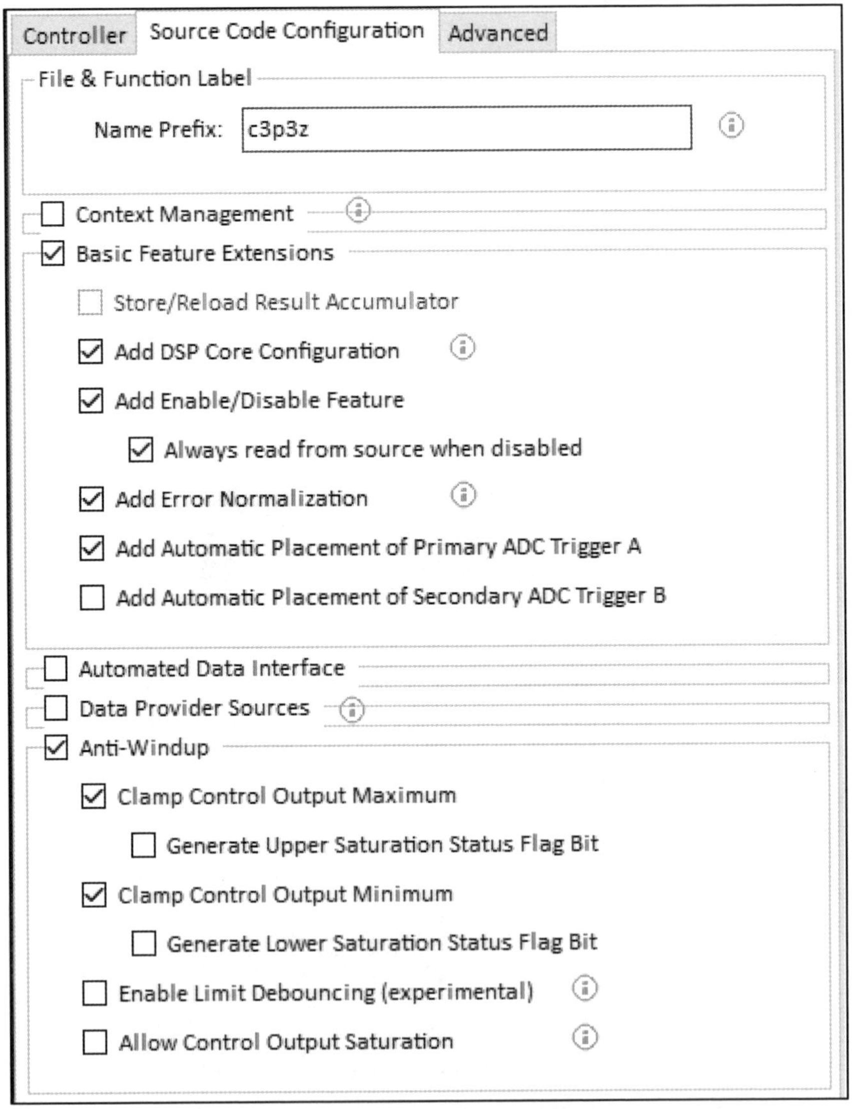

图 4.4.8　DCLD 源代码设定

DCLD 的设定到此差不多完成了，接下来就是要产生参数与程序并加入范例程序中。

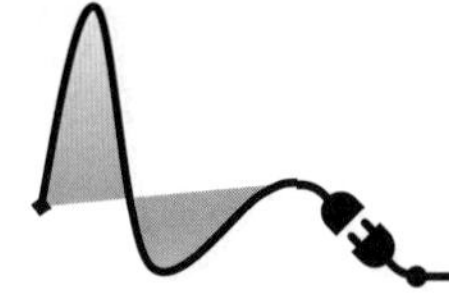

4.4.4 导出至 MPLAB X IDE 专案

参考图 4.4.9，主画面切到 Source Code Output 分页时，可以看到所有 DCLD 将产生的源代码，这些都将自动导入我们已经建立好的 VMC_Buck.X 项目中，除了一个部分需要人为手动加入，因为只有用户知道相对程序应该放置的位置，后面会解释。

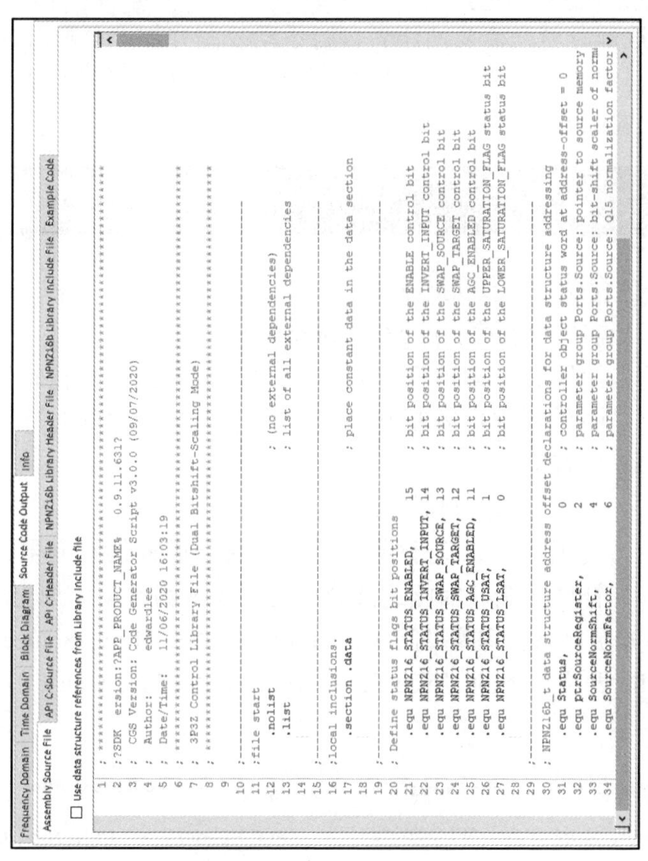

图 4.4.9 DCLD 源代码

DCLD 产生的相关源代码有：

- C-Source File
  主要是 C 语言下的相关程序，尤其是补偿器的初始化程序。
- C-Header File
  主要是补偿器 C 语言相关程序所需的共享声明皆存于此头文件。
- Assembly Source File

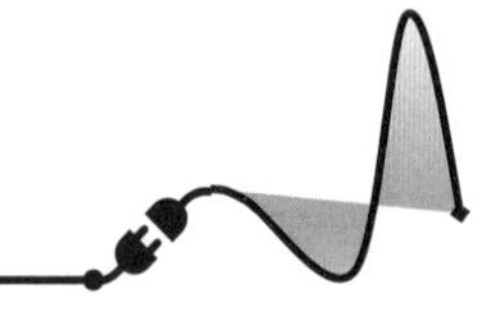

主要是 Asm 汇编语言下的相关程序，尤其是补偿器的计算程序。

- NPNZ16b Library Header File
  主要是补偿器 Asm 汇编语言相关程序所需的共享声明皆存于此头文件。
- NPNZ16b Library Include File
  主要是 Asm 汇编语言相关程序所需的参数皆存于此头文件。
- Example Code
  这部分就是需要使用者自行手动复制并加入至MPLAB X IDE项目中的相关程序，所以画面上可以看到复制至剪贴簿“Copy to Clipboard”的按钮。

这部分包含两段主要关键程序：

- 初始化程序：c3p3z_ControlObject_Initialize();
  使用者才知道何时要对补偿控制器做初始化，所以这段程序需要用户复制并贴到主程序中初始化的时序段内，后面会有范例。
- 调用补偿控制器：c3p3z_Update(&c3p3z);
  使用者才知道于哪一个中断内调用补偿控制器，进而进行补偿控制，因此这部分也是需要人为手动添加至中断中。

笔者为方便自己管理路径问题，习惯取消勾选 API C-Source File 与 API C-Header File 两文件下的“Add file location in #include path”，如图 4.4.10 所示。

图 4.4.10　路径声明

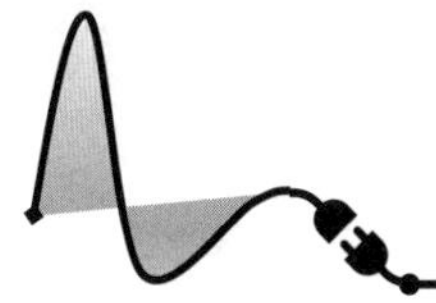

接下来按下主画面的“Export Files”进行程序导出，应会出现画面如图 4.4.11(a)所示，选择 Edit Configuration，将所有文件的路径皆指定到 VMC_Buck.X/dcld 下，如图 4.4.11(b)所示。

这部分主要看个人习惯，不一定要跟笔者一样方式。接着按下 Save 存储路径设定，再按下 Export 导出至 MPLAB X IDE 项目中。

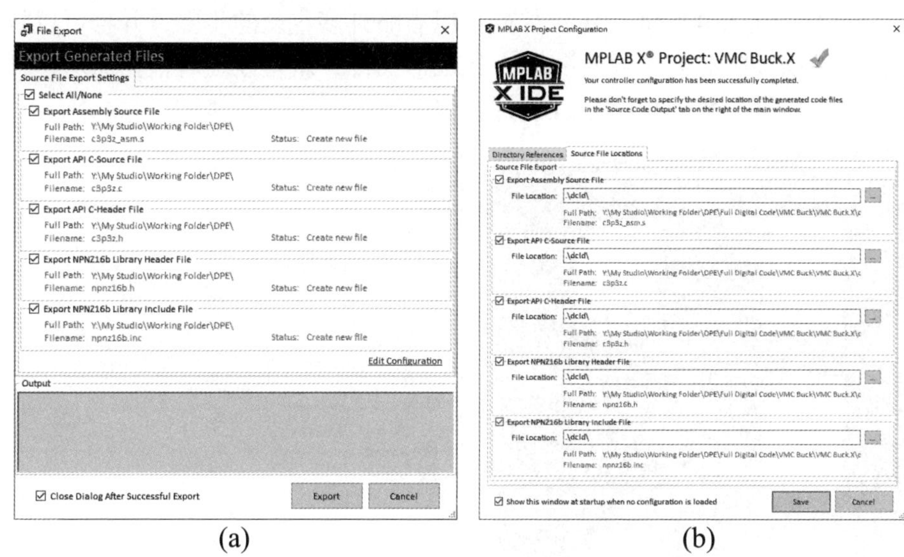

(a)　　　　　　　　　　　　　　(b)

图 4.4.11　源代码导出路径修改

当导出成功时，应可看到如图 4.4.12 的信息提醒窗口，那么此时就万事俱备，只欠东风了！愉快按下确认键！

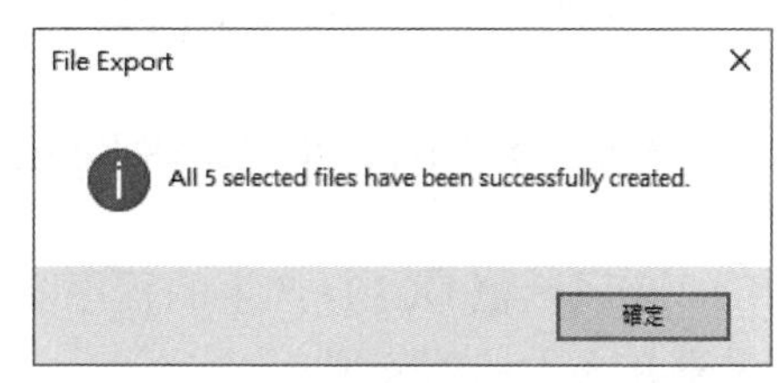

图 4.4.12　导出成功信息窗口

进入 MPLAB X IDE 之前，还有一个功能分享一下，若调试过程中需要重复修改 DCLD 设定并重新导入 MPLAB 项目中，该怎么做比较方便呢？这点设计者已经想到了，第二次(含)就不需要再使用 Export Files 选项，可改用 Update Code 即可，速度快且简单。当然 Export Files 选项还是可以使用的，只是当文件固定了，仅需修改内容时，Update Code 还是比较合理。完成导出后，可用计算机文件管理程序检查一下，应该于相对目录（例如笔者于 VMC_Buck.X 项目下手动建立的 dcld 目录）内看到所有 DCLD 所产生的所有的相关程序文件

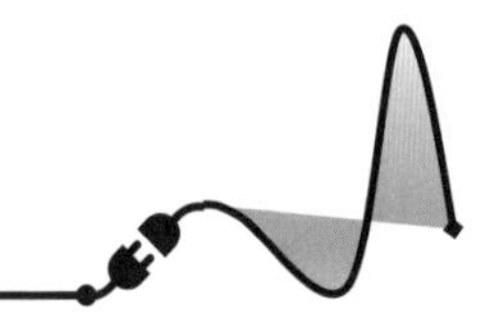

与配置文件，如图 4.4.13 所示。

笔者建议，可以将 DCLD 的配置文件（若是没有变更名称，应该是 MyCtrlLoop.dcld）加入项目下的 Important Files。

加入后，使用者需要通过 DCLD 修改任何参数或设定时，随时可以使用鼠标右击 MyCtrlLoop.dcld，并选择 Open in System 即可自动根据设定开启 DCLD，如图 4.4.14 所示。如此可以省略许多重复的步骤，并且可以将不同的补偿控制器或参数就设定一个.dcld 文件，就可以随时根据需求，开启不同补偿器参数的相应 DCLD 进行修改。

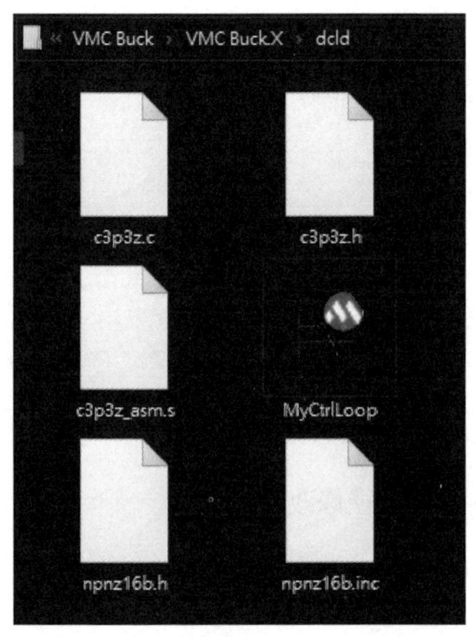

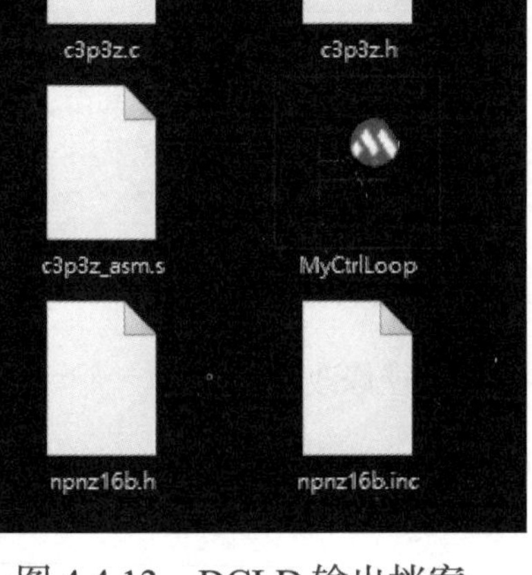

图 4.4.13　DCLD 输出档案

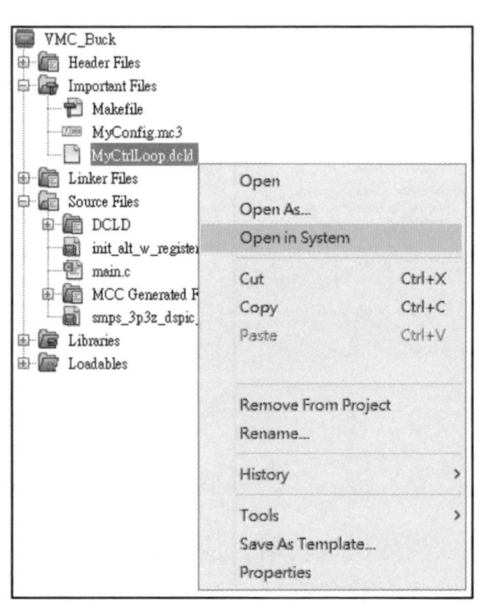

图 4.4.14　导入 DCLD 配置文件

4.4.5 初始化与补偿控制器程序

东风已把 DCLD 产生的程序吹进了 MPLAB X IDE 的项目中，接下就是事在人为的部分了。

为方便管理，笔者习惯分别于 Header Files 与 Source Files 底下建立两个虚拟（选择 New Logical Folder 选项）目录 DCLD，并将 DCLD 产生的文件分别加到相对位置，如图 4.4.15 所示，.h & .inc 文件加入到 Header Files/DCLD 底下，.c & .s 文件加入到 Source Files/DCLD 底下。

但笔者为了让程序方便寻找与归类而于 VMC_Buck.X 项目下建立的

DCLD 目录，其实并不在 MPLAB 编译过程中会寻找的范围，会导致 MPLAB 编译失败，因此需要对 MPLAB 做路径方面的设定，使 MPLAB 得以找到相对应的文件进行编译。

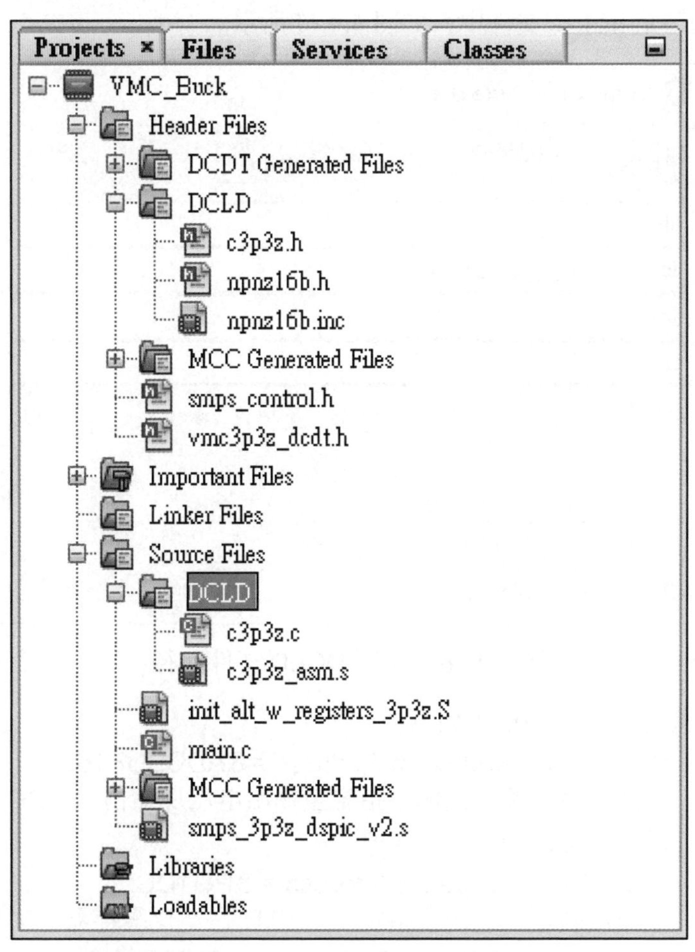

图 4.4.15 导入 DCLD 程序

右击项目名称，会出现功能菜单，再单击 Properties 后出现跟此项目息息相关的各种设定，之后单击 Conf \ XC16 \ XC16 (Global Options)即可于右方找到 Common include dirs 的设定。于此设定中增列笔者前面建立的实体 dcld 目录即可，如图 4.4.16 所示。

以上步骤便已经完成所有设定，接下来就剩下对补偿控制器做初始化与调用补偿控制器进行补偿控制。于 Important Files 底下，右击

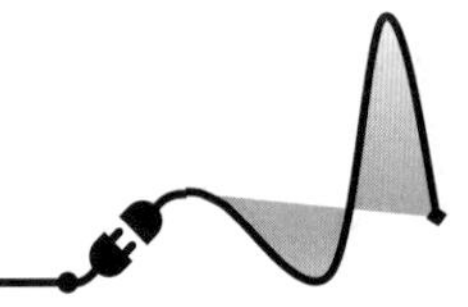

MyCtrlLoop.dcld，并选择 Open in System 开启 DCLD，将“Example Code”的范例程序分批次复制到 VMC Buck 项目内，首先复制“c3p3z_ControlObject_Initialize()”定制初始化子程序，包含引用“c3p3z.h”至 main.c 文件中，如图 4.4.17 所示。

图 4.4.16 新增 DCLD 文件路径

其中几行参数特别说明如下：

- c3p3z.Ports.Source.ptrAddress = &ADCBUF16;
  反馈信号来源：此例子指定至输出电压反馈信号 ADC 采样缓存器 ADCBUF16。
- c3p3z.Ports.Target.ptrAddress = &PG1DC;
  输出控制量：此例子指定至 PWM1 占空比缓存器 PG1DC。
- c3p3z.Ports.ptrControlReference = &VMC_3p3z_Vref;
  参考命令：此例子指定至参考命令 VMC_3p3z_Vref 变量。
- c3p3z.Limits.MinOutput = VMC3P3Z_COMP_3P3Z_MIN_CLAMP;
  最小输出控制量：笔者直接套用 VMC3P3Z_COMP_3P3Z_MIN_CLAMP（DCDT 产生的参数），读者亦可直接输入想要限制的最小范围常数。
- c3p3z.Limits.MaxOutput = VMC3P3Z_COMP_3P3Z_MAX_CLAMP;

最大输出控制量：笔者直接套用 VMC3P3Z_COMP_3P3Z_MAX_CLAMP（DCDT产生的参数），读者亦可直接输入想要限制的最大范围常数。

- c3p3z.ADCTriggerControl.ptrADCTriggerARegister = &PG1TRIGA;
  c3p3z.ADCTriggerControl.ADCTriggerAOffset = 0;
  补偿控制环路触发频率来源与偏移量：此例子指定至 PG1TRIGA，并且偏移量为 0。请注意！本范例程序于第 4 章时，已经通过 MCC 移动触发频率以改善补偿环路之相位裕量，若此处又修改偏移量，需考虑 MCC 是否不修改偏移量，避免发生重复位移的人为错误。

```
main.c ×  adc1.c ×
Source  History

// 3p3z Controller Include Files
#include "c3p3z.h"                                  // include 'c3p3z' controller header file
volatile uint16_t c3p3z_ControlObject_Initialize(void)
{
    volatile uint16_t retval = 0;                   // Auxiliary variable for function call verification
                                                    // (initially set to ZERO = false)
    /* Controller Input and Output Ports Configuration */
    // Configure Controller Primary Input Port
    c3p3z.Ports.Source.ptrAddress = &ADCBUF16;  // Pointer to primary feedback source
                                                // (e.g. ADC buffer register or variable)
    c3p3z.Ports.Source.Offset = 0;              // Primary feedback signal offset
    c3p3z.Ports.Source.NormScaler = 0;          // Primary feedback normalization factor bit-shift scaler
    c3p3z.Ports.Source.NormFactor = 0x7FFF;     // Primary feedback normalization factor fractional
    // Configure Controller Primary Output Port
    c3p3z.Ports.Target.ptrAddress = &PG1DC;     // Pointer to primary output target (e.g. SFR register or variable)
    c3p3z.Ports.Target.Offset = 0;              // Primary output offset value
    c3p3z.Ports.Target.NormScaler = 0;          // Primary output normalization factor bit-shift scaler
    c3p3z.Ports.Target.NormFactor = 0x7FFF;     // Primary output normalization factor fractional
    // Configure Control Reference Port
    c3p3z.Ports.ptrControlReference = &VMC_3p3z_Vref; // Pointer to control reference (user-variable)
    /* Controller Output Limits Configuration */
    // Primary Control Output Limit Configuration
    c3p3z.Limits.MinOutput = VMC3P3Z_COMP_3P3Z_MIN_CLAMP; // Minimum control output value
    c3p3z.Limits.MaxOutput = VMC3P3Z_COMP_3P3Z_MAX_CLAMP; // Maximum control output value
    /* ADC Trigger Positioning Configuration */
    // ADC Trigger A Control Configuration
    c3p3z.ADCTriggerControl.ptrADCTriggerARegister = &PG1TRIGA; // Pointer to ADC trigger A register
    c3p3z.ADCTriggerControl.ADCTriggerAOffset = 0; // user-defined trigger delay (
    /* Advanced Parameter Configuration */
    // Initialize User Data Space Buffer Variables
    c3p3z.Advanced.usrParam1 = 0;                   // No additional advanced control options used
    c3p3z.Advanced.usrParam2 = 0;                   // No additional advanced control options used
    c3p3z.Advanced.usrParam3 = 0;                   // No additional advanced control options used
    c3p3z.Advanced.usrParam4 = 0;                   // No additional advanced control options used
    /* Controller Status Word Configuration */
    c3p3z.status.bits.enabled = false;              // Keep controller disabled
    // Call Assembly Control Library Initialization Function
    retval = c3p3z_Initialize(&c3p3z);              // Initialize controller data arrays and number scalers
    return(retval);
}
```

图 4.4.17　定制初始化子程序

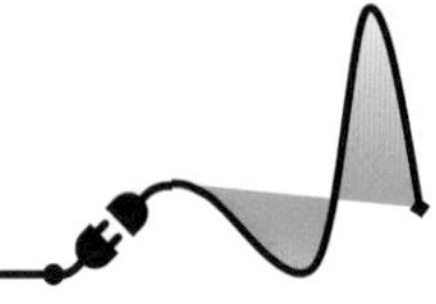

如图 4.4.18 所示，接着于 main.c 的主程序段：

- **调用：**
  c3p3z_ControlObject_Initialize();
- **启动补偿控制计算：**
  c3p3z.status.bits.enabled = true;

```
int main(void)
{
    initVMC3p3zContextCompensator();
/* DCLD -------------------------------------------------------------------
    c3p3z_ControlObject_Initialize();
    c3p3z.status.bits.enabled = true;
/*========================================================================
    // initialize the device
    SYSTEM_Initialize();

    while (1)
    {
        // Add your application code
            if(VMC_3p3z_Vref < 1241)
            {
                VMC_3p3z_Vref++;
                Delay();
            }
    }
    return 1;
}
```

图 4.4.18　初始化 c3p3z 补偿控制器

主程序修改完了。初始化后，即可到 ADC 中断执行补偿控制计算了，所以请开启 adc1.c，并如图 4.4.19 所示完成下面三个步骤：

- **引用“c3p3z.h”至 adc1.c 文件中**
  #include "c3p3z.h"
- **移除 SMPS Lib 相关程序**
  //asm volatile ("mov _VMC_3p3z_Vref, w0");
  //SMPS_Controller3P3ZUpdate_HW_Accel();
- **调用 DCLD 补偿控制计算库**
  c3p3z_Update(&c3p3z);

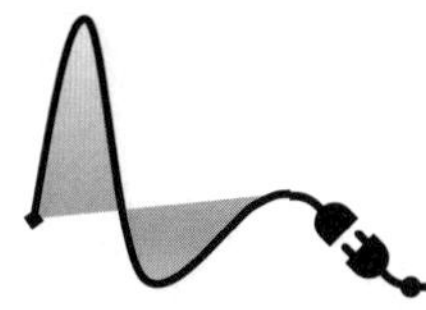

ADC 中断修改就是这么简单，整个 DCLD 的项目导入过程主要就是这三个部分，定制初始化程序、执行初始化程序与执行补偿控制计算。

```
}
#else

// 3p3z Controller Include Files
#include "c3p3z.h"                        // include 'c3p3z' controller header file

void __attribute__ ( ( __interrupt__ , auto_psv , context, weak ) ) _ADCAN16Interrupt ( void )
{
    LED_SetHigh();

    //asm volatile ("mov _VMC_3p3z_Vref, w0");
    //SMPS_Controller3P3ZUpdate_HW_Accel();
    c3p3z_Update(&c3p3z);                 // Call control loop

    LED_SetLow();
    //clear the VoutFB interrupt flag
    IFS6bits.ADCAN16IF = 0;
}
#endif
```

图 4.4.19　调用 DCLD 补偿控制计算库

将 DCLD 导入完成后，就可以按下关键的编译与烧录按钮，准备验证结果了。

4.4.6 实际测量与验证

烧录后，我们首先检查一下 PWM 与 ADC 中断时序是否符合预计？

PWM 频率与占空比基本上应该是一样的，检查的关键在于 ADC 中断时序是否跟使用 SMPS Lib 时一样。回顾前面章节的图 4.2.46，为改善相位裕量而延迟 ADC 触发时序至 PWM L 上升沿前约 300ns。比较使用 DCLD 补偿控制计算库的差异，参考图 4.4.20，ADC 触发时序变成延迟至 PWM L 上升沿前约 170ns。

相减之下，可以得知 DCLD 补偿控制计算库的计算时间约比 SMPS Lib 长 130ns，这差异其实是有原因的。但换得一些好处。

其原因主要来自于 DCLD 的 Scaling Mode，还记得 DCLD 可以自动检查参数浮点误差是否过大吗？

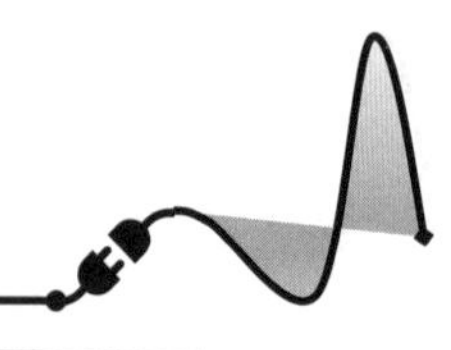

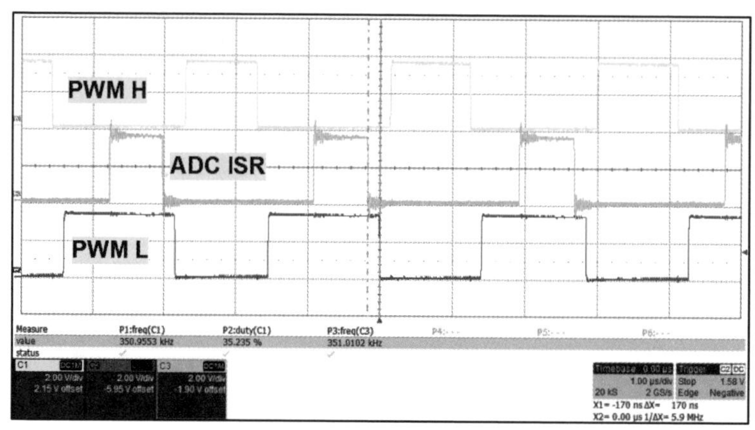

图 4.4.20　中断与 PWM 时序图

是的，前面为了改善浮点误差而改变 Scaling Mode，间接稍微增加计算时间，但这样一点点的时间增加，却能带来很多的好处，包含低频增益稳定、缩小稳态误差与改善稳态 PWM 占空比抖动。

这些好处从波特图也是可以看出来的，实验测量结果如图 4.4.21 所示。

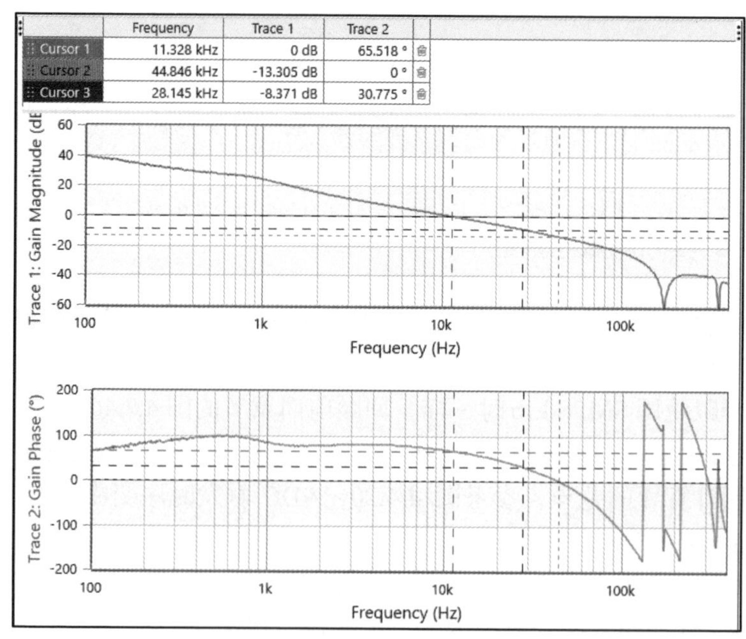

图 4.4.21　波特图实测结果

首先观察相同的部分：

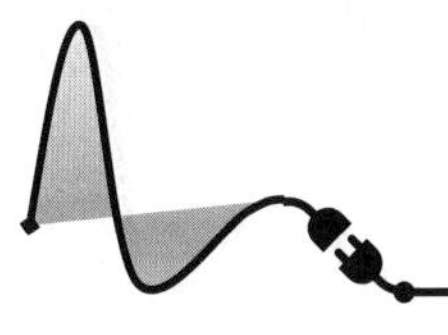

➢ 带宽

测量结果约为 11.38kHz，对比 4.2 节结果相近。

实验之极点与零点采用最原始的计算结果，唯一修改高频极点至 175kHz 以改善相位裕量。原点极点并未调整，因为带宽接近 11.5kHz 是符合预期的。

➢ 相位裕量

高频极点已修改至 175kHz 以改善相位裕量，测量结果约为 65.518°，对比 4.2 节结果相近。

➢ 增益裕量

测量结果约为 13.305dB，对比 4.2 节结果相近。

➢ 奈奎斯特频率

测量结果约为 175kHz，对比 4.2 节结果相同。

需要通过增益图确认，因为相位图因为高频极点而提早落后至负 180°，不方便判断实际奈奎斯特频率，可以从增益图找到奈奎斯特频率。

➢ 穿越频率点之增益斜率

符合最开始的稳定条件之一，增益以每 10 倍频减 20dB 的速率下降。

可以明显看出 100Hz ~ 1kHz 频段，无论是增益还是相位都相当稳定，且直流增益于低频处达到最大。

反之，若补偿控制器之 A 相关参数浮点误差过大时，积分受到影响，会间接造成低频的增益下降，间接导致稳态输出时 PWM 占空比抖动变大，甚至输出纹波变大。

更多细节的考虑，是做出好设计的大关键，了解更多细节，也就不难想象为何数字电源成了大趋势，甚至是高端电源的主流，更不难理解为何 Type-4、Type-5 甚至 Type-6 已经开始应运而生，大幅改善电源控制性能。本章至此已经一步一步讲解了下列各个细节，包含：

➢ 基础环境

使用 Microchip MCC 工具可轻松完成基础程序环境，对于不熟悉的控制芯片，这无疑是很好的工具协助进行外围模块的设定与测试。

➢ 开回路控制

利用 MCC 建立基础程序环境后，对 PWM 模块进行开回路控制输出，方便验证硬件是否正确。

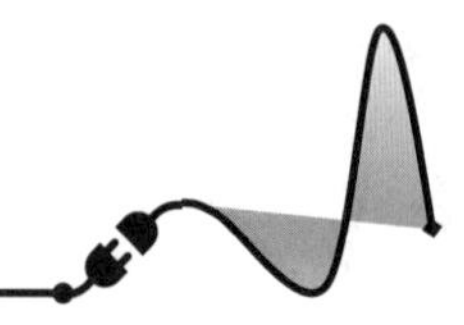

➢ Plant 模型

笔者分享了两个常用的方法，其中包含 Mindi 快速建立 Plant，或是直接硬件上测量 Plant 的方法，并说明两者之间的差异。

➢ 控制参数

有了 Plant 后，即可通过 Microchip DCDT 或 DCLD 工具求得数字控制环路所需的控制环路参数。

➢ 系统闭回路控制

将 DCDT 产生的控制环路参数引入 SMPS Library 后，完成整个闭回路控制，或使用 DCLD 自带的参数与链接库完成整个闭回路控制。

当然，以上步骤又区分成电压模式与峰值电流模式两个区块，其中的流程是一样的。

笔者希望读者能理解实际应用时仅是细节上的差异，整个设计过程其实都是大同小异的，清楚地勾勒出来流程步骤是对于完成一个项目不可或缺的能力。

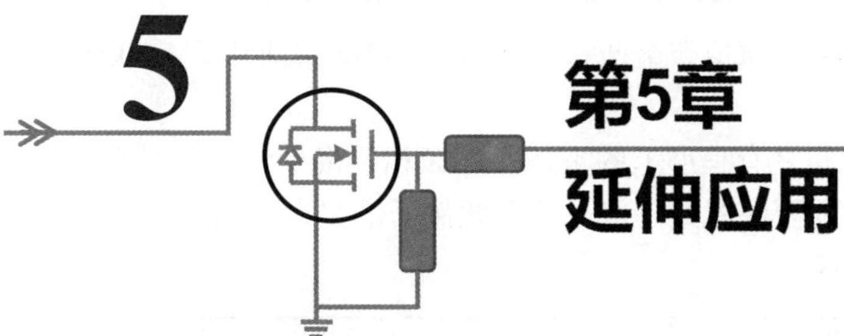

第5章 延伸应用

1.2节中举例常见延伸架构，本章举几个例子让读者参考，了解本书想表达的内容不仅是针对 Buck，而是控制理论其实适用于各种电源架构，都可以同样先默认理想的系统传递函数，再通过极点与零点对消的方法求得基本补偿控制环路参数，接着就是同样步骤完成混合式数字或全数字控制器设计。

5.1 推挽式转换器（PUSH-PULL CONVERTER）

将 Buck 转换器加上变压器会变成什么样子呢？如图 5.1.1 所示，推挽式转换器（Push-Pull Converter）简单理解就是于 Buck 转换器前多串个变压器，使得输入与输出之间得以隔离，并且工作电压范围可以做更适当的设计配置。

为方便理解，笔者于此刻意假设输出电感与电容跟前面章节相同，连 PWM 频率都一样，那么硬件上的唯一差异就是变压器 T1。如图 5.1.2 所示，变压器的比例设定为 1：1，那么输入电压经过变压器到 *LC* 开关节点的电压就维持不变，所以 Plant 波特图与开回路增益波特图就跟前面分析的结果应该一样，不是吗？

是的，都一样，所以设计过程也完全一样，补偿控制器参数甚至是一模一样的。结果如图 5.1.3 所示。

聪明的读者是否发现了另一个不一样的地方呢？既然 PWM 频率一样是 350kHz，且这是模拟系统，为何 175kHz 处出现类似数字控制器中奈奎斯特频率一样的现象呢？

这是因为推挽式转换器为保持变压器能量平衡，对于变压器注入的正负方向电流需尽量保持一样，最小设计限度便是正负方向的占空比需保持一致。换句话说，350kHz 的 PWM 波形，每 175kHz 才能改变占空比一次，也就因此产生这样的结果，模拟奈奎斯特频率由 350kHz 移动到了 175kHz 的频率点。

当然，若系统带宽与之有程度上的重迭，那么相位裕量便会受到相应某程度上的影响，读者需要注意这一点，然而此例子带宽为 10kHz 左右，两者相距较远而不受影响。

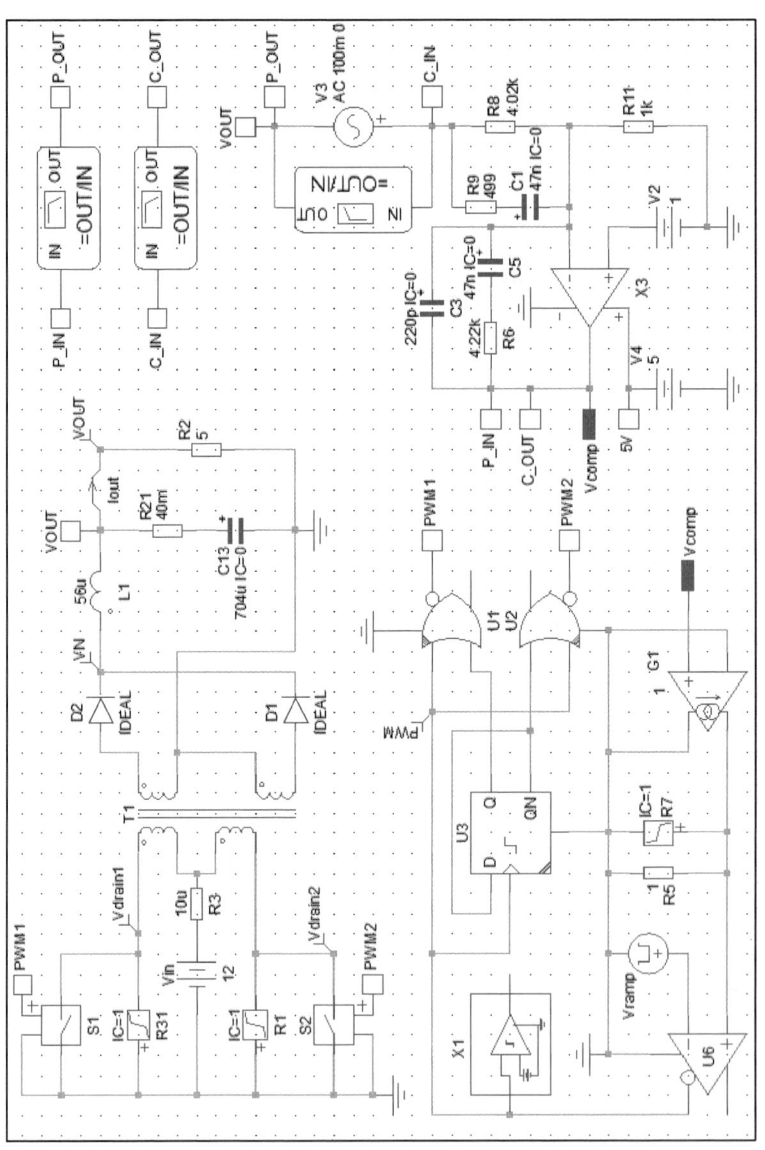

图 5.1.1　推挽转换器 Mindi 仿真图

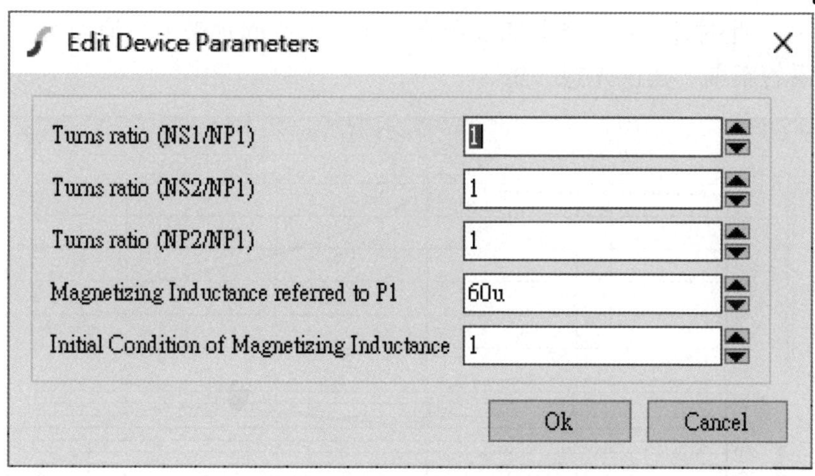

图 5.1.2 推挽式转换器变压器设定

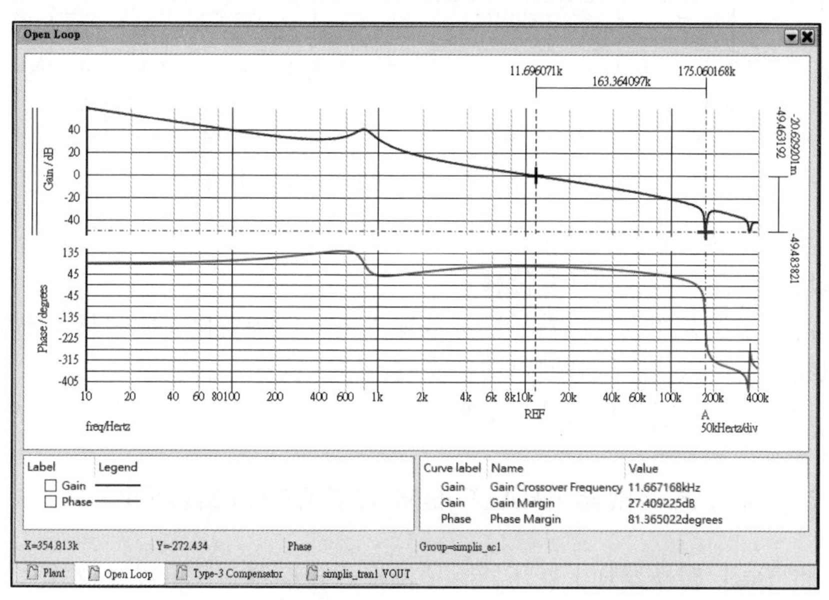

图 5.1.3 推挽式转换器开回路增益波特图

我们继续改变场景，假设现在变压器不是 1∶1 而是变成 1∶4，或甚至更高呢？例如推挽式转换器很常见于 UPS，将电池电压隔离并提升至一定高压直流，以提供后级 DC/AC 转换器使用。

假设当输入电压因为变压器而提升 4 倍后，如图 5.1.4 所示，Plant 增益同时亦因此上升 4 倍，直流增益上升至 34dB，整个开回路增益也因此上升 4 倍，此时补偿控制器就需要配合修正。那么问题来了，该如何修正呢？往下看答案前，建议先想一想。

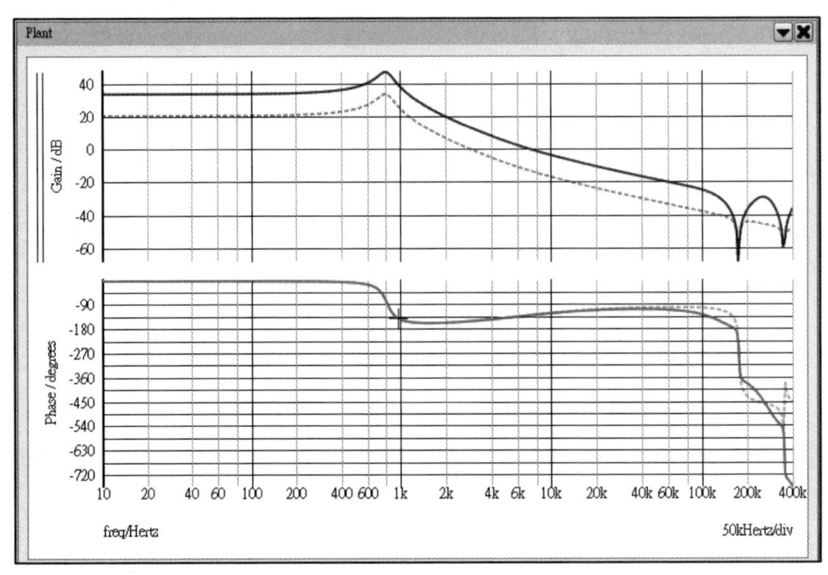

图 5.1.4　推挽式转换器 Plant 波特图

还记得 4.2.5 小节中提到的技巧六？通过调整原点频率便可修正因为输入增益改变而造成的带宽位移。

简单来说，加入变压器后会造成输入电压比例变化，此时只需要调整原点频率就可以让系统开回路增益恢复到原本设计好的理想状况。

读者是不是感觉相当简单了呢？是不是开始有理论相通的感觉了呢？

5.2 半桥式转换器（HALF-BRIDGE CONVERTER）

将 Buck 转换器加上变压器除了推挽式转换器，还可以变成什么样子呢？我们继续以半桥式转换器（Half-Bridge Converter）为例，其 Mindi 仿真图如图 5.2.1 所示。

半桥式转换器（Half-Bridge Converter）亦可简单理解于 Buck 转换器前多串个变压器，使得输入与输出之间得以隔离，并且工作电压范围可以做更适当的设计配置。

为方便理解，笔者同样于此刻意假设输出电感与电容跟前面章节相同，连 PWM 频率都一样，硬件上的唯一差异还是变压器 TX1。变压器的比例设定还是 1∶1，那么输入电压经过变压器到 *LC* 开关节点的电压就维持不变，所以 Plant 波特图与开回路增益波特图就跟前面分析的结果应该一样，不是吗？是的，还是一样，所以设计过程也完全一样，补偿控制器参数甚至是一模一样的。结果如图 5.2.2 所示。

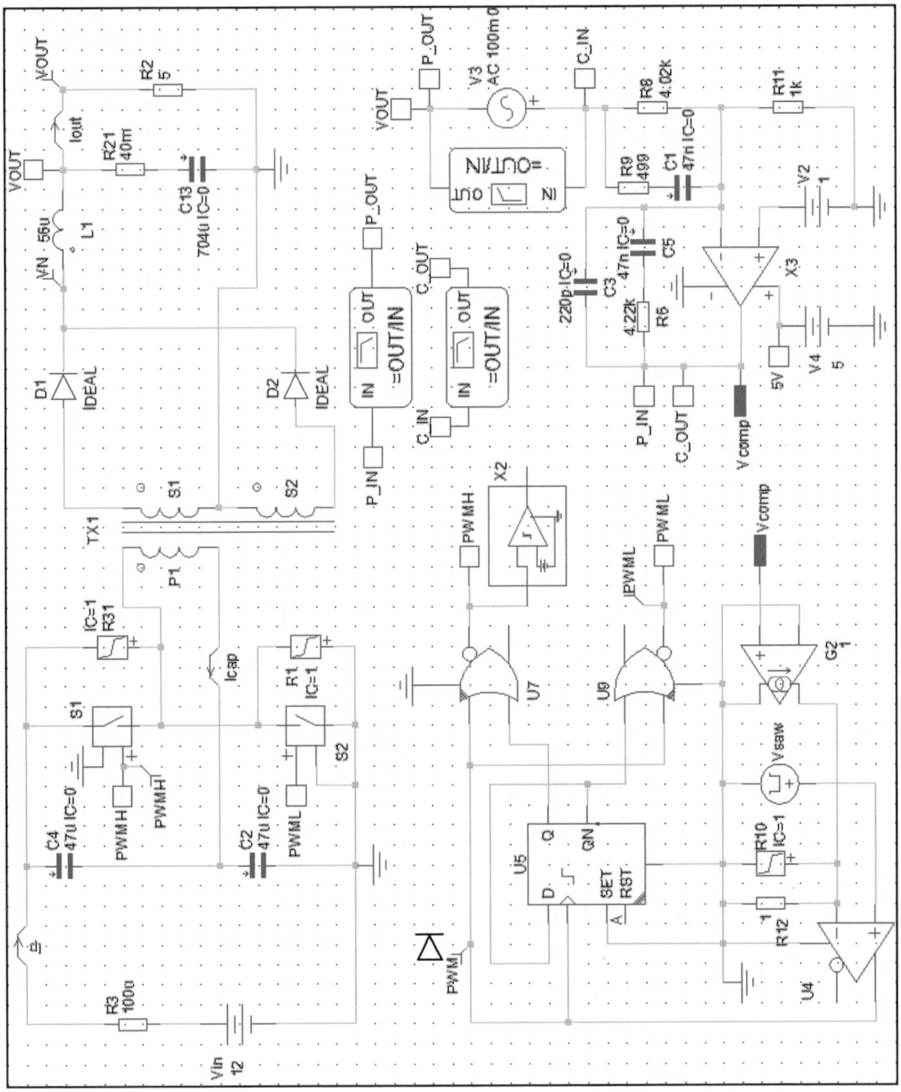

图 5.2.1　半桥式转换器 Mindi 仿真图

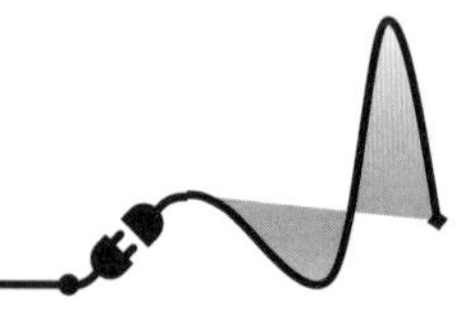

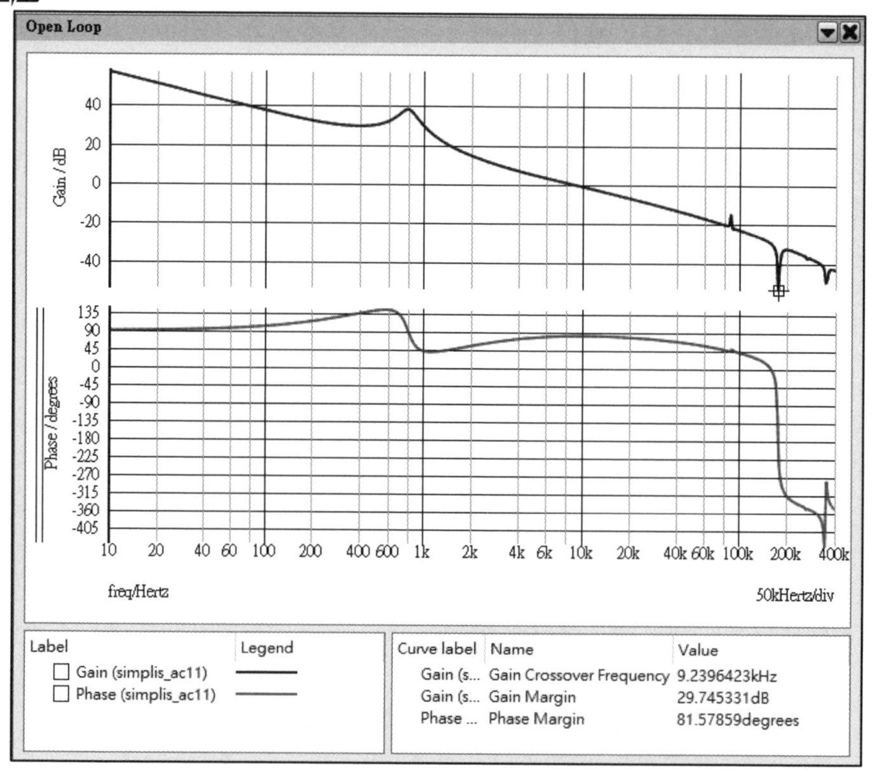

图 5.2.2　半桥式转换器开回路增益波特图

与推挽式转换器现象相同，既然 PWM 频率一样是 350kHz，且这是模拟系统，为何 175kHz 处出现类似数字控制器中奈奎斯特频率一样的现象呢？还是因为半桥式转换器也需要为保持变压器能量平衡，对于变压器注入的正负方向电流需尽量保持一样，最小设计限度便是正负方向的占空比需保持一致，350kHz 的 PWM 波形，每 175kHz 才能改变占空比一次，也就因此产生这样的结果，模拟奈奎斯特频率由 250kHz 移动到了 175kHz 的频率点。

当然一样的原理，当系统带宽与奈奎斯特频率有程度上的重叠，那么相位裕量便会受到相应某程度上的影响，读者需要注意这一点，然而此例子带宽为 10kHz 左右，两者相距较远而不受影响。我们同样改变场景，假设现在变压器不是 1∶1 而是变成 1∶4，或甚至更高呢？假设当输入电压因为变压器而提升 4 倍，Plant 增益同时亦因此上升 4 倍，想必整个开回路增益也会因此上升 4 倍，如图 5.2.3 所示。

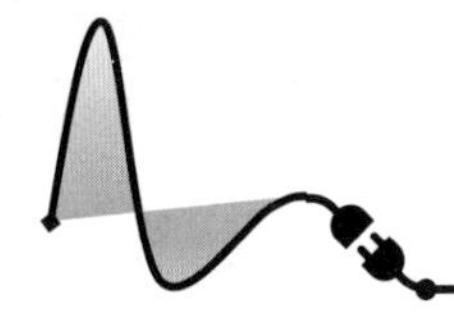

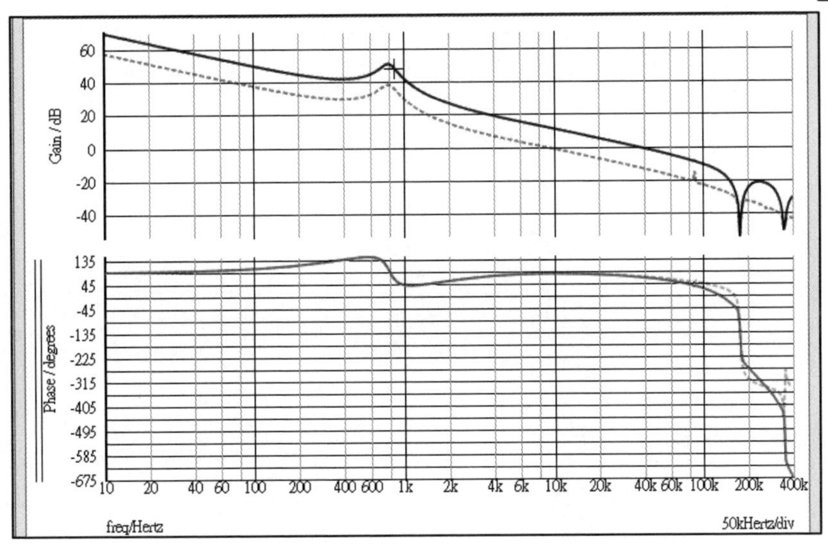

图 5.2.3 半桥式转换器开回路增益上升

此时补偿控制器就需要配合修正，那么问题来了，该如何修正呢？往下看答案前，建议再想一想。

当然还是同样的原理，4.2.5 小节中提到的技巧六，通过调整原点频率便可修正因为输入增益改变而造成的带宽位移。简单来说，加入变压器后会造成输入电压比例变化，此时只需要调整原点频率就可以让系统开回路增益恢复到原本设计好的理想状况。

读者是不是又进一步感觉电源相当简单了呢？是不是进一步觉得理论相通了呢？

读者此时应该已经对于理论与实务有一定程度的理解与贯通的能力，那么做个简单的假设与分析，若将半桥式转换器改成全桥式转换器，又当如何应对呢？半桥式转换器与全桥式转换器的输入增益并不相同，差了一倍，那么知道增益差异后，答案就相当的简单明了：那就顺势调整原点频率以修正增益改变。对于基础补偿控制环路设计而言，确实就是这么简单，希望读者亦能明白这之间的原理延伸，学习路上事半功倍。